ORGANISCHE CHEMIE IN EINZELDARSTELLUNGEN
HERAUSGEGEBEN VON
HELLMUT BREDERECK UND EUGEN MÜLLER
6

PRÄPARATIVE ORGANISCHE PHOTOCHEMIE

VON

ALEXANDER SCHÖNBERG
PROFESSOR AN DER UNIVERSITÄT KAIRO

MIT EINEM BEITRAG
ALLGEMEINE GESICHTSPUNKTE FÜR DIE
PRÄPARATIVE DURCHFÜHRUNG PHOTOCHEMISCHER REAKTIONEN
VON

GÜNTHER OTTO SCHENCK
PROFESSOR AN DER UNIVERSITÄT GÖTTINGEN

MIT 15 ABBILDUNGEN

SPRINGER-VERLAG BERLIN HEIDELBERG GMBH
1958

ISBN 978-3-662-12757-5 ISBN 978-3-662-12756-8 (eBook)
DOI 10.1007/978-3-662-12756-8

Ursprünglich erschienen bei Springer-Verlag OHG, Berlin · Göttingen · Heidelberg 1958
Softcover reprint of the hardcover 1st edition 1958

Brühlsche Universitätsdruckerei Gießen

Vorwort

Die organische Photochemie kann in drei Gebiete eingeteilt werden: theoretische Photochemie als Arbeitsgebiet des Physikochemikers, Apparatekunde als Aufgabenbereich des Physikers und Ingenieurs und präparative Photochemie, welche das Feld des organischen Chemikers ist.

Während es früher für den einzelnen nicht allzu schwierig war, die Gesamtheit dieser Gebiete zu beherrschen, ist dies jetzt fast unmöglich geworden, da die in Frage kommenden Wissenschaften zu sehr in die Breite und Tiefe gewachsen sind; eine Einzelbehandlung ist daher angezeigt.

Viele Gründe können dafür angeführt werden, daß die präparative organische Photochemie sich in den letzten zwei Jahrzehnten in einer Weise entwickelt hat, welche in schroffem Gegensatz zu der langsamen Entwicklung in früheren Jahren steht.

Hier soll darauf hingewiesen werden, daß die politischen Umwälzungen der letzten 25 Jahre manche europäischen Chemiker veranlaßten, ihre Tätigkeit in tropische oder subtropische Länder mit intensiver Sonnenbestrahlung zu verlegen; eine eingehende Beschäftigung mit Reaktionen im Sonnenlicht lag daher nahe und fand in einer Reihe von Fällen tatsächlich statt. Von größerer Bedeutung ist, daß die Kenntnis von der Wechselwirkung zwischen Strahlung und organischer Materie eine erhebliche Erweiterung erfahren hat; zum anderen hat man gelernt, radikalische bzw. radikalinduzierte Reaktionen (und als solche sieht man heute die meisten photochemischen Reaktionen an) zu beherrschen und zu lenken. Heute sind photochemische Versuche überall leicht und reproduzierbar auszuführen, da die Technik neuartige und meist höchst leistungsfähige Bestrahlungseinheiten, UV-Lampen usw. in großer Auswahl anbietet; daher kann man die photochemische Arbeitsweise bald schon zur routinemäßigen Laboratoriumspraxis zählen. Die chemische Industrie bedient sich ebenfalls der Lichtreaktionen zur Herstellung gewisser Pharmazeutika und ähnlicher Stoffe.

Eine Übersicht der für den präparativ arbeitenden organischen Chemiker wichtigen Photoreaktionen, welche auch die Fortschritte der letzten Jahre berücksichtigt, scheint zu fehlen. Eine Ausnahme bildet die im Jahre 1956 erschienene ausgezeichnete Veröffentlichung "Photochemical Reactions" von C. R. MASSON, V. BOEKELHEIDE und W. ALBERT NOYES jr.; sie ist in "Technique of Organic Chemistry" erschienen und gibt eine kurze Übersicht der für die präparative organische Photochemie wichtigen Reaktionen, die vorliegende Monographie soll dagegen dem Chemiker eine ausführliche Darstellung geben. Es ist keineswegs die Absicht des Verfassers, alle photochemischen Reaktionen im Gebiete der organischen Chemie zu besprechen, jedoch werden nicht nur diejenigen berücksichtigt, die schon jetzt präparativ wichtig sind, sondern auch solche, von denen angenommen werden kann, daß sie in Zukunft präparatives Interesse haben werden. Berücksichtigt werden jedoch nur diejenigen, welche zu einheitlichen Produkten bekannter Konstitution führten. Die photochemische Synthese hochpolymerer Produkte liegt außerhalb des Rahmens dieser Monographie.

Der Verfasser hofft, daß dieses Buch nicht nur dem Chemiker zeigt, was bisher erreicht wurde, sondern ihn auch anregen wird, sich mehr als bisher photochemischer Reaktionen zu bedienen. Dies ist aber nicht möglich ohne die Beherrschung der Grundlagen der theoretischen Photochemie und des Apparativen.

Der Verfasser ist Herrn G. O. SCHENCK dankbar für seinen Beitrag „Allgemeine Gesichtspunkte für die präparative Durchführung photochemischer Reaktionen", welcher diese Kenntnis vermittelt.

Für künftige Arbeiten soll darauf hingewiesen werden, daß es nicht genügt, Resultate von Versuchen, welche im Licht durchgeführt wurden, zu veröffentlichen, sondern daß auch die Resultate entsprechender Dunkelversuche mitgeteilt werden müssen. Besonders in älteren Veröffentlichungen sind häufig Reaktionen beschrieben, die unter Bestrahlung durchgeführt wurden, da aber Angaben über Parallelversuche unter Lichtausschluß fehlen, so erlaubt das vorliegende Material nicht zu entscheiden, ob das Licht in diesen Fällen unbedingt notwendig ist oder ob es nur reaktionsbeschleunigend wirkt.

Die Literatur wurde vom Verfasser — soweit sie ihm zugänglich war — bis Oktober 1957 berücksichtigt. Sein Dank gilt den Herren L. HORNER, G. O. SCHENCK und F. WEYGAND für die Erlaubnis, einige von ihnen noch nicht veröffentlichte Methoden in diesem Buch zu besprechen. Ein Teil dieser Methoden konnte im Hauptteil Verwendung finden, hinsichtlich der anderen wird auf den Nachtrag verwiesen.

Es ist üblich, chemische Reaktionen von großer präparativer Bedeutung mit dem Namen des Entdeckers zu verknüpfen; bei photochemischen Reaktionen ist dies bisher kaum geschehen, und der Verfasser schlägt vor, die folgenden photochemischen Reaktionen, bzw. die photochemisch erhaltenen Körperklassen wie folgt zu benennen:

Ciamiciansche Umlagerung. Photochemische Umlagerung der o-Nitro-benzaldehyde in o-Nitroso-benzoesäuren, bzw. verwandte Prozesse.

Moureu-Dufraissesche Peroxyde. Peroxyde, die photochemisch durch Einwirkung von Sauerstoff gebildet werden und beim Erwärmen in der Dunkelheit Sauerstoff in elementarer Form abgeben.

Kharasch-Addition. Photochemische Addition von Polyhalogenverbindungen an Olefine und verwandte Prozesse.

Schenckschе Reaktion. Photosensibilisierte Bildung von organischen Hydroperoxyden.

Der Verfasser möchte nicht schließen, ohne seinen ägyptischen Mitarbeitern, insbesondere Herrn Professor Dr. Ahmed Mustafa, zu danken für ihre Unterstützung bei Durchführung seiner photochemischen Arbeiten.

Kairo, im Juni 1957 A. Schönberg

Universität und National Research Centre

Inhaltsverzeichnis

Abkürzungen

A. = Liebigs Annalen der Chemie.
A. ch. = Annales de Chimie et de Physique.
Acta chem. Scand. = Acta Chemica Scandinavica.
Am. Soc. = Journal of the American Chemical Society.
Anales fís. quím. = Anales de Física y Química (Madrid).
Ang. Ch. = Zeitschrift für Angewandte Chemie.
Ann. Trop. Med. = Annals of Tropical Medicine and Parasitology.
Arch. of Biochem. = Archives of Biochemistry.
Arch. Pharm. = Archiv der Pharmazie und Berichte der Deutschen Pharmazeutischen Gesellschaft.
B. = Berichte der Deutschen Chemischen Gesellschaft.
Ber. Berl. Akad. = Sitzungsberichte der Preußischen Akademie der Wissenschaften, Physikalisch-Mathematische Klasse.
Bl. = Bulletin de la Société Chimique de France.
Brit. J. Pharmacol. = British Journal of Pharmacology and Chemotherapy.
Bull. Acad. Sci. USSR. = Bulletin de l'Académie des Sciences de l'Union des Républiques Sovietiques Socialistes = Izvestya Akademii Nauk Soyuza Sovetskikh Sotsialisticheskikh Republik.
Bull. Soc. Chim. Belges = Bulletin des Sociétés Chimiques Belges.
C. = Chemisches Zentralblatt.
Canad. J. Chem. = Canadian Journal of Chemistry.
Chem. Abstr. = Chemical Abstracts.
Chem. Ber. = Chemische Berichte.
Chem. and Ind. = Chemistry and Industry.
Chem. Rev. = Chemical Reviews.
Coll. Czech. Chem. Comm. = Collection of Czechoslovak Chemical Communications.
C. r. = Comptes rendus de l'Académie des Sciences.
Dermat. Wschr. = Dermatologische Wochenschrift.
Dtsch. med. Wschr. = Deutsche Medizinische Wochenschrift.
G. = Gazzetta chimica Italiana.
Helv. = Helvetica Chimica Acta.

Ind. Eng. Chem. = Industrial and Engineering Chemistry.
J. Chem. Soc. Japan. = Journal of the Chemical Society of Japan.
J. Chim. phys. = Journal de Chimie physique.
J. Ind. Chem. Soc. = Journal of the Indian Chemical Society.
J. org. Chem. = Journal of Organic Chemistry.
J. pr. = Journal für praktische Chemie.
J. Univ. Bombay = Journal of the University of Bombay.
M. = Monatshefte für Chemie.
Nachr. Ges. Wiss. Göttingen, Math.-phys. Kl. = Nachrichten der Akademie der Wissenschaften in Göttingen, Mathematisch-physikalische Klasse.
Nature = Nature (London).
Naturwiss. = Naturwissenschaften.
Physik. Z. = Physikalische Zeitschrift.
Proc. Chem. Soc. = Proceedings of the Chemical Society (London).
Proc. Nat. Acad. U.S.A. = Proceedings of the National Academy of Sciences of the United States of America.
R. = Recueil des Travaux Chimiques des Pays-Bas.
Science = Science.
Soc. = Journal of the Chemical Society, London.
Trans. Faraday Soc. = Transactions of the Faraday Society.
Z. = Zeitschrift für Chemie.
Z. anal. Chem. = Zeitschrift für analytische Chemie.
Z. El. Ch. = Zeitschrift für Elektrochemie.
Z. Naturforsch. = Zeitschrift für Naturforschung.
Z. physiol. Chem. = Zeitschrift für physiologische Chemie (Hoppe-Seyler's).
Zhur. Obshchei Khim. = Journal of General Chemistry (USSR).

I. Photoisomerisierung

1. Butadiensulfone

E. EIGENBERGER[1] hat gefunden, daß das Isoprensulfon (I, R = CH_3) in wäßrig-ätherischer Lösung photochemisch beständig ist. Wird jedoch eine *alkalische* Lösung dieser Verbindung bestrahlt, so tritt Isomerisierung ein:

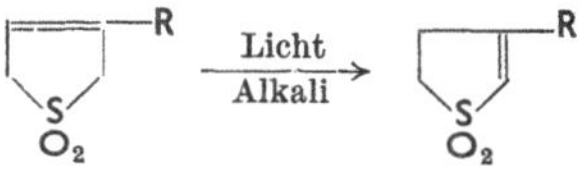

R, S, O_2 — $\xrightarrow[\text{Alkali}]{\text{Licht}}$ — R, S, O_2

I — II

Die Konstitution des Photoisomeren wurde von H. J. BACKER u. J. STRATING[2] aufgeklärt, es liegt das *3-Methylthiacyclopenten-(2)-1,1-dioxyd* (II, R = CH_3) vor. Die Konstitution des Photoisomeren wurde durch seine Überführung in *Acetonylmethansulfonsäure* (III) durch Ozonabbau sichergestellt:

H_2C—C(=O)—CH_3
H_2C—SO_3H

III

R, OH, S, O_2

IV

Ähnlich wie bei I (R = Methyl) verläuft die photochemische Umlagerung der entsprechenden *tert.-Butyl-* und *Phenyl-*Verbindung.

Die Umlagerung I → II wird durch Wasseranlagerung und Abspaltung erklärt (I → IV → II).

3 - Methyl - thiacyclopenten - (2) - 1,1 - dioxyd[3] (II, R = CH_3). Isoprensulfon (I, R = CH_3) (1 g) in 0,5 n wäßriger Kalilauge (10 cm^3) wurde etwa 20 min dem Lichte einer starken Bogenlampe ausgesetzt (Quarzeprouvette). Nach Neutralisieren gegen Phenolphthalein wurde zur Trockne verdampft und mit absolutem Alkohol extrahiert. Die aus der alkoholischen Lösung erhaltenen Rohkristalle (II, R = CH_3) wurden durch wiederholtes Umkristallisieren aus warmem Äther gereinigt und so feine Nadeln erhalten, F: 77,5—78°. Die Substanz ist leicht löslich in Wasser, Alkohol und Benzol.

3-tert.-Butyl-thiacyclopenten-(2)-1,1-dioxyd[2] (II, R = $(CH_3)_3C$). Man gab in ein konisches Gefäß (Quarz) eine Lösung, die 1 g des 2-tert.-Butyl-butadiensulfon [I, R = $(CH_3)_3C$], Kaliumhydroxyd (1 g), Alkohol (20 cm^3) und Wasser (20 cm^3) enthielt. Man bestrahlte 90 min (Hg-Bogenlampe), verdünnte mit Wasser und dampfte auf 25 cm^3 ein. Es schieden sich Kristalle ab, F: 85—93°, nach vorsichtigem Umkristallisieren aus Wasser hatte II [R = $(CH_3)_3C$] den F: 96—97°; es ist in kaltem Wasser weniger löslich als das Ausgangsprodukt.

---

[1] EIGENBERGER, E.: J. pr. [2] **129**, 312 (1931).
[2] BACKER, H. J., u. J. STRATING: R. **54**, 618 (1935).
[3] EIGENBERGER, E.: J. pr. [2] **129**, 318 (1931).

2. Carvon in Carvoncampher

G. Ciamician und P. Silber[1] haben Carvon (I) in verdünnt-alkoholischer Lösung dem Sonnenlicht ausgesetzt. Das doppelt-ungesättigte Keton I reagiert unter Bildung von *Carvoncampher* (II), es lagern sich also die beiden doppelten Bindungen innerhalb einer Molekel aneinander und es entsteht ein *Vierring*[2]. Der Vorgang erinnert an die zu Cyclobutanderivaten führende Polymerisation (vgl. S. 22). Diese photochemische Isomerisierung ist wiederholt herangezogen worden, um photochemische Isomerisierungen, welche beim Bestrahlen mit Ergosterin beschrieben sind, zu erklären, so z. B. von H. Lettré, H. H. Inhoffen und R. Tschesche[3].

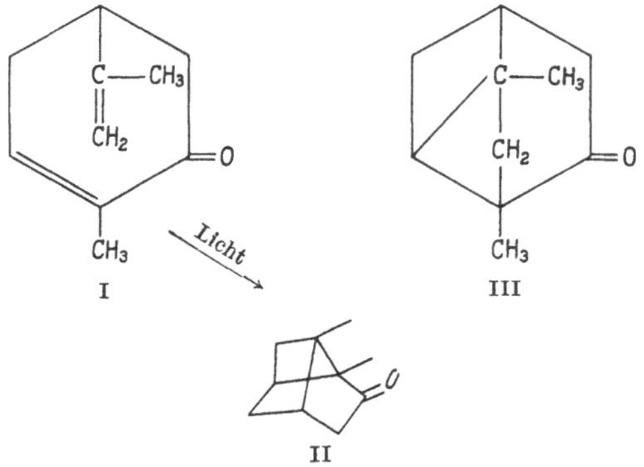

I Licht III

II

Durch die Untersuchungen von G. Büchi et al.[4], ist die Formel des Carvoncamphers (vgl. II) sichergestellt, sie wurde zuerst von G. Ciamician[1] vorgeschlagen. Auf den Konstitutionsbeweis kann hier im Einzelnen nicht eingegangen werden, es sei nur hervorgehoben, daß Formel III, welche früher für Carvoncampher vorgeschlagen wurde[5], ausgeschlossen werden konnte. G. Büchi et al. habe auch die von G. Ciamician[1] veröffentlichte Darstellungsmethode wie folgt verbessert.

Carvoncampher (II). Carvon (250 g) in Äthylalkohol (95%, 2500 cm^3) wurde dem Sonnenlicht in einer Pyrexglas-Röhre ausgesetzt (Kalifornien, 6,5 Monate). Das Lösungsmittel wurde unter vermindertem Druck bei 35—55° abdestilliert, der Rückstand bestand aus Carvon, Carvoncampher und Polymerisationsprodukten. Er wurde der Destillation unterworfen, welche 110 g einer Fraktion (Kp_{36-38}: 115 bis 126°) (Fraktion A) lieferte. Man bereitete aus 235 g Natriumbisulfit eine konz. wäßrige Lösung, neutralisierte (Zugabe von $NaHCO_3$) und behandelte mit dieser neutralen Lösung die Fraktion A (110 g) (Schütteln, 12 Std.). Die Anlagerungsverbindung (Carvon-Natriumbisulfit) wurde abfiltriert und die wäßrige Phase ausgeäthert. Die Ätherauszüge wurden getrocknet (Na_2SO_4), nach Verjagen des Äthers wurde ein nach Campher riechendes Öl (47 g) erhalten, aus dem durch

[1] Ciamician, G., u. P. Silber: B. **41**, 1928 (1909).

[2] Bachér, F.: in E. Abderhaldens „Handbuch der biologischen Arbeitsmethoden", Abt. I, Teil 2, II, 1, Seite 1816. München-Berlin: Urban & Schwarzenberg (1929).

[3] Lettré, H., H. H. Inhoffen u. R. Tschesche: Über Sterine, Gallensäuren und verwandte Naturstoffe. II. Aufl. S. 198. Stuttgart: F. Enke 1954.

[4] Büchi, G. u. I. M. Goldmann: Am. Soc. **79**, 4741 (1957).

[5] Sernagiotto, E.: G. **48**, 52 (1918); **47**, 153 (1917).

Abkühlen und Filtrieren 8 g Carvoncampher erhalten wurde. Man unterwarf das Filtrat nach Zusatz von neutraler Kaliumpermanganat-Lösung der Wasserdampfdestillation, ein Verfahren, das dreimal wiederholt wurde. Während der zweiten und dritten Wasserdampfdestillation schieden sich weitere Mengen Carvoncampher in Form von Kristallen im Kühler aus. Gesamtausbeute 23,4 g (9,4%). F: 101—104° (nach Sublimation).

3. Norcaradien-carbonsäure-methylester in Cycloheptatrien-carbonsäure-methylester

G. O. Schenck und H. Ziegler[1] haben bei 20° eine Benzollösung von Norcaradien-carbonsäure-methylester (I) mit UV-Licht in einer gläsernen Apparatur bestrahlt, innerhalb von 70 Std. trat keine nachweisbare Veränderung ein. Wurde dagegen die Bestrahlung in einer Quarzapparatur vorgenommen (20°), so wurde der Norcaradien-carbonsäure-methylester sehr glatt in *Cycloheptatrien-carbonsäure-methylester* (II) umgewandelt; die thermische Isomerisierung hingegen verlangt viel drastischere Bedingungen, nämlich Erhitzen im evakuierten Bombenrohr (7 Std. bei 170°).

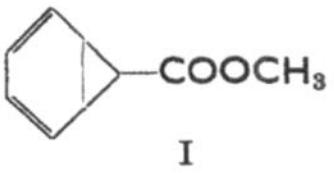

$-COOCH_3$ I $-COOCH_3$ II

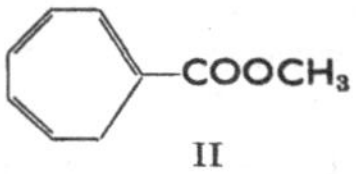

Cycloheptatrien-carbonsäure-methylester (II). 7 g Ester (I) wurden in 200 cm³ Benzol in geschlossener Apparatur mit dem Quarzbrenner HQA 500[2], der von einem weiteren Quarzrohr umgeben in die Lösung eintauchte, bestrahlt. Eine wasserdurchflossene gläserne Kühlschlange hielt die Temperatur der Flüssigkeit auf 20°. Nach 21 Std. war die Lösung bräunlich verfärbt. In geringer Menge hatte sich ein gelblicher Niederschlag sowie ein Belag auf dem Quarzrohr gebildet; beide wurden entfernt und die Belichtung fortgesetzt. Die Aufarbeitung (Fraktionierung), welche nach 50stündiger Betrahlung erfolgte, lieferte 6,5 g Cyclo-heptatrien-carbonsäure-methylester (93% d. Th.), welcher bei 53—56°/0,2 mm überging; $n_D^{20} = 1{,}5238$.

4. Umlagerungen von transanellaren Peroxyden

a) Isoascaridol aus Ascaridol

Ein Patent der I. G. Farbenindustrie[3] weist darauf hin, daß die Lösungen von Ascaridol (I) in Tetrachlorkohlenstoff lichtempfindlich sind. Die durch Lichtzutritt bewirkte rasche Abnahme des Ascaridolgehaltes dieser Lösungen soll durch Zusatz geringer Mengen fettlöslicher Farbstoffe, die den chemisch wirksamen Teil des Lichtes absorbieren, verhindert werden.

G. O. Schenck, K. Kinkel und H. J. Mertens[4] haben die Versuche der I. G. Farbenindustrie bestätigt und auf die gute Wirkung von *Sudan-G*, den sie als Farbstoff verwandten, hingewiesen. Weiterhin gelang es ihnen, den Chemismus der Reaktion aufzuklären. Sowohl unter der Einwirkung des Sonnenlichtes als auch unter Einwirkung des Lichtes eines Quecksilberhochdruckbrenners lagert sich Ascaridol in *Isoascaridol* (IIa oder IIb) um, eine Substanz, die schon früher von

[1] Schenck, G. O., u. H. Ziegler: A. 584, 221 (1953).
[2] Quecksilberdampflampe der Fa. Osram, Berlin.
[3] DRP 620636 vom 22. X. 1933.
[4] Schenck, G. O., K. Kinkel u. H.-J. Mertens: A. 584, 125 (1953).

E. K. NELSON[1] durch thermische Isomerisierung von Ascaridol in p-Cymol bei 150° erhalten worden war.

Bei der Belichtung von Ascaridol in Isopropanol unter Ausschluß von Sauerstoff wurde ebenfalls eine photochemische Umwandlung beobachtet; es entstand jedoch kein Isoascaridol, sondern ein noch nicht aufgeklärtes Produkt mit höherem Brechungsindex.

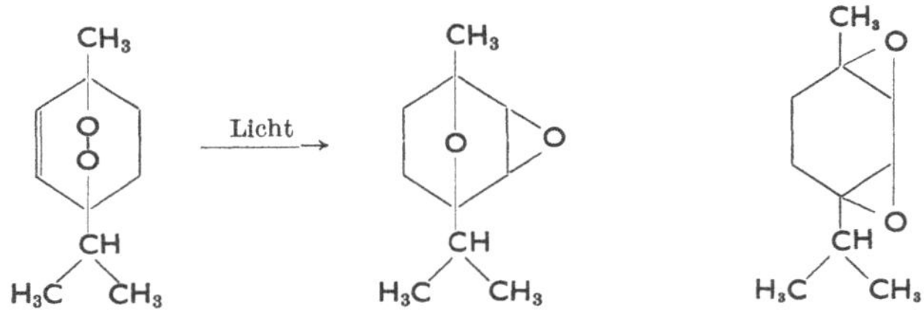

Isoascaridol[2] (II). 30 cm³ Ascaridol, F: —1°, wurden in einem offenen Belichtungsgefäß 45 Std. mit einer wassergekühlten Quecksilberhochdruckdampflampe Osram HQA 500 in dünner Schicht belichtet. Schon nach 10 Std. kristallisierte die Substanz nicht mehr. Schließlich wurde zur Aufarbeitung an der Ölpumpe destilliert. 28,7 g des belichteten Materials ergaben:

1. bis 75°/0,5 mm: 3,22 g; $n_D^{20} = 1{,}4658$
2. 75—95°/0,5 mm: 11,93 g; $n_D^{20} = 1{,}4657$
3. 80—86°/0,2 mm: 9,15 g; $n_D^{20} = 1{,}4622$
4. Rückstand 4,40 g.

Fraktion 2 bestand aus Isoascaridol. Nachweis wurde durch Ramanaufnahme geführt, sowie durch Überführung in das α-Glykol, welches als Monobenzoat identifiziert wurde; F: 138° (Mischprobe).

b) Isomerisierung von 2,5-Peroxydo-Δ^3-cholesten

Nach W. BERGMANN et al.[3] wird 2,5-Peroxydo-Δ^3-cholesten (IV) durch Einwirkung des Sonnenlichtes quantitativ in das *Keton* V (F: 172°; $[\alpha]_D$ + 141°) überführt. Die Hitzebehandlung (Vakuum-Destillation) dieses Peroxyds führt hingegen zu einem *Keton* von F: 174° ($[\alpha]_D$ + 36°); bei diesen beiden Ketonen handelt es sich wahrscheinlich um stereoisomere Produkte. Das höherschmelzende Keton wurde auch erhalten, als *$\Delta^{2,4}$-Cholestadien* (III) bei Gegenwart von Sauerstoff dem Sonnenlicht ausgesetzt wurde.

Das Keton (F: 172°) gibt im Einklang mit der Formel V mit Hydroxylamin ein Mono-oxim; mit Perbenzoesäure konnte keine Doppelbindung nachgewiesen werden.

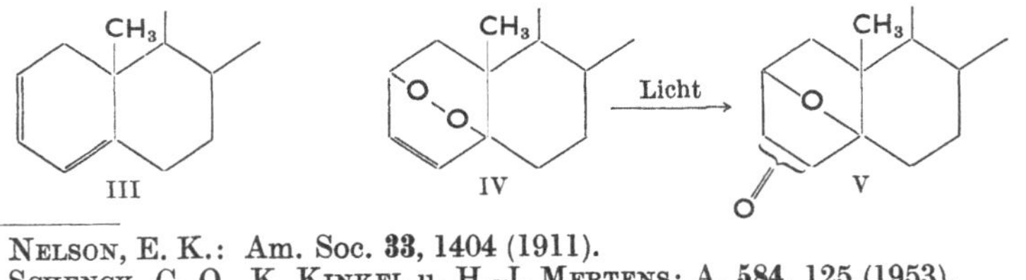

[1] NELSON, E. K.: Am. Soc. **33**, 1404 (1911).

[2] SCHENCK, G. O., K. KINKEL u. H.-J. MERTENS: A. **584**, 125 (1953).

[3] SKAU, E. L., u. W. BERGMANN: J. org. Chem. **3**, 166 (1938). — BERGMANN, W., F. HIRSCHMANN u. E. L. SKAU: J. org. Chem. **4**, 29 (1939).

Isomerisierung von 2,5-Peroxydo-Δ^3-cholesten[1] (IV). Das Peroxyd (IV) (1 Gewichtsteil) wurde in absolutem Alkohol (50 Gewichtsteile) gelöst und in einem verschlossenen Kolben (Pyrexglas) dem Sonnenlicht ausgesetzt. Nach einer Woche wurden die Kristalle abfiltriert, mit einer kleinen Menge Alkohol gewaschen und dann aus siedendem absolutem Alkohol umkristallisiert; Ausbeute 88%. F: 172°; $[\alpha]_D^{25}$ + 141° (30,0 mg in 3,06 cm³ $CHCl_3$).

5. β-Lacton des Diphenylcarboxy-methylchinols in das γ-Lacton der 2,5-Dioxytriphenylessigsäure

Wird das in der Überschrift genannte β-Lacton im festen Zustand belichtet oder wird seine benzolische Lösung im Sonnenlicht gekocht, so erfolgt Umlagerung in das *γ-Lacton* der *2,5-Dioxytriphenylessigsäure* (I). Im Dunkeln erfolgt diese Reaktion nicht, Einwirkung von Hitze führt das β-Lacton II in das *Chinomethan* III über[2].

O—CO, C$(C_6H_5)_2$, OH — I ← Licht — $(C_6H_5)_2$C—C=O, O, O — II — Wärme → C $(C_6H_5)_2$, O — III + CO_2

γ-Lacton der 2,5-Dioxy-triphenylessigsäure und Diphenylchinomethan. Umlagerung des β-Lactons (II) im festen Zustand: Belichtet man das β-Lacton in dünner Schicht längere Zeit (2 Monate), so lagert es sich in das γ-Lacton (I) um, welches aus Methylalkohol oder Eisessig umkristallisiert große farblose Kristalle bildet, F: 196°.

Umlagerung im gelösten Zustand: 2 g des β-Lactons wurden in 50 cm³ Benzol im Kohlendioxydstrom 36 Std. im Sonnenlicht unter Rückfluß gekocht. Das Benzol wurde abgedunstet und der Rückstand in Schwefelkohlenstoff aufgenommen. Ungelöst bleibt etwa 0,5 g γ-Lacton, F: 195°. Aus der Schwefelkohlenstoffmutterlauge ist Diphenylchinomethan zu gewinnen. Wendet man konzentriertere Benzollösungen an und kocht ohne Lichtzutritt, so entsteht kein Umlagerungsprodukt, sondern es bildet sich ausschließlich das Chinomethan.

6. Anthracen-9-carbonsäure-anhydrid

Während Anthracen und viele seiner in Stellung 9 substituierten Derivate sich unter Einfluß des Lichtes dimerisieren (vgl. S. 38), tritt im Falle des Anhydrids I Photoisomerisation zu II ein — die räumlichen Verhältnisse gibt IIa besser wieder; das unterschiedliche Verhalten ist wohl sterisch begründet[3].

O=C——O——C=O — I; O=C——O——C=O, H, H — II; O, O, O — IIa

Photoisomerisation des Anthracen-9-carbonsäureanhydrids (I): Das Anhydrid (7 g), gelöst in Chloroform (400 cm³) wurde in einem Gefäß (Pyrexglas) dem Sonnenlicht ausgesetzt. Bald schieden sich farblose, würfelförmige Kristalle aus, die schon

[1] Bergmann, W., F. Hirschmann u. E. L. Skau: J. org. Chem. **4**, 37 (1939).
[2] Staudinger, H., u. S. Bereza: A. **380**, 243 (1911).
[3] Greene, F. D., S. L. Misrock u. J. R. Wolfe jr.: Am. Soc. **77**, 3852 (1955).

analytisch rein waren. Einmal während je 24 Std. wurden diese abfiltriert und das Filtrat erneut dem Sonnenlicht ausgesetzt. Ausbeute 4,75 g (68%); II hat F: 279 bis 281°; beim Schmelzen zerfällt es unter Bildung von I.

7. Bicyclo-[2,2,1]-heptadien-(2,3)-dicarbonsäure

S. J. CRISTOL und R. L. SNELL[1] haben in einer kurzen Mitteilung darauf hingewiesen, daß es ihnen gelungen ist, die Bicyclo-[2,2,1]-heptadien-(2,3)-dicarbonsäure (I) (F: 225°, Zersetzung) in die „valenztautomere" Tetracyclo-[2, 2, 1, $0^{2,6}$, $0^{3,5}$]-heptandicarbonsäure-(2,3) (II) umzuwandeln. Diese Umwandlung erfolgte durch Bestrahlung von I in Äther während 8 bis 12 Std. (General Electric AH-4 ultraviolet lamp). Die Konstitution von II wird gestützt durch das chemische Verhalten (Bildung eines Dimethylesters) und durch das Infrarot-Spektrum. II läßt sich zu I in einem Dunkelprozeß zurückverwandeln; zu diesem Zweck wird die siedende Lösung von II in Essigsäureäthylester mit einem Palladium-Kohle-Katalysator behandelt.

COOH COOH COOH COOH

I II

8. Colchicin; Valenzverschiebungen in einem Tropolonring

Obwohl man schon seit der Mitte des vorigen Jahrhunderts wußte[2], daß das Alkaloid Colchicin (I) eine photolabile Verbindung ist, hat eine nähere Untersuchung seiner photochemischen Eigenschaften lange auf sich warten lassen; sie wurde erst unternommen, als man von den biochemisch wichtigen Eigenschaften des Colchicins — Colchicin ist ein Mitosegift — Kenntnis erhalten hatte.

Fußend auf Untersuchungen von R. GREWE[3] haben R. GREWE und W. WULF[4] bei der Bestrahlung verdünnter wäßriger Lösungen des Colchicins drei mit dem Colchicin isomere Verbindungen erhalten, welche sie α-, β- und *γ-Lumicolchicin* nannten; für die Reaktion eignet sich nach R. GREWE und W. WULF am besten das Sonnenlicht. Das β- und das γ-Isomere wurde auch von F. ŠANTAVÝ[5] bei ihren photochemischen

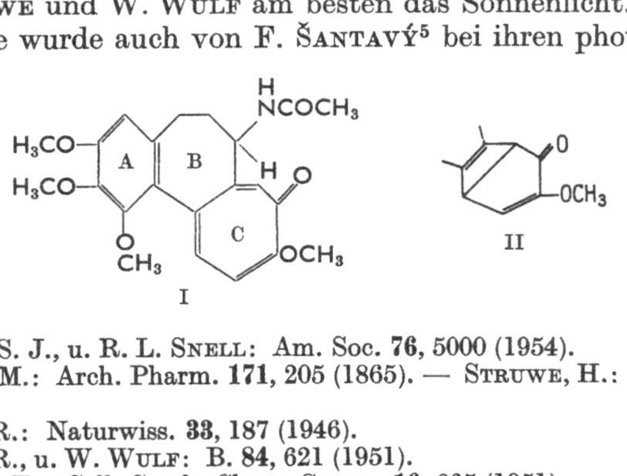

H NCOCH$_3$ H$_3$CO H$_3$CO A B H O C O CH$_3$ OCH$_3$ O OCH$_3$

I II

[1] CRISTOL, S. J., u. R. L. SNELL: Am. Soc. **76**, 5000 (1954).

[2] HÜBLER, M.: Arch. Pharm. **171**, 205 (1865). — STRUWE, H.: Z. anal. Chem. **12**, 164 (1873).

[3] GREWE, R.: Naturwiss. **33**, 187 (1946).

[4] GREWE, R., u. W. WULF: B. **84**, 621 (1951).

[5] ŠANTAVÝ, F.: Coll. Czech. Chem. Comm. **16**, 665 (1951).

Versuchen mit Colchicin erhalten; es ist interessant, daß das β- und γ-Isomere zusammen mit Colchicin in Colchicum autumnale vorkommt, möglicherweise entstanden durch einen photochemischen Prozeß innerhalb der Pflanze.

Nach E. J. FORBES[1] sind die β- und γ-Verbindungen als Stereoisomere anzusehen, nach ihm liegen in beiden *tetracyclische* Strukturen vor (vgl. II, Teilformel), welche durch Verschiebung der Bindungen im Tropolonring des Colchicins entstanden sind. Das Schicksal der Ringe A und B bei der Photoisomerisierung ist noch nicht ganz geklärt.

Auf die Ergebnisse, welche E. J. FORBES zur Annahme tetracyclischer Strukturen führten, kann hier im einzelnen nicht eingegangen werden, nur auf folgende Punkte soll hingewiesen werden: die große Ähnlichkeit der Ultraviolett- und der Infrarot-Spektren der β- und γ-Isomeren, läßt sich besser durch die Annahme einer stereochemischen als einer strukturisomeren Beziehung erklären. Die ausgedehnte Konjugation, welche das Colchicinmolekül zeigt, ist nicht mehr in diesem Maße in II vorhanden; dies sollte sich optisch in einer Verlagerung der Absorptionsmaxima nach kürzeren Wellenlängen bemerkbar machen. Das ist auch der Fall: Maxima bei 228 und 266 mμ (β- und γ-*Lumicolchicin*); 247 und 350 mμ (*Colchicin*). R. GREWE und W. WULF haben auch gezeigt, daß bei der katalytischen Hydrierung bei atmosphärischem Druck (an Platinoxyd nach ADAMS) β- und γ-Lumicolchicin nur 2 Mol Wasserstoff aufnehmen unter Bildung zweier *Tetrahydro-Verbindungen* (Colchicin selbst bildet ein *Hexahydroderivat*).

Alle diese Befunde stehen nach E. J. FORBES mit der Annahme in Einklang, daß das β- und γ-*Lumicolchicin* vier Ringe besitzen; hinsichtlich der stereochemischen Folgerungen, die er aus dieser Annahme zieht, muß auf die Originalarbeit verwiesen werden.

α-, β-, γ-Lumicolchicin[2]. 1,30 g reines Colchicin werden in 500 cm^3 ausgekochtem Wasser unter gleichzeitigem Durchleiten von reinem Stickstoff gelöst und die Lösung sodann im Vakuum in einem Rundkolben (Jenaer Glas) eingeschmolzen. Der Kolben darf nicht ganz gefüllt sein, damit sich die Flüssigkeit ausdehnen kann. Der geschlossene Kolben wird sodann, mit dem Hals nach unten, in die pralle Sonne gestellt. Nach 2 Monaten (Kiel) haben sich 1,21 g Bestrahlungsprodukt (93% d.Th.) in lockeren, weißen Nadeln abgeschieden, die den ganzen unteren Teil des Kolbens erfüllen.

Das Reaktionsprodukt wird in etwa 20 cm^3 Alkohol unter Rückfluß gelöst. Beim Erkalten der Lösung scheiden sich 0,4 g α-*Lumicolchicin* ab. Versetzt man das Filtrat mit ungefähr dem gleichen Volumen Äther, so erhält man etwa 0,2 g γ-*Lumicolchicin*. Wird schließlich die Lösung eingedampft und der Rückstand wieder mit Alkohol und Äther behandelt, so erhält man nach einer unscharf um 200° schmelzenden Zwischenfraktion etwa 0,3 g um 180° schmelzendes β-*Lumicolchicin*. Die Zusammensetzung des rohen Bestrahlungsproduktes und damit die Ausbeute an den drei genannten Fraktionen ist von der Bestrahlungsdauer abhängig.

α-*Lumicolchicin* wird durch Umkristallisieren aus Alkohol oder Toluol gereinigt und schmilzt dann bei 164°; $[\alpha]_D^{26}$: + 81° (1 molar in $CHCl_3$). Es verliert beim Trocknen im Hochvakuum bei 100° 1 Mol Wasser, wobei der Schmelzpunkt zunächst auf etwa 150° sinkt, dann aber beim Aufbewahren des Präparates spontan auf 206° ansteigt. Beim Liegen an feuchter Luft oder beim Umkristallisieren aus feuchtem Alkohol bildet sich unter Wasseranlagerung auf dem Wege über unscharf schmelzende Zwischenprodukte das ursprüngliche α-Lumicolchicin zurück.

---

[1] FORBES, E. J.: Soc. **1955**, 3864.

[2] GREWE, R., u. W. WULF: B. **84**, 621 (1951).

β-Lumicolchicin läßt sich aus Äther und Alkohol umkristallisieren. Es schmilzt dann bei 183°; $[\alpha]_D^{27}$: +304° (0,5 molar in $CHCl_3$). Beim Umkristallisieren und auch beim Aufbewahren des festen Präparates kann spontan eine Veränderung des Schmelzpunktes auf 207° eintreten. Der Drehwert der Verbindung bleibt unverändert.

γ-Lumicolchicin ist aus Essigester und Äther, Dioxan oder aus Anisol umkristallisierbar und schmilzt dann bei 268°; $[\alpha]_D^{18}$: —445° (1 molar in $CHCl_3$).

α-, β-, γ-Lumicolchicin[1] **(II).** Colchicin (5 g) wurde in heißem, destilliertem Wasser gelöst (2000 cm^3; 80°), durch welches ein Strom von Stickstoff geleitet wurde. Die noch heiße Lösung wurde in cylinderförmige Röhren (90 × 5 cm) gegossen und diese sofort im Stickstoffstrom zugeschmolzen. Sie wurden dann 10 Tage (Glasgow) dem Sonnenlicht ausgesetzt, worauf Kristallabscheidung einsetzte. Die Kristalle hatten eine charakteristische Form (Nadeln) und wuchsen ständig während drei bis vier Wochen; dann begannen die Kristallkanten ihre Form zu verlieren. Um diese Zeit schied sich aus der Lösung ein leichter amorpher Niederschlag ab, dessen Menge zunahm, bis die ganze Lösung durchsetzt war. Nach 8—10 Wochen (die Zeit hängt von der Stärke und Dauer der Sonnenbestrahlung ab) wurden die Röhren geöffnet und ihr Inhalt wie folgt aufgearbeitet:

Die Lösungen wurden filtriert (Filtrat A), der Niederschlag zuerst mit Wasser gewaschen und dann bei Raumtemperatur getrocknet. Das getrocknete Produkt (14 g von 20 g Colchicin) wurde zu einem feinen Pulver verarbeitet und dann in kochendem Methanol (150 cm^3) suspendiert, nach 15 min wurde die heiße Lösung filtriert; der Niederschlag wurde mit Methylalkohol gewaschen. Er bestand aus fast reinem *α-Lumicolchicin* (1 g). Eine weitere Menge (0,05 g) erhielt man durch Abkühlen der Mutterlösung. Nach Umkristallisieren (Äthanol) wurden farblose Nadeln erhalten, F: 165°. Nach Beseitigung des α-Lumicolchicins wurde die Lösung konzentriert (75 cm^3) und über Nacht stehen gelassen. Es schied sich ein Niederschlag ab, der wie Wolle aussah, er wurde abfiltriert und mit Alkohol gewaschen. Er bestand aus langen, dünnen Nadeln. Das so erhaltene reine *γ-Lumicolchicin* (1,1 g) hatte F: 272° (Zersetzung).

Weitere Konzentration der Mutterlösungen lieferte Fraktionen von *β-Lumicolchicin*, die verschiedene Schmelzpunkte zeigten; sie bestanden aus einer Mischung von zwei Kristallformen; die ersten Fraktionen bestanden aus der höher schmelzenden Form, F: 204—205°. Diesen Fraktionen folgten weitere vom F: 198—202°, bei 180° trat Erweichung ein; die letzten Fraktionen bestanden aus der tiefer schmelzenden Form, F: 179—180°. Alle Kristallfraktionen zeigten ungefähr identische optische Rotationen; dies zeigt an, daß sie aus fast reinem β-Lumicolchicin bestanden. Die Gesamtausbeute war 10,7 g. Umkristallisation (wäßriger Äthylalkohol) lieferte die höher schmelzende Form in langen Nadeln, F: 206°; die tiefer schmelzende Form wurde aus Äthylacetat-Äthanol erhalten; es bildeten sich Nadeln, die zu Rosetten zusammengewachsen waren, F: 181°.

Durch Extraktion des Filtrates A mit Äthylacetat erhielt man eine weitere Menge β-Lumicolchicin, F: 179—180°. Eine abschließende Extraktion mit Chloroform lieferte zuerst γ-Lumicolchicin (0,2 g, F: 265—267°), hierauf das β-Isomere (1,1 g), F: 204—205°.

Gesamtausbeute: α- 1,05 g, β- 15,8 g und γ-Lumicolchicin 1,3 g.

9. α- und β-Ionon. Photochemische Überführung eines ungesättigten Ketons in ein Pyranderivat

a) α-Ionon

G. Büchi und N. C. Yang[2] haben gezeigt, daß bei der Bestrahlung von *trans*-α-Ionon (I) das *cis-α-Ionon* (II) entsteht. Das Kalottenmodell des *cis*-α-Ionons zeigt, daß das konjugierte System infolge sterischer Hinderung durch die beiden benachbarten Methylgruppen nur

[1] Forbes, E. J.: Soc. **1955**, 2864.

[2] Büchi, G., u. N. C. Yang: Helv. **38**, 1338 (1955).

in der *cis-s-cis* Konfiguration existieren kann. Das Spektrum von *cis-α*-Ionon ist im Einklang mit II, durch partielle Hydrierung von II (in Alkohol) bei Gegenwart eines W_2-Raney-Nickel-Katalysators wurde *Dihydro-α-ionon* (III) erhalten; die Reduktion in Gegenwart eines Platin-Katalysators führte zum *cis-Tetrahydro-ionon* (IV).

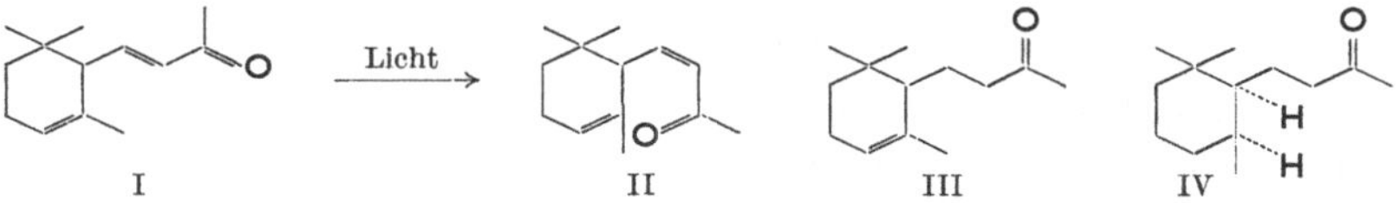

Licht →

I *trans*-α-Ionon — II *cis*-α-Ionon — III — IV

Der Geruch des *cis*-α-Ionons ist völlig verschieden von dem Veilchengeruch des *trans*-Isomeren und erinnert an Zedernholz.

***cis-α*-Ionon (II)**[1]. Eine Lösung von 25 g *trans*-α-Ionon (I) in 625 cm³ Äthanol wurde 72 Std. unter Stickstoff beleuchtet. Das Lösungsmittel wurde dann im Vakuum abgesaugt und der Rückstand aus einem Hickmann-Kolben destilliert. Die Hauptfraktionen (Kp: 35—37°/0,05 mm) von vier Ansätzen wurden vereinigt und das Material (74 g) durch eine Drehbandkolonne von 1 m wirksamer Höhe bei einem Druck von 1 mm destilliert, wobei folgende Fraktionen erhalten wurden: 1. Kp: bis 71,5°, 6,4 g; 2. Kp: 71,5—74°, 19,1 g; 3. Kp: 74—84,5°, 7,5 g; 4. Kp: 94,5 bis 96°, 26,0 g; 5. Rückstand 12,0 g.

Fraktion 2 [*cis*-α-Ionon, (II)] wurde nochmals destilliert: Kp: 72—72,5°/1 mm; $n_D^{25} = 1,4890$; $\lambda_{max} = 234\ m\mu$; $\varepsilon = 6550$. Ausbeute 23%.

b) β-Ionon

Im Gegensatz zum α-Ionon führt die Bestrahlung (UV-Licht, Quarzapparatur) einer äthylalkoholischen Lösung (5%) des *trans-β*-Ionons (V) nicht zur Bildung des *cis*-Isomeren VII, da dieses spontan durch Zyklisation zum *bicyclischen Pyran* VI stabilisiert wird (Ausbeute 22—40%). Bei Bestrahlung von VI wird ein Gleichgewichtsgemisch VI ⇄ V erhalten[2].

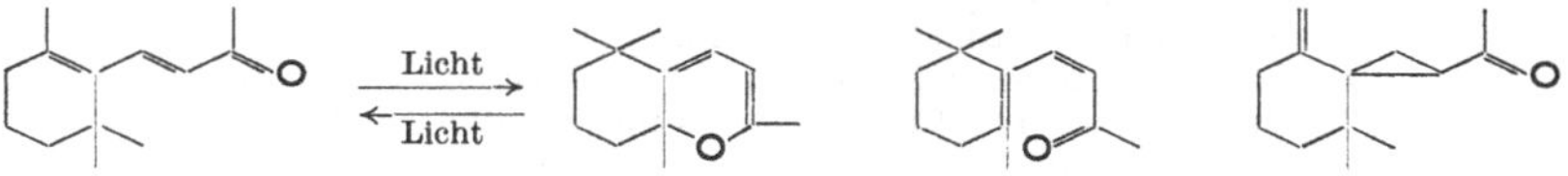

Licht ⇄ Licht

V *trans-β*-Ionon — VI — VII *cis-β*-Ionon — VIII

Die Konstitution des Pyrans VI wird gestützt durch die optischen Daten und seine Überführung in IX bei der Hydrierung (Platin-Katalysator nach Adams).

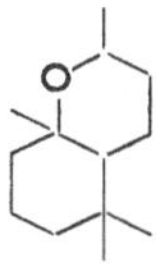

IX

[1] Büchi, G., u. N. C. Yang: Helv. **38**, 1338 (1955).

[2] Büchi, G., u. N. C. Yang: Chem. and Ind. **1955**, 357; Helv. **38**, 1338 (1955).

Bei der Bestrahlung des β-Ionons (V) bildet sich auch eine geringe Menge von VIII. Die Konstitution VIII wird gestützt durch die optischen Daten und die chemischen Eigenschaften: Titration mit Perbenzoesäure zeigte die Gegenwart von nur einer Doppelbindung, Ozonisierung führte zur Bildung von *Formaldehyd* und *2,2-Dimethyladipinsäure.*

10. β-Aroyl-α-methyl-acrylsäuren

Nach den Untersuchungen von R. E. LUTZ et al.[1] lassen sich gewisse β-Aroyl-acrylsäuren photoisomerisieren; es handelt sich um zwei Prozesse: a) Umwandlung einer „offenen" Säure in die *cyclische* Form *(Lacton)* und b) um den Übergang einer Methyl- in eine *Methylen*-Verbindung. Das folgende Schema zeigt diese Umsetzungen:

ArCO—C—H / H_3C—C—COOH (I) —Sonnenlicht, kurze Bestrahlung→ (II) —Sonnenlicht, lange Bestrahlung→ CH_2COAr / H_2C=C—COOH (III)

I II III

Der Übergang einer Methylgruppe in eine Methylengruppe (II → III) unter Einfluß des Lichtes läßt sich mit einer Reaktion vergleichen, die von E. CLAR[2] beschrieben wurde. Er zeigte, daß bei Belichten unter Luftausschluß die rotviolette Lösung des *Methylpentacens* (IV) sehr schnell ausbleicht: er glaubt, daß die *Methylenform* V gebildet wird.

CH_3 —Licht→ CH_2, H H

IV V

***cis*-β-Benzoyl-α-methylacrylsäure (cyclische Form) (II, Ar = C_6H_5).** Eine Lösung von *trans*-β-Benzoyl-α-methylacrylsäure (I, Ar = C_6H_5) (1 g) in trockenem Äther setzte man dem Sonnenlicht bis zum Verschwinden der gelben Farbe aus (2 Tage). Man brachte zur Trockne und kristallisierte den Rückstand aus heißem Benzol zweimal um. II (cyclische Form) wurde in einer Ausbeute von 0,9 g erhalten; F: 89—92°.

β-Benzoyl-α-methylenpropionsäure (III, Ar = C_6H_5). Man setzte eine ätherische Lösung der *trans*-β-Benzoyl-α-methylacrylsäure (I, Ar = C_6H_5) dem Sonnenlicht aus (1 Woche) und erhielt β-Benzoyl-α-methylenpropionsäure (III, Ar = C_6H_5) in einer Ausbeute von 40—50%; F: 152—154° (aus verdünntem Alkohol).

Die Bestrahlung von *cis*-β-Benzoyl-α-methylacrylsäure (II, Ar = C_6H_5) in Äther gab nach viertägiger Bestrahlung dieselben Resultate.

11. Ergosterin und verwandte Verbindungen. Photoepimerisierung

Die photochemischen Umlagerungen des Ergosterins (I) und diejenigen isomerer Verbindungen sind von großer Bedeutung wegen ihrer

---

[1] LUTZ, R. E., P. BAILEY, CHI-KANG DIEN u. J. RINKER: Am. Soc. **75**, 5039 (1953).

[2] CLAR, E.: B. **82**, 511 (1949).

Beziehungen zur Synthese des *Calciferols* (Vitamin D_2). Die Einzelheiten dieser Beziehungen werden z. Z. diskutiert.

Bis vor kurzem wurde allgemein angenommen, daß beim Lichtabbau des Ergosterins nacheinander verschiedene Bestrahlungsprodukte entstehen. Diese klassische Konzeption verdanken wir A. WINDAUS et al.[1]:

Ergosterin → Lumisterin → Tachysterin → Vitamin D_2

Nach L. VELLUZ et al.[2] liegen die Verhältnisse etwas anders: die Bestrahlung des Ergosterins (I) unter Vermeidung einer Temperaturerhöhung führt nicht zum Calcipherol (II), sondern zum *Präcalciferol* (III). Der Übergang Präcalciferol → *Calciferol* ist thermisch und führt zu einem Gleichgewicht.

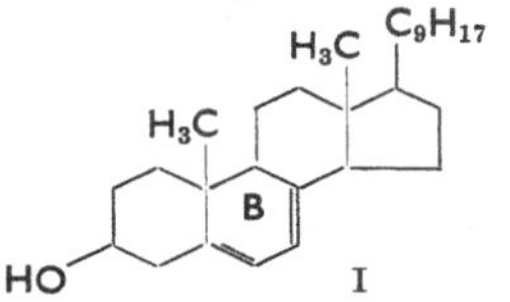

Das Schema A gibt die Ansichten von L. VELLUZ[3] und seiner Schule wieder; wichtig ist, daß durch das Licht nicht nur der Ring B des Phenanthrenringsystems geöffnet werden kann, sondern daß auch eine photochemische Bildung dieses Ringes möglich ist, wie sich aus dem Übergang Präcalciferol → *Ergosterin* (im Licht) ergibt. Dies Schema gibt auch die Formeln und die photochemischen Übergänge, welche zur Bildung von *Lumisterin* und *Tachysterin* führen, wieder; ob das Schema als endgültige Lösung des Problems der Photoisomerisierung des Ergosterins und seiner Isomeren anzusehen ist, können erst weitere Forschungen zeigen[4].

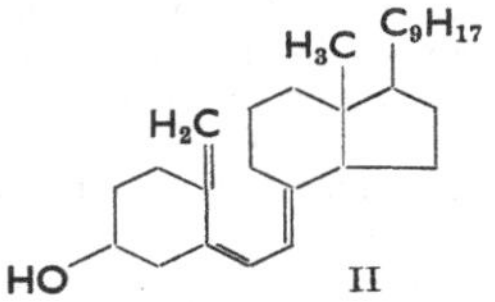

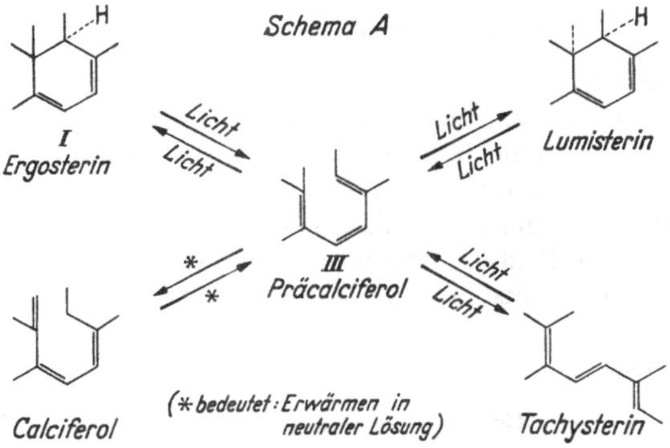

Schema A

(* bedeutet: Erwärmen in neutraler Lösung)

[1] WINDAUS, A., F. v. WERNER u. A. LÜTTRINGHAUS: A. **499**, 188 (1933).

[2] VELLUZ, L., G. AMIARD u. A. PETIT: Bl. [5] **16**, 501 (1949). — VELLUZ, L., G. AMIARD u. B. GOFFINET: Bl. **1955**, 1341.

[3] Vgl. L. VELLUZ, G. AMIARD u. B. GOFFINET: Bl. **1955**, 1341.

[4] Hier soll besonders auf die wichtigen Arbeiten der holländischen Schule hingewiesen werden, vgl. u. a. J. L. J. VAN DE VLIERVOET, P. WESTERHOF, J. A. KEVERLING BUISMAN und E. HAVINGA, R. **75**, 1179 (1956), sowie P. WESTERHOF und J. A. KEVERLING BUISMAN, R. **75**, 1243 (1956). Nachschrift bei der Korrektur: vgl. auch A. VERLOOP, A. L. KOEVOET u. E. HAVINGA, R. **76**, 689 (1957).

Die Konstitutionsaufklärung der in diesem Kapitel erwähnten Photoprodukte soll hier nicht besprochen werden, da vor kurzem H. LETTRÉ, H. H. INHOFFEN und R. TSCHESCHE eine ausgezeichnete Zusammenfassung veröffentlicht haben[1]. Diese geben auch eine Beschreibung des Versuches (und der Apparatur), welcher zur Synthese des *Vitamin* D_2 aus Ergosterin führte; Magnesiumfunken dienten als Lichtquelle.

Nach Auffassung der französischen Forscher handelt es sich bei dem reversiblen Übergang von Präcalciferol in *Tachysterin* um eine photochemische *cis-trans*-Isomerisierung, weitere Beispiele solcher Isomerisierungen werden weiter unten besprochen (vgl. S. 13).

Präcalciferol[2] (III). Ergosterin (I) (50 g) in Äther (4000 cm³) wird mit Magnesium-Licht bestrahlt. Die Hälfte des Äthers wird unterhalb 10° abdestilliert, es fällt nicht umgesetztes Ergosterin aus, das entfernt wird. Der Äther wird unter vermindertem Druck verjagt und der trockene Rückstand mit Methylalkohol (300 cm³) wieder aufgenommen. Kühlung (Eis-Kochsalz) bewirkt das Ausfällen weiterer Mengen Ergosterin, welche ebenfalls entfernt werden. Man destilliert den Methylalkohol im Vakuum bei 30° ab, der Rückstand wird in Benzol aufgenommen und nach Verjagen des Benzols bei 20° getrocknet. Man erhält ein Harz (19,4 g), welches in Benzol (60 cm³) und Pyridin (20 cm³) gelöst wird. Unter Eiskühlung fügt man nach und nach 3,5-Dinitrobenzoylchlorid (30 g) in Benzol (45 cm³) hinzu und läßt eine Stunde bei 15—20° stehen. Nach Waschen wird das Lösungsmittel bei 20° im Vakuum entfernt. Es bleibt Präcalciferol-dinitrobenzoat (30,4 g) zurück, welches mit Petroläther (400 cm³) und Benzol (40 cm³) behandelt wird; nach Filtrieren wird über 300 g neutralem Aluminiumoxyd chromatographiert. Man entwickelt mit Petroläther + 10% Benzol, bis die blaßgelbe Farbe am unteren Ende der Säule erscheint. Hierauf wird die Säule nach Farbzonen zerlegt, das Äther-Eluat der unteren Zone liefert einen Rückstand (13,1 g), der nach dem Aufnehmen mit Methyläthylketon (20 cm³) und absolutem Alkohol (120 cm³) Präcalciferol-dinitrobenzoat (8,5 g) lieferte. Hellgelbe Nadeln, F: 103—104°.

Präcalciferol wird durch Verseifen der hellgelben Kristalle bei Zimmertemperatur als farbloses Öl erhalten. $[\alpha]_D + 43° \pm 1°$ (1%ige Lösung in Benzol).

Lumiandrosteron aus Androsteron

Nach A. BUTENANDT[3] erleiden Steroidhormone mit einer Carbonylgruppe am C_{17} unter Wirkung von monochromatischem UV-Licht der Wellenlänge 313 mμ eine irreversible Isomerisierung, die in einer sterischen Umwandlung an dem der Ketogruppe benachbarten Asymmetriezentrum besteht. So geht z. B. Androsteron (I) in das Lumiandrosteron (II) über. In dem Bestrahlungsprodukt sind die Ringe C und D des Steranskelettes in cis-Stellung verknüpft.

[1] Über Sterine, Gallensäuren und verwandte Naturstoffe. Band I. Stuttgart: F. Enke 1954.

[2] VELLUZ, L., G. AMIARD u. A. PETIT: Bl. [5] **16**, 501 (1949).

[3] BUTENANDT, A., L. KARLSON-POSCHMANN, G. FAILER, U. SCHIEDT u. E. BIEKERT: A. **575**, 123 (1951).

Diese Epimerisierung und verwandte Reaktionen sind, was den Reaktionsmechanismus angeht, noch nicht geklärt. Die Epimerisierung läßt sich als Rekombination eines Photodiradikals (vgl. III, Teilformel) deuten. G. O. SCHENCK[1] weist darauf hin, daß zur Bildung von II möglicherweise bereits die Neueinstellung der Bindungswinkel und Abstände im angeregten Androsteron genügt, ohne daß die Bindung C_{13} — C_{17} gelöst wird.

Dies Problem hat sicherlich noch nicht das Interesse der Stereochemiker gefunden, welches es verdient.

Luminandrosteron (II). 3 g Androstenon (I) wurden in 100 cm³ Hexan gelöst und 4¹/₂ Std. mit dem Hanauer Einsteckbrenner bestrahlt. Nach Einengen der Lösung auf die Hälfte schieden sich Kristalle (F.: 225—230°, Pinakon, entstanden durch intermolekulare Reduktion) ab. Aus der Hexanmutterlauge der Bestrahlung schieden sich bei längerem Stehen 1,157 g eines Kristallgemisches aus, das bei 80—90° schmolz. Ein Teil des Gemisches ist in Methanol unlöslich, es kristallisierte aus Alkohol in glänzenden Blättchen (II), F.: 289—291°; $[\alpha]_D^{21} = +24°$.

12. Stereochemische Umwandlungen von Verbindungen der Äthylenreihe

Die Stereoisomerisierung von Verbindungen der Äthylenreihe im Licht gehört zu den längstbekannten und bestuntersuchten photochemischen Reaktionen. Für die präparative Chemie sind diese Reaktionen von großer Bedeutung, da sie in vielen Fällen die einfachste, in manchen Fällen die einzige Methode darstellen, um gewisse stereoisomere Formen zu erhalten.

Wiederholt ist es möglich gewesen, photochemisch sowohl die *cis-* in die *trans*-Form als auch die *trans-* in die *cis*-Form überzuführen. Hier sei auf die gegenseitige Überführung von *Fumar-* und *Maleinsäure* hingewiesen, es stellt sich bei der Bestrahlung mit ultraviolettem Licht ein von beiden Seiten erreichbares Gleichgewicht ein[2].

Falls jedoch die Absorptionsspektra der geometrischen Isomeren sehr verschieden sind, so ist es möglich, die photochemische Isomerisierung für eine *selektive Darstellung* des einen Isomeren zu verwenden; man arbeitet mit Licht, welches nur von der einen isomeren Form absorbiert wird, welche hierdurch isomerisiert wird. Das gebildete Isomere wird nicht isomerisiert, da es das eingestrahlte Licht nicht absorbiert[3].

In einer Reihe von Fällen war es vorteilhaft, die photochemischen Umlagerungen in Gegenwart von Sensibilisatoren durchzuführen; hier sei auf die Umlagerung von Maleinsäure in *Fumarsäure* hingewiesen, die im sichtbaren Licht sehr schnell vonstatten geht, wenn Spuren von Brom anwesend sind[4].

Früher wurde die Ansicht vertreten, daß das Brommolekül als solches bei der photochemischen Umlagerung eine Rolle spielt, jetzt wird aber

---

[1] SCHENCK, G. O.: Ang. Ch. **69**, 590 (1957).

[2] WARBURG, E.: Ber. Berl. Akad. **1919**, 960.

[3] Vgl. G. M. WYMAN: Chem. Rev. **55**, 628 (1955).

[4] WISLICENUS, J.: B. **29**, Ref. 1080 (1897); Ber. d. Königl. sächs. Akad. **47**, 489 (1895) zum Mechanismus vgl. a. EUGEN MÜLLER, Neuere Anschauungen der organ. Chemie, 2. Aufl., S. 99, Heidelberg, Springer 1957.

allgemein angenommen, daß *Halogenatome* und nicht Halogenmoleküle katalytisch wirksam sind[1].

Während die *cis-trans*-isomeren Diphenyläthylene im Licht eine gewisse Beständigkeit aufweisen, nimmt die Stabilität sehr ab, wenn man zu Verbindungen mit langen Ketten *konjugierter* Doppelbindungen übergeht. Die Empfindlichkeit gegen Licht ist bei diesen Verbindungen häufig so entwickelt, daß man bei ihrer Darstellung Licht möglichst ausschließen muß.

a) Einfache Äthylene

Fumarsäure[2]. Löst man Maleinsäure (2 g) in Wasser (5 g) und setzt ein wenig Bromwasser hinzu, so beginnt, wenn die Lösung dem Sonnenlicht ausgesetzt wird, schon nach 1 min die Kristallisation der Fumarsäure. Die Menge, welche von dieser so zu gewinnen ist, beträgt je nach der Stärke der Belichtung 82—93,5% der angewandten Maleinsäure; im Dunkeln aber scheidet sich selbst nach 4 Std. aus einer mit Brom versetzten Maleinsäurelösung keine Fumarsäure ab.

Fumarsäuredimethylester[3]. Wird in einer wäßrigen Lösung von Maleinsäuredimethyl-ester sehr wenig Quecksilber-(I)-nitrat unter geringem Zusatz von Salpetersäure zur Vermeidung der Hydrolyse aufgelöst und dieses Gemisch in einem Quarzglas vor die Quecksilberlampe gehalten, so fallen nach einigen Sekunden die Nadeln des festen, schwerlöslichen Fumarsäure-dimethylesters aus, während längeres Erwärmen keine Bildung von Fumarester zur Folge hat.

***cis*-Zimtsäure[4] (Allozimtsäure).** Eine Lösung der *trans*-Zimtsäure (3,5 g) in Benzol (100 g) setzt man in Uviolglasröhren von 2—3 cm lichter Weite den Strahlen einer Schottschen Uviollampe aus (100 Std.); die Ausbeute beträgt 25—30%. Verwendet man größere kugelförmige Uviolgefäße von 500 cm³ Inhalt, so ist die Ausbeute an Allosäure nach 147 Std. erst 13%. Es bilden sich daneben mehr oder minder reichliche Mengen eines gelblichen Harzes, das durch Auskochen der gefällten Bariumsalze mit Alkohol entfernt werden kann.

b) Polyene

Die große Leichtigkeit, mit welcher das Licht *cis-trans*-Umlagerungen bei Polyenen bewirkt, hat den Chemiker, welcher mit solchen Verbindungen, z. B. mit den Carotinoiden, arbeitet, vor große Schwierigkeiten gestellt. Es ergab sich, daß in einer Reihe von Fällen die Photoisomerisierung so leicht vonstatten geht, daß, um Produkte frei von Isomeren zu erhalten, die Synthese unter möglichstem Ausschluß von Licht durchgeführt werden mußte.

Bei der Trennung der stereoisomeren Gemische hat sich die *chromatographische* Analyse auf das beste bewährt[5].

Als Beispiele für die leichte Photoisomerisierung von Polyenen[6] mögen zwei gutuntersuchte Verbindungen dienen, nämlich das haupt-

---

[1] EGGERT, J., u. W. BORONSKI: Physik. Z. **24**, 504 (1923); **25**, 19 (1924); **26**, 865 (1926). — BERTHOUD, A., u. J. BERANEK: J. Chim. phys. **24**, 213 (1927).

[2] WISLICENUS, J.: B. **29**, Ref. 1080 (1897); Ber. d. Königl.-sächs. Akad. **47**, 489 (1895).

[3] BACHÉR, F.: In E. ABDERHALDENS „Handbuch der biologischen Arbeitsmethoden", Abt. I, Teil **2**, II, 1, S. 1821.

[4] BACHÉR, F.: In E. ABDERHALDENS „Handbuch der biologischen Arbeitsmethoden", Abt. I, Teil **2**, II, 1, S. 1831. — STOBBE, H., u. F. STEINBERGER: B. **55**, 2238 (1922).

[5] ZECHMEISTER, L., u. A. L. LEROSEN: Science **95**, 587 (1942).

[6] Hier sei auf die schon besprochene reversible Photoisomerisierung *Prädcalciferol* ⇆ *Tachysterin* verwiesen (vgl. S. 11).

sächlich von L. ZECHMEISTER und seiner Schule untersuchte *Diphenyloctatetraen* [$C_6H_5-(CH=CH)_4-C_6H_5$] sowie das von H. H. INHOFFEN synthetisierte *9,9'-Mono-cis-β-carotin*.

α) Diphenyloctatetraen

Nach ZECHMEISTER[1, 2] ist „gewöhnliches" Diphenyloctatetraen (I) die *all-trans*-Verbindung (vgl. A), welche durch Licht, z. B. durch Sonnenbestrahlung (Benzol-Hexanlösung), in das 3-mono-cis-Isomere B und das 1-mono-cis-Isomere C überführt werden kann.

$$C_6H_5-\overset{1}{C}H=\overset{2}{C}H-\overset{3}{C}H=\overset{4}{C}H-\overset{5}{C}H=\overset{6}{C}H-\overset{7}{C}H=H\overset{8}{C}-C_6H_5$$

I

Die stereoisomeren Diphenyloctatetraene lassen sich chromatographisch trennen. B (λ_{max}: 369–370 mμ in Hexan) bildet Kristalle, deren Schmelzpunkt fast 100° unter dem der *all-trans*-Form A liegt; C (λ_{max} 364 mμ in Hexan) ist ein (wahrscheinlich mikrokristallines) Pulver, außerdem wurde noch eine sehr kleine Menge eines öligen Isomeren erhalten. Das zu der Photoisomerisierung verwandte *all-trans*-Diphenyloctatetraen (λ_{max}: 371–372 mμ in Hexan) hatte F: 235° (evakuierte Capillare, schwache Zersetzung).

A

B C

***3-mono-cis*-Diphenyloctatetraen**[2] **(vgl. B).** 350 mg *all-trans*-Diphenyloctatetraen (vgl. A) in 500 cm³ warmem Benzol wurde mit Hexan verdünnt, bis das Gesamtvolumen 2500 cm³ war. Man füllte die Lösung in zehn Gefäße (Pyrexglas) und setzte sie 2 Std. starkem Sonnenlichte aus. Die Lösung wurde an einer Säule (30 × 7,2 cm) adsorbiert, die aus einer Mischung dreier Komponenten im Verhältnis 1:1:1 bestand; Verwendung fand „Magnesia" (Seasorb 43; Food Mach and Chem. Corp.) "lime" (Arrowhead, U.S. Lime Prod. Co. Los Angeles, Calif.) und „Celite" No 545 (Johns-Manville). Man entwickelte mit Benzol-Hexan (2:1) und später mit Benzol, wobei das *cis*-Isomere C in das Filtrat ging. Die *3-mono-cis*-Verbindung B bildete eine grünliche Zone (18 mm), sie zeigte schwächere Fluorescenz als eine Zone (50 mm) am oberen Ende der Röhre, welche die *all-trans*-Form enthielt. Die Zone (18 mm) wurde herausgeschnitten und mit Hilfe eines Trichters (mit Sinterglasplatte) eluiert; dies geschah durch abwechselndes Waschen mit Alkohol und Hexan, bis die Waschlösung keine Fluorescenz mehr zeigte. Man versetzte das Filtrat mit Wasser, wobei die Substanz quantitativ in das Hexan überging, welches man wusch, trocknete und verjagte. Man erhielt einen pulverförmigen, kristallinen Niederschlag, den man in möglichst wenig Chloroform (25°) löste und in ein Röhrchen überführte. Man fügte Methanol tropfenweise hinzu (rühren), bis die Flüssigkeit trübe wurde, dann setzte man die tropfenweise Zugabe von Methanol fort

[1] ZECHMEISTER, L., u. A. L. LEROSEN: Am. Soc. **64**, 2755 (1942).
[2] ZECHMEISTER, L., u. H. J. PINKARD: Am. Soc. **76**, 4144 (1954).

unter Kühlung (Eiswasser). Es schieden sich lange Prismen aus. Die Suspension wurde mit Methanol verdünnt (fünf- bis sechsfaches des Chloroformvolumens) und einige Stunden bei 0° gehalten. Man zentrifugierte und erhielt nach Kristallisation schwachgelbe Prismen, (Chloroform-Methanol) Ausbeute 17 mg, F: 139—141°.

Alle Operationen (nach der Bestrahlung) sind in Dunkelheit oder bei sehr schwachem Licht auszuführen.

β) 9,9'-Mono-cis-β-carotin

Nach H. H. INHOFFEN[1] sind alle *Carotinoid*-Lösungen lichtempfindlich, das Ausmaß der Veränderungen variiert jedoch stark und hängt sehr von der räumlichen Struktur ab. Sichtbares Licht ist wirksamer als ultraviolettes. Intensive Sonnenbestrahlung in Quarzgefäßen (unter Kohlendioxyd) hat sich bewährt; die Temperatur ist dabei möglichst niedrig zu halten, um die thermischen Reaktionen zurückzudrängen. Werden *all-trans*-Carotinoide bestrahlt, so finden sowohl *cis-trans*-Umlagerungen als auch irreversible Zersetzungen statt, beides setzt die Farbintensität herab. Poly-*cis*-verbindungen verhalten sich dagegen anders, hier überwiegt die durch sterische Umlagerung herbeigeführte, deutlich erkennbare Farbvertiefung alle anderen Effekte.

9,9'-Mono-cis-β-carotin (II) photoisomerisiert sich so leicht[2], daß bei der Synthese — katalytische Hydrierung von 9,9'-Dehydro-β-carotin (I) — und bei der Reinigung alle Operationen unter vollständigem Ausschluß von Licht, bzw. nur bei Rotlicht durchgeführt werden mußten.

Wurde das Mono-*cis*-β-carotin (II) in Hexan gelöst dem diffusen Tageslicht ausgesetzt, so konnte nach etwa 3 Std. eine nahezu restlose Umlagerung in *all-trans-β-Carotin* beobachtet werden, während der Bestrahlung wurde der „*cis-peak*" bei 338 mμ abgebaut.

Eine mit Jod versetzte Hexanlösung des 9,9'-Mono-cis-β-carotins blieb im Dunkeln 20 Std. praktisch unverändert, wurde jedoch eine solche Lösung dem Tageslicht ausgesetzt, so war bereits nach 3 min das Gleichgewicht erreicht. Allerdings erhielt man auf diese Weise ein anderes Gleichgewicht als allein durch Bestrahlung.

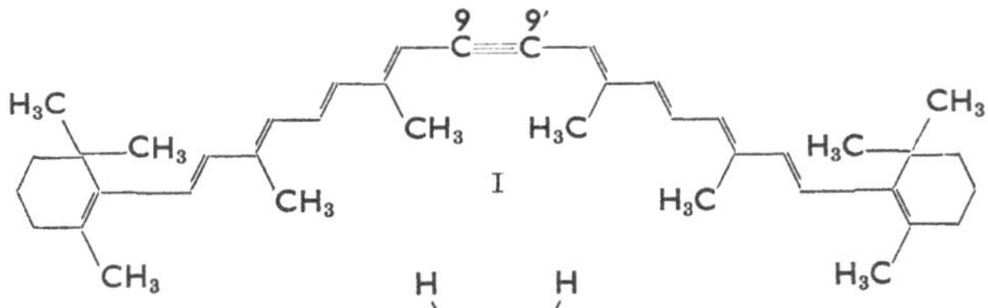

I

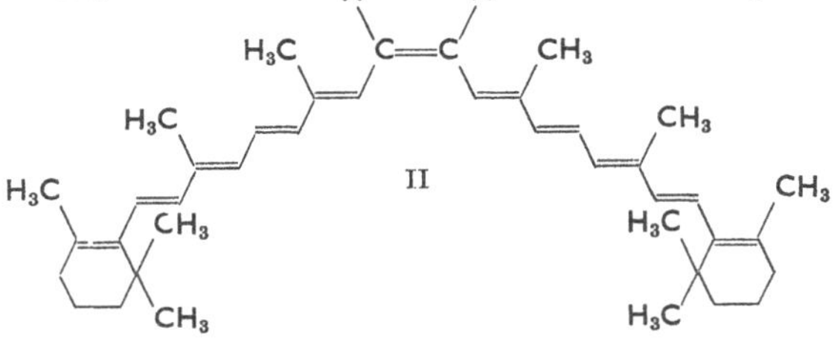

II

[1] INHOFFEN, H., u. H. SIEMER: In „Fortschritte der Chemie organischer Naturstoffe". Band IX, 6 (1952). Wien: Springer-Verlag.

[2] INHOFFEN, H., F. BOHLMANN u. G. RUMMERT: A. **571**, 75 (1951).

***all-trans*-β-Carotin**[1]. *cis*-β-Carotin (II) (2 mg) wurden in Hexan (25 cm^3) dem Tageslicht ausgesetzt und anschließend an einer Säule mit Aluminiumoxyd chromatographiert. Es wurde mit Cyclohexan-Alkohol eluiert. Absorptionsmessung zeigte das gleiche Spektrum wie das von reinem *all-trans*-β-Carotin. Nach dem Verdampfen des Lösungsmittels unter vermindertem Druck wurden aus Benzol-Methanol rote Kristalle (F: 178°) erhalten. Absorptionsmaxima: 452, 480 mμ.

c) Indigoide Systeme

α) *Indigo*

Versuche, Indigo, welches eine *trans*-Verbindung ist, photochemisch in das entsprechende *cis*-Produkt überzuführen, haben zu keinem Erfolg geführt. W. R. BRODE, E. G. PEARSON und G. M. WYMAN[2] haben gezeigt, daß das spektrale Verhalten von Indigolösungen in Chloroform sich beim Bestrahlen nicht ändert. Ähnlich verhalten sich die Lösungen von einer Anzahl halogensubstituierter Verbindungen der Indigoreihe, z. B. *5,5'-Dibromindigo.*

Die große photochemische Stabilität des Indigos kann durch Formel I erklärt werden, durch *Wasserstoffbrücken* ist die *trans*-Form stabilisiert.

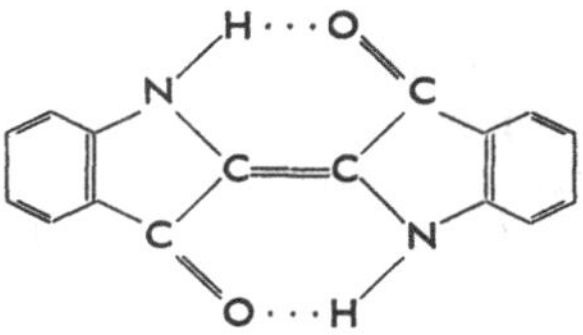

I

Im Einklang mit dieser Annahme ist die Entdeckung, daß Benzollösungen des N,N'-*Diacetylindigo* phototropes Verhalten zeigen; bei dieser Verbindung ist eine Stabilisierung der *trans*-Form durch Wasserstoffbrücken unmöglich.

β) *Thioindigo*[3]

Benzollösungen dieser Substanz enthalten sowohl die *cis*- als auch die *trans*-Form. Die relative Konzentration dieser Isomeren hängt u. a. davon ab, ob die Lösung bestrahlt wird oder nicht. Die Wellenlänge des Lichtes, welches zur Bestrahlung verwendet wird, ist auch von Einfluß. Bestrahlung mit langwelligem Licht fördert die Bildung der *cis*-Form, während Erhitzen in der Dunkelheit oder Bestrahlung mit UV-Licht die entgegengesetzte Wirkung hat. Die Trennung der Isomeren wurde durch chromatographische Adsorption in der Dunkelheit durchgeführt.

Interessant ist die Beobachtung, daß Thioindigo in konzentrierter Schwefelsäure nicht photoisomerisiert wird; dies wird durch die Annahme erklärt, daß Thioindigo in Schwefelsäure das Dikation II bildet; durch Wasserstoffbrücken ist die *trans*-Stellung stabilisiert[4, 5].

---

[1] INHOFFEN, H. H., F. BOHLMANN u. G. RUMMERT: A. **571**, 82 (1951).
[2] BRODE, W. R., E. G. PEARSON u. G. M. WYMAN: Am. Soc. **76**, 1034 (1954).
[3] WYMAN, G. M., u. W. R. BRODE: Am. Soc. **73**, 1487 (1951).
[4] BRODE, W. R., u. G. M. WYMAN: Am. Soc. **73**, 4267 (1951).
[5] WYMAN, G. M: Chem. Rev. **55**, 642 (1955).

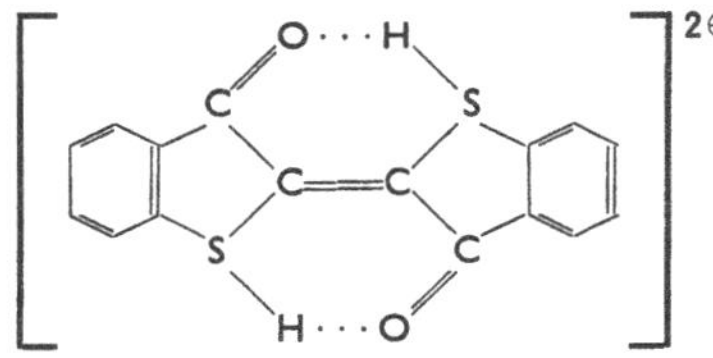

II

***cis*-Thioindigo**[1]. Thioindigo (0,010 g) in Benzol (50 cm³) wurde mit gelbem Licht ($\lambda > 520$ mμ) bestrahlt (20 min). Die Lösung wurde dann durch eine Röhre gegossen, welche mit Kieselgel gefüllt war. Der dunkle Ring — gebildet durch den adsorbierten Farbstoff — am oberen Ende der Röhre, wurde dauernd eluiert (Benzol, etwa 1000 cm³). Nach Beendigung der Elution konnte eine farblose Zone beobachtet werden, welche einen schmalen kastanienbraunen Ring am oberen Ende der Röhre von einer diffusen blauen Zone weiter unten trennte. Man saugte die Röhre trocken, hierauf wurden die Farbstoffe aus den getrennten Zonen herausgelöst. Alle Operationen wurden in einem verdunkelten Zimmer vorgenommen, welches nur durch tiefrotes Licht geringer Intensität ($\lambda > 600$ mμ) beleuchtet war; dieses Licht wird von beiden stereoisomeren Formen des Thioindigos nicht absorbiert.

Der Unterschied der Farbe von *cis*- und *trans*-Thioindigo (in Benzol) ist sehr auffällig, die Lösung der *cis*-Form ist gelborange, während die Lösung der *trans*-Form purpurrot ist. Die *cis*-Form wird bei dem chromatographischen Prozeß stärker adsorbiert und bleibt am oberen Ende der Säule, die *trans*-Form wird leichter eluiert.

13. Azobenzol in *cis*-Azobenzol

Die Überführung des gewöhnlichen (*trans*) Azobenzols (stabile Form) in das „*cis*"-Isomere wurde zuerst von G. S. Hartley[2] durchgeführt. Er bestrahlte Azobenzol-Lösungen mit Sonnen- oder UV-Licht und erhielt die *cis*-Form durch fraktionierte Kristallisation. In den Lösungen findet neben der (langsamen) thermischen Isomerisierung, welche zur Bildung der *trans*-Form führt, eine viel schneller verlaufende Photoisomerisierung statt, welche zur Bildung der *cis*-Form führt. Die Lage des Gleichgewichtes hängt von der Natur und der Temperatur des Lösungsmittels ab.

Auf die Möglichkeit der chromatographischen Trennung der beiden stereoisomeren Azobenzole wurde fast gleichzeitig von A. H. Cook[3] und von L. Zechmeister[4] hingewiesen; von A. H. Cook wurde eine Methode ausgearbeitet, die sich für die Darstellung des *cis-Azobenzols* und einiger seiner Derivate, z. B. des *cis-p-Benzolazotoluols*, sehr bewährt hat.

Chromatographische Methoden wurden auch von M. Frankel[5] bei der Darstellung von *cis-2,2'-Azonaphthalin* und des *1,2'-cis-Azonaphthalins* angewandt; hier war es nötig, die Untersuchung bei 0° durchzuführen wegen der großen Tendenz der *cis*-Form, thermisch in das

---

1 Wyman, G. M., u. W. R. Brode: Am. Soc. **73**, 1487 (1951).
2 Hartley, G. S.: Nature **140**, 281 (1937); Soc. **1938**, 633.
3 Cook, A. H.: Soc. **1938**, 876.
4 Zechmeister, L., O. Frehden u. P. F. Jörgesen: Naturwiss. **26**, 495 (1938).
5 Frankel, M., R. Wolovsky u. F. Fischer: Soc. **1955**, 3441.

trans-Produkt überzugehen. M. FRANKEL et al. weisen auf die Bedeutung der Papier-Chromatographie für die Mikrotrennung von *cis*- und *trans*-Azoverbindungen hin.

N. CAMPBELL et al.[1] haben durch Bestrahlung (UV-Licht) von Lösungen des *2,2'-Azopyridins* die *cis*-Form erhalten, zur Trennung wurde auch hier die chromatographische Methode angewandt. Es ist bemerkenswert, daß die *cis*-Verbindung fast unlöslich in Wasser ist, während die *trans*-Verbindung sehr löslich ist.

***cis*-Azobenzol**[2]. *trans*-Azobenzol (1 g) in 50 cm^3 Petroläther wurde in einer Entfernung von 30—35 cm bestrahlt (30 min, Hg-Dampflampe). Die Lösung, die eine rote Farbe angenommen hatte, wurde durch eine Säule von Aluminiumoxyd (Merck) (20 × 2 cm) filtriert und dann mit 100 cm^3 Petroläther gewaschen. Unveränderte *trans*-Verbindung wurde ausgewaschen, aber das *cis*-Produkt blieb absorbiert (scharfe Zone, 4 cm lang, 1 cm vom oberen Ende der Säule). Hierauf Elution der Randzone mit 150 cm^3 Petroläther, welcher 1% Methanol enthielt. Der Petroläther wurde filtriert und, nach Entfernung des Methanols durch Waschen mit Wasser, getrocknet (Natriumsulfat); man verjagte den Petroläther unter vermindertem Druck unterhalb 22°. Die zurückbleibenden Kristalle wurden aus etwas kaltem Petroläther umkristallisiert, orangerote Plättchen, F: 71°; starke Depression des F., wenn gemischt mit der *trans*-Verbindung.

Im festen Zustand ist die *cis*-Verbindung in der Dunkelheit beständig[3].

14. *Syn-anti*-Umlagerungen der Oxime

Ebenso wie Olefinisomere durch Einwirkung von Licht ineinander überführt werden können, lassen sich gewisse Oxime — und zwar sowohl Aldoxime als auch Ketoxime[4] — durch Licht in stereoisomere Formen überführen, was häufig wie bei den Äthylenisomeren zu einem photochemischen Gleichgewicht zwischen den beiden stereoisomeren Formen führen kann.

Eine teilweise Isomerisierung erleiden auch O-*Äther* der *Oxime*, untersucht wurden mit Erfolg die O-*Methyläther* des m- und p-*Nitrobenzaldoxims*[5] und der O-*Benzyläther* des p-*Nitrobenzaldoxims*[6].

***syn*-p-Nitrobenzaldoxim**[7]. *anti*-p-Nitrobenzaldoxim (F: 129°) (2 g) in Benzol (40 cm^3) wurde in einer zugeschmolzenen Glasröhre dem Sonnenlicht ausgesetzt (10 Tage); nach dieser Zeit hatten sich lange Kristalle der *syn*-Verbindung ausgeschieden, sie hatten F: 153° und nach Umkristallisieren aus Aceton und Wasser F: 175°.

15. N-Phenylnitrone in Carbonsäureanilide

Die wohl am besten untersuchte Reaktion dieser Art ist die von L. CHARDONNENS[8] durchgeführte Umlagerung von 9-Acridyl-N-phenyl-

---

[1] CAMPBELL, N., A. W. HENDERSON u. D. TAYLOR: Soc. **1953**, 1281.

[2] COOK, A. H.: Soc. **1938**, 876.

[3] HARTLEY, G. S.: Soc. **1938**, 633.

[4] CIAMICIAN, G., u. P. SILBER: B. **36**, 4266 (1903). — STOERMER, R.: B. **44**, 667 (1911).

[5] BRADY, O. L., u. F. P. DUNN: Soc. **103**, 1620 (1913).

[6] BRADY, O. L., u. G. P. MCHUGH: Soc. **125**, 549 (1924).

[7] BRADY, O. L., u. F. P. DUNN: Soc. **103**, 1623 (1913).

[8] CHARDONNENS, L., u. P. HEINRICH: Helv. **32**, 656 (1949).

nitron (I) in *Acridin-9-carbonsäureanilid* (II):

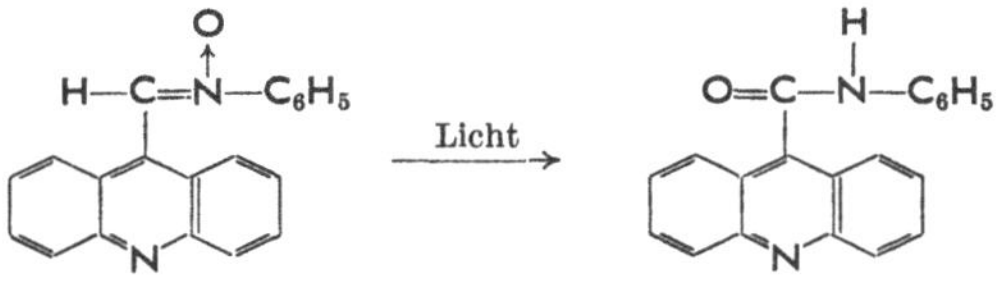

I II

In diesem Zusammenhang sei auch auf die Versuche von B. M. MAKHAILOV und G. Ss. TER-SARKISYAN[1] hingewiesen, welche 9-Methyl-1,2-benzacridin und p-Nitrosodimethylanilin in alkoholischer Lösung mit dem Lichte einer Quarzquecksilberlampe bestrahlten. Sie erhielten eine Mischung des *Nitrons* III und des p-*Dimethylamino-anilids* der *1,2-Benzo-acridin-9-carbonsäure* (IV). Die russischen Forscher nehmen an, daß das Anilid aus dem Nitron durch photochemische Umlagerung entstanden sei.

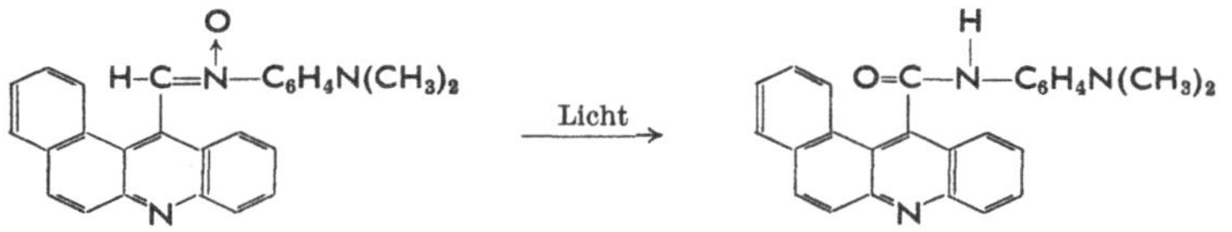

III IV

Acridin-9-carbonsäureanilid[2] (II). Man brachte 9-Acridyl-N-phenylnitron (I) in dünner Schicht auf ein Uhrglas, befeuchtete mit Aceton und bedeckte mit einem zweiten Uhrglas. Während der Bestrahlung (Sonnenlicht, 8 Tage, Schweiz) wurde verdunstetes Aceton durch neue Mengen ersetzt. Das Reaktionsprodukt erwies sich als nicht mehr vollständig löslich in siedendem Benzol, der Rückstand (II) kristallisierte aus Eisessig in kleinen gelben Prismen, F: 315°.

16. Chinoxalin-monoxyd und Chinoxalin-dioxyd

Chinoxalin-mono-oxyd (I) in Wasser wird durch Licht in *2-Oxy-chinoxalin* (II) überführt; Chinoxalin-dioxyd (III) liefert unter diesen Bedingungen *2-Oxy-chinoxalin-4-oxyd*[3] (IV):

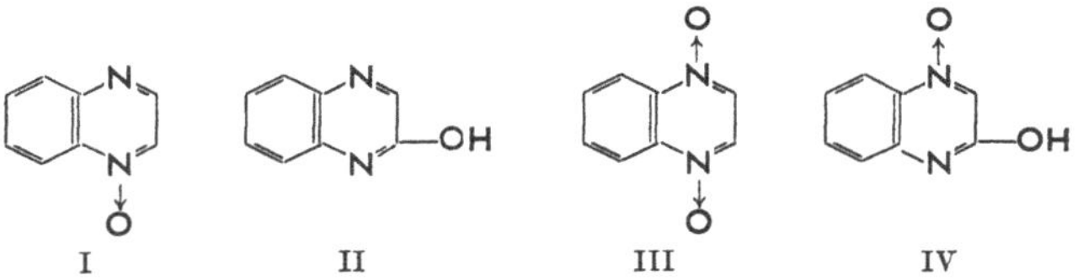

I II III IV

2-Oxy-chinoxalin-4-oxyd (IV). Chinoxalin-dioxyd (III) (7,5 g) in 500 cm³ Wasser wurde in einem Glasgefäß dem direkten Sonnenlicht ausgesetzt, IV begann nach 2—3 Std. sich auszuscheiden; es war verunreinigt mit etwas III, welches man durch Erwärmen in Lösung brachte. Nach zwei Wochen wurde der Niederschlag (3 g) abfiltriert und in verdünnter Natronlauge gelöst; nach Behandlung mit Kohle wurde mit Essigsäure gefällt. IV kristallisierte aus Eisessig in gelb-braunen Prismen, F: 274—275°.

[1] MAKHAILOV, B. M., u. G. Ss. TER-SARKISYAN: Bull. Acad. Sci. USSR, 1954, 656.
[2] CHARDONNENS, L., u. P. HEINRICH: Helv. **32**, 656 (1949).
[3] LANDQUIST, J. K.: Soc. **1953**, 2830.

17. Azoxybenzol in o-Oxy-azobenzol

Die Lichtempfindlichkeit der Azoxy-verbindungen[1, 2] haben G. M. BADGER und R. G. BUTTERY[3] näher untersucht. Sie fanden, daß die Isomerisierung, welche im Falle des Azoxy-benzols zur Bildung von o-Hydroxyazobenzols führt, so verläuft, daß das Sauerstoffatom zu dem nichtbenachbarten Ring wandert. Die photochemische Umlagerung von α-4-Bromazoxybenzol (I) führt zur Bildung von 4-Brom-2-oxyazobenzol (II), ähnlich verläuft die Umlagerung von 2,2'-Azoxy-naphthalin in 1-Oxy-2,2'-azonaphthalin.

I —Licht→ II

Es scheint, daß die o-Isomeren ausschließlich gebildet werden. G. M. BADGER und R. G. BUTTERY weisen darauf hin, daß die durch Säuren bewirkte Umlagerung von Azoxybenzol und verwandter Verbindungen hauptsächlich zur Bildung von p-Hydroxy-azo-benzolen führt, die o-Isomeren entstehen nur als Nebenprodukte.

Das Lösungsmittel hat auf die photochemische Umlagerungsgeschwindigkeit der Azoxyverbindungen einen großen Einfluß, sie ist gering im Benzol und verhältnismäßig schnell in Äthylalkohol. Die Ausbeuten sind schlecht (5—15%) bei einer Bestrahlung von 30 Tagen.

1-Oxy-2,2'-azonaphthalin[3]. Eine Chloroformlösung von 2,2'Azoxy-naphthalin wurde dem Sonnenlicht ausgesetzt (30 Tage, Süd-Australien). Nach Verjagen des Chloroforms wurde in Benzol gelöst und über Aluminiumoxyd chromatographiert. Man erhielt unverändertes Ausgangsmaterial und 1-Oxy-2,2'-azonaphthalin (rotbraune Nadeln, F: 168° [aus Alkohol]).

18. Hinweis auf weitere Reaktionen

Isomerisierung aromatischer Nitro- zu Nitrosoverbindungen (vgl. S. 156) zu Isatogenen (vgl. S. 161). Isomerisierung von Nitrosoverbindungen zu Oximen (vgl. S. 246).

Isomerisierung von 1,1,1-Trichlor-2-brompropen (vgl. S. 235).

Bildung von Oximen (vgl. S. 246).

II. Photodimerisierung

1. Aliphatische Fluorverbindungen

a) Trifluornitrosomethan

J. JANDER und R. N. HASZELDINE[4] haben gefunden, daß das blaue Trifluornitrosomethan (I) bei Bestrahlung mit UV-Licht in ein rotbraunes Gas von doppeltem Molekulargewicht übergeführt wird. Dieses

[1] CUMMING, W. M., u. J. K. STEEL: Soc. **123**, 2464 (1923).
[2] CUMMING, W. M., u. G. S. FERRIER: Soc. **127**, 2374 (1925).
[3] BADGER, G. M., u. R. G. BUTTERY: Soc. **1954**, 2243.
[4] JANDER, J., u. R. N. HASZELDINE: Soc. **1954**, 696.

ist nicht N-Nitroso-O, N-bistrifluormethylhydroxylamin (III) wie sie vermuteten, sondern O-Nitroso-bis-trifluormethyl-hydroxylamin (II)[1].

$$\underset{\text{I}}{2\ F_3C{-}NO} \xrightarrow{\text{Licht}} \underset{\text{II}}{(F_3C)_2N{-}O{-}NO} \qquad \underset{\text{III}}{(F_3C{-}O)(F_3C)N{-}NO}$$

Es wird folgender Reaktionsmechanismus vorgeschlagen:

$$F_3CNO \xrightarrow{\text{Licht}} F_3C\cdot + NO$$
$$F_3C\cdot + F_3C{-}NO \longrightarrow (F_3C)_2N{-}O\cdot$$
$$(F_3C)_2N{-}O\cdot + NO \longrightarrow (CF_3)_2N{-}O{-}NO$$
$$(F_3C)_2N{-}O\cdot + F_3C{-}NO \longrightarrow (F_3C)_2N{-}O{-}NO + F_3C\cdot$$

Es liegt ein Radikalkettenmechanismus vor, die Ausbeuten sind, wie es bei Umsätzen dieser Art häufig ist, sehr gut[2].

O-Nitroso-bis-trifluormethylhydroxylamin (II)[1]. Trifluornitrosomethan (I) (0,0566 Mol) in einer zugeschmolzenen Quarzröhre (188 cm^3) wurden den sichtbaren und unsichtbaren Strahlen einer UV-Lampe (Hanovia Arc) ausgesetzt (40 Std.). Der untere Teil der Röhre (5 cm) war mit schwarzem Papier bedeckt, um flüssiges Material von weiteren Einwirkungen der Strahlen zu schützen. Das Reaktionsprodukt wurde unter vermindertem Druck destilliert, man erhielt I (18%), Kohlendioxyd (4%), welches von I durch Behandlung mit Natronlauge getrennt wurde und II (96%), (berechnet unter Zugrundelegung der umgesetzten Mengen I), Kp. 10°, rotbraune Flüssigkeit, die beim Kühlen ein gelbes, festes Produkt bildet.

b) Perfluorjod-äthylen

Die von J. D. PARK[3] untersuchte Dimerisierung von Perfluorjodäthylen führt zur Bildung von *4,4-Dijod-perfluorbuten-1* (II):

$$\underset{\text{I}}{2\ CF_2{=}CFJ} \xrightarrow{\text{UV-Licht}} \underset{\text{II}}{CF_2{=}CFCF_2CFJ_2}$$

Zur Erklärung des Umsatzes wird die photochemische Bildung des „freien" Radikals III angenommen.

$$CF_2{=}CFJ \rightarrow \underset{\text{III}}{CF_2{=}CF\cdot} + J\cdot$$

Die Bildung von II ist nur ein Sonderfall einer allgemeinen Reaktion und wird zusammen mit ähnlichen Prozessen später behandelt (vgl. S.88).

2. Cyclobutanderivate aus ungesättigten Verbindungen

Die Bildung von Cyclobutanderivaten aus ungesättigten Verbindungen

$$2\ {>}C{=}C{<} \longrightarrow \begin{array}{c} {>}C{-}C{<} \\ | \quad\; | \\ {>}C{-}C{<} \end{array}$$

[1] HASZELDINE, R. N., u. B. J. H. MATTINSON: Soc. **1957**, 1741.

[2] MASSON, G. R., V. BOEKELHEIDE u. W. A. NOYES, jr., Technique of Organic Chemistry, Volume II, S. 359. Interscience Publishers, Inc., New York (1956).

[3] PARK, J. D., R. J. SEFFL u. J. R. LACHER: Am. Soc. **78**, 59 (1956).

ist eine der ältesten und bestuntersuchten Reaktionen der Photochemie. Das erklärt sich nicht nur durch die große Zahl und die Verschiedenheit des Typs der Verbindungen, welche die „Cyclobutan-Reaktion" zeigen, sondern auch durch die Tatsache, daß die gebildeten 4-gliedrigen Verbindungen von großem stereochemischem Interesse sind und daher, z. B. im Falle der Truxillsäuren, eingehend untersucht worden sind. Hervorgehoben soll auch werden, daß eine Reihe von Naturstoffen (z. B. Cumarin) diese Reaktion zeigen und daß, wie bei dem Stilbamidin weiter unten gezeigt wird, die Butanreaktion auch Interesse für den pharmazeutischen Chemiker hat.

In vielen Fällen ist beobachtet worden, daß aus photochemisch erhaltenen Cyclobutanderivaten thermisch die Monomeren erhalten werden können; eine Ausnahme macht das Photodimere des Thionaphthen-1,1-dioxyds (vgl. S. 35).

Viele der ungesättigten Verbindungen, die photochemisch in Cyclobutanderivate überführt werden können, unterliegen auch der Photoisomerisierung (Stilben → *Isostilben*).

a) Stilben, Stilbamidin, Acenaphthylen, Stilbazole und verwandte Verbindungen

Es handelt sich bei der Mehrzahl der in der Überschrift genannten Verbindungen um solche der allgemeinen Formel ArC=CAr', in welcher Ar für einen aromatischen oder für den Pyridin-Rest steht (Tabelle).

Tabelle 1

Stilben[1]
Acenaphthylen[2] (I)
Stilbamidin[3]
9-Benzylidenanthron[4] (II)
Benzylidenphthalid[5] (III)
6-Styryl-2,4-dichlor-3-cyan-pyridin[6] (IV)
2-Benzal-chinaldin[7] (V)

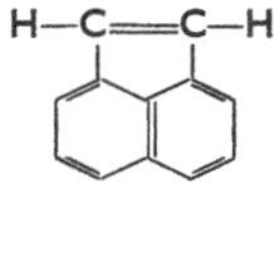

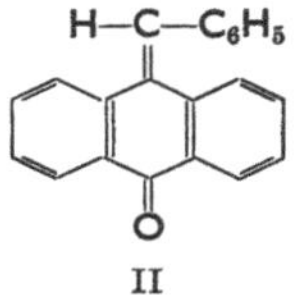

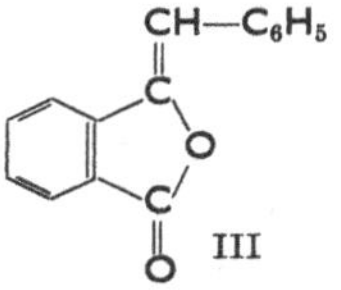

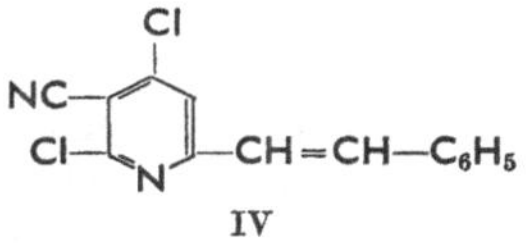

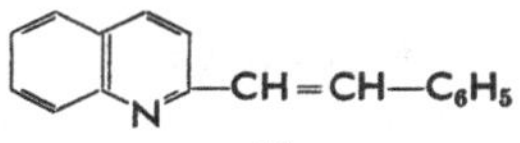

Die Photodimerisierung des Stilbens wurde zuerst von G. Ciamician und P. Silber[8] beobachtet, welche eine Benzollösung von Stilben zwei Jahre lang dem Sonnenlicht (Bologna) aussetzten. J. D. Fulton[9]

[1] Siehe Seite 23.
[2] Siehe Seite 25.
[3] Siehe Seite 24.
[4] Mustafa, A., u. A. M. Islam: Soc. **1949**, Suppl. 81.
[5] Schönberg, A., N. Latif, R. Moubasher u. W. I. Awad: Soc. **1950**, **374**.
[6] Koller, G.: B. **60**, 1920 (1927).
[7] Henze, M.: B. **70**, 1273 (1937).
[8] Ciamician, G., u. P. Silber: B. **35**, 4128 (1902).
[9] Fulton, J. D.: Brit. J. Pharmacol. **3**, 75 (1948).

setzte Stilben (1 g) in Benzol (10 cm³) in einer zugeschmolzenen Röhre dem Sonnenlicht (nicht sehr intensiv) aus (6 Wochen), konnte aber keine Dimerisation beobachten, jedoch führte eine Bestrahlung mit der Quecksilberdampflampe zu demselben Produkt, welches G. CIAMICIAN schon beschrieben hatte. Nach J. D. FULTON und J. D. DUNITZ[1] ist VI die Formel des Dimeren.

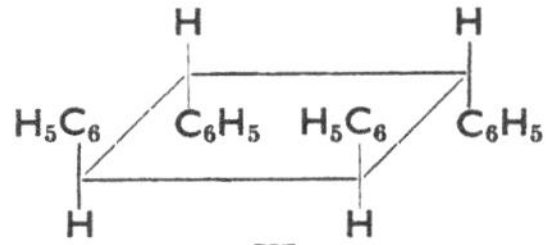

VI

1,2,3,4-Tetraphenyl-cyclobutan[2] (VI). Stilben (1 g) in reinem Benzol (10 cm³) wurden 14 Std. belichtet (Quecksilberdampflampe); als Reaktionsgefäß diente eine Quarzzelle, welche eine Tiefe von 1 cm hatte. Nach Beendigung der Bestrahlung wurde das Lösungsmittel unter vermindertem Druck abdestilliert und der kristalline Niederschlag in Äther aufgenommen. Die konzentrierte Lösung lieferte feine Prismen (60 mg), welche leicht von den charakteristischen Platten des Stilbens unterschieden werden konnten. Die Prismen wurden aus Äther umkristallisiert, F: 163°.

Als Stilbamidin ist das trans-4,4'-Diamidino-stilben-di-(β-oxyäthansulfonat) ($C_{16}H_{16}N_4 \cdot 2\,(HO-CH_2CH_2-SO_3H)$) (vergl. VII) bekannt, welches u. a. bei der Bekämpfung der Schlafkrankheit verwandt wird.

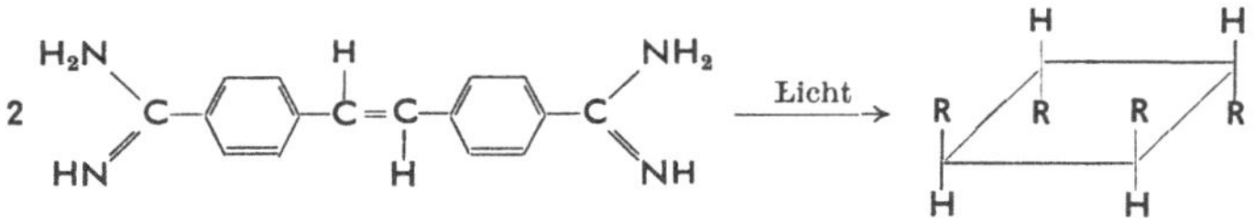

VII —Licht→ VIII (R = IX)

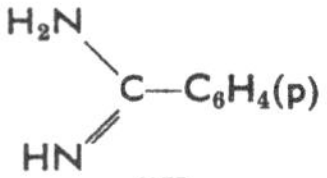

IX

VIII (R = IX) —Verseifung→ VIII (R = C_6H_4COOH(p)) —Chinolin / Cu-Bronce→ VIII (R = C_6H_5)

C. BOWESMAN[3] beobachtete, daß die Giftigkeit von Stilbamidin-Lösungen zunahm, wenn man sie stehen ließ. J. D. FULTON und W. YORKE[4] zeigten, daß die Zunahme der Giftigkeit mit photochemischen Veränderungen zusammenhängt. J. D. FULTON, J. D. DUNITZ und A. J. HENRY[5] stellten fest, daß in wäßrigen Lösungen Stilbamidin, welches die *trans*-Verbindung ist, teilweise in die *cis*-Verbindung überführt wird und teilweise zu *1,2,3,4-Tetra-(4'-amidinophenyl)-cyclo-butan* (VIII, R = IX) dimerisiert wird, welches als *Sulfat* ($C_{32}H_{32}N_8$, $2\,H_2SO_4$, $8\,H_2O$) isoliert wurde. Die Stereochemie dieses Cyclobutans konnte durch

[1] FULTON, J. D., u. J. D. DUNITZ: Nature **160**, 161 (1947).
[2] FULTON, J. D.: Brit. J. Pharmacol. **3**, 75 (1948).
[3] BOWESMAN, C.: Ann. Trop. Med. **34**, 217 (1940).
[4] FULTON, J. D., u. W. YORKE: Ann. Trop. Med. **36**, 134 (1942).
[5] FULTON, J. D., u. J. D. DUNITZ: Nature **160**, 161 (1947). — FULTON, J. D.: Brit. J. Pharmacol. **3**, 75 (1948). — HENRY, A. J.: Soc. **1946**, 1156.

seine Überführung in *Tetraphenyl-cyclobutan* (Vl) (F: 163°) sichergestellt werden; es liegt eine Verbindung mit *zentro*symmetrischen Molekülen vor (vgl. S. 24).

1,2,3,4-Tetra(4′-amidinophenyl)-cyclobutan[1] **(VIII, R = IX).** 4,4′-Diamidinostilben-di-(β-oxyäthansulfonat) (50 g) wurde in wäßriger Lösung (1%ig) in Gefäßen (Pyrexglas) dem direkten Sonnenlicht ausgesetzt; in jedem Gefäß befand sich 500 cm^3 Lösung. Diese Lösungen, wenn frisch bereitet, gaben vor der Bestrahlung einen voluminösen Niederschlag, wenn das gleiche Volumen verdünnter Schwefelsäure hinzugefügt wurde. Nach Bestrahlung der Lösungen (2 Tage) trat diese Fällung jedoch nicht mehr sofort ein. Nach Beendigung der Bestrahlung (1 Woche) gab man ein gleiches Volumen 2 n-Schwefelsäure hinzu, beim Stehen schieden sich Kristalle (33 g) ab. Man konzentrierte unterhalb 50° und unter vermindertem Druck zu 1800 cm^3 und erhielt beim Stehen eine weitere Menge Kristalle (1,9 g). Die Verbindung wurde aus Wasser umkristallisiert — sie ist schwer löslich in Wasser — und in kurzen Stäbchen ($C_{32}H_{32}N_8$, $2H_2SO_4$, $8H_2O$) erhalten (F: 280 bis 290°).

Unsere Kenntnis von der Photodimerisierung des Acenaphthylens (I) verdanken wir hauptsächlich K. Dziewonski und seiner Schule[2], welche fanden, daß im Sonnenlicht Acenaphthylen zwei dimere Produkte bildet, welche als *cis*- und *trans*-Form angesehen werden, und für die der Name *Heptacylene* vorgeschlagen wurde.

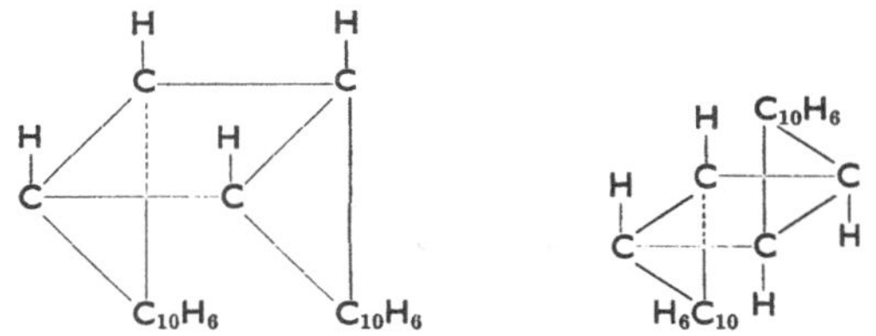

Die Dimerisation des Acenaphthylens bildet eine ziemlich langsam verlaufende photochemische Reaktion, bei welcher eine gute Ausbeute nur bei Bestrahlung im direkten und sehr intensiven Sonnenlicht zu erlangen war. Die Konzentration der zur Belichtung angewandten Lösung wie auch die Art des Lösungsmittels sind ohne größeren Einfluß auf die Gesamtausbeute beider Dimerisationsprodukte; sie scheinen aber das quantitative Verhältnis der einzelnen Reaktionsprodukte erheblich zu beeinflussen. So bemerkte man z. B., daß bei Belichtung von verdünnten Acenaphthylenlösungen im Benzol sich verhältnismäßig mehr *α-Heptacylen* bildete als bei Anwendung konzentrierter Lösungen. Wurde das Acenaphthylen in Ligroin belichtet, so ließ sich hauptsächlich das niedriger schmelzende *β-Heptacylen* (F: 232—234°) feststellen.

Beide Formen werden durch kurzes Erhitzen auf ihre Schmelztemperatur teilweise in ihre Stammsubstanz (I) zurückverwandelt.

Die β-Form ist leichter in Benzol löslich als das α-Isomere; der Unterschied in der Löslichkeit ermöglicht ein rasches und bequemes Trennen.

---

[1] Fulton, J. D.: Brit. J. Pharmacol. **3**, 75 (1948).

[2] Dziewonski, K.: B. **45**, 2491 (1912). — Dziewonski, K., u. C. Paschalski: B. **46**, 1986 (1913).

α- und β-Heptacylen[1]. 10 g Acenaphthylen, gelöst in 50 cm^3 Benzol, wurden während 2 Monaten (August—September; Krakau) bei ziemlich trübem Wetter dem Sonnenlicht ausgesetzt. Nach dieser Zeit schied sich ein grobkristalliner Niederschlag aus, der abfiltriert, mit siedendem Alkohol gewaschen und in viel siedendem Benzol gelöst wurde. Nach Erkalten der Benzollösung kristallisierte der bei 306—307° schmelzende Kohlenwasserstoff in haarfeinen, weißen Nadeln aus, während der andere (F: 232—234°) aus der eingedampften Mutterlauge in monoklinen Prismen ziemlich rein erhalten werden konnte. Die Ausbeute an rohem, beide Heptacylene enthaltendem Dimerisationsprodukt betrug etwa 3 g (30% der angewandten Acenaphthylen-Menge), davon 2 g α- und 1 g β-Heptacylen. Es ist ratsam, wegen des ziemlich rasch bei dieser Reaktion eintretenden Gleichgewichtszustandes das Reaktionsprodukt in dem Maße, wie es sich ausscheidet, der belichteten Lösung zu entziehen; andernfalls beträgt die Ausbeute nur 20—30%. α-Heptacylen (F: 306—307°) bildet farblose, seidenglänzende Nadeln.

Dimeres des 6-Styryl-2,4-dichlor-3-cyan-pyridins[2] **(IV).** Das Pyridinderivat (0,3 g) wurde zwischen Glasplatten dem zerstreuten Sonnenlicht (Wien) ausgesetzt; bereits nach einigen Stunden war die oberste Schicht der gelben Verbindung gebleicht. Unter mehrmaligem Umwenden wurde einige Tage belichtet, wobei direktes Sonnenlicht vermieden wurde. Bei der Betrachtung unter dem Mikroskop zeigte sich ein Zerfall der ursprünglich gelben Nadeln in trübe, farblose Kristalle, der Schmelzpunkt war von 196° auf 212—213° hinaufgegangen. Nach dem Umlösen aus etwa 40 cm^3 97%igem Alkohol wurde eine farblose, nur langsam kristallisierende Substanz (0,23 g) erhalten (F: 213—214,5° nach Sintern).

b) α,β-ungesättigte Ketone

Eine große Anzahl α,β-ungesättigter Ketone ist durch Licht in Cyclobutane überführt worden[3]; es handelt sich sowohl um Verbindungen, deren Doppelbindung keinem Ringsystem angehört (z. B. Chalkon) als auch um α,β-ungesättigte cyclische Ketone, z. B. p-Chinone. Eine Übersicht gibt die folgende Tabelle:

Tabelle 2

Benzalacetophenon und Derivate[4]	2-Methyl-3-phenylindon[7] (I)
Dibenzal-acetophenon[5]	Thymochinon[8]
3-Methylcyclohexenon[6]	1,4-Naphthochinon[9]
3,5-Dimethyl-cyclohexenon[5]	2-Methyl-1,4-naphthochinon[10]
Piperiton[5]	2-Phenyl-1,4-naphthochinon[11]

C—C_6H_5
C—CH_3
C
O I

[1] DZIEWONSKI, K., u. C. PASCHALSKI: B. **46**, 1986 (1913).
[2] SPÄTH, E., u. G. KOLLER: B. **58**, 2124 (1925).
[3] Vgl. A. MUSTAFA: Chem. Rev. **51**, 1 (1952).
[4] STOBBE, H., u. K. BREMER: J. pr. **123**, 1 (1929). — STOBBE, H., u. A. HENSEL: B. **59**, 2254 (1926).
[5] Siehe S. 28.
[6] TREIBS, W.: J. pr. **138**, 299 (1930).
[7] FAZI, R. DE: G. **54**, 58, 1000 (1924); **57**, 551 (1927).
[8] LIEBERMANN, C., u. M. ILINSKI: B. **18**, 3193 (1885).
[9] SCHÖNBERG, A., A. MUSTAFA, M. BARAKAT, N. LATIF, R. MOUBASHER u. A. MUSTAFA (Mrs. SAID): Soc. **1948**, 2126.
[10] MADINAVEITIA, J.: Anales fís. quím., **31**, 750 (1933).
[11] SCHÖNBERG, A., N. LATIF, R. MOUBASHER u. W. I. AWAD: Soc. **1950**, 374.

α) Nichtchinoide α,β-ungesättigte Ketone

G. Ciamician und P. Silber[1] fanden, daß bei der Sonnenbestrahlung von Dibenzalaceton in Alkohol sehr viel Harz entsteht. Es ist bemerkenswert, daß die Harzbildung fast ganz ausbleibt, wenn man das Keton in Eisessiglösung oder Suspension mit direktem Sonnenlicht in Gegenwart von Uranylchlorid belichtet. Das Hauptprodukt ist ein *Dimeres* des *Dibenzylidenacetons* (F: 245°)[2]. Es ist dies eines der frühesten Beispiele der Anwendung von Sensibilisatoren in der präparativen organischen Photochemie.

$R = C_6H_5CH{=}CH{-}CO{-}$

II

Dimere Verbindung II[2]**.** Dibenzalaceton (5 g) und Uranylchloridhydrat (8g) (in 100 cm^3 Eisessig) setzte man dem direkten Sonnenlicht aus. Schon nach 2 Tagen schied sich ein gut kristallisierendes Produkt aus; gelindes Erwärmen beschleunigte die Reaktion, allerdings wurde dadurch auch Harzbildung begünstigt. Das kristalline Produkt löste sich bis auf einen ganz geringen Rückstand in kochendem Eisessig und fiel beim Erkalten in farblosen Nadeln aus. Es ist fast unlöslich in Alkohol, Äther, Säuren und Alkalien, leicht löslich in Chloroform; F: 245° unter teilweiser Zersetzung zu einer gelben Flüssigkeit, die nach weiterem Erhitzen und Abkühlen nicht wieder erstarrt. Destilliert man die Verbindung, so zersetzt sie sich völlig, doch erstarrt ein Teil des Destillates und ergibt Dibenzalaceton.

Wesentlich anders verläuft nach G. W. Recktenwald[3] die Photodimerisation des Dibenzalacetons in einer Lösung von Isopropylalkohol/Benzol mit Hilfe von ultraviolettem Licht; das *dimere* Produkt hat den Schmelzpunkt 139,5—140°. Oxydation mit Kaliumpermanganat liefert *δ-Truxinsäure* (IV). Das Dimere hat deshalb die Konstitution III. Weitere Schlüsse hinsichtlich der Stereochemie von III lassen sich aus diesem Befund nicht ziehen, da die Oxydation möglicherweise unter Isomerisierung verläuft.

Dimere Verbindung III[3]**.** Dibenzalaceton (20 g), gelöst in thiophenfreiem Benzol (30 cm^3) und Isopropylalkohol (90 cm^3) wurden dem Lichte einer Quarzquecksilberlampe (Hanovia SH) ausgesetzt (90 Std.). Eine Pyrexplatte wurde als Filter benutzt, um Strahlen kurzer Wellenlänge zu absorbieren. Während der Bestrahlung wurde gerührt (magnetischer Rührer) und die Lösung in einer Stick-

$R = C_6H_5{-}CH{=}CHCO{-}$

III IV

[1] Ciamician, G., u. P. Silber: B. **42**, 1388 (1909).

[2] Prätorius, P., u. F. Korn: B. **43**, 2744 (1910).

[3] Recktenwald, G. W., J. N. Pitts jr. u. R. L. Letsinger: Am. Soc. **75**, 3028 (1953).

stoffatmosphäre gehalten. Durch die Bestrahlung erwärmte sich die Reaktionsmischung und nach 8 Std. war alles Benzalaceton in Lösung gegangen. Dann wurde die Temperatur durch Kühlung auf 25° gehalten. Ein weißer Niederschlag begann sich nach 60 Std. Bestrahlung auszuscheiden. Nach Beendigung der Reaktion wurde abfiltriert und der Rückstand (III) mit kaltem Äther gewaschen. F: 139,5 bis 140°; Ausbeute 6,1 g.

Daß bei der Lichteinwirkung auf 3,5-Dimethyl-cyclohexenon (V) tatsächlich die Bildung eines 4-Ringes erfolgt, wird durch die Resultate des oxydativen Abbaus sehr wahrscheinlich gemacht. W. TREIBS[1] zeigte, daß die Einwirkung von Chromsäure eine gesättigte *Tetracarbonsäure* $C_{16}H_{24}O_8$ liefert, also von der gleichen C-Zahl wie der Ausgangskörper.

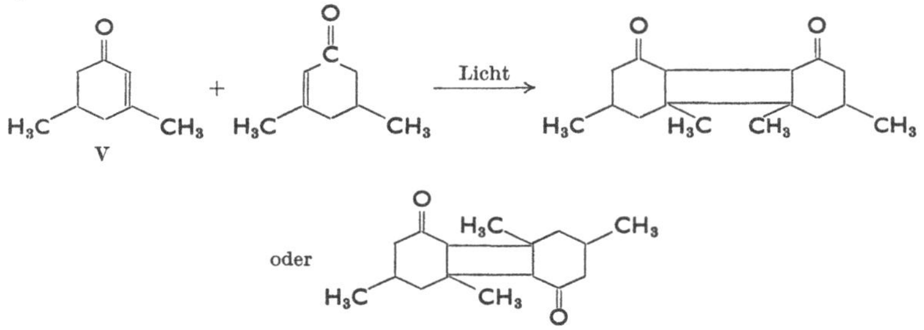

O O O O
H₃C CH₃ + H₃C CH₃ —Licht→ H₃C H₃C CH₃ CH₃
V

oder H₃C CH₃ H₃C CH₃ O O

Piperiton[2] (VI) bildet bei der Bestrahlung mit der Quarz-Quecksilberlampe ein Gemisch von drei kristallisierten *Dimeren*. Beim Vergleichsversuch mit Sonnenlicht wurde dagegen nur ein *Dimeres* gebildet, und zwar dasjenige, welches bei Quarzlichtbestrahlung in geringster Menge erhalten worden war. Die Ursache für dieses verschiedene Verhalten sieht W. TREIBS in der abweichenden spektralen Zusammensetzung der beiden benutzten Lichtquellen.

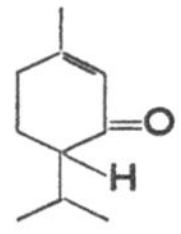

=O H
VI

Dipiperiton[2]. 100 cm³ Piperiton (VI), gelöst in einer Mischung von 200 cm³. Methanol und 30 cm³ destilliertem Wasser wurden in Uviolgläsern (Firma Schott u. Gen., Jena) 10 Wochen (von Anfang Juni bis Mitte September mit etwa 20 sehr sonnigen Tagen) dem Sonnenlicht ausgesetzt. Die Flüssigkeit wurde gelb, eine Abscheidung trat nicht ein. Nach Abdestillieren des Methanols wurde der flüchtige Anteil durch Wasserdampf entfernt. Da er ziemlich konstant bei der Siedetemperatur des Piperitons überging, können niedere Abbau-Produkte nicht in faßbarer Menge entstanden sein. Die Menge des wiedergewonnenen Piperitons betrug 70 g. Der nichtflüchtige, zähe, bräunliche Anteil wurde in heißem Methanol aufgenommen, aus welcher Lösung sich schöne, farblose Nadeln abschieden. Bei wiederholtem Umkristallisieren aus Methanol änderte sich der Schmelzpunkt (F: 163°) nicht; Ausbeute 3 g.

---

[1] TREIBS, W.: J. pr. **138**, 299 (1933).
[2] TREIBS, W.: B. **63**, 2738 (1930).

β) p-Chinone

Eine Photodimerisierung des p-Benzochinons selbst scheint noch nicht beobachtet zu sein, während die Photodimerisation von Derivaten des Benzochinons jedoch in einer Reihe von Fällen gelungen ist (vgl. S. 26). Die *Dimeren* werden jetzt allgemein als *Cyclobutanderivate* aufgefaßt, Formulierungen mit der Gruppierung[1] (C–O–C–O-Ring) werden nicht mehr gebraucht.

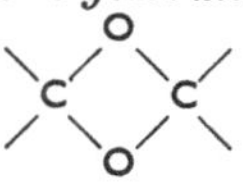

Die Photodimerisierung des 1,4-Naphthochinons[2] ist durchgeführt worden; das erhaltene Produkt VII zeigt keine Tendenz, in die Enolform überzugehen, es löst sich nicht in wäßrigem Alkali und reagiert nicht mit Diazomethan.

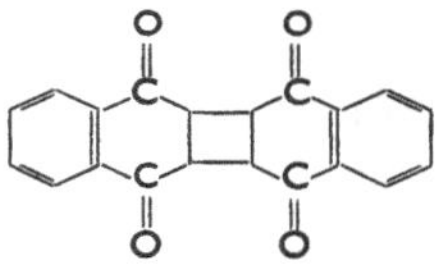

VII

Dimeres 1,4-Naphthochinon[2] (VII). 1,4-Naphthochinon (0,5 g) wurde in Benzol (12 cm³) dem Sonnenlicht ausgesetzt (4 Wochen, November/Dezember, Kairo). Farblose Kristalle schieden sich nach einer Woche ab; nach Beendigung der Bestrahlung filtrierte man den Niederschlag ab, wusch mit wenig kaltem Benzol und kristallisierte aus Alkohol um, F: 244—248°, Ausbeute 0,2 g.

Die Bestrahlung wurde in einer zugeschmolzenen Röhre aus Pyrexglas durchgeführt, welche mit trockener Kohlensäure gefüllt war. Das dimere Produkt wurde in einem Strom von trockener Kohlensäure 10 min auf 270° erhitzt, es trat Zerfall in 1,4-Naphthochinon ein.

c) α,β-ungesättigte Säuren und verwandte Verbindungen

α) Photodimerisierung der Zimtsäure. — Photodepolymerisation der α-Truxill- und der β-Truxinsäure

Die Photodimerisierung der Zimtsäure gehört zu den bestuntersuchten photochemischen Reaktionen[3]. Früher wurde angenommen, daß die Dimerisation durch folgendes Schema ausgedrückt werden könnte[4]:

cis-Zimtsäure (fest)	⇄	*trans*-Zimtsäure (fest)
⇅		⇅
β-Truxinsäure		α-Truxillsäure

[1] Vgl. K. Lagodzinski u. M. Mateescu: B. **27**, 960 (1894).

[2] Schönberg, A., A. Mustafa, M. Barakat, N. Latif, R. Moubasher u. A. Mustafa (Mrs. Said): Soc. **1948**, 2126.

[3] Riiber, C. N.: B. **35**, 2908 (1902). — Ciamician, G., u. P. Silber: B. **35**, 4129 (1902). — Stobbe, H., et al.: B. **52**, 666 (1919); **55**, 2225 (1922); **58**, 2415 (1925); **60**, 457 (1927). — Stoermer, R., et al.: B. **42**, 4865 (1909); **47**, 1803 (1914); **54**, 80 (1921). — Jong, A. W. K. de: B. **55**, 463 (1922).

[4] Vgl. F. Bachér: „Chemische Reaktionen organischer Körper im ultravioletten Licht und im Licht der Sonne." In E. Abderhaldens „Handbuch der biologischen Arbeitsmethoden", Abt. I, Teil 2, II, S. 1829. München-Berlin: Urban & Schwarzenberg 1929.

Die Annahme, daß *trans*-Zimtsäure ausschließlich *α-Truxillsäure* (II) bei der Photodimerisation bildet, während *β-Truxinsäure* (I) ausschließlich aus der *cis*-Zimtsäure entsteht, hat sich jedoch nicht aufrechterhalten lassen. H. J. Bernstein und W. C. Quimby[1] zeigten, daß die schnell gefällte *trans*-Säure (die metastabile *β*-Form) ausschließlich *β-Truxinsäure* liefert. Die *trans*-Zimtsäure, welche man langsam auskristallisieren läßt (es handelt sich um die stabile α-Form), liefert jedoch ausschließlich *α-Truxillsäure*. Um diese Tatsache zu erklären, haben die amerikanischen Forscher in Erwägung gezogen, daß die Moleküle der metastabilen *β*-Form der *trans*-Zimtsäure im Kristall so angeordnet sind, wie die Formeln es zeigen. Entsprechendes gilt von den Kristallen der stabilen Form der Zimtsäure.

C_6H_5—CH=CH—COOH
C_6H_5—CH=CH—COOH
trans-Zimtsäure (β-Form) (schnell gefällt)
—Licht→
H_5C_6—□—COOH
H_5C_6—□—COOH
β-Truxinsäure   I

C_6H_5—CH=CH—COOH
HOOC—CH=CH—C_6H_5
trans-Zimtsäure (α-Form) (kristallisiert)
—Licht→
H_5C_6—□—COOH
HOOC—□—C_6H_5
α-Truxillsäure   II

Die Konfiguration der β-Truxinsäure (Ia) und der α-Truxillsäure (IIa) zeigen die folgenden Formeln:

β-Truxinsäure[1] (I). Man setzte *trans*-Zimtsäure (111 g, Handelsprodukt, F: 132—133°) während zweier Monate dem Sonnenlicht aus und rührte die Kristalle zweimal wöchentlich um; sie befanden sich in zwei Verdampfungsschalen, die mit Uhrgläsern bedeckt waren. Am Ende der Bestrahlung hatte das feste Produkt einen Schmelzpunkt von 125—182°. Es wurde mit Äther (700 cm³) verrieben und dann heiß filtriert. Der Rückstand wurde in derselben Weise mit 250 cm³ Äther behandelt. Das nach dieser Behandlung erhaltene Produkt wurde aus Alkohol (95%, 100 cm³) umkristallisiert (F: 195—207°); wurde die Bestimmung mit Hilfe eines auf 205° vorgewärmten Bades durchgeführt, so betrug der Schmelzpunkt 208—210° (Ausbeute 5 g). Die konzentrierte alkoholische Mutterlauge lieferte weitere 3,1 g.

α-Truxillsäure[1] (II). *trans*-Zimtsäure (Handelsprodukt wie oben) wurde aus Alkohol (50%) umkristallisiert und bei 50° (ohne zu filtrieren) über Nacht stehengelassen. Durch diese Behandlung wurden die farblosen Nadeln, die sich zuerst gebildet hatten (β-Form), in Platten verwandelt; man filtrierte und trocknete. 43,1 g dieses Materials wurde dem Sonnenlicht ausgesetzt (3 Wochen) und dann wie oben beschrieben aufgearbeitet. Man erhielt α-Truxillsäure (5,8 g) (F: 276 bis 280°).

---

[1] Bernstein, H. J., u. W. C. Quimby: Am. Soc. **65**, 1845 (1943).

Obgleich der Photodepolymerisation der α-Truxill- und der β-Truxinsäure (IIa bzw. Ia) bisher keine präparative Bedeutung zukommt, soll sie hier wegen des großen theoretischen Interesses erwähnt werden; auch besteht die Möglichkeit, daß diese Reaktion einmal präparative Bedeutung gewinnt. Die Photodepolymerisation der α-Truxill- und β-Truxinsäure ist hauptsächlich von R. STOERMER[1] und von H. STOBBE[2] untersucht worden.

H. STOBBE und A. LEHFELDT haben die festen trockenen Säuren mit UV-Licht bestrahlt und gefunden, daß die α-Truxillsäure durch UV-Licht zur *trans-Zimtsäure*, die β-Truxinsäure zur *cis-Zimtsäure* depolymerisiert wird, also jedes Dimere zu demjenigen Monomeren, aus dem es umgekehrt durch längerwelliges Licht entsteht. Sie weisen darauf hin, daß diese Resultate besonders bezüglich der β-Truxinsäure bemerkenswert sind: wird nämlich diese Säure destilliert, so tritt als Depolymerisationsprodukt nur *trans-Zimtsäure* auf, weil die aus der β-Truxinsäure primär entstehende *cis-Zimtsäure* bei der hohen Temperatur sofort zur *trans-Säure* isomerisiert wird.

Die Photodepolymerisation der α-Truxill- und der β-Truxinsäure läßt sich auch in Benzol-Suspension durchführen[2]. Die Photodepolymerisation des α-truxillsauren Natriums und des β-truxinsauren Natriums (jeweils wäßrige Lösungen) haben R. STOERMER und G. FOERSTER[3] untersucht.

β) Derivate der Zimtsäure. — Cumarine und Isocumarine

Eine große Anzahl von Zimtsäure-derivaten bilden unter Einwirkung von Licht Photodimere, zum Beispiel die β-Methylzimtsäure[3] ($C_6H_5C(CH_3){=}CHCOOH$) und der Benzyliden-cyan-essigsäureäthylester[4] ($C_6H_5CH{=}C(CN)COOC_2H_5$). Eine gute Übersicht gibt A. MUSTAFA[5].

Die Photodimerisierung von Cumarin wurde zuerst von G. CIAMICIAN und P. SILBER[6] beobachtet; die Dimerisation geht sowohl in Alkohol oder Benzol als auch in festem Zustand vor sich; in alkoholischer Lösung verläuft sie viel langsamer als die der Zimtsäure (gelöst in Alkohol).

Für das dimere Cumarin wurde zuerst die Struktur II in Betracht gezogen, jetzt wird jedoch die Struktur III, welche von A. W. K. DE JONG[7] vorgeschlagen wurde, allgemein angenommen. Mit dieser Formulierung steht auch folgende Beobachtung im Einklang: Photodimerisierung von Cumarinderivaten gemäß II ist nur möglich, wenn das Wasserstoffatom in Stellung 3 (vgl. I) nicht durch andere Reste ersetzt

---

[1] STOERMER, R., u. G. FOERSTER: B. **52**, 1255 (1919).

[2] STOBBE, H., u. A. LEHFELDT: B. **58**, 2415 (1925).

[3] STOERMER, R., u. G. FOERSTER: B. **52**, 1263 (1919).

[4] STOBBE, H., u. K. BREMER: J. pr. **123**, 1 (1929).

[5] MUSTAFA, A.: Chem. Rev. **51**, 1 (1952).

[6] CIAMICIAN, G., u. P. SILBER: B. **35**, 4128 (1902); **36**, 4266 (1903).

[7] JONG, A. W. K. DE: R. **43**, 316 (1924).

ist. Es wurde jedoch gefunden, daß das 3-Phenylcumarin sich im Lichte dimerisiert[1].

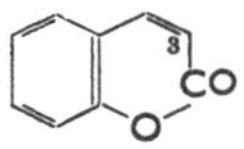

I 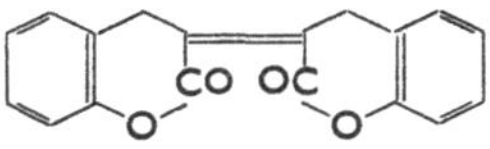 II 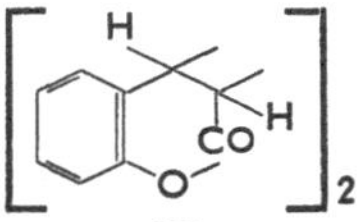 III

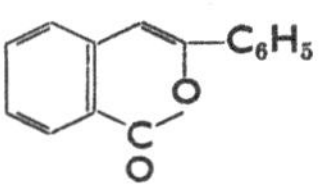

IV 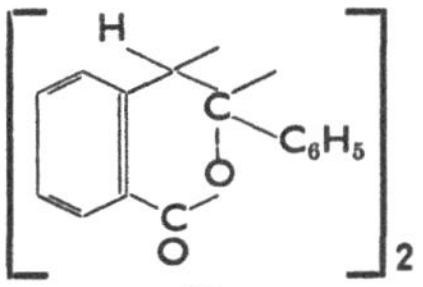 V

Die Stereochemie des photodimeren Cumarins ist noch nicht aufgeklärt, VIa und VIb zeigen zwei der möglichen Stereoisomeren[2].

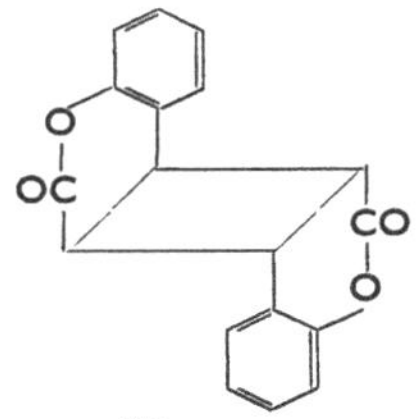

VIa 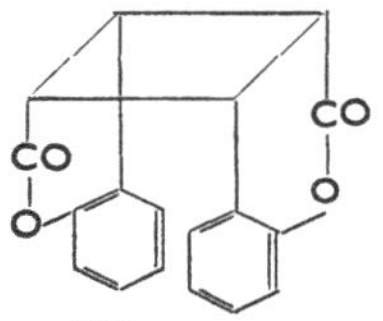 VIb

Das *dimere Cumarin* ist farblos und zerfällt beim Erhitzen in 2 Moleküle *Cumarin*. Ein ähnliches Verhalten zeigen viele Derivate des dimeren Cumarins, z. B. das *Dimere*, welches beim Bestrahlen des *3-Phenylcumarins* erhalten wurde[1]. Die thermische Überführung des dimeren Angelicins in *Angelicin* wurde bei gleichzeitiger Bestrahlung (Quecksilberdampflampe) durchgeführt (siehe unten).

Der thermische Zerfall der dimeren Cumarine steht im Einklang mit der *cyclo*-Butanstruktur[3].

---

[1] SCHÖNBERG, A., N. LATIF, R. MOUBASHER u. W. I. AWAD: Soc. **1950**, 374.

[2] Traité de Chémie Organique, sous la Direction de V. GRIGNARD. Band XI, S. 915. Paris: Masson et Cie. 1945.

[3] Nachschrift bei der Korrektur. A. MUSTAFA, M. KAMEL u. M. A. ALLAM [J. org. Chem. **22**, 888 (1957)] haben 4-Styryl-cumarine dem Sonnenlicht ausgesetzt, es entstanden farblose dimere Produkte, deren Konstitution noch nicht aufgeklärt werden konnte. Es handelt sich um Cyclobutan-derivate, die beiden wahrscheinlichsten Konstitutionen sind — im Falle des 6-Methyl-4-styrylcumarins (I) — die Verbindungen (II) und (III). Bei diesen Versuchen wurde (I) in Benzolsuspension dem Sonnenlichte ausgesetzt, das Dimere hat F.: 246° (aus Xylol, Ausbeute 80%).

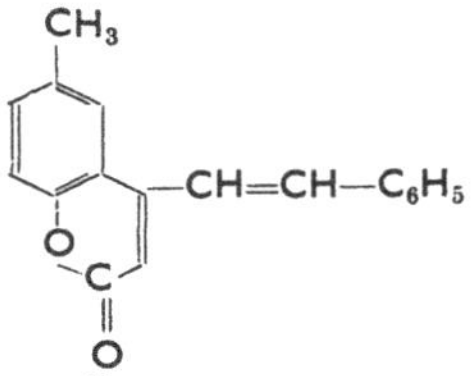

I 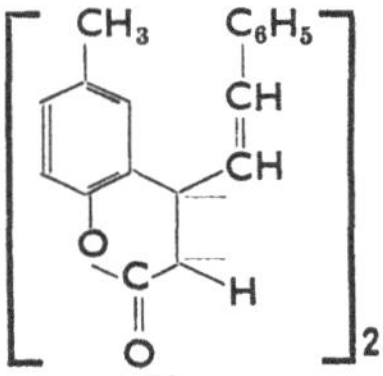 II 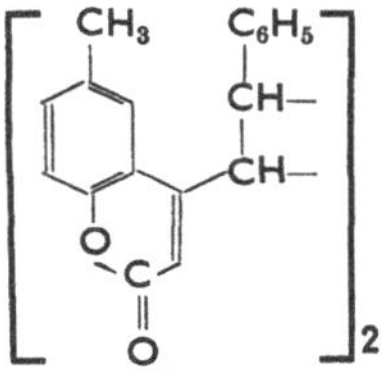 III

Die Photodimerisation der Isocumarine ist wenig untersucht; 3-Phenylisocumarin (IV) dimerisiert sich im Licht zu V; in der Wärme (300°, 30 min) bildet sich aus V das *Monomere*[1].

Dimeres Cumarin[1] **(III).** Gepulvertes Cumarin (3 g) wurde in Wasser (100 cm^3) suspendiert und in einem geschlossenen Reaktionsgefäß (Pyrexglas) in einer Kohlendioxyd-Atmosphäre dem Sonnenlicht ausgesetzt (30 Tage, Oktober, Kairo). Dann wurde der Niederschlag abfiltriert, getrocknet und mehrere Male mit Äther ausgezogen (in diesem Lösungsmittel ist das Photodimere nur wenig löslich); es wurde aus Eisessig umkristallisiert; fast farblose Kristalle, F: etwa 260° (Zersetzung), Ausbeute etwa 10%.

Photodimerisation von 3-Phenylcumarin und 3-Phenylisocumarin[1]**.** Die beiden folgenden Experimente wurden in zugeschmolzenen Pyrexglasröhren vorgenommen, die mit trockenem Kohlendioxyd gefüllt waren. Das Benzol war über Natrium getrocknet und war frei von Toluol und Thiophen.

Dimeres 3-Phenylcumarin (Derivat von III): 3-Phenylcumarin (vgl. I, Seite 32) in Benzol (25 cm^3) wurde dem Sonnenlichte ausgesetzt (Oktober, Kairo). Kristalle schieden sich aus, welche abfiltriert und dann mit Äther gewaschen wurden. Weitere Mengen des Photodimeren wurden erhalten, als das Benzolfiltrat nach Einengung mit einigen Tropfen Äther versetzt wurde (Kühlung). Zur Reinigung wurde das Photodimere in der gerade nötigen Menge heißen Benzols gelöst, die heiße Lösung filtriert und zu der noch warmen Lösung einige Tropfen Äther gegeben. Das Photodimere schied sich beim Erkalten langsam in farblosen Kristallen ab (F: etwa 242°, Ausbeute 90%).

Dimeres 3-Phenylisocumarin (V). 3-Phenylisocumarin (IV) (1 g) in Benzol (30 cm^3) wurde dem Sonnenlicht ausgesetzt (November, 25 Tage, Kairo). Der Niederschlag wurde abfiltriert und mehrere Male mit Äther gewaschen; weitere Mengen wurden aus dem eingeengten Filtrat bei langsamem Abkühlen erhalten. Das Photodimere kristallisierte aus Benzol in farblosen Kristallen (F: 254°, Ausbeute fast quantitativ).

Ausgehend von der Beobachtung von F. Wessely und K. Dinjaski[2], daß das Furocumarin Pimpinellin (VII) im Gegensatz zum Isopimpinellin (VIII) der Photodimerisierung fähig ist, haben F. Wessely und J. Kotlan[3] die Frage untersucht, ob zwischen der Dimerisationsfähigkeit der Furocumarine und ihrem linearen bzw. angularen Bau Beziehungen bestehen; VIII ist linear, VII angular gebaut. Wenn sich ein solcher Zusammenhang hätte feststellen lassen, so wäre dies eine Hilfe bei der Konstitutionsbestimmung der Furocumarine. Ein Zusammenhang hat sich jedoch nicht feststellen lassen. Beim Isomerenpaar Bergapten (IX)-Isobergapten (X) ergab nur die angular gebaute Verbindung X ein Photodimerisat, hingegen erhielten sie aus dem Isomerenpaar Psoralen (XI) und Angelicin (XII) jeweils Photodimerisate. Es scheint also die Fähigkeit zur Photodimerisation nicht an die räumlich verschiedene Anordnung der Ringe gebunden zu sein.

F. Wessely und J. Kotlan haben die Photodimerisierung der Furocumarine nur in festem Zustand untersucht; vielleicht ergeben sich andere Resultate, wenn man die gelösten Furocumarine auf ihre Photopolymerisationsfähigkeit untersucht. Nach F. Wessely und K. Dinjaski[2] bildet Pimpinellin (VII) zwei verschiedene Dimere unter Ein-

---

[1] Schönberg, A., N. Latif, R. Moubasher u. W. I. Awad: Soc. **1950**, 374.

[2] Wessely, F., u. K. Dinjaski: M. **64**, 131 (1934).

[3] Wessely, F., u. J. Kotlan: M. **86**, 430 (1955).

wirkung des Lichtes, das feste (VII) liefert ein *Dimeres* vom F: 237–238°, während es in Essigester ein *Dimeres* vom F: 256–257° bildet.

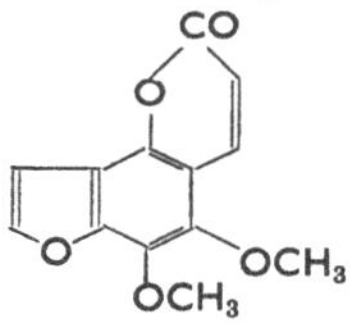

VII 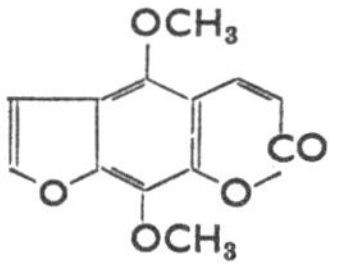 VIII 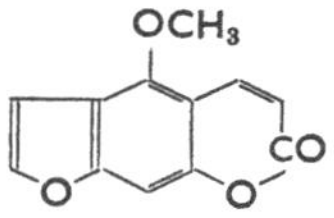 IX

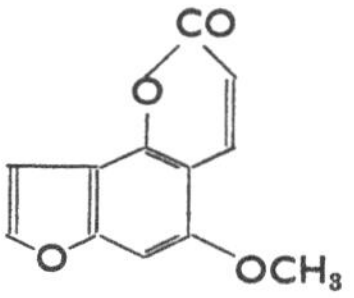

X 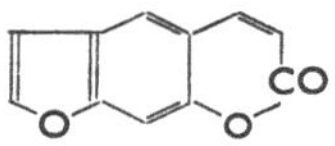 XI 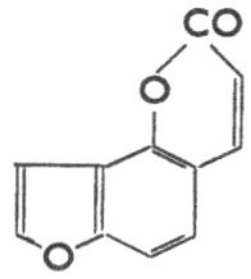 XII

Dimeres Angelicin[1]**.** Angelicin (XII) (F: 138°; 0,13 g feingepulvert) wurde in einem mit Stickstoff gefüllten Quarzkölbchen unter Schütteln und Kühlung durch einen Luftstrom dem ungefilterten Licht einer Quecksilberdampflampe (Abstand etwa 15—20 cm) 16 Std. lang ausgesetzt. Der Schmelzpunkt des bestrahlten Produktes wies auf ein Gemisch hin; zwischen 128—132° schmolz die Hauptmenge, doch erst bei 172° war die Schmelze völlig klar. Zur Gewinnung des Dimeren wurde das Rohprodukt mit 4 cm^3 Äthanol in der Hitze behandelt und das ungelöste Dimere abfiltriert (29,6 mg), das aus Äthanol umgelöst in farblosen Kristallen (F: 268—269°) anfiel.

Depolymerisation des dimeren Angelicins. Die Depolymerisation dieses Stoffes (10 mg) wurde in einem Quarz-Einkugelrohr durch 8stündiges Erhitzen auf 170° unter vermindertem Druck (12 mm) bei gleichzeitiger Bestrahlung mit der Quecksilberdampflampe erreicht. In der gekühlten und lichtgeschützten Stelle des Rohres kondensierte sich Angelicin (9 mg; F: 137—139°).

Dimeres Isobergapten. Isobergapten (X) (0,16 g) wurde wie beim Angelicin beschrieben, 16 Std. bestrahlt; man erhielt ein schwach gelb gefärbtes Produkt aus dem durch Erhitzen auf 180° (Luftbad) bei 0,005 mm das unveränderte Isobergapten heraussublimiert werden konnte. Der bei dieser Temperatur nicht flüchtige Anteil wurde aus Essigester umgelöst und lieferte das Dimere in schwach gelb gefärbten Kristallen (F: 300—320° unter Zersetzung).

Die photochemischen Umwandlungen der Furocumarine sind von besonderem Interesse im Zusammenhang mit ihren photo-dynamischen (photo-biologischen) Wirkungen; Versuche, die eine größere Anzahl von Cumarinen umfassen, sind u. a. von L. Musajo et al.[2] durchgeführt worden: sie lösten die Substanzen in Alkohol und brachten die Lösung mit Hilfe einer Mikropipette auf die menschliche Haut (die Menge des Cumarinderivates, welche auf die Haut gegeben wurde, war etwa 5γ). Der Alkohol wurde verdampft (Luftstrom) und die behandelte Hautstelle dem Sonnen- oder UV-Licht ausgesetzt. Bei den photoaktiven Substanzen wurde die Bildung von Erythema im Verlauf einiger Tage beobachtet.

[1] Wessely, F., u. J. Kotlan: M. **86**, 430 (1955).

[2] Musajo, L., G. Rodighiero u. G. Caparole: Bull. Soc. Chim. Biol. **36**, 1213 (1954).

Psoralen XI erwies sich als besonders aktiv, stark aktiv war auch Xanthotoxin XIII. Diese Substanz kommt nach den Untersuchungen von A. SCHÖNBERG und A. SINA[1] in den Samen von Ammi Majus (L) vor, einer Pflanze, welche im Nildelta häufig anzutreffen ist. Seit Jahrhunderten wurde der gepulverte Samen von den Arabern gegen Depigmentierung verwandt, der Samen wurde gegessen und hierauf die depigmentierten Hautstellen dem Sonnenlicht ausgesetzt. Die so behandelten Stellen (aber nur nach Bestrahlung) zeigten Blasenbildung gefolgt von Pigmentierung, und die Stellen nahmen allmählich die Farbe der sie umgebenden Haut an. Statt der Samen wird jetzt Xanthotoxin selbst verwandt[2], welches industriell (Handelsname „Ammoidin") aus dem Samen gewonnen wird.

Da einige der photoaktiven Furocumarine, z. B. Psoralen XI, sich im Lichte dimerisieren, so besteht die Möglichkeit, daß die oben beschriebene photobiologische Wirkung ganz oder zum Teil von den Dimeren hervorgerufen wird. Diese sind — soweit bekannt — diesbezüglich noch nicht untersucht worden.

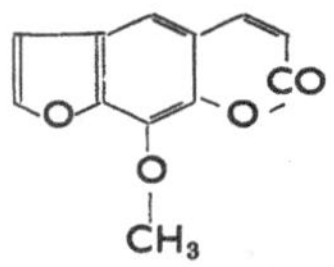

CO O O O CH_3

XIII

γ) *Thionaphthen-1,1-dioxyd*

Thionaphthen-1,1-dioxyd[3] (I) bildet unter Einfluß des Sonnenlichtes ein *dimeres* Produkt (IIa oder IIb).

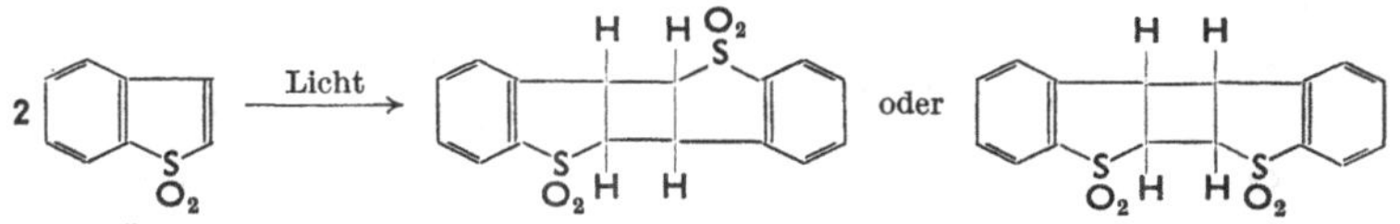

2 S O_2 —Licht→ H H O_2 S S O_2 H H oder H H S S O_2 H H O_2

I IIa IIb

Das dimere Thionaphthen-1,1-dioxyd unterscheidet sich von der Mehrzahl der photochemisch gebildeten Cyclobutane durch sein Verhalten beim Erwärmen: es wird nämlich nicht das Monomere erhalten. Beim Erhitzen bei vermindertem Druck (1 mm) sublimiert das Dimere bei 260—270°. Die monomere Form scheint sich jedoch beim Erhitzen des Dimeren in Phthalsäure-butylester als nichtisoliertes Zwischenprodukt

[1] SCHÖNBERG, A., u. A. SINA: Nature **161**, 481 (1948); Am. Soc. **72**, 4826 (1950).

[2] COUPERUS, M.: Ammoidin (Xanthotoxin) in the treatment of Vitiligo (California Med. 81, 402 (1954); KORTING, G. W., H. C. FRIEDRICH u. W. ADAM, Klinische und experimentelle Untersuchungen über die Wirkungen von Ammi majus auf den Pigmentstoffwechsel und die damit erzielbare Vitiligobehandlung. [Dermat. Wschr. **128**, 934 (1953), dort weitere Quellenangaben].

[3] DAVIES, W., u. F. C. JAMES: Soc. **1955**, 314. — MUSTAFA, A.: Nature **175**, 992 (1955).

zu bilden, es entsteht neben Schwefeldioxyd die Verbindung III, deren Synthese wie folgt erklärt wird:

a) IIa oder IIb $\xrightarrow{\text{Wärme}}$ 2 Mol I

b)

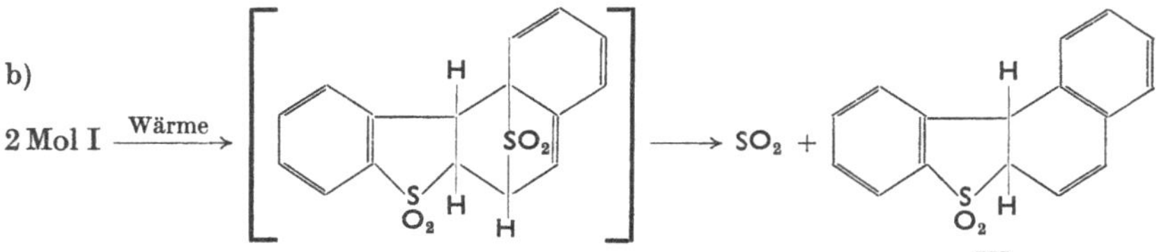

2 Mol I $\xrightarrow{\text{Wärme}}$ [ ] $\longrightarrow$ SO_2 + III

3-Brom-thionaphten-1,1-dioxyd und 3,4-Dimethylthionaphten-1,1-dioxyd liefern unter Einfluß des Lichtes auch *dimere* Produkte.

Dimeres Thionaphten-1,1-dioxyd[1] (IIa oder b). Eine fast gesättigte Lösung des Dioxyds I (10 g) in Benzol wurde dem direkten Sonnenlicht ausgesetzt (Quarzgefäß, 20 Tage). Das Dimere schied sich ab und wurde aus viel Aceton umkristallisiert (F: 330—331°).

3. Thiophosgen

B. RATHKE[2] hat festgestellt, daß bei Gegenwart von etwas Salzsäure das rote Thiophosgen (I) sich unter Einwirkung des Sonnenlichtes in eine farblose Verbindung verwandelt, für diese schlägt er III vor. Die Verbindung sublimiert beim Erwärmen; wird sie im geschlossenen Gefäß erwärmt, so zerfällt sie in zwei Moleküle *Thiophosgen.*

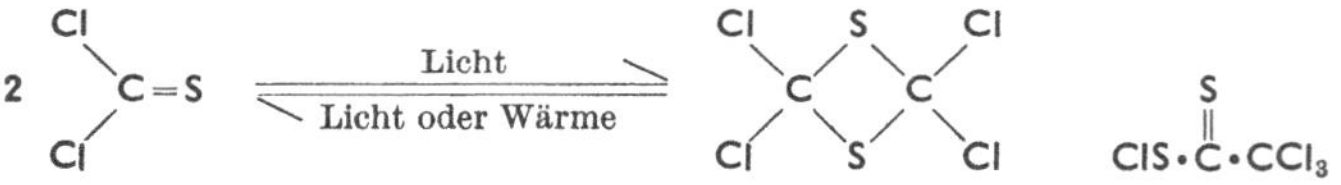

$$2\ Cl_2C{=}S \underset{\text{Licht oder Wärme}}{\overset{\text{Licht}}{\rightleftharpoons}} \text{II}$$

I — II — III: $ClS{\cdot}C({=}S){\cdot}CCl_3$

A. SCHÖNBERG und A. STEPHENSON[3] haben Formel II für das photodimere Thiophosgen vorgeschlagen[4]. Sie weisen daraufhin, daß die Bildung von Verbindungen der *1,3-Dithia-cyclobutan*-Reihe aus Thiocarbonylverbindungen ein bekannter Vorgang ist, weiterhin bezweifeln sie die Wahrscheinlichkeit, daß eine Verbindung der Konstitution III farblos ist. Verbindung III enthält die Gruppierung IV und Verbindungen, welche diese Gruppierung enthalten, sind farbig, wie sich aus der

[1] DAVIES, W., u. F. C. JAMES: Soc. **1955**, 314.

[2] RATHKE, B.: A. **167**, 205 (1873); B. **21**, 2539 (1888).

[3] SCHÖNBERG, A., u. A. STEPHENSON: B. **66**, 567 (1933).

[4] Nachschrift bei der Korrektur: Die Formulierung II für das dimere Thiophosgen haben J. I. JONES, W. KYNASTON u. H. L. HALES durch physiko-chemische Untersuchungen sichergestellt; Soc. **1957**, 614.

folgenden Zusammenstellung ergibt:

$-C(=S)-S-$ IV; $CH_3\cdot C(=S)\cdot SH$ orange; $C_6H_5\cdot C(=S)\cdot SH$ rot-violett; $[\alpha C_{10}H_7\cdot C(=S)-S-]_2$ rot

$(H_5C_6)_2CH-C(=S)\cdot SC_6H_5$ orange; rot; orange-rot

Nimmt man an, daß die Photodimerisation des Thiophosgens zu einer Verbindung der Konstitution II (und nicht III) führt, so wird die Annahme der Wanderung eines Chloratoms von einem Kohlenstoffatom zu einem zweiten bei der Dimerisierung und beim thermischen Zerfall des dimeren Thiophosgens vermieden; eine solche Wanderung ist unbekannt.

Dimeres Thiophosgen (2,2,4,4-Tetrachlor-[1,3-dithia-cyclobutan])[1] (II). In einem Reagenzglas aus Quarz mit innenliegender Wasserkühlung wurden 15 cm^3 technisches Thiophosgen mit einer Hanauer Analysen-Quarzlampe 20 Std. bestrahlt. Es schieden sich aus der roten Flüssigkeit große, farblose Kristalle ab, die isoliert und unter Lichtabschluß aus heißem Ligroin mehrmals umkristallisiert wurden; ihre weitere Reinigung geschah durch Sublimation in einem Riiber-Apparat bei 14 mm Druck und einer Badtemperatur von 85°, F: 119°; leicht löslich in Chloroform und Schwefelkohlenstoff, Ausbeute 5 g. Wurde die geschmolzene Substanz auf 130° gebracht, so trat Zersetzung unter Rotbraunfärbung ein (Geruch nach Thiophosgen).

Photodepolymerisation[1] des dimeren Thiophosgens (II). Es wurde 1 g dimeres Produkt in 15 cm^3 Petroläther (Kp: 30—50°) gelöst bzw. suspendiert und in einem Quarzglas bei innenliegender Wasserkühlung den Strahlen einer Hanauer Analysen-Quarzlampe ausgesetzt. Schon nach 20 min zeigte sich deutlich Gelbfärbung der ursprünglich farblosen Lösung; nach 5 Std. war die Lösung rot-orange (Bildung von Thiophosgen). Es wurden nach Beendigung des Versuches nur 0,75 g Ausgangsmaterial zurückgewonnen.

Zum Nachweis, daß die Depolymerisation des dimeren Thiophosgens als ein Photoeffekt und nicht als ein thermischer Effekt anzusehen ist, wurde bei einem Parallelversuch die Lösung am Rückflußkühler unter Lichtabschluß gekocht; sie blieb völlig farblos, und es konnte die volle Einwaage zurückgewonnen werden.

4. Acene

a) Anthracen und analoge homocyclische Verbindungen

Während die Photodimerisation von Benzol und Naphthalin bisher noch nicht beobachtet worden ist, bildet Anthracen unter dem Einfluß von Sonnenlicht oder von UV-Licht ein dimeres Produkt, das als *Dianthracen* oder *Paranthracen* bekannt ist[2]. Die Photodimerisation läßt sich in Benzol, Xylol, Essigsäure und anderen Lösungsmitteln durchführen; das Photoprodukt ist viel weniger löslich als Anthracen selbst. Die Photodimerisation des Anthracens kann in Glasgefäßen durchgeführt werden.

N. S. Capper und J. K. Marsh[3] haben die Bildung des Dianthracens benutzt, um Anthracen von Fluoren zu trennen; letztere Verbindung bleibt bei der Bestrahlung unverändert.

[1] Schönberg, A., u. A. Stephenson: B. **66**, 567 (1933).
[2] Fritzsche, C. J.: J. pr. [1], **101**, 33 (1867); Z. **1867**, 290.
[3] Capper, N. S., u. J. K. Marsh: Soc. **1926**, 724.

Dianthracen wird gewöhnlich gemäß I formuliert, die „dreidimensionale“ Formel II ist jedoch vorzuziehen.

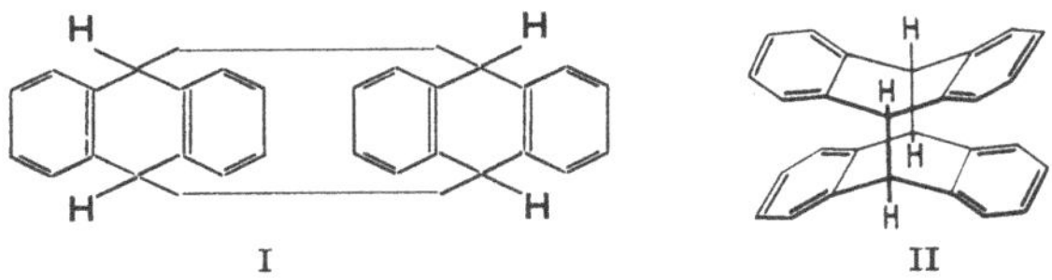

I II

Viele Derivate des Anthracens bilden photodimere Produkte, so z. B. 1-Methylanthracen und 9-Bromanthracen[1]. Eine Übersicht über einfache Derivate des Anthracens, welche der Photodimerisation unterliegen, findet sich in einer Veröffentlichung von D. GREENE u. a.[2]. Es handelt sich u. a. um Chlor-, Carboxyl-, Äthyl- und Formyl-Derivate des Anthracens. Auch kompliziertere Derivate bilden *Photodimere*, so das 1,2-Benzanthracen (III) und das carcinogene 20-Methylcholanthren[3] (IV).

H_3C H_2 H_2

III IV

Die Photodimerisation des 9,10-Diphenylanthracens wurde bisher nicht beobachtet; es ist möglich, daß durch die raumfüllenden Phenylgruppen der Zusammentritt zweier Moleküle verhindert wird oder daß das Photodimere zwar gebildet wird, aber thermisch so unbeständig ist, daß es schon bei Zimmertemperatur schnell in 9,10-Diphenylanthracen zerfällt (Dunkelreaktion). Ähnliche Reaktionen dürften sich auch in belichteten Anthracenlösungen abspielen, nur daß hier das gebildete Photoprodukt thermisch so beständig ist, daß es isoliert werden kann[4].

Prinzipiell sollten die meisten 9-substituierten Anthracene bei der Bestrahlung isomere Photodimere bilden (vgl. V und VI).

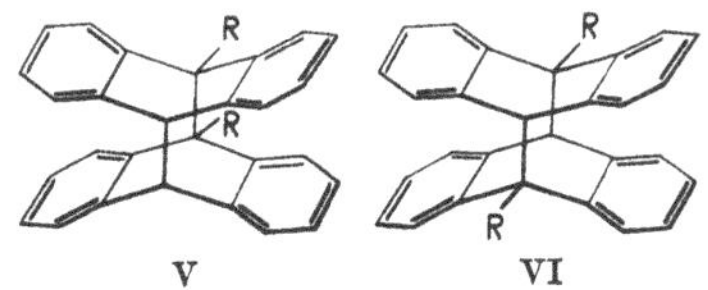

V VI

Die Isomerie dieser Photodimeren ist nur in wenigen Fällen aufgeklärt worden. Die Photodimerisierung des 9-Formylanthracens, des 9-Anthracen-carbonsäuremethylesters und des 9-Oxymethylanthracens verläuft so, daß Derivate von V und nicht von VI entstehen[2].

[1] FISCHER, O., u. H. ZIEGLER: J. pr. [2] **86**, 289 (1912).
[2] GREENE, F. D., S. L. MISROCK u. J. R. WOLFE jr.: Am. Soc. **77**, 3852 (1955).
[3] SCHÖNBERG, A., A. MUSTAFA et al.: Soc. **1948**, 2126; **1949**, 1039.
[4] SCHÖNBERG, A.: Trans. Faraday Soc. **32**, 514 (1936).

Das Anhydrid der Anthracen-9-carbonsäure (VII), bei dem aus sterischen Gründen die Bildung eines Photodimeren erschwert ist, liefert ein photoisomeres Produkt, welches von F. D. GREENE und Mitarbeitern[1] aufgefunden wurde (vgl. S. 5).

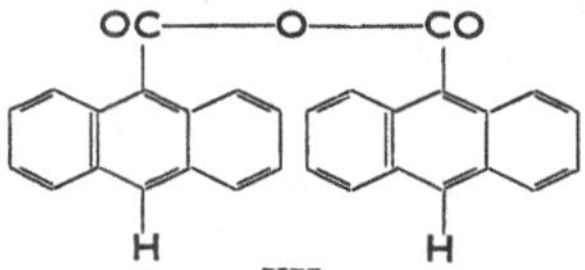

OC—O—CO

H H

VII

Die Theorie der Bildung der Dianthracene ist vor kurzem kritisch besprochen worden[1]. Eine der vorgeschlagenen Theorien ist, daß die Bildung des Photodimeren über das photochemisch erzeugte Diradikal VIII verläuft[2]. Versuche die Bildung von Diradikalen durch magnetische Messungen sicherzustellen, führten zu keinem Resultat[3], aber M. BORN und A. SCHÖNBERG[4] konnten zeigen, daß ein solcher Nachweis wegen der Kurzlebigkeit der Photodiradikale sehr schwierig oder unmöglich ist, da in bestrahlten Lösungen des Anthracens die Konzentration der Diradikale sehr klein sein muß. Die Annahme, daß die Bildung des Dianthracens über Photodiradikale verläuft, hat letzthin wieder an Anhang gewonnen[5], um so mehr als diese Theorie auch die photochemische Bildung des Anthracenperoxyds (vgl. S. 60) erklärt.

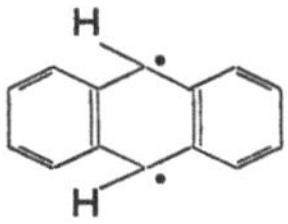

H

H

VIII

b) Aza-anthracene und Chinazoline

Untersuchungen auf diesem Gebiet wurden hauptsächlich von A. ÉTIENNE und seinen Mitarbeitern[6] ausgeführt. Die folgende Über-

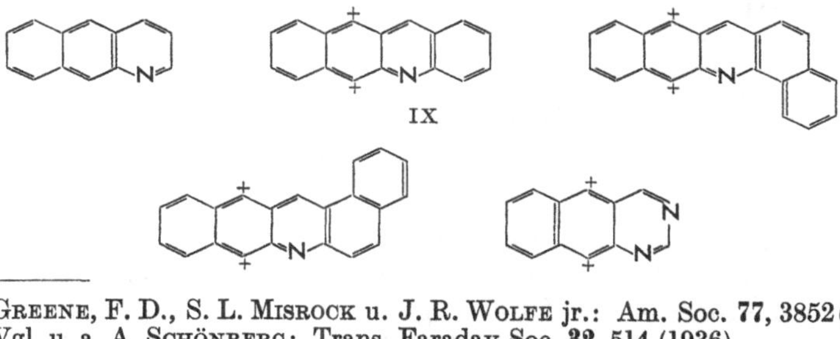

N + N + + N +

IX

+ N + + N N +

[1] GREENE, F. D., S. L. MISROCK u. J. R. WOLFE jr.: Am. Soc. **77**, 3852 (1955).
[2] Vgl. u. a. A. SCHÖNBERG: Trans. Faraday Soc. **32**, 514 (1936).
[3] MÜLLER, E.: Z. El.Ch. **40**, 542 (1934).
[4] BORN, M., u. A. SCHÖNBERG: Nature **166**, 307 (1950).
[5] Vgl. u. a. G. M. BADGER: Aromatic Compounds, S. 382. Cambridge University Press 1954.
[6] ÉTIENNE, A.: C. r. **218**, 841 (1944). — ÉTIENNE, A., u. A. STAEHELIN: C. r. **234**, 1453 (1952); Bl. [5], 748 (1954). — ÉTIENNE, A., u. M. LEGRAND: C. r. **232**, 1123 (1951).

sicht gibt eine Anzahl von Verbindungen, die in die entsprechenden Photodimeren durch Bestrahlung mit Sonnenlicht übergeführt werden konnten. Die Kreuze kennzeichnen die Kohlenstoffatome, die wahrscheinlich bei der Bildung der Dimeren beteiligt sind.

Dianthracen[1] **(I).** Man setzte, ohne die Luft abzuschließen, eine Lösung von Anthracen (2 g) in Benzol (180 cm³) der Sonne aus (8 Std.) und beobachtete die Abscheidung der Kristalle des Dianthracens (0,5 g).

Photodimerisation des 5-Aza-naphthacens[2] **(IX).** 5-Aza-naphthacen (64 mg) wurden in Äther (12 cm³) im Vakuum der Sonne ausgesetzt (September); die Abscheidung des Dimeren konnte nach 1stündiger Bestrahlung festgestellt werden. Nach drei Tagen erhielt man einen Niederschlag (48 mg, 75% d. Theorie), welcher aus farblosen, schwerlöslichen Kristallen bestand. Umkristallisiert aus viel Essigsäure (F: 369—370°); beim Erhitzen im Vakuum auf 260° zerfielen sie unter Bildung des Monomeren.

Wurde der Photoversuch ohne Luftabschluß durchgeführt, so betrug die Ausbeute 40—43%.

5. o-Phthalaldehyd[3]

Werden Benzollösungen des o-Phthalaldehyds (I) dem Sonnenlicht ausgesetzt, so scheidet sich bald ein *Dimeres* ab, für welches II vorgeschlagen wurde. Seine Bildung läßt sich durch die Annahme erklären, daß der o-Phthalaldehyd in das Isomere III übergeführt wird; die Anlagerung eines Moleküls III an die Formylgruppe von I liefert II[3].

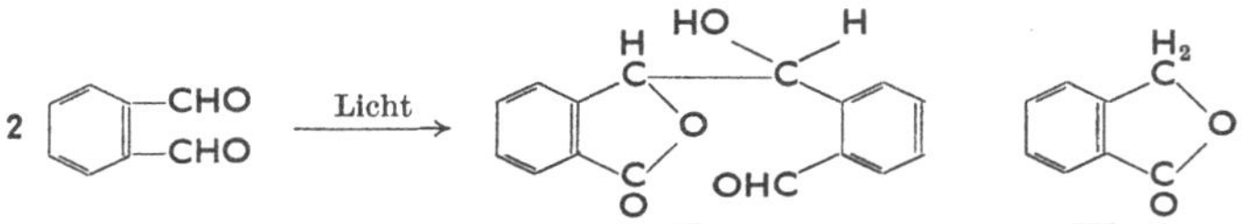

2 [Formel I: CHO, CHO] —Licht→ [Formel II: H, HO, H, C, C, O, C, O, OHC] [Formel III: H_2, C, O, C, O]

I II III

Eine ähnliche photochemische Anlagerung hat man bei der Einwirkung von Diphenylmethan auf Benzophenon und von Xanthen auf Xanthon (vgl. V) beobachtet (S. 98). Formel II erklärt die Farblosigkeit der Verbindung, die Bildung eines *Monophenylhydrazons* und eines *Oxims*, sowie den thermischen Zerfall unter Bildung von *Phthalid* (III).

[Formel IV: H, H_2, C—O—C, O, C, O, OHC] [Formel V: H, C_6H_4, H, O, C_6H_4, O, C—C, O, C_6H_4, C_6H_4]

IV V

Das Infrarotspektrum stützt ebenfalls Formel II; IV dürfte ausgeschlossen sein, da kein Anzeichen für das Vorhandensein eines aliphatischen Äthers (C—O—C) vorliegt.

Photodimerisierung von I. Eine Schlenkröhre[4], welche o-Phthalaldehyd (1 g) in wasserfreiem, thiophenfreiem Benzol (25 cm³) enthielt, wurde mit trockener Kohlensäure gefüllt und dann im Kohlendioxydstrom zugeschmolzen. Nach ein-

---

[1] DUFRAISSE, CH., u. M. GÉRARD: Bl. [5] **4**, 2055 (1937).
[2] ÉTIENNE, A., u. A. STAEHELIN: Bl. [5], 748 (1954).
[3] SCHÖNBERG, A., u. A. MUSTAFA: Am. Soc. **77**, 5755 (1955).
[4] SCHLENK, W., u. A. THAL: B. **46**, 2840 (1913).

tägiger Bestrahlung (Juli, Kairo) wurden die farblosen Kristalle, welche sich in fast quantitativer Ausbeute abgeschieden hatten, abfiltriert (F: etwa 184°, gelbe Schmelze). II wurde aus Xylol umkristallisiert, es kristallisiert mit Xylol, welches beim Erwärmen (6 Std.) auf 100° abgegeben wird.

6. 1,3-Diphenylisobenzofuran

A. Guyot und J. Catel[1] haben gefunden, daß Bestrahlung der orangegelben Lösungen des 1,3-Diphenylisobenzofuran (I) zur Bildung eines farblosen Photodimeren führt, für das sie II vorschlagen; sie nehmen daher an, daß die Photodimerisierung von I sich ähnlich vollzieht wie die Dimerisierung des Anthracens zum *Dianthracen* (vgl. S. 38).

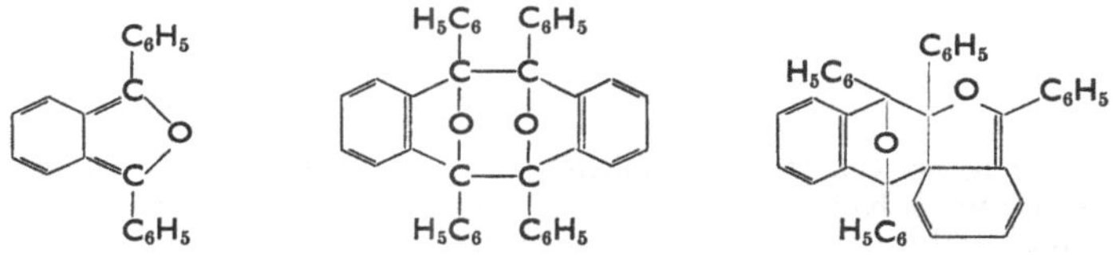

Während das Dianthracen bisher in einem Dunkelprozeß nicht erhalten werden konnte, ist es möglich, das Photodimere von I auch im Dunkelprozeß zu gewinnen. Dies gelingt durch Erhitzen des Monomeren auf 270° für 30 min und Abschrecken der Schmelze; aus der kalten Schmelze läßt sich das Dimere durch fraktionierte Kristallisation gewinnen[2]. Das Erhitzen wurde in einer zugeschmolzenen Röhre, welche mit trockener Kohlensäure gefüllt war, durchgeführt.

A. Schönberg et al.[3] haben darauf hingewiesen, daß Formel II erst dann als gesichert anzusehen ist, wenn nachgewiesen ist, daß das dimere 1,3-Diphenylisobenzofuran nicht durch Zusammentritt zweier Moleküle von I nach dem Diels-Alder-Prinzip entstanden ist, da ein solcher Zusammentritt zur Bildung von III führen würde; sie weisen darauf hin, daß I eine große Tendenz, hat sich an Diels-Alder-Reaktionen zu beteiligen[4].

Es dürfte schwierig sein, durch Anwendung chemischer Methoden die Richtigkeit von II oder III zu beweisen; die Auswertung des Röntgendiagrammes oder (und) der Elektronendichtebestimmung des Moleküls dürfte vielleicht zum Ziele führen.

Photodimeres des 1,3-Diphenylisobenzofuran[1] (II oder III). Eine in der Kälte gesättigte, alkoholische Lösung von I wurde unter Luftabschluß dem Sonnenlicht ausgesetzt; man beobachtete, daß die Lösung nach einigen Minuten ihre starke Fluorescenz verlor und sich entfärbte. Es schieden sich farblose Kristalle aus, deren Menge sich mit der Zeit vermehrte; sie wurden mit Alkohol gewaschen und dann im Vakuum über Schwefelsäure getrocknet. Beim Erwärmen trat Rückbildung von I ein.

---

[1] Guyot, A., u. J. Catel: Bl. [3] **35**, 1127 (1906).

[2] Schönberg, A., A. Mustafa, M. Z. Barakat, N. Latif, R. Moubasher u. A. Mustafa (Mrs. Said): Soc. **1948**, 2126.

[3] Schönberg, A., A. Mustafa u. G. Aziz: Am. Soc. **76**, 4576 (1954).

[4] Allen, C. F. H., A. Bell u. J. W. Gates jr.: J. org. Chem. **8**, 373 (1943).

7. o,o'-Dicarboxyazobenzol aus o-Nitrosobenzaldehyd

W. RIED und M. WILK[1] haben gefunden, daß bei Belichtung einer ätherischen Lösung von o-Nitrosobenzaldehyd *o,o'-Dicarboxyazobenzol* (I) entsteht. Seine Bildung ist nach folgendem Schema möglich:

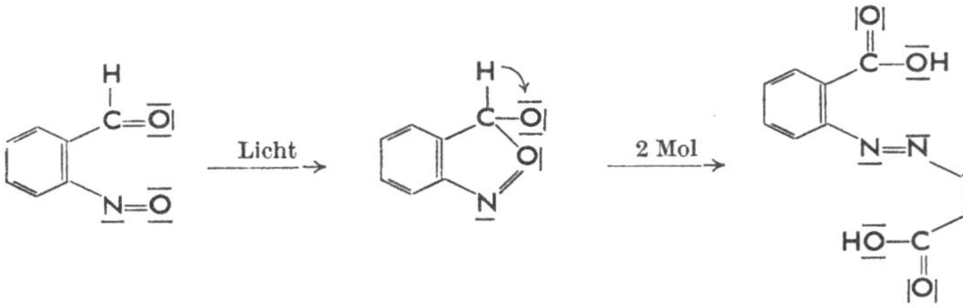

Licht → 2 Mol →

I

o,o'-Dicarboxyazobenzol (I): Belichtet man 0,1 g o-Nitrosobenzaldehyd in 150 cm³ Äther unter Kühlung mit einer UV-Tauchlampe, so färbt sich die Lösung stark rotbraun und es kommt, vor allem an der Lampenoberfläche, zur Ausscheidung eines dunklen Harzes. Nach dem Abdampfen des Äthers wird das Harz mit kaltem Benzol behandelt, wobei es zum größten Teil in Lösung geht. Der Rückstand wird wiederholt aus wenig Alkohol umkristallisiert und dann in alkoholischer Lösung an einer mit Stärke gefüllten Säule chromatographiert. Das so gereinigte Produkt bildet gelbe Nadeln (8 mg). F: 235° (Zersetzung).

III. Photochemische Dehydro-dimerisierung

Unter photochemischer Dehydro-dimerisierung wird folgender Umsatz verstanden:

$$2\,RH \xrightarrow{\text{Licht}} R{-}R + 2\,H$$

Dieser Umsatz wird in Gegenwart von Sauerstoff oder von Carbonylverbindungen (Ketone, Chinone) oder von Farbstoffen durchgeführt, welche als Wasserstoffacceptoren dienen. Die Farbstoffe werden dabei in die Leukoverbindungen überführt, Chinone bilden Chinhydrone.

Dihydroanthracen wird in alkoholischer Lösung durch Licht in Dianthracen überführt.

1. Durch Einwirkung von Sauerstoff

Es soll zunächst die Bildung von *Tetraaryläthanen* aus Diarylmethanen besprochen werden. Dabei handelt es sich um Reaktionen, welche nach folgendem Schema verlaufen:

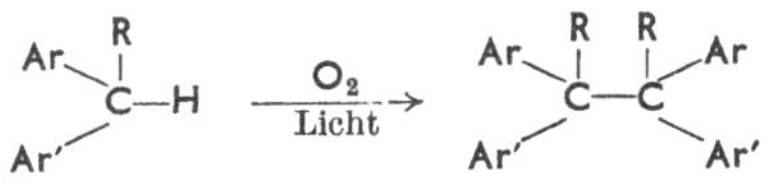

$$(Ar)(Ar')C(R){-}H \xrightarrow[\text{Licht}]{O_2} (Ar)(Ar')C(R){-}C(R)(Ar)(Ar') \quad (R = \text{einwertiger Rest})$$

[1] RIED, W., u. M. WILK: A. **590**, 91 (1954).

A. Schönberg und A. Mustafa[1] fanden, daß man u. a. o-Oxy-diphenyl-essigsäurelacton (I), 2-Phenyl-3-keto-2,3-dihydrothionaphthen (II), Thioxanthen und Anthron durch Sauerstoff im Licht in die entsprechenden Äthanverbindungen überführen kann.

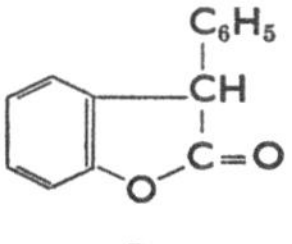

I 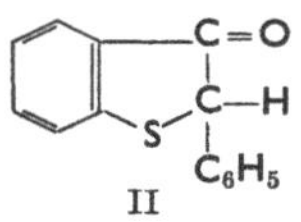 II

So wurden *3,3'-Diphenyl-2,2'-dioxo-dicumaranyl-(3,3')* (III), *2,2'-Diphenyl-thioindigoweiß* (IV), *Dithiodixanthyl* (V) und *Dianthron* (VI) erhalten; Versuche, die in der Dunkelheit, sonst aber unter denselben Bedingungen wie die oben aufgezählten Lichtreaktionen durchgeführt wurden, lieferten nicht die Verbindungen III–VI.

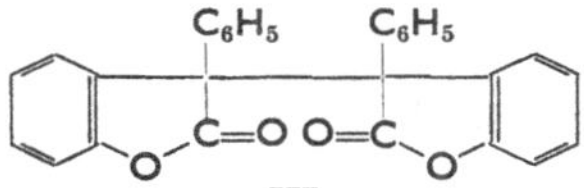

III 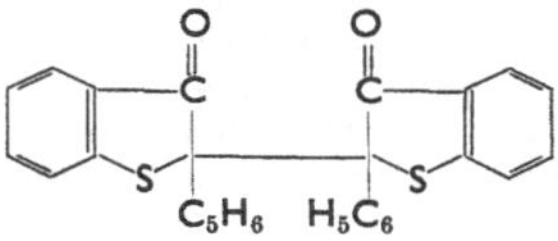 IV

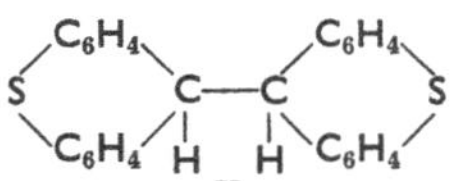

V 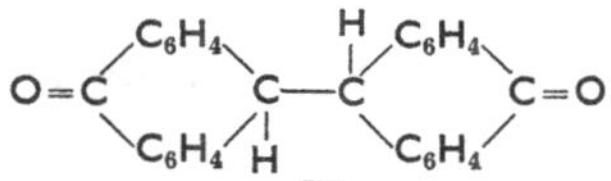 VI

Vielleicht verläuft die Bildung der Verbindungen III–VI nach dem Schema (R = einwertiger Rest):

$$Ar_2C(R)\text{—}H \xrightarrow[\text{Licht}]{O_2} Ar_2C(R)\text{—}OOH$$

$$Ar_2C(R)\text{—}OOH + Ar_2C(R)H \longrightarrow Ar_2C(R)\text{—}C(R)Ar_2 + H_2O_2$$

Diese Theorie wird gestützt durch die Beobachtung, daß gewisse Monoarylmethane und Diarylmethane im Licht mit Sauerstoff Hydroperoxyde bilden (vgl. S. 47).

$$(C_6H_5)_2CH_2 \xrightarrow[\text{Licht}]{O_2} (C_6H_5)_2C(H)OOH$$

Dithiodixanthyl[1] (V). Thioxanthen gelöst in Benzol (thiophenfrei und über Natrium getrocknet), wurde in einer Pyrexglasröhre der Sonne ausgesetzt (1 Tag, Juli, Kairo) unter Bedingungen, welche den Zutritt trockener Luft ermöglichten. Es schied sich Dithiodixanthyl ab, welches aus Xylol umkristallisiert wurde (F: 325°).

[1] Schönberg, A., u. A. Mustafa: Soc. **1945**, 657.

Fußend auf einer Beobachtung von J. T. WALSH jr. hat S. HOOKER[1] ein Verfahren ausgearbeitet, welches ermöglicht, photochemisch durch Einwirkung von Luft 2-Oxy-1,4-naphthochinon (VII) in *Di-β-oxy-α-naphthochinon* (VIII) zu überführen. Ein Reaktionsmechanismus ist nicht angegeben. Es ist wahrscheinlich, daß das Oxynaphthochinon in seiner Ketonform (IX) reagiert.

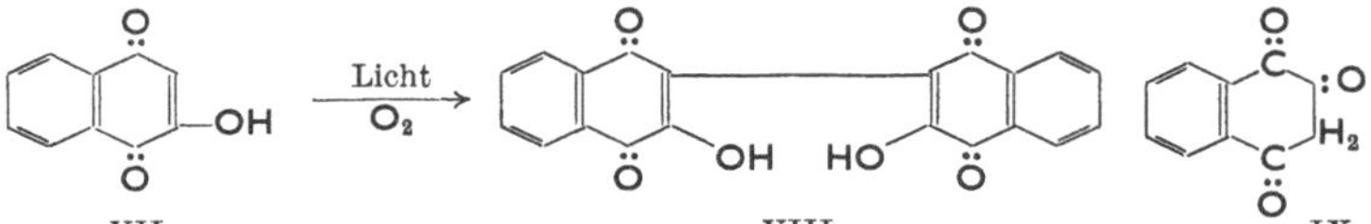

Licht, O_2

VII VIII IX

Di-β-oxy-α-naphthochinon (VIII). Man löste gepulvertes Hydroxynaphthochinon (VII) (4 g) in kochendem Wasser (3 l), überführte die Lösung in eine Kristallisierschale und hielt die Temperatur auf 70°. Eine UV-Lampe befand sich oberhalb der Reaktionsflüssigkeit, die Bestrahlung dauerte 2 Std. Während dieser Zeit gab man nach 30, 60 und 90 min (jeweils gerechnet von dem Beginn der Bestrahlung) kochendes Wasser (400 cm³) in dem VII (0,5 g) gelöst war, hinzu. Kurz nach Beginn der Bestrahlung schied sich ein Produkt an der Oberfläche der Lösung aus (gelbbraunes, kristallines Pulver); nach Beendigung des Experiments wurde sofort filtriert und der Rückstand mit Wasser gewaschen (Ausbeute 2,4 g). Die Substanz löst sich langsam in siedendem Eisessig (1 g in 100 cm³), beim Abkühlen scheiden sich kleine orange-gelbe Kristalle ab; im Schmelzpunktröhrchen erhitzt, beginnt die Substanz bei etwa 250° zu sublimieren und schmilzt etwa bei 270—275° (Zersetzung).

2. Durch Einwirkung von Carbonylverbindungen

A. SCHÖNBERG und A. MUSTAFA[2] haben im Sonnenlicht unter Luftabschluß die in der Tabelle 3 aufgezählten Diarylmethane (gelöst in Benzol) in die entsprechenden *1,1,2,2-Tetra-aryläthane* übergeführt. Es wurden aus Diphenylmethan, Fluoren, Xanthen, Thioxanthen und Anthron im Licht (aber nicht bei Abschluß von Licht) die folgenden Verbindungen erhalten: *1,1,2,2-Tetraphenyläthan*, *Dibiphenylenäthan* (I), *Dixanthyl* (II), *Dithiodixanthyl* (III) und *Dianthron* (IV). In einigen Fällen ist die Schnelligkeit des Umsatzes — vgl. die photochemische Bildung von III aus Xanthon und Thioxanthen — beachtenswert. Die Tabelle 3 zeigt (in Klammern) die Carbonylverbindungen, welche bei der Dehydrodimerisation Verwendung fanden.

Tabelle 3

Diphenylmethan (p-Benzochinon, Phenanthrenchinon, Anthrachinon)
Fluoren (p-Benzochinon)
Xanthen (p-Benzochinon)
Thioxanthen (p-Benzochinon, Phenanthrenchinon, Xanthon)
Anthron (p-Benzochinon, Benzophenon).

R. F. MOORE und W. A. WATERS[3] konnten zeigen, daß p-Xylol mit Phenanthrenchinon unter Einfluß von UV-Licht nicht nur eine Additions-

[1] HOOKER, S.: Am. Soc. 58, 1212 (1936).
[2] SCHÖNBERG, A., u. A. MUSTAFA: Soc. **1944**, 67; **1945**, 657.
[3] MOORE, R. F., u. W. A. WATERS: Soc. **1953**, 3405.

verbindung (als Hauptprodukt) liefert (vgl. S. 102), sondern daß durch Dehydro-dimerisation aus dem Xylol eine kleine Menge (2%) *1,2-Di-p-tolyläthan* entsteht.

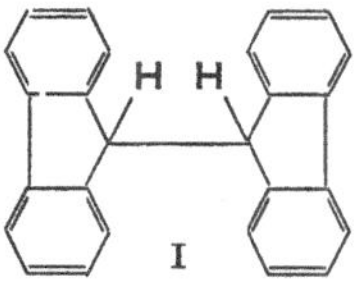

I

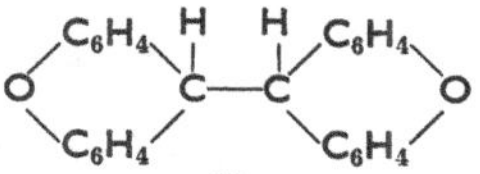

II: $O(C_6H_4)_2CH-CH(C_6H_4)_2O$

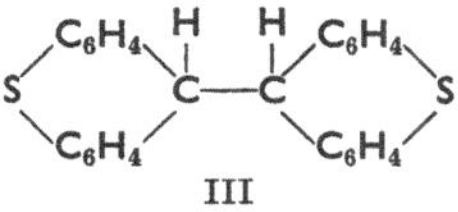

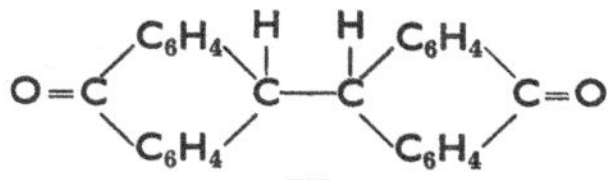

III: $S(C_6H_4)_2CH-CH(C_6H_4)_2S$

IV: $O{=}C(C_6H_4)_2CH-CH(C_6H_4)_2C{=}O$

1,1,2,2-Tetraphenyläthan[1]. Diphenylmethan (4 g) und p-Benzochinon (1,2 g) wurden in Benzol (20 cm³) dem Sonnenlicht während eines Monats (Kairo) ausgesetzt. Das Benzol war thiophenfrei und über Natrium getrocknet, die Reaktion wurde in einer zugeschmolzenen Glasröhre (Monaxglas) vorgenommen, die vor dem Zuschmelzen mit trockenem Kohlendioxyd gefüllt war. Chinhydron begann sich schon nach einigen Stunden auszuscheiden und die Gesamtmenge wurde nach einem Monat abfiltriert. Das Benzol wurde im Vakuum verjagt, und der ölige Rückstand der Wasserdampfdestillation unterworfen, um Diphenylmethan und p-Benzochinon zu entfernen, und hierauf mit Äther ausgezogen. Der Ätherextrakt wurde getrocknet (Natriumsulfat), der Äther im Vakuum verjagt, und der Rückstand mit Petroläther ausgezogen. Man erhielt eine halbfeste Masse, welche aus Benzin (Sp. 100—110°) umkristallisiert Tetraphenyläthan in farblosen Kristallen (F: 210°) lieferte (Ausbeute: 0,7 g).

Dithiodixanthyl[2] **(III).** Thioxanthen (1 g, 1 Mol) und Xanthon (1 Mol) wurden in benzolischer Lösung (15 cm³) dem Sonnenlicht ausgesetzt (6 Std., Juli, Kairo); Versuchsbedingungen und Reaktionsgefäß wie oben. Hierauf wurde das Dithiodixanthyl abfiltriert, mit Benzol gewaschen und umkristallisiert (Xylol). F: 325°, Ausbeute 80%.

3. Mit Hilfe von Farbstoffen

Während Ergosterin und verwandte Verbindungen bei Gegenwart von Sauerstoff und Sensibilisatoren *transanellare Peroxyde* bilden (vgl. S. 56), tritt in Abwesenheit von Sauerstoff aber bei Gegenwart von Sensibilisatoren eine Reaktion von wesentlich anderem Charakter ein. Eine solche wurde zuerst von A. WINDAUS und P. BORGEAUD[3] aufgefunden, als sie Ergosterin in Gegenwart von Eosin und Erythrosin bestrahlten. Die Reaktion verläuft nach dem Schema:

$$2\,C_{28}H_{44}O = C_{56}H_{86}O_2 + 2\,H$$

Der bei diesem Prozeß freiwerdende Wasserstoff wird von dem Farbstoff aufgenommen, der in die Leukoform übergeht. Da das Reaktionsprodukt in den meisten organischen Lösungsmitteln sehr schwer löslich ist, läßt es sich leicht isolieren. Das Reduktionsprodukt wurde zuerst als

[1] SCHÖNBERG, A., u. A. MUSTAFA: Soc. **1944**, 70.
[2] SCHÖNBERG, A., u. A. MUSTAFA: Soc. **1945**, 660.
[3] WINDAUS, A., u. P. BORGEAUD: A. **460**, 235 (1928).

Pinakon bezeichnet; H. INHOFFEN[1] hat die Formulierung als *7,7'-Bisdehydro-ergosterin* (I) vorgeschlagen, welche Anklang gefunden hat[2].

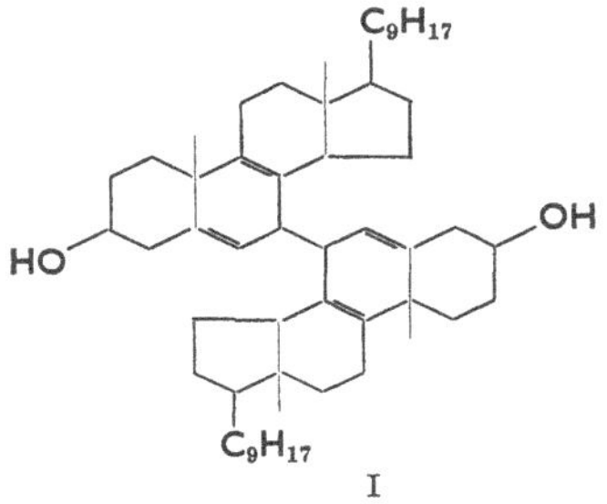

I

7,7'-Bisdehydro-ergosterin[3] (I). Ergosterin (0,5 g) und Erythrosin (0,5 g) wurden in 300 cm³ luftfreiem Alkohol gelöst und an zwei sonnigen Junitagen (Göttingen) bei Luftabschluß stehengelassen; die Reaktion verläuft viel langsamer als die Photooxydation. Nach dieser Zeit war der Farbstoff fast vollständig ausgebleicht, das Ergosterin war, wie die Digitoninprobe ergab, verbraucht, und es hatte sich I ausgeschieden (0,4 g). Bei Zutritt von Luft kehrte die Farbe des Erythrosins allmählich zurück.

7,7'-Bisdehydro-ergosterin ist in Alkohol, Äther und Aceton fast unlöslich; es kann in siedendem Benzol, Chloroform oder Pyridin gelöst und aus diesen Lösungen durch Zusatz von Alkohol ausgefällt werden. F: 202—203° unter Zersetzung; bei raschem Erhitzen kann es einige Grade höher schmelzen. $[\alpha]_D^{16} = -209°$ (in Pyridin).

4. Dianthracen aus Dihydroanthracen

Die Bildung von Dianthracen (vgl. Formel I, Seite 38) aus Dihydroanthracen verläuft unter Abspaltung von Wasserstoff, über dessen Verbleib nichts bekannt zu sein scheint[4].

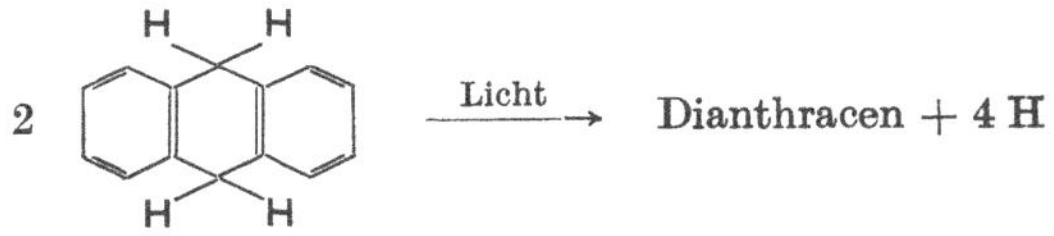

2 (I) $\xrightarrow{\text{Licht}}$ Dianthracen + 4 H

I

Dianthracen[5]. Man schmilzt ganz anthracenfreies Dihydroanthracen I, in Äthylalkohol gelöst, in ein Glasrohr ein, in dem man zuvor durch Erhitzen der Lösung bis zum Siedepunkt des Alkohols die Luft vollständig vertrieben hat. Bei Belichten wird das Dihydroanthracen rasch in Dianthracen verwandelt, das sich in schönen kleinen Kriställchen aus der Lösung abscheidet. Im Sonnenlicht bildet sich schon nach 10—12 Std. eine reichliche Menge Dianthracen; Anthracen ist auch in Spuren im Röhreninhalt nicht auffindbar.

---

[1] INHOFFEN, H.: Naturwiss. **25**, 125 (1937).
[2] Vgl. u. a. A. WINDAUS u. C. ROOSEN-RUNGE: B. **73**, 321 (1940).
[3] WINDAUS, A., u. P. BORGEAUD: A. **460**, 235 (1928).
[4] MEYER, H., u. A. ECKERT: M. **39**, 243 (1918).
[5] BACHÉR, F.: „Chem. Reaktionen organischer Körper im ultravioletten Licht und im Licht der Sonne". In E. ABDERHALDENS „Handbuch der biologischen Arbeitsmethoden", Abt. I, Teil 2, II. S. 1470. München-Berlin: Urban & Schwarzenberg (1929).

IV. Einwirkung von Sauerstoff auf organische Verbindungen im Licht

1. Ersatz von Wasserstoff durch die Hydroperoxyd-Gruppe

a) Offenkettige Verbindungen

Das Verfahren, photochemisch mit Hilfe von Sauerstoff ein Wasserstoffatom, welches am Kohlenstoff haftet, durch Hydroperoxyd zu ersetzen, hat nur geringe Bedeutung, soweit es sich um offenkettige Verbindungen handelt. Nur selten liefern die Versuche einheitliche Hydroperoxyde. So erhielten E. H. FARMER und D. A. SUTTON[1] bei der photochemischen Oxydation (UV-Licht) von Ölsäuremethylester mit Sauerstoff ein Gemisch von zwei *Hydroperoxyden* (I und II).

$$C_8H_{17} \cdot CH : CH \cdot CH(OOH) \cdot [CH_2]_6 \cdot COOCH_3 \qquad (I)$$

$$C_7H_{15}CH(OOH) \cdot CH : CH\ [CH_2]_7 \cdot COOCH_3 \qquad (II)$$

b) Hydroperoxyde aus cyclischen Kohlenwasserstoffen

Eine Reihe einheitlicher *Hydroperoxyde* ist photochemisch aus cyclischen Kohlenwasserstoffen durch Einwirkung von Sauerstoff erhalten worden. Diese Synthesen verdanken wir hauptsächlich H. HOCK und seiner Schule. Erfolgreiche Versuche wurden u. a. durchgeführt mit Indan[2], p-Xylol[3], Cumol[4] und Diphenylmethan[4]. In allen Fällen wurde die Oxydation im UV-Licht durchgeführt, die verwandten Temperaturen lagen jeweils zwischen 60 und 85°. Die erhaltenen Reaktionsprodukte haben die Formeln III—VI.

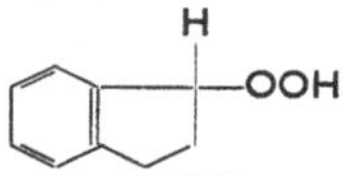

[Strukturformel III: Indan mit H und OOH am C-1]

$CH_3C_6H_4CH_2OOH$ (IV) $C_6H_5C(CH_3)_2OOH$ (V) $(C_6H_5)_2\overset{H}{C}OOH$ (VI)

III IV V VI

Ein Gemisch zweier *Hydroperoxyde* (VII und VIII) erhielten E. H. FARMER und D. A. SUTTON[5] bei der Photooxydation (Sauerstoff; UV-Licht) von 1,2-Dimethyl-Δ^1-cyclohexen.

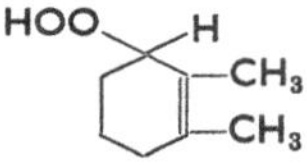

[Strukturformeln VII (HOO, H, –CH₃, –CH₃) und VIII (CH₃, OOH, CH₃)]

VII 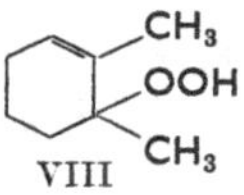 VIII

Die Isolierung der Hydroperoxyde III—VI erfolgte entweder durch Hochvakuumdestillation oder durch Ausschütteln mit Alkali, dies allerdings nur dann, wenn das Hydroperoxyd deutlich saure Eigenschaften

---

[1] FARMER, E. H., u. D. A. SUTTON: Soc. **1943**, 120.
[2] HOCK, H., u. S. LANG: B. **75**, 1051 (1942).
[3] HOCK, H., u. S. LANG: B. **76**, 169 (1943).
[4] HOCK, H., u. S. LANG: B. **77**, 257 (1944).
[5] FARMER, E. H., u. D. A. SUTTON: Soc. **1946**, 10.

zeigte. Zum Konstitutionsbeweis eignet sich u. a. die Überführung der Gruppe ROOH in ROH, z. B. durch Reduktion mit wäßriger Natrium-sulfit-Lösung.

Hervorgehoben muß werden, daß eine Reihe von Kohlenwasserstoffen mit gesättigten Seitenketten oder Ringen mit Sauerstoff unter Bildung von Hydroperoxyden reagieren, ohne daß die Anwendung künstlicher Lichtquellen oder direkten Sonnenlichtes erforderlich ist; als Beispiel sei das Tetralin genannt[1]. Die Frage, ob bei den Synthesen der Verbindungen III—VIII oder einiger dieser Verbindungen die Bestrahlung des Reaktionsgutes mit UV-Licht notwendig oder nur wünschenswert ist, scheint noch nicht endgültig geklärt zu sein.

Indanhydroperoxyd[2] (III). 500 g (etwa 5 Mol) frisch destilliertes Indan wurden mit trockenem Sauerstoff geschüttelt (24 Std.), gleichzeitig wurde mit einer Quecksilberdampflampe (500 W) und einer Glühlampe (240 W, welche als Wärmequelle diente) bestrahlt. Die Quecksilberdampflampe war 40 cm, die Glühlampe 8 cm von dem Reaktionsgefäß entfernt; als solches diente ein Rundkolben aus Jenaer Molybdän-Uviol-Glas. Der Kolbeninhalt wurde während des Versuches auf 60° gehalten; es wurden 4,7 l (etwa 0,2 Mol) Sauerstoff aufgenommen. Hierauf wurde das peroxydhaltige Indan auf —5° gekühlt und 40 g 25%ige Natronlauge unter Rühren in dünnem Strahl zugegeben. Die abgeschiedenen Natriumsalze wurden nach dem Absaugen einige Male mit Äther gewaschen, in wenig Eiswasser suspendiert und unter Kühlung mit gekühlter 2 n-Salzsäure zerlegt. Das entstandene Öl wurde in Äther aufgenommen und die gelbe Lösung mit Natriumbicarbonat-Lösung gewaschen. Dabei wird die Ätherlösung fast farblos und die Bicarbonatlösung, aus der sich eine geringe Menge Homophthalsäure (F: 175—177°) isolieren ließ, braun. Aus der mit Na_2SO_4 getrockneten Ätherlösung wurde nach dem Vertreiben des Äthers das Indan-peroxyd im Hochvakuum destilliert. $Kp_{0.01}$ 64—65° bzw. $Kp_{0.04}$ 74—75°. Ausbeute 28 g.

Das Indan-peroxyd ist ein farbloses, sehr schwach nach Indan riechendes, dickflüssiges Öl, das Glas nicht benetzt. Leicht löslich in Alkohol, Äther und Benzol, schwer in Petroläther, unlöslich in Wasser. Zersetzung unter Verpuffung bei 135—140°.

c) Hydroperoxyde bei der photosensibilisierten Reaktion von Sauerstoff mit α- und β-Pinen

G. O. Schenck und Mitarbeiter[3] haben gefunden, daß die photosensibilisierte Autoxydation des α- und β-Pinens nach folgendem Schema verläuft:

$$R_1-CH_2-C(R_2)=C(R_3)-CH_2-R_4 \longrightarrow R_1-CH_2-C(R_2)(OOH)-C(R_3)=CH-R_4 \qquad \text{Schema A}$$

Sie nehmen an, daß die olefinische Doppelbindung in besonderer Weise an dem Zustandekommen der Hydroperoxyde beteiligt ist: bei der photosensibilisierten Autoxydation wird der Sauerstoff an ein C-Atom der Doppelbindung addiert, worauf ein H-Atom aus der Allyl-

[1] Hock, H., u. W. Susemihl: B. **66**, 61 (1933).

[2] Hock, H., u. S. Lang: B. **75**, 1051 (1942).

[3] Schenck, G. O., H. Eggert u. W. Denk: A. **584**, 176 (1953).

stellung an den Sauerstoff wandert und die Doppelbindung verlegt wird; so entsteht aus α-Pinen (I) das *Pinocarveyl-hydroperoxyd* (II).

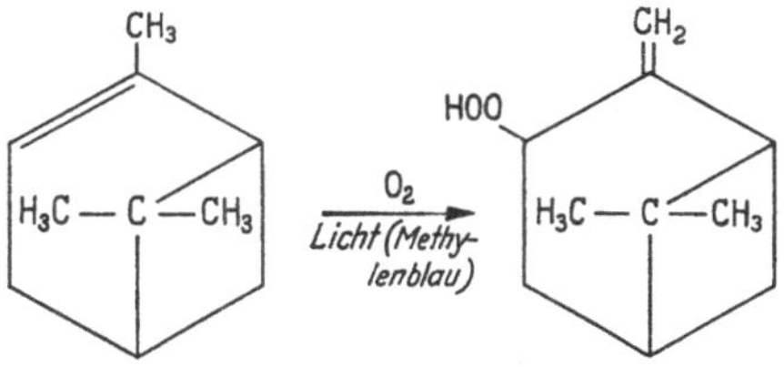

Die nichtphotosensibilisierte Autoxydation des α-Pinens verläuft jedoch ganz anders, sie führt wahrscheinlich über das Radikal III zum *Verbenylhydroperoxyd* (IV). Dieser Umsatz verläuft als Radikalketten-reaktion und wird dementsprechend durch Radikalketten bildende Prozesse, wie sie u. a. durch Licht hervorgerufen werden, gefördert.

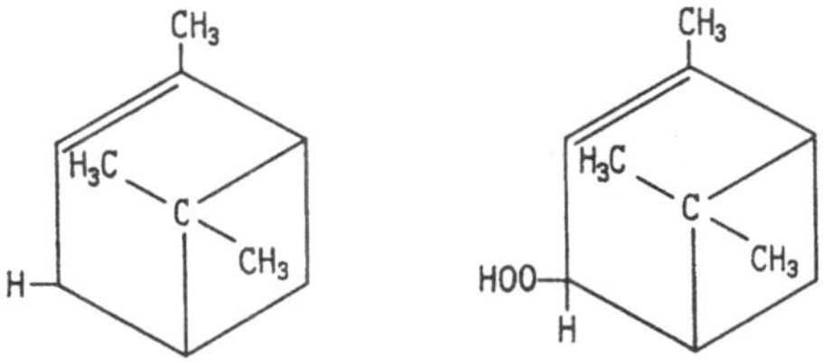

Die photosensibilisierte Autoxydation des β-Pinens (V) führte zum *Myrtenyl-hydroperoxyd* (VI). Die Konstitution dieser Verbindung ergab sich u. a. aus der Tatsache, daß bei der Reduktion mit Natriumsulfit *Myrtenol* (VII) erhalten wurde.

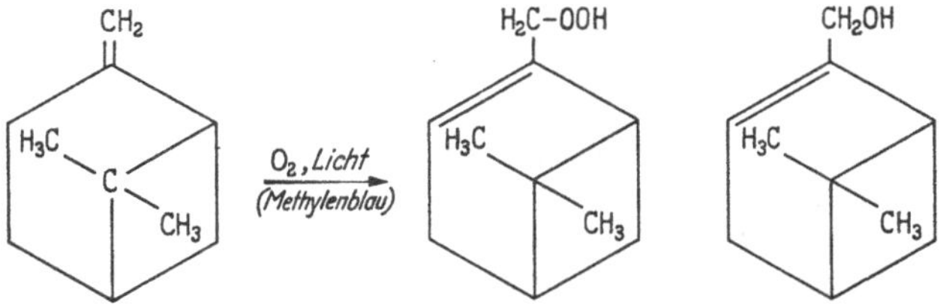

G. O. Schenck und Mitarbeiter[1] weisen darauf hin, daß die Produkte der photosensibilisierten und der unsensibilisierten Autoxydation nur in Sonderfällen miteinander identisch sind. G. O. Schenck[2] hat eine Reihe solcher Fälle übersichtlich zusammengestellt.

Man bezeichnet die Addition (vgl. Schema A) als „indirekte substituierende Addition in der Allylstellung“. Dieser Ausdruck wurde

[1] Schenck, G. O., H. Eggert u. W. Denk: A. **584**, 177 (1953).
[2] Schenck, G. O.: Ang. Ch. **64**, 21 (1952).

zuerst von K. ALDER[1] geprägt, welcher einen analogen Verlauf bei Umsetzungen des Maleinsäureanhydrids an der Allylgruppierung fand[2].

l-trans-Pinocarveyl-hydroperoxyd (II)[3]. 136 g (1 Mol) I, 1,5 g Methylenblau (MB, medizinale DAB VI, Bayer), 2800 cm³ Isopropanol. Die Umsetzung erfolgte in einem mit Wasserinnenkühlung versehenen Bestrahlungsgerät (Bauart Jenaer Glaswerke Schott u. Gen., VEB, Jena) mit dem Gesamtlichtstrom zweier Quecksilberdampflampen Osram HgH 1000 (je 280 W, 10^4 lm), in dem Sauerstoff durch eine Begasungsfritte im Kreislauf durch eine Membranpumpe (Phywe-AG., Göttingen) gehalten wurde. Temperatur der Lösung 18—21°. Sauerstoffaufnahme in 60,7 Std. 11700 cm³ (52% d. Th.). Da der Sensibilisator ausbleichte, wurde die Belichtung beendet und die Lösung aufgearbeitet. Abdampfen des Lösungsmittels und nicht umgesetzten Ausgangsmaterials unter vermindertem Druck, Bad nicht über 50°, anschließend Destillation im Hochvakuum.

1.	59,5—66,5°/0,01 . . .	5,2 g	$n_D^{20} = 1{,}5010$
2.	66,5—64°	21,5 g	$n_D^{20} = 1{,}5012$
3.	64°	18,3 g	$n_D^{20} = 1{,}5012$
		45,0 g (0,28 Mol)	

Die erhaltenen 45 g Pinocarveyl-hydroperoxyd entsprechen einer Ausbeute von 72% der Umwandlungsprodukte.

l-Myrtenyl-hydroperoxyd (VI)[3]. 217 g V, 2 g Methylenblau (MB, medizinale DAB VI, Bayer), 2800 cm³ Isopropanol, Belichtung mit zwei Quecksilberdampflampen HgH 1000, Sauerstoffaufnahme in 46 Std. 30% d. Th. Gegen Ende kam die Reaktion infolge Ausbleichens zum Stillstand; Zugabe von Sensibilisator blieb ohne Erfolg. Aufarbeitung wie oben. Hochvakuumdestillation bei 0,01 mm.

Tabelle 4

Fraktion	Sdp.	Gewicht	n_D^{20}	d_4^{20}	α_D^{20}
1.	70—68°	12,8 g	1,4943	1,024	—34,85°
2.	68—62°	38,5 g	1,4956	1,024	—37,25°
3.	62°	10,6 g	1,4964	1,020	—37,80°
		61,9 g Myrtenylhydroperoxyd			

Ausbeute 82% der Umwandlungsprodukte, 13,15 g Rückstand.

d) Autoxydation der Furane

Unsere Kenntnisse auf diesem Gebiete verdanken wir hauptsächlich den Arbeiten von G. O. SCHENCK[4].

Die Produkte der nichtsensibilisierten Photo-Autoxydation sind häufig polymere Substanzen, welche beim Erhitzen verpuffen oder explodieren. So bildet 2-Methylfuran ein *polymeres Photoperoxyd*, das beim Erhitzen heftig verpufft.

Die Produkte der sensibilisierten Photo-Oxydation der Furane sind für die präparative Chemie deswegen von großer Bedeutung, weil man in einer Reihe von Fällen ohne weitere Reinigung Verbindungen erhalten kann, welche sonst schwer oder gar nicht zugänglich sind und die selbst

[1] ALDER, K.: A. **565**, 73 (1949).
[2] SCHENCK, G. O.: Ang. Ch., **64**, 17 (1952).
[3] SCHENK, G. O., H. EGGERT u. W. DENK: A. **584**, 177 (1953).
[4] SCHENCK, G. O.: Ang. Ch. **64**, 12 (1952); A. **584**, 156 (1953).

wieder wertvolles Ausgangsmaterial für weitere Synthesen darstellen. Die folgenden Beispiele (2-Methylfuran, Furan, Furfurol) sollen dies erläutern.

Die photosensibilisierte Autoxydation des 2-Methylfurans liefert — G. O. SCHENCK spricht von einer Dien-Synthese mit Sauerstoff — ein *ozonidartiges Peroxyd* (II), welches bei der katalytischen Hydrierung zum *Lävulinaldehyd* (IV) führt. Das Peroxyd disproportioniert in alkoholischer Lösung beim Erwärmen (zweckmäßig in Gegenwart von etwas Divanadin-pentoxyd), es entsteht in guter Ausbeute *cis-β-Acetylacrylsäure-pseudoäthylester* (III); dieser Ester ist das Ausgangsmaterial für die Synthese der *cis-β-Acetylacrylsäure* und der entsprechenden *trans*-Verbindungen. Katalytische Hydrierung des *pseudo*-Esters III führt zum *Lävulinsäure-pseudoäthylester* (V), welcher, wie auch der Pseudoäthylester III erst durch die Schenckschen Arbeiten zugänglich geworden ist. III wird in guter Ausbeute erhalten, wenn man die photosensibilisierte Autoxydation von (I) und die anschließende Verkochung des noch vorhandenen Peroxyds in Gegenwart von V_2O_5 durchführt.

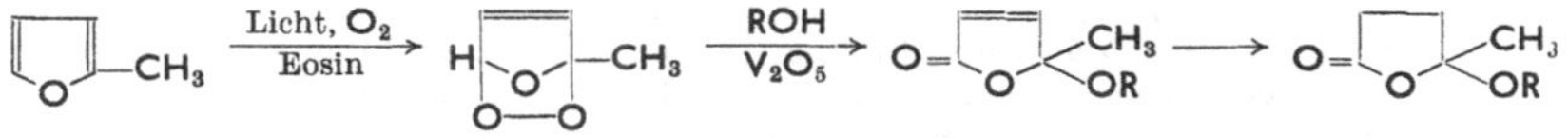

I $\xrightarrow[\text{Eosin}]{\text{Licht, } O_2}$ II $\xrightarrow[V_2O_5]{ROH}$ III $\longrightarrow$ V

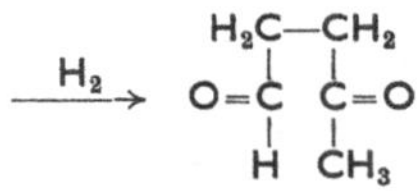

II $\xrightarrow{H_2}$ IV

Die Photo-Autoxydation des Furans führt zu einem *Peroxyd* vom *Ozonid*-Typ bzw. zu einem hiervon sich ableitenden *polymeren Ozonid*, welches sich schon wenig über Zimmertemperatur rasch in *Maleinaldehydsäure* (VIa bzw. VIb), die so leicht zugänglich geworden ist, umlagert. Glatt tritt diese Isomerisierung in Äthanol ein und es entsteht der *Maleinaldehydsäure-pseudoäthylester* (VII); diese Verbindung wird praktisch quantitativ erhalten, wenn man statt Furan die Brenzschleimsäure verwendet.

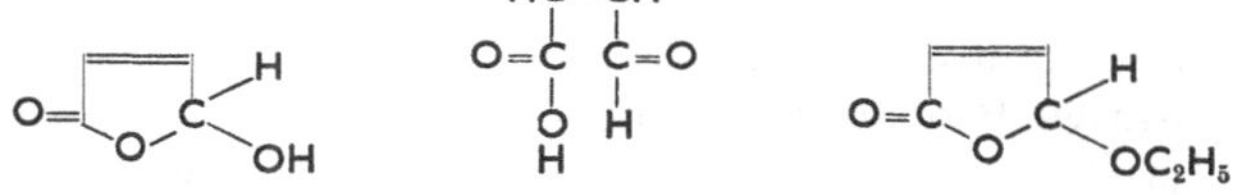

VIa VIb VII

Der Ester VII läßt sich auch erhalten, wenn man Furfurol der photochemischen Oxydation mit Sauerstoff unterwirft (photosensibilisiert oder unsensibilisiert) und die Reaktionsprodukte zweckmäßig aufarbeitet. Als Lichtquelle dient die UV-Lampe oder die Sonne.

Die untersuchten Furanderivate (siehe weiter unten) wurden jeweils unter Kohlendioxyd destilliert und zeigten dann keine Verfärbung mit

Natronlauge und keine Reduktion Fehlingscher Lösung. Die photosensibilisierte Reaktion mit Sauerstoff erfolgte in einer gläsernen Schüttelflasche unter Belichtung mit einer 300 Watt-Glühlampe. Für apparative Einzelheiten vgl. Originalarbeit.

Die angegebenen Gasvolumina sind auf 0°/760 mm reduziert. Das eingesetzte Äthanol war absolut und enthielt 3% Toluol.

Maleinaldehydsäure-pseudoäthylester[1] **(VII).** a) Sensibilisiert: 100 g Furfurol, 1 g Eosin, 3000 cm³ Äthanol in Gegenwart von Sauerstoff geschüttelt (Glasflasche, Schüttelmaschine) und aus 10 cm Abstand mit einer 300 Watt-Glühlampe belichtet. Sauerstoffverbrauch in 12 Tagen 30 l (ber. für 1 O_2 23,4 l). Zunächst destillierte man das Lösungsmittel über eine Vigreux-Kolonne ab, Bad bis 145°. Das verbliebene dunkle Reaktionsgut wurde über eine kleine Kolonne fraktioniert. Nach 1,4 g Vorlauf gingen bei 97—101°/13 fast farblos 98,6 g über (74% d. Th.).

b) Sensibilisiert: 50 g Furfurol, 0,1 g Eosin, 0,5 g Divanadinpentoxyd, 2000 cm³ Äthanol in Gegenwart von Sauerstoff geschüttelt (Glasflasche, Schüttelmaschine) und aus 10 cm Abstand mit einer 300 Watt-Glühlampe belichtet. Sauerstoffaufnahme in 18 Tagen gemessen 13,5 l, jedoch wesentlich höher, da wegen Kohlendioxyd-Entwicklung zur Entfernung von Kohlendioxyd mehrfach durch Evakuierung unterbrochen wurde. Die Aufarbeitung wie oben lieferte neben 3 g Furfurol 54 g VII (86,2% d. Th.). Undestillierbar blieben 10,3 g.

c) Sensibilisiert: 200 g Furfurol, 2 g Eosin, 850 cm³ Äthanol unter Durchleiten von Luft (ohne Messung derSauerstoff-Aufnahme, unter dauerndem Ausspülen von Kohlendioxyd) in einer gläsernen Ringmantelapparatur (Tauchlampenanordnung[2]) mit dem Quecksilberhochdruckbrenner HgH 1000 (Osram, 280 Watt) belichtet. Die Aufarbeitung wie oben lieferte neben 29,2 g Furfurol 174,4 g VII (76,6 % d. Th.).

d) Unsensibilisiert: 20 g Furfurol wurden in 800 cm³ Äthanol in einer Quarzflasche unter Sauerstoff geschüttelt. In einem Abstand von 15 cm befand sich eine Quarzquecksilber-Bogenlampe (2,2 A, 110 V). Der Brenner war so angeordnet, daß nur die Flüssigkeit, nicht aber der Gasraum bestrahlt wurde. Sauerstoffaufnahme in 7 Tagen 2700 cm³. Die Aufarbeitung lieferte neben 4 g Furfurol 7,3 g VII; undestillierbar blieben 10 g Harz.

***cis*-β-Acetylacrylsäure-pseudoäthylester**[1] **(III).** 30 g 2-Methylfuran, 0,5 g Eosin, 2000 cm³ Äthanol, 0,1 g Divanadinpentoxyd in Gegenwart von Sauerstoff geschüttelt (Glasflasche, Schüttelmaschine) und aus 10 cm Abstand mit einer 300 Watt-Glühlampe belichtet. Sauerstoffaufnahme in 8 Tagen 9250 cm³ (ber. 8200 cm³). Zunächst wurde die Hauptmenge Äthanol über eine Vigreux-Kolonne langsam abdestilliert, dann das Verbliebene fraktioniert. Bei 83—95°/10 gingen 40,8 g Rohprodukt (76% d. Th.) über, das sich zur Darstellung der β-Acetylacrylsäure eignet. 10 g dunklen Harzes blieben undestillierbar. Der zur Analyse rektifizierte Pseudoester ging bei 89—91°/14 über.

2. Transanellare Peroxyde der 1,3-Diene

a) Übersicht

Die Autoxydation von nichtcyclischen 1,3-Dienen im Licht hat bisher wenig präparative Bedeutung. Anders liegen die Verhältnisse bei den cyclischen 1,3-Dienen. Die Reaktion, die zur Bildung der *transanellaren Peroxyde* führt, läßt sich durch folgendes Schema wiedergeben:

I + O=O ⟶ II

[1] SCHENCK, G. O.: A. **584**, 156 (1953).

[2] SCHENCK, G. O., K. G. KINKEL und H.-J. MERTENS: A. **584**, 125 (1953).

K. Alder und M. Schumacher[1] haben auf die große Ähnlichkeit zwischen obiger Reaktion und den Additionsreaktionen zwischen cyclischen 1,3-Dienen und Philodienen aufmerksam gemacht. Diese Ähnlichkeit wird noch verstärkt durch die Tatsache, daß gewisse *trans-anellare* Peroxyde in der Wärme in ihre Komponenten zerfallen. Das klassische Beispiel hierfür ist das Rubrenperoxyd (vgl. S. 62). Diese Zerfallreaktion hat Ähnlichkeit mit dem Retro-Dienzerfall.

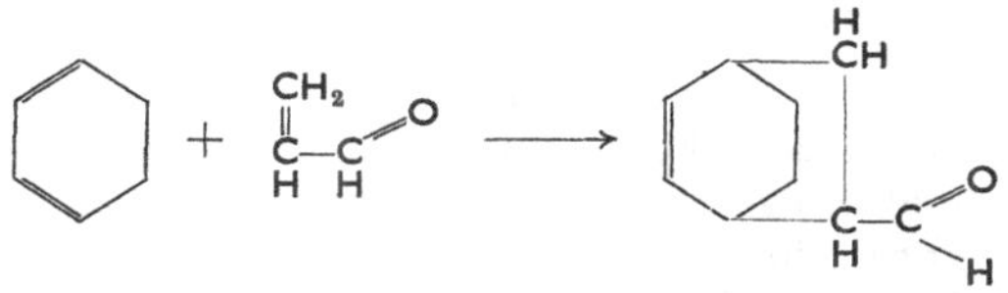

Es ist jedoch möglich, daß die von K. Alder und M. Schumacher[1] betonte Ähnlichkeit nur eine formale ist: bei der photochemischen Addition von Sauerstoff liegt wahrscheinlich ein radikalischer Chemismus vor; ein solcher wird im allgemeinen nicht für Diels-Alder-Reaktionen angenommen.

Die cyclischen *transanellaren* Peroxyde der 1,3-Diene lassen sich in drei Gruppen einteilen: die erste umfaßt Peroxyde, welche man aus Cyclohexadien und verwandten Verbindungen erhalten kann; es handelt sich um Peroxyde von Dienen mit verhältnismäßig kleinem Molekulargewicht. Die zweite Gruppe umfaßt die Peroxyde der Sterinreihe, die dritte die Peroxyde der Acene und verwandter Verbindungen.

Die Peroxyde der Acene werden direkt bei der Einwirkung von Sauerstoff in Gegenwart von Licht erhalten, Sensibilisatoren sind hier nicht nötig[2]. Diese sind jedoch nötig oder vorteilhaft[3] bei der Bildung der Peroxyde der ersten und zweiten Gruppe.

Obwohl die Peroxyde der zweiten Gruppe vor denen der ersten entdeckt wurden, sollen die letzteren aus Gründen der Systematik zuerst behandelt werden.

Die Synthese des *Ascaridols* aus α-Terpinen verdient besondere Erwähnung, weil es sich um einen technisch durchführbaren Prozeß handelt. Dieser war für Deutschland während des zweiten Weltkrieges von Bedeutung. Damals herrschte ein großer Mangel an Oleum chenopodii, aus welchem *Ascaridol* hergestellt wird[4]. Weiterhin sei auf die von G. O. Schenck und R. Wirtz[5] durchgeführte Synthese des

[1] Alder, K., u. M. Schumacher: Fortschritte der Chemie org. Naturstoffe, Band X, S. 96. Berlin-Göttingen-Heidelberg: Springer 1953.

[2] Die Acene besitzen sowohl Sensibilisator- als auch Akzeptoreigenschaften, vgl. Schenck, G. O.: Z. El. Ch. **57**, 675 (1953); Schenck, G. O., W. Müller, u. H. Pfennig: Naturwiss. **41**, 374 (1954); Schenck, G. O.: Naturwiss. **41**, 452 (1954).

[3] Hock, H. u. F. Depke, B. **84**, 349 (1951), haben aus Cyclohexadien, welches sie mit Sauerstoff autoxydierten, *Norascaridol* in Spuren isoliert.

[4] Schenck, G. O., u. H. Schulze-Buschoff: Dtsch. med. Wschr. **1948**, 341.

[5] Schenck, G. O., u. R. Wirtz: Naturwiss. **40**, 581 (1953).

Cantharidins (XI) verwiesen, einer blasenziehenden Verbindung aus der spanischen Fliege. Diese Synthese geht von IX aus, welches durch photochemische Oxydation mit Sauerstoff in das Endoperoxyd (X) (F: 163—164° unter Zersetzung) übergeführt wird (Ausbeute über 50%); die weiteren Umsätze sind Dunkelreaktionen. Die Peroxydbrücke in X hat die gleiche räumliche Stellung wie die Ätherbrücke des natürlichen Cantharidins.

b) Transanellare Peroxyde der Cyclohexadiene und der Cyclopentadiene

Die Untersuchung der Bildung dieser Verbindungen wurde von G. O. SCHENCK und K. ZIEGLER[1] und nachher im wesentlichen von G. O. SCHENCK und seiner Schule fortgeführt. Untersucht wurden neben der schon erwähnten Photooxydation des Cyclohexadiens (I, S. 52) zum *Norascaridol* (II, S. 52) die mit Erfolg durchgeführte Oxydation von α-Terpinen (III), welche zur Bildung von *Ascaridol* (IV) führte. Weiterhin sei auf die Oxydation von α-Phellandren (V) (Bildung von VI) und die des Norcaradiencarbonsäureesters (VII)[2] (Bildung von VIII) hingewiesen.

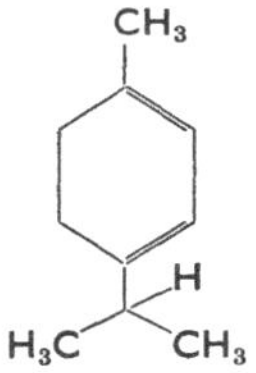

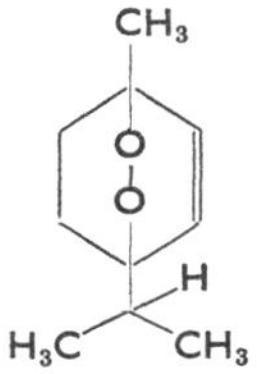

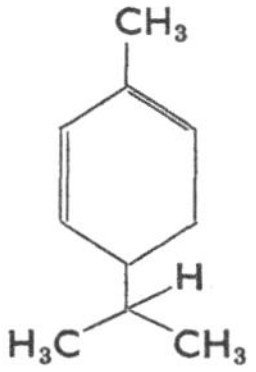

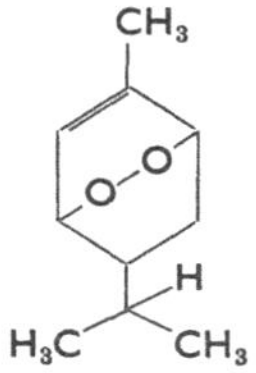

Phellandren-endoperoxyd[3] (VI). 50 g l-α-Phellandren (V) (d_4^{20} = 0,8457, n_D^{20} = 1,4778, α_D = —100,24°) wurden in 1500 cm^3 Isopropanol in Gegenwart von 0,5 g Methylenblau unter Belichtung mit einer 300 Watt-Glühlampe in der Schüttelapparatur mit Sauerstoff umgesetzt. Nach 30 Std. kam die Sauerstoffaufnahme bei 5640 cm^3 zum Stillstand. Nachdem das Lösungsmittel unter vermindertem Druck bei 40° (Vigreux-Kolonne) entfernt war, blieben 57 g einer blauen, eigentümlich riechenden Flüssigkeit zurück. Eine Probe davon zeigte bei 140° (Bad) lebhafte

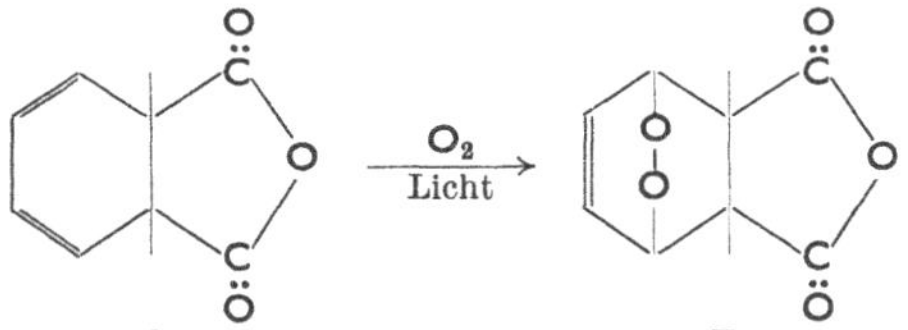

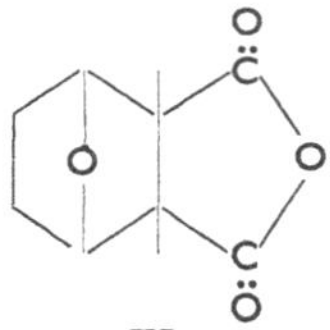

[1] SCHENCK, G. O., u. K. ZIEGLER: Naturwiss. **32**, 157 (1944).

[2] SCHENCK, G. O., u. H. ZIEGLER: Naturwiss. **38**, 356 (1951); SCHENCK, G. O.: Z. El. Ch. **56**, 860 (1952).

[3] SCHENCK, G. O., K. G. KINKEL u. H.-J. MERTENS: A. **584**, 125 (1953).

Zersetzung unter Selbsterwärmung bis 200°. Durch 2malige Destillation konnte das Reaktionsgut in folgende Bestandteile zerlegt werden:

1. Unter 48°/0,01 gingen insgesamt 18,3 g annähernd unverändertes Ausgangsmaterial über.
2. 48—62°/0,01 4,5 g gelbe Flüssigkeit $n_D^{20} = 1{,}4799$.
3. 62—64°/0,01 12,1 g gelbe Flüssigkeit $n_D^{20} = 1{,}4812$, $d_4^{20} = 1{,}0139$.
4. Ohne weitere Steigerung des Siedepunktes, jedoch nach Erhöhung der Badtemperatur von 80° auf 98°, gingen bei 0,01 mm noch weitere 2,1 g gelbe Flüssigkeit ($n_D^{20} = 1{,}4889$) über.
5. Nicht destillierbar verblieben 11 g eines zähflüssigen, blauen Harzes, das sich beim Erwärmen im Reagenzglas in der für Peroxyde charakteristischen Weise lebhaft zersetzte.

Das Hauptprodukt (Fraktion 3) bestand aus Phellandren-endoperoxyd, $M_D = 47{,}33$; es zersetzt sich bei 140° und liefert mit einer K-Na-Legierung behandelt nach Aufarbeiten 1,6-p-Menthen-2,5-diol (F: 166°).

Δ^2-Cyclohexen-1,4-endoperoxyd[1] (Norascaridol) (II). Eine Lösung von 250 g Cyclohexadien und 2,5 g Methylenblau in 7,5 l Isopropanol wird unter Durchleiten von Sauerstoff, der aus einer Glasfritte austritt, mit einer Quecksilberlampe vom Typ Osram HgH 1000 29 Std. belichtet und dabei auf etwa 25° gehalten. Als Reaktionsgefäß kann eine 10 l fassende Aluminium-Milchkanne verwendet werden. Diese wird außen mit einem Kühlmantel versehen und trägt in ihrem Deckel ein 55 mm weites, unten geschlossenes Glasrohr als Lampenschacht, der in die Lösung eintaucht, und zwei Glasrohre mit je einer Fritte zum Einleiten von Sauerstoff. Im Lampenschacht hängt die Quecksilberlampe so, daß sich ihr oberes Ende unterhalb des Flüssigkeitsspiegels befindet. Zwei Öffnungen im oberen Teil der Kanne dienen zur Ableitung des nicht umgesetzten Gases und zur Einführung eines Thermometers.

Von der belichteten Lösung wird das Lösungsmittel unter vermindertem Druck bei 25—30° Siedetemperatur (Badtemperatur bis 50°) entfernt und der erhaltene flüssige Rückstand (126 g) bei 0,1—0,2 mm destilliert. Zwischen Kp 40—60° (Badtemperatur 60—100°) geht ein gelbgefärbtes Produkt über, dessen erster Anteil flüssig ist. Die weitere Menge erstarrt z. T. schon im Destillierrohr. Daher ist auf weite Rohre und Öffnungen zu achten. Am besten verwendet man als Vorlage eine Kühlfalle. Bei Beendigung oder Unterbrechung der Destillation muß der Kolbeninhalt kalt sein, ehe man das Vakuum aufhebt, da er sich sonst unter Explosionserscheinung zersetzen kann.

Das Destillat (67 g) wird in Methanol gelöst und die Lösung in ein Kältebad (Aceton-Kohlensäure) gestellt. Mit dem nach kurzer Zeit auskristallisierten Norascaridol wird sie schnell auf ein mit Methanol befeuchtetes und mit fein zerstoßenem Trockeneis bedecktes Filter gegossen und abgesaugt. Man wäscht die Kristalle erst mit einer aus gleichen Teilen Petroläther und Diäthyläther bestehenden Mischung, dann mit reinem Petroläther.

Auch die Waschflüssigkeiten müssen tief gekühlt sein. Diese Operation ist schnell durchzuführen und wird durch den starken Tränen- und Hustenreiz, den der Stoff ausübt, erschwert. Die Kristalle werden im Exsiccator getrocknet; sie sind hell-gelbgrün, sehr flüchtig mit dumpfem, stechendem Geruch und schmelzen bei 88,5°. Ausbeute 28 g.

Über die Bildung von Photoperoxyden aus Cyclopentadienen ist verhältnismäßig wenig bekannt. C. Dufraisse et al.[2] berichten, daß Pentaphenyl-cyclopentadienol XII ein stabiles Peroxyd (XIII; F: 190—191°) bildet. Obwohl noch keine experimentellen Einzelheiten bekannt sind, soll auf diese Reaktion hingewiesen werden, da das Peroxyd beim Erwärmen (oberhalb 100°) quantitativ unter Bildung von Tetraphenyl-

[1] Schenck, G. O., u. W. Willmund (mitgeteilt von R. Criegee in Houben-Weyl): Methoden der organischen Chemie, 4. Aufl., Band VIII, S. 16. Stuttgart: Georg Thieme 1952.

[2] Dufraisse, Ch., A. Étienne u. J. Aubry: C. r. **239**, 1170 (1954).

furan (XV) und Benzoesäure zerfällt; hierdurch ist ein ganz neuer Weg zur Darstellung von Tetraarylfuranen geöffnet worden. Keine Angaben liegen vor, wie dieser Zerfall zu erklären ist; im Hinblick auf die Tendenz gewisser Peroxyde sich umzulagern (vgl. S. 4), wird vorgeschlagen, XIV als Zwischenprodukt anzunehmen, wobei auf die Möglichkeit hingewiesen werden muß, daß die als XIII beschriebene Verbindung — sie macht aus Jodkalium in Essigsäure kein Jod frei — in Wirklichkeit XIV ist ($R = C_6H_5$).

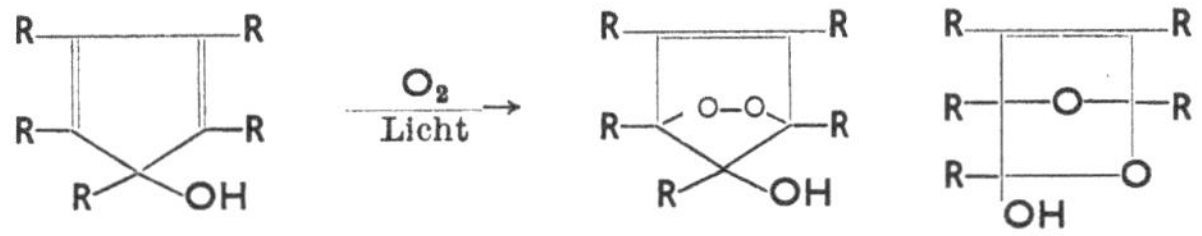

XII $\xrightarrow[\text{Licht}]{O_2}$ XIII XIV

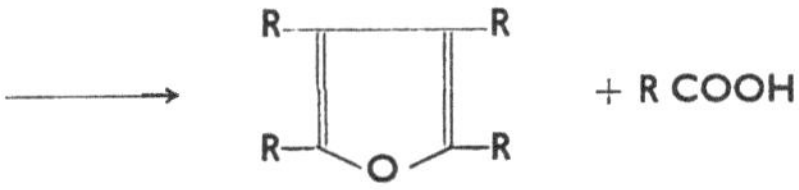

$\longrightarrow$ XV + R COOH

c) Transanellare Peroxyde der Sterine

A. WINDAUS und J. BRUNKEN[1] setzten — um antirachitisch wirksame Stoffe zu erhalten — Ergosterin (I) in alkoholischer Lösung in Gegenwart von Photosensibilisatoren wie Eosin dem Licht aus. Sie beobachteten dabei, sowohl im Sonnenlicht als auch im Licht von Glühlampen, die Aufnahme von Sauerstoff unter Bildung eines *Peroxyds*.

Es wurde zuerst die Bildung eines 4-gliedrigen Ringes angenommen (vgl. II); die Bildung eines 6-gliedrigen Ringes (vgl. III) wurde von L. F. FIESER[2] und von W. BERGMANN[3] et al. vorgeschlagen; Formel III ist jetzt allgemein angenommen. Ähnlich wie Ergosterin bilden auch seine Ester *Photoperoxyde*. Ergosterin-peroxyd ist relativ beständig[4] und kristallisiert gut. Aus angesäuerter Jodidlösung macht es Jod frei. Es dient als Ausgangsmaterial für Synthesen. Durch Zinkstaub und Alkali wird es zu einem *Ergostadientriol* $C_{28}H_{46}O_3$ reduziert[5].

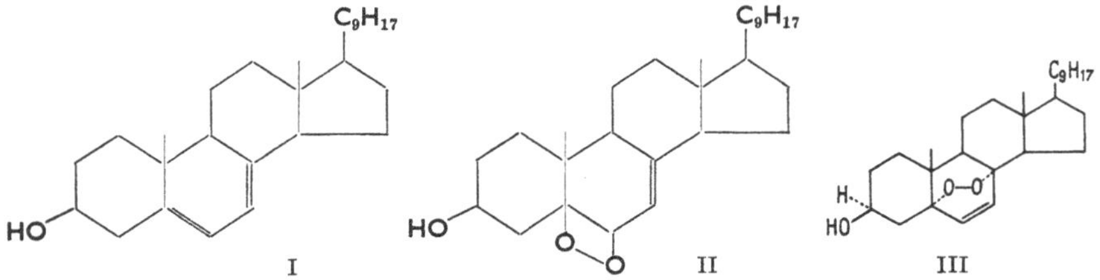

I II III

[1] WINDAUS, A., u. J. BRUNKEN: A. **460**, 225 (1928).

[2] FIESER, L. F.: The Chemistry of natural products related to Phenanthren (New York 1936) S. 147.

[3] BERGMANN, W., F. HIRSCHMANN u. E. L. SKAU: J. org. Chem. **4**, 29 (1939).

[4] WINDAUS, A., u. J. BRUNKEN: A. **460**, 227 (1928).

[5] WINDAUS, A., u. O. LINSERT: A. **465**, 156 (1943).

Abgesehen von Ergosterin und seinen Estern sind noch andere Sterine in die entsprechenden *Photoperoxyde* überführt worden. Hier sei auf das *Dehydroergosterin-peroxyd*[1] (IV) hingewiesen. W. BERGMANN[2] et al. haben $\Delta^{2,4}$-Cholestadien (V) in das *Photoperoxyd* VI im UV-Licht übergeführt.

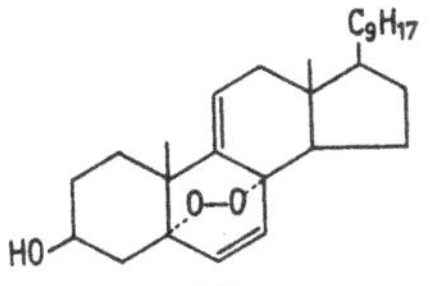

IV 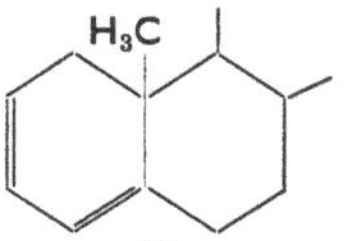 V 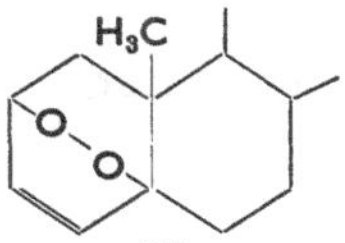 VI

Bezüglich der präparativen Bedeutung der Peroxyde der Steroidreihe soll auf das Photoperoxyd VII hingewiesen werden; VII ist ein wichtiges Zwischenprodukt in der Laubachschen Synthese von Verbindungen, welche mit Cortison verwandt sind[3].

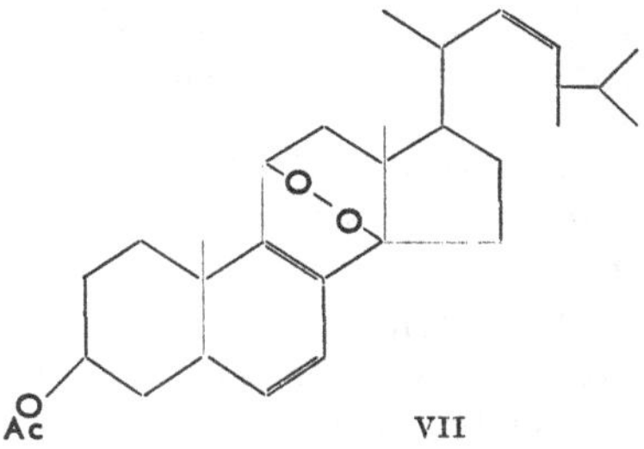

VII

Theorie der Sauerstoffübertragung und der Dehydrierung mit Hilfe von Sensibilisatoren

Die klassische Theorie der Sensibilisation betrachtet die Sensibilisatoren in diesen Reaktionen ausschließlich als Energieüberträger, diese Auffassung ist noch jetzt herrschend. Dieser (physikalischen) Betrachtungsweise steht eine andere (chemische) gegenüber, welche zuerst von A. SCHÖNBERG[4] vertreten wurde. Ausgehend von den Beobachtungen, daß Chlorophyll, Eosin und ähnliche Verbindungen (es handelt sich um Verbindungen mit konjugierten Doppelbindungen) in der Lage sind, im Licht (und nur im Licht) freien Sauerstoff auf gewisse Verbindungen (z. B. Isoamylamin) zu übertragen, wurde folgende Auffassung entwickelt: der Sensibilisator (dargestellt durch Ia als den einfachsten Typ) wird durch Licht in das Diradikal IIa überführt, welches mit O_2 das Radikalperoxyd IIIa bildet. Der labil gebundene Sauerstoff von IIIa wird hierauf auf den Acceptor (z. B. Isoamylamin) übertragen unter

[1] MÜLLER, M.: Z. physiol. Chem. **231**, 75 (1935).

[2] SKAU, E. L., u. W. BERGMANN: J. org. Chem. **3**, 166 (1938). — BERGMANN, W., F. HIRSCHMANN u. E. L. SKAU: J. org. Chem. **4**, 29 (1939).

[3] LAUBACH, G. D., E. C. SCHREIER, E. J. AGNELLO, E. N. LIGHTFOOT u. K. J. BRUNINGS: Am. Soc. **75**, 1514 (1953).

[4] SCHÖNBERG, A.: Notiz über die photochemische Bildung von Biradikalen. A. **518**, 299 (1935).

Rückbildung von Ia. Diese Übertragung erfolgt entweder durch Zusammenstoß von Molekülen von IIIa mit dem Acceptor und die Sauerstoffübertragung erfolgt im Reaktionsknäuel oder der Sauerstoff, welcher beim Zerfall von IIIa in Ia frei wird, ist besonders aktiv (oxydierende Wirkung des Sauerstoffs in „statu nascendi").

$$\gt C{=}C{-}C{=}C\lt \quad \xrightarrow{\text{Licht}} \quad \gt \dot{C}{-}C{=}C{-}\dot{C}\lt \quad \xrightarrow{O_2} \quad \gt C(O{-}O\cdot){-}C{=}C{-}\dot{C}\lt$$

Ia — IIa — IIIa

Diese Diradikaltheorie erlaubt auch zu erklären, warum dieselben Sensibilisatoren, die im Licht O_2 auf Substrate übertragen können, in der Lage sind, in Abwesenheit von O_2 die Substrate photochemisch zu dehydrieren. Beispiele sind die photochemische Dehydrierung von Ergosterin zu 7,7'-Bisdehydroergosterin (vgl. S. 46) und die Bildung von Ergosterinperoxyd im Licht aus O_2 und Ergosterin (vgl. S. 56); beide Reaktionen verlaufen unter Verwendung von Eosin als Sensibilisator. Nach der „Diradikaltheorie" wirken die aus dem Sensibilisator photochemisch gebildeten Diradikale (vgl. IIa) im Dunkelprozeß dehydrierend auf das Substrat. Es sei hier auf die im Dunkelprozeß verlaufende Dehydrierung mit Hilfe freier Monoradikale erinnert[1].

Seit 1948 hat G. O. SCHENCK[2] in einer Reihe von Veröffentlichungen Ansichten vertreten, die den von A. SCHÖNBERG[3] entwickelten Theorien sehr nahe stehen, die ersten seiner Veröffentlichungen erfolgten in Unkenntnis der Schönbergschen Arbeit[4].

Auf die von G. O. SCHENCK entwickelten Anschauungen, die eine Reihe von Beobachtungen erklären können, kann hier im einzelnen nicht eingegangen werden, das Wesentliche gibt das folgende Schema[5] und die folgenden Ausführungen wieder.

„Der Photosensibilisator (Sens) geht nach Absorption eines wirksamen Lichtquants in ein O_2-affines phototrop-isomeres Diradikal ($Sens^{rad}$) über (Rk. 1), das O_2 addiert (Rk. 2) zu einer kurzlebigen Verbindung $Sens^{rad}\,O_2$, die mit dem Acceptor (A) unter Bildung von AO_2 und Rückbildung von Sens (in Rk. 3) reagiert. Die Bildung von AO_2 aus den Komponenten geschieht dabei als Zwischenreaktionskatalyse in einem Kreisprozeß der Hauptreaktionen 1—3, den wir Sensibilisator-Cyclus nennen. Es konkurrieren: mit Rk. 2 die hauptsächlich strahlungslose exotherme Umwandlung von $Sens^{rad}$ in Sens (Rk. 4); mit Rk. 3

[1] Vgl. u. a. A. SCHÖNBERG u. A. MUSTAFA: Am. Soc. **73**, 2401 (1951).

[2] SCHENCK, G. O.: Z. Naturforsch. **3 b**, 59 (1948); Naturwiss. **35**, 28 (1948). — SCHENCK, G. O., u. K. G. KINKEL: Naturwiss. **38**, 355, 503 (1951). — SCHENCK, G. O.: Z. El. Chem. **75**, 505 (1951).

[3] SCHÖNBERG, A.: A. **518**, 299 (1935).

[4] Eine historische Übersicht gibt G. O. SCHENCK: Naturwiss. **40**, 229 (1953), vergl. Seite 211.

[5] SCHENCK, G. O., et al.: Ang. Ch. **68**, 303 (1956).

der exotherme Zerfall von Sens^{rad} O_2, der Sens und O_2 zurückliefert (Rk. 5).“

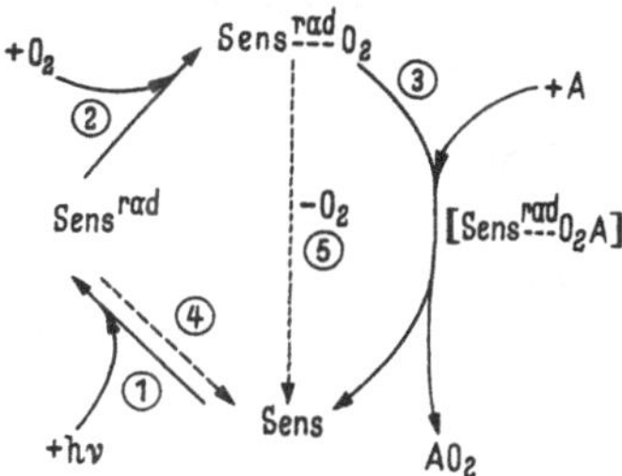

Ergosterin-peroxyd[1] (III). a) Eine Osram-Nitratlampe von 200 Watt befand sich in einem mit Wasser gefüllten und mit Zufluß und Abfluß versehenen Becherglase, das die zu bestrahlende Lösung enthielt. Um eine möglichst gute Ausnutzung der Lichtenergie zu erzielen, wurde der Apparat in einen mit Spiegelglasscheiben ausgekleideten Kasten gesetzt.

Eine auf 60° erwärmte Lösung von 4 g Ergosterin in 1200 cm^3 95%igem Alkohol wurde mit 6 mg Eosin versetzt und in den Apparat gefüllt; während der Belichtung wurde ein langsamer Strom von Sauerstoff durch die Reaktionsflüssigkeit geleitet. Nach etwa 3 Std. war die Oxydation beendet, was daran erkannt wurde, daß eine Probe der Lösung nicht mehr mit einer alkoholischen Digitoninlösung reagierte. Nunmehr wurde die Lösung unter vermindertem Druck auf ein kleines Volumen eingedampft, die sich abscheidenden Kristalle abfiltriert und wiederholt aus Alkohol oder Aceton umkristallisiert, bis der Schmelzpunkt bei 178° konstant blieb. Ausbeute 70%.

b) An sonnigen Tagen wurde so verfahren, daß große, flache Glasschalen, die 2—3 cm hohe Schichten einer alkoholischen Ergosterinlösung (welcher etwas Eosin zugefügt war) enthielten, lose bedeckt der Sonne ausgesetzt wurden. Unter diesen Bedingungen wurde das Ergosterin in wenigen Stunden in das Peroxyd übergeführt.

Peroxyd des $\Delta^{2,4}$-Cholestadiens[2] (VI). $\Delta^{2,4}$-Cholestadien (V) (9 g) wurde in warmem absolutem Alkohol (1000 cm^3) gelöst, und die Lösung dann mit Eosin (14 mg) versetzt. Die Photooxydation wurde bei 25° in einer Apparatur durchgeführt, welche oben bei der Oxydation des Ergosterins beschrieben ist; als Lichtquelle diente eine Mazda-Lampe von 200 W. Nach der Bestrahlung (9 Std.) wurde die Lösung unter vermindertem Druck unterhalb 35° zur Trockne verdampft. Der kristalline Rückstand (VI) wurde einmal aus verdünntem Aceton umkristallisiert (F: 110—112°). Es wurde dann noch einmal aus verdünntem Aceton und darauf dreimal aus Alkohol (95%) umkristallisiert [F: 113—114°, $[\alpha]_D^{24} = +48{,}3°$ (63,2 mg in 3,06 cm^3 $CHCl_3$, 10 cm Röhre)]. Die Ausbeute betrug 60—70%, weitere Mengen konnten aus den Mutterlösungen erhalten werden.

d) Peroxyde polycyclischer aromatischer Ringsysteme

Während Benzol und Naphthalin mit freiem Sauerstoff in Gegenwart von Licht keine Peroxyde bilden, ist solches der Fall beim Anthracen (vgl. I → II), einer Anzahl seiner Derivate sowie bei analogen Verbindungen.

---

[1] Windaus, A., u. J. Brunken: A. **460**, 227 (1928).

[2] Skau, E. L., u. W. Bergmann: J. org. Chem. **3**, 173 (1938).

Es ist bemerkenswert, daß das Photoperoxyd des Anthracens erst im Jahre 1935 entdeckt wurde[1], zumal Anthracen schon vorher Gegenstand einer sehr großen Anzahl von Untersuchungen war. Die Peroxydbildung der Anthracene und analoger Verbindungen erfolgt nur bei Gegenwart von Licht, während in der Dunkelheit z. B. Anthracen gegenüber freiem Sauerstoff stabil ist, selbst wenn man solche Versuche über mehrere Jahre laufen läßt[2].

Anthracenperoxyd wird gewöhnlich nach II formuliert; Formel III gibt jedoch die räumlichen Verhältnisse viel besser wieder.

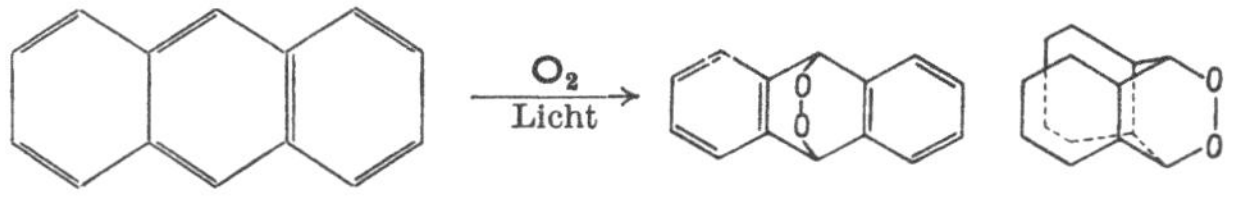

Die Bildung der Peroxyde der Acene auf photochemischem Wege ist so einfach, daß diese Methode ihre Bedeutung behalten wird auch dann, wenn es in Zukunft möglich sein sollte, die Peroxyde in Dunkelprozessen darzustellen. Hier sei darauf hingewiesen, daß R. Criegee[3] auf folgenden von ihm entdeckten Prozeß hingewiesen hat:

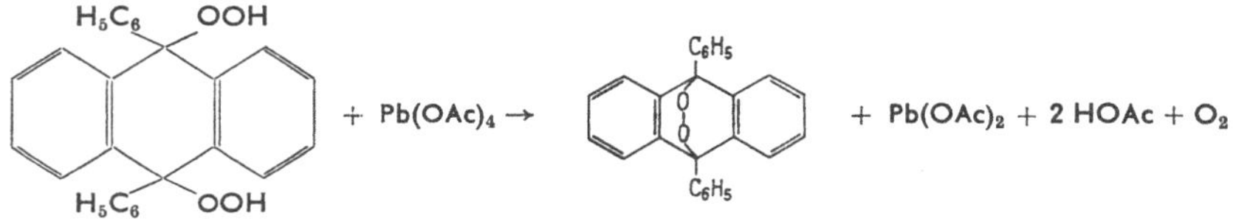

Der Hauptnachteil der photochemischen Peroxydbildung ist, daß vereinzelt bei der Einwirkung von Sauerstoff auf die Acene (in Gegenwart von Licht) nicht die erwarteten Photoperoxyde erhalten werden,

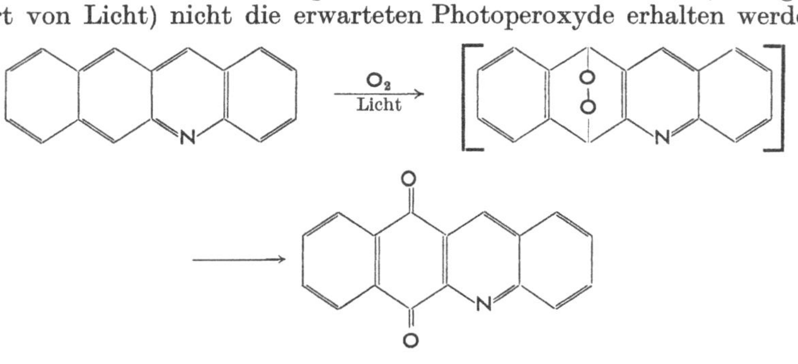

[1] Dufraisse, Ch., u. M. Gérard: C. r. **201**, 428 (1935); **202**, 1859 (1936).

[2] Dufraisse, Ch., J. Le Bras u. A. Allais: C. r. **216**, 383 (1943). — Dufraisse, Ch., M. Badoche u. C. L. Butler: C. r. **216**, 344 (1943).

[3] Criegee, R.: Herstellung und Umwandlung von Peroxyden, in „Methoden der organischen Chemie (Houben-Weyl)“, IV. Auflage, Band VIII, S. 61 (1952).

sondern die entsprechenden *Chinone*; es ist sehr wahrscheinlich, daß die Chinonbildung über die Peroxyde verläuft wie vorstehendes Beispiel[1] zeigt.

Da die Reaktionen im sichtbaren Licht verlaufen, kann man auf die Benutzung von Apparaten aus Spezialgläsern verzichten.

Grundsätzlich erfolgt die Photoperoxydbildung der Anthracene und verwandter Verbindungen in Lösung; es hat sich als zweckmäßig erwiesen, im Sonnenlicht und mit sehr verdünnten Lösungen zu arbeiten. In vielen Fällen führt die Bestrahlung der Acenlösungen in Gegenwart von Sauerstoff nicht nur zur Bildung der Peroxyde, sondern auch zur Photodimerisation der Acene; starke Verdünnung ist natürlich ungünstig für die Bildung der Dimeren.

Die Natur des Lösungsmittels ist von großer Bedeutung für die Geschwindigkeit der Peroxydbildung; beim Rubren (V) haben CH. DUFRAISSE und M. BADOCHE[2] folgende relative Geschwindigkeiten festgestellt: Schwefelkohlenstoff 9, Chloroform 3, Benzol 1, Äther 0,5, Nitrobenzol 0,1.

A. SCHÖNBERG[3] hat die Frage aufgeworfen, ob die günstige Wirkung des Schwefelkohlenstoffes bei der Photooxydation der Acene dadurch zu erklären ist, daß sich zuerst ein labiles Anlagerungsprodukt von Sauerstoff an Schwefelkohlenstoff bildet, welches dann seinen Sauerstoff auf das Acen überträgt. Diese Reaktion könnte neben der direkten Anlagerung von Sauerstoff an die photoaktivierten Acene verlaufen.

Die weitaus größte Zahl der Photoperoxyde der Acene ist in Schwefelkohlenstofflösung synthetisiert worden, nur vereinzelt hat man andere Lösungsmittel verwandt; so berichtet CH. DUFRAISSE[4] über die Verwendung von Pyridin als Lösungsmittel. Für die Bedeutung des Lösungsmittels spricht u. a. auch, daß das Anthracenderivat (IV) zwar schnell in Äther ein Photoperoxyd bildet, daß jedoch diese Bildung in sauerem Medium ($p_H < 5{,}9$) ausbleibt[5].

R OCH$_3$

R = (2-Pyridyl)

R OCH$_3$

IV

Man hat die Frage aufgeworfen, ob die Einwirkung von Sauerstoff in Gegenwart von Licht auf die Anthracene zu Verbindungen führt, die als Molekülverbindungen aus dem jeweiligen Anthracen und Sauerstoff aufzufassen sind. Diese Frage ist sehr berechtigt, da eine Anzahl der auf diese Weise erhaltenen Verbindungen die in der organischen Chemie

---

1 ÉTIENNE, A., u. A. STAEHELIN: C. r. **234**, 1453 (1952).

2 DUFRAISSE, CH., u. M. BADOCHE: C. r. **200**, 929, 1103 (1935).

3 SCHÖNBERG, A.: Le Mécanisme de l'Oxydation, Institut International de Chimie Solvay. S. 272. Brüssel 1950.

4 DUFRAISSE, CH., u. M. MELLIER: C. r. **215**, 541 (1942).

5 ÉTIENNE, A., u. Y. LEPAGE: C. r. **236**, 1498 (1953).

sehr seltene Eigenschaft haben, beim Erhitzen unter Abgabe elementaren Sauerstoffs zu zerfallen. Das klassische Beispiel ist der thermische Zerfall des Rubrenperoxyds[1] (VI). Es hat sich jedoch gezeigt, daß das chemische Verhalten der Photoperoxyde unvereinbar ist mit der Annahme, daß sie Molekülverbindungen sind wie folgende Beispiele zeigen: Anthracenperoxyd wird durch katalytische Hydrierung in 9,10-Dioxy-9,10-dihydroanthracen übergeführt[2], und die Einwirkung von Phenylmagnesiumbromid auf das Peroxyd des 9,10-Diphenylanthracens liefert nach Hydrolyse 9,10-Diphenyl-9,10-dioxy-9,10-dihydroanthracen[3].

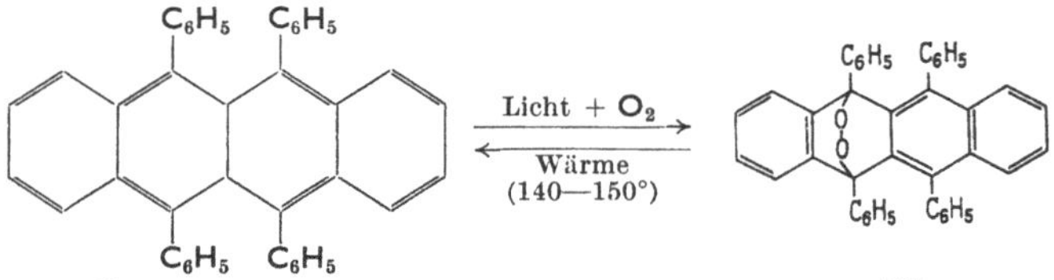

C_6H_5 C_6H_5 — Licht + O_2 → / ← Wärme (140—150°) — C_6H_5 C_6H_5

C_6H_5 C_6H_5 — C_6H_5 C_6H_5

V VI

Für präparatives Arbeiten ist es wichtig zu berücksichtigen, daß die Peroxyde der Acene sich hinsichtlich ihrer Thermostabilität sehr unterschiedlich verhalten. Das Photoperoxyd des 9,10-Dimethoxyanthracens ist so stabil, daß es ohne Zersetzung sublimiert werden kann, das Photoperoxyd des 1,4-Dimethoxy-9,10-diphenylanthracens ist dagegen ungewöhnlich thermolabil[4]. Diese Verbindung verliert 25% des gebundenen Sauerstoffs in 10 Tagen bei 20°.

In der folgenden Tabelle geben die Zahlen hinter den Muttersubstanzen die Zerfallstemperaturen der Peroxyde an, weitere Beispiele hat A. Étienne[5] zusammengestellt.

Tabelle 5

Anthracen (120°) (Explosion)
9-Methylanthracen (80°) (Explosion)
9,10-Diphenyl-2-methoxyanthracen (160—170°)
Naphthacen (120°)
9,10-Diphenylnaphthacen (160°)

C_6H_5 C_6H_5 C_6H_5

C_6H_5 H_5C_6 C_6H_5 C_6H_5

C_6H_5 C_6H_5 C_6H_5

VII 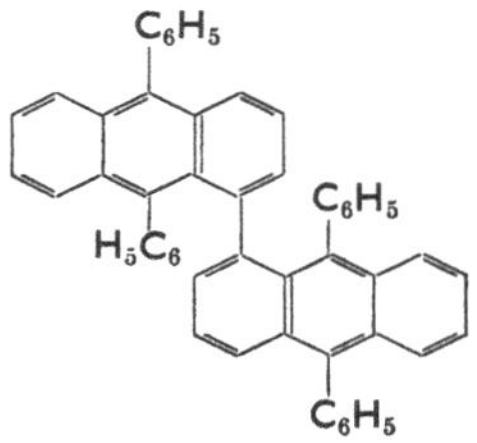 VIII 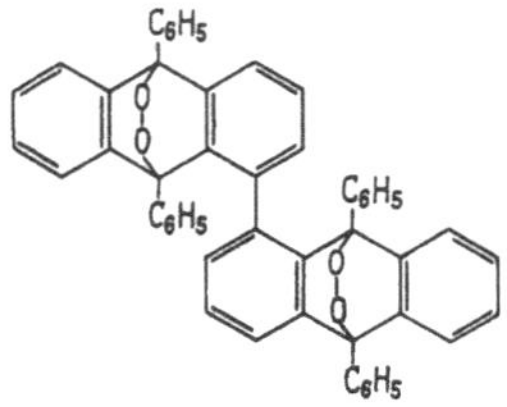 IX

[1] Moureu, Ch., Ch. Dufraisse u. P. M. Dean: C. r. **182**, 1440, 1584 (1926).
[2] Dufraisse, Ch., u. J. Houpillart: C. r. **205**, 740 (1937).
[3] Mustafa, A.: Soc. **1949**, 1662.
[4] Dufraisse, Ch., L. Velluz u. Mme. L. Velluz: C. r. **208**, 1822 (1939).
[5] Étienne, A.: Photo-oxydes d'acenes. Union labile de l'oxygéne au carbone, in Traité de Chimie Organique, herausgegeben von V. Grignard, G. Dupont u. R. Locquin, Band 17. S. 1319—1321. Paris 1949.

Auch die Darstellung eines *Bisphotoperoxyds* ist beschrieben. Während von VII kein Photoperoxyd erhalten werden konnte[1], liefert die Verbindung VIII das *Bisphotoperoxyd*[2] IX.

Zwei verschiedene Peroxyde liefert, wie CH. DUFRAISSE[3] fand, das untenstehende Dichlordiphenyl-naphthacen bei Behandlung mit Sauerstoff im Licht.

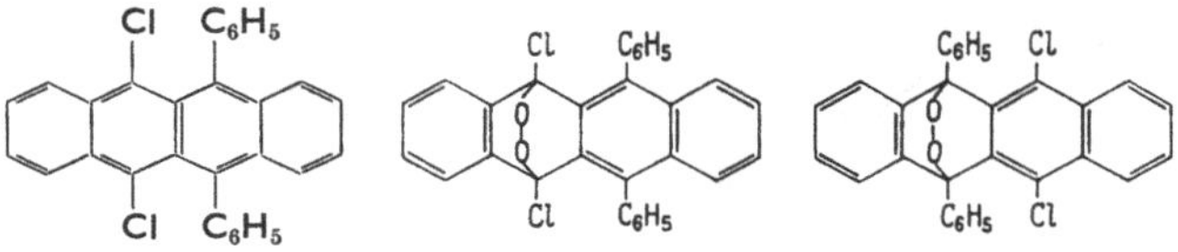

Meso-Diphenylhelianthren (X) reagiert außerordentlich schnell mit Luftsauerstoff: Die verdünnten violetten Lösungen (Schwefelkohlenstoff) werden in weniger als 1 sec ausgebleicht, wenn man sie direktem Sonnenlicht aussetzt[4]. Das Peroxyd ist gelb, seine Konstitution steht noch nicht fest, u. a. ist angenommen worden, daß das Peroxyd als ein Biradikal anzusehen ist (vgl. XI); abgesehen von dieser Formel hat man auch XII und XIII vorgeschlagen[5].

Es ist bemerkenswert, daß XIV, welches sich von dem *meso*-Diphenylhelianthren nur durch den Mindergehalt zweier Wasserstoffatome unterscheidet, kein Photoperoxyd bildet[6].

X 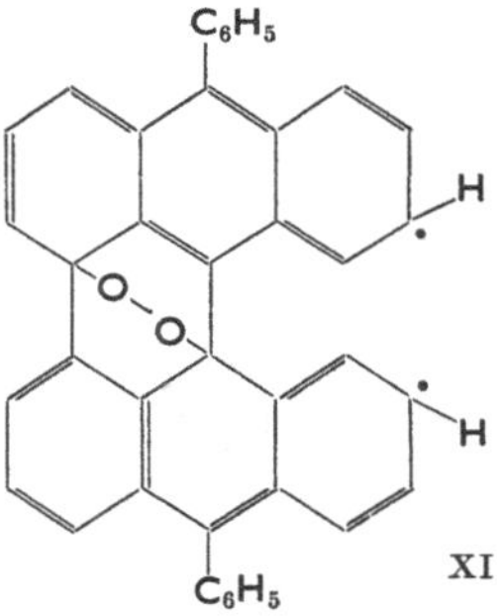 XI 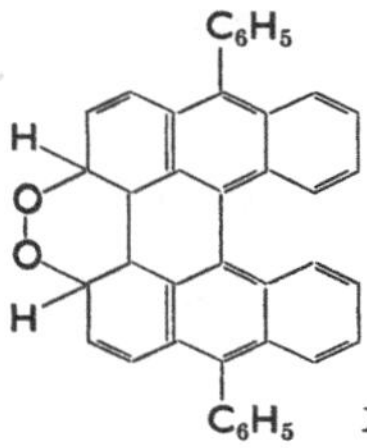 XII

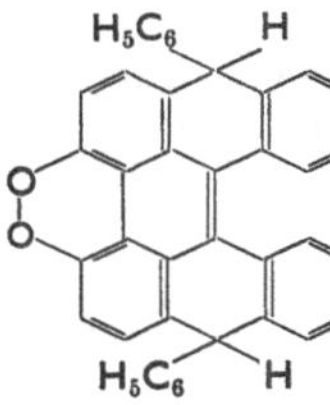

XIII 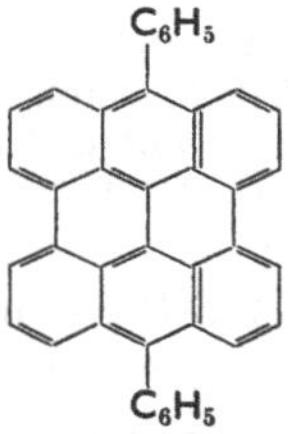 XIV

[1] DUFRAISSE, CH., L. VELLUZ u. Mme. L. VELLUZ: Bl. 5, 600 (1938).

[2] DUFRAISSE, CH., u. G. SAUVAGE: C. r. **221**, 665 (1945). — SAUVAGE, G.: A. ch. 2, 844 (1947).

[3] DUFRAISSE, CH., A. ÉTIENNE u. CH. WINNICK: C. r. **236**, 2133 (1953).

[4] DUFRAISSE, CH., u. G. SAUVAGE: C. r. **225**, 126 (1947). — SAUVAGE, G.: A. ch. 2, 844 (1947).

[5] BADGER, G. M.: The Structures and Reactions of the aromatic Compounds, S. 372; Cambridge University Press 1954.

[6] SAUVAGE, G.: C. r. **225**, 247 (1947); A. ch. 2, 844 (1947).

Im folgenden sind Photoperoxyde aufgeführt, welche sich von Ringsystemen ableiten, die bisher noch nicht erwähnt wurden; von jedem System ist ein charakteristisches Beispiel gegeben ($R = C_6H_5$).

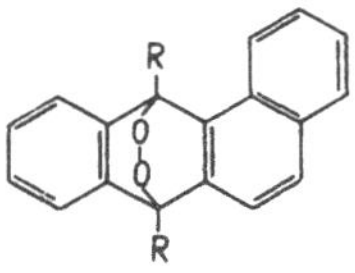

I[1] 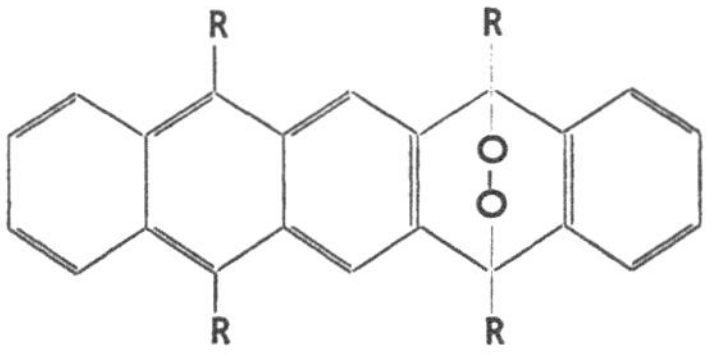 II[2] 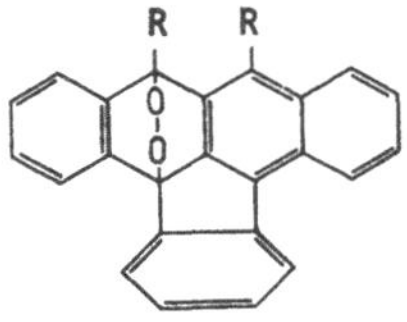 III[3]

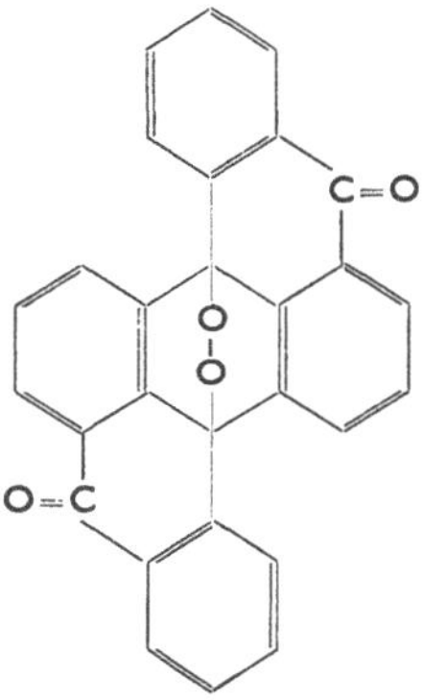

IV[4] 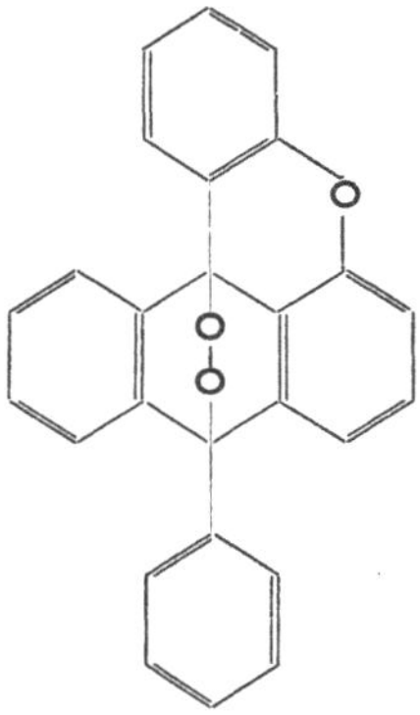 V[5] 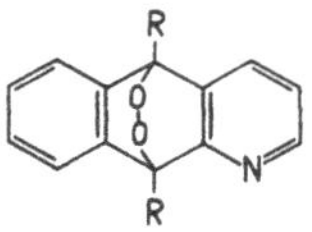 VI[6] 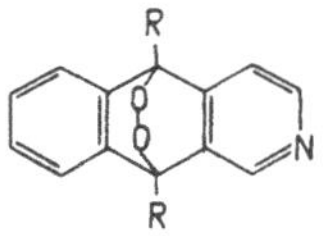 VII[7]

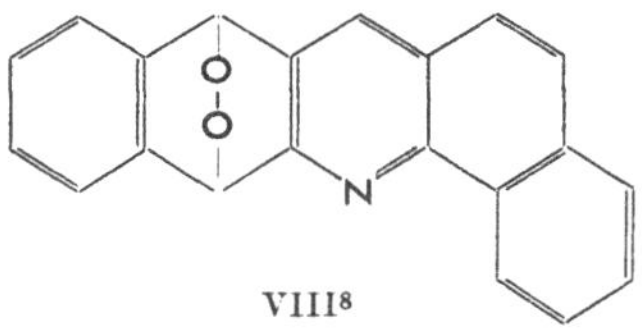

VIII[8] 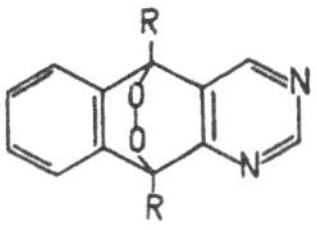 IX[9] 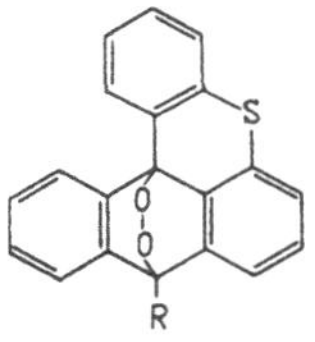 X[10]

Photoperoxyd des 9,10-Diphenylanthracens[11]. 100 mg des Kohlenwasserstoffs in 60 cm^3 reinem Schwefelkohlenstoff werden in einem Halbliterkolben aus Uviolglas $^1/_2$ Std. der Sommersonne ausgesetzt. Durch starkes Einengen und Zufügen von Petroläther wird das Peroxyd in farblosen kleinen Prismen erhalten. Ausbeute fast quantitativ.

[1] VELLUZ, L.: Bl. **6**, 1541 (1939).
[2] ALLEN, C. F., u. A. BELL: Am. Soc. **64**, 1253 (1942).
[3] DUFRAISSE, CH., u. M. T. MELLIER: C. r. **215**, 576 (1942).
[4] DUFRAISSE, CH., u. M. T. MELLIER: C. r. **215**, 541 (1942).
[5] DUFRAISSE, CH., u. J. BAGET: C. r. **220**, 47 (1945).
[6] ÉTIENNE, A.: C. r. **217**, 694 (1943).
[7] ÉTIENNE, A., u. J. ROBERT: C. r. **223**, 331 (1946).
[8] ÉTIENNE, A., u. A. STAEHELIN: Bl. **1954**, 748.
[9] LEGRAND, M.: C. r. **237**, 822 (1953).
[10] PANICO, R.: C. r. **234**, 852 (1952).
[11] DUFRAISSE, CH., u. A. ÉTIENNE: C. r. **201**, 280 (1935). — CRIEGEE, R.: Methoden der Organischen Chemie (HOUBEN-WEYL), herausgegeben von E. MÜLLER, Band 8, S. 21, 4. Auflage. Stuttgart: Georg Thieme.

Photoperoxyd des Hetero-coerdianthrons (7′, 7″)[1] (IV, S. 64). Wenn einige Kubikzentimeter einer Schwefelkohlenstofflösung von Hetero-coerdianthron (7′,7″) (erhalten durch Auflösen von 0,5 g Hetero-coerdianthron in einem Liter Schwefelkohlenstoff) der Sonne ausgesetzt werden, so beobachtet man, daß innerhalb dreier Sekunden (starkes Sonnenlicht) die ursprünglich rote Lösung sich vollkommen entfärbt. Danach wird die Lösung unter vermindertem Druck eingeengt; man erhält das Photoperoxyd in farblosen Kristallen, die sich im Lichte schnell rötlich-violett färben, da sie unter Bildung von Hetero-coerdianthron (7′, 7″) zerfallen. Bei 150° wird diese dunkelviolette Verbindung (F: 358°) in einer Ausbeute von 95% erhalten.

3. Peroxyde aus Triarylmethanderivaten

Wenn Triphenylbrommethan in Cyclohexan der Einwirkung von Licht (Sonne oder Quecksilberlampe) bei Gegenwart von Sauerstoff ausgesetzt wird, so bildet sich *Triphenylmethylperoxyd.* Es wird angenommen, daß die Reaktion über das freie Triphenylmethyl-Radikal verläuft[2].

$$(C_6H_5)_3CBr \rightarrow (C_6H_5)_3C\cdot + Br\cdot$$

A. Schönberg und A. Mustafa[3,4] haben gefunden, daß keine Peroxydbildung eintritt, wenn man eine Benzol-Lösung von Triphenylmethan, 9-Phenylfluoren oder 9-Benzyl-xanthen dem Sonnenlicht bei Luftzutritt aussetzt. Als jedoch solche Versuche mit 9-Phenyl-xanthen, 9-α-Naphthyl-xanthen, 9-p-Anisyl-xanthen, 9-p-Tolyl-xanthen, 9-m-Tolyl-xanthen und 9-o-Tolyl-xanthen durchgeführt wurden, trat *Peroxyd*bildung ein; entsprechend verhielten sich 9-Phenylthioxanthen (I) und 9-α-Naphthyl-thioxanthen.

Im Gegensatz zu 9-Phenyl-xanthen lieferte 9-Phenyl-dinaphthapyran (II) kein Photoperoxyd, es handelt sich hier vielleicht um einen Fall sterischer Hinderung.

Für die Bildung der Peroxyde kommen zwei Wege (a und b) in Frage; b verläuft über freie Radikale.

a) $$2\,Ar_3CH + 2\,O_2 \rightarrow 2\,Ar_3COOH \rightarrow Ar_3C{-}O{-}O{-}CAr_3 + H_2O_2$$

b) $$2\,Ar_3CH \rightarrow [2\,Ar_3C\cdot + 2\,H\cdot] \xrightarrow{O_2} Ar_3C{-}O{-}O{-}CAr_3$$

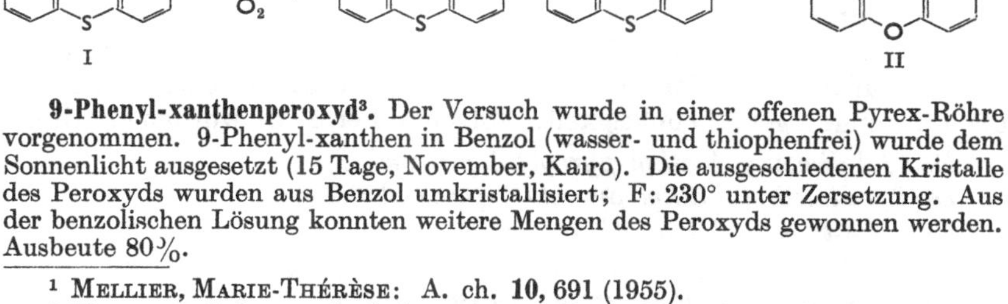

H C₆H₅ — C — S (I) —Licht, O₂→ H₅C₆ — O——O — C₆H₅ (S, S); H C₆H₅ C O (II)

I II

9-Phenyl-xanthenperoxyd[3]. Der Versuch wurde in einer offenen Pyrex-Röhre vorgenommen. 9-Phenyl-xanthen in Benzol (wasser- und thiophenfrei) wurde dem Sonnenlicht ausgesetzt (15 Tage, November, Kairo). Die ausgeschiedenen Kristalle des Peroxyds wurden aus Benzol umkristallisiert; F: 230° unter Zersetzung. Aus der benzolischen Lösung konnten weitere Mengen des Peroxyds gewonnen werden. Ausbeute 80%.

[1] Mellier, Marie-Thérèse: A. ch. **10**, 691 (1955).
[2] Halford, J. O., u. L. C. Anderson: Proc. Nat. Acad. U. S. A. **19**, 759 (1933).
[3] Schönberg, A., u. A. Mustafa: Soc. **1945**, 657.
[4] Schönberg, A., u. A. Mustafa: Soc. **1947**, 997.

4. Sechsgliedrige heterocyclische Verbindung aus Methylenanthron

G. WITTIG und W. GAUSS[1] haben gefunden, daß bei der Autoxydation von 1,1-Di-p-anisyläthylen in Benzaldehyd das *cyclische Peroxyd* (I) ($Ar = CH_3OC_6H_4$) entsteht (Dunkelprozeß).

$$2\ H_2C{=}C(Ar)_2 + O_2 \longrightarrow \text{I}$$

Einen ähnlichen Prozeß, welcher jedoch nur im Licht vonstatten geht, haben A. MUSTAFA und A. M. ISLAM[2] beobachtet, als sie Methylenanthron in Benzol ohne Luftabschluß bestrahlten; das *Peroxyd* II zerfällt in der Hitze (300°) in *Anthrachinon*.

$$2\ O{=}C(C_6H_4)_2C{=}CH_2 \xrightarrow[\text{Sonnenlicht}]{O_2} \text{II}$$

Photoaddukt II. Methylenanthron (1 g) in Benzol (thiophenfrei und über Natrium getrocknet) (25 cm^3) wurde in einem Gefäß aus Pyrexglas dem Sonnenlicht ausgesetzt (10 Tage, September, Kairo); während der Bestrahlung hatte die Luft Zutritt. Es schieden sich fast farblose Kristalle ab, welche aus Petroläther (Kp: 30—50°) umkristallisiert wurden. F: 200° (Zersetzung).

5. Peroxyde in der Pyrrol-Reihe

W. METZGER und H. FISCHER[3] konnten zeigen, daß bei einer Anzahl di- und tri-substituierter α-freier Pyrrole die Autoxydation in einfacher und glatter Weise vor sich geht, wenn man diese Pyrrole in einem indifferenten organischen Lösungsmittel einige Zeit der Einwirkung des Luftsauerstoffs überläßt.

Es bilden sich bei dieser Reaktion *Peroxyde*, deren Bildung auch in der Dunkelheit vor sich geht, jedoch wird die Geschwindigkeit der Oxydationsvorgänge durch vollständigen Lichtausschluß bedeutend verlangsamt.

Ein geringer Wassergehalt des Lösungsmittels (Äther) ist wichtig für den Ablauf der Reaktion, es genügt schon die durch offenes Stehen an der Luft angezogene Feuchtigkeit. Folgende Peroxyde wurden erhalten:

Di-(2,4-dimethyl-3-äthyl-pyrryl)-5-peroxyd (I)
Di(2,3-dimethyl-4-äthyl-pyrryl)-5-peroxyd
Di(2,3,4-trimethyl-pyrryl)-5-peroxyd
Di(2,4-dimethyl-3-propionsäure-methylester-pyrryl)-5-peroxyd
Di(3-methyl-4-propionsäure-methylester-pyrryl)-2-peroxyd.

---

[1] WITTIG, G., u. W. GAUSS: B. **80**, 363 (1947).
[2] MUSTAFA, A., u. A. M. ISLAM: Soc. **1949**, Sup. 81.
[3] METZGER, W., u. H. FISCHER: A. **527**, 1 (1937).

Die *Dipyrrylperoxyde* sind durchweg gut kristallisierende, farblose Verbindungen von auffallender Beständigkeit. Die Schmelzpunkte liegen verhältnismäßig sehr hoch (zwischen 200–300°); beim Schmelzen tritt Zersetzung unter Gelbfärbung ein.

Als maßgebender Faktor für die Autoxydationsfähigkeit der Pyrrole kommt der Einfluß der Substitution in Betracht: gewisse Substituenten, z. B. CHO, CN, $CO-CH_3$, $COOC_2H_5$, COOH verhindern die Peroxydbildung.

W. METZGER und H. FISCHER haben einige Pyrrole, die bei der Einwirkung von Luft keine Peroxyde lieferten, mit Wasserstoffsuperoxyd behandelt; eine Peroxydbildung wurde jedoch nicht beobachtet.

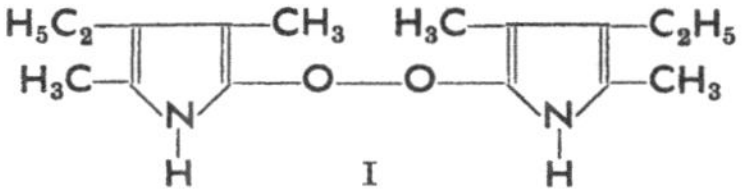

H_5C_2 CH_3 H_3C C_2H_5
H_3C O O CH_3
N N
H I H

Di(2,4-dimethyl-3-äthyl-pyrryl)-5-peroxyd[1] **(I).** 4 g 2,4-Dimethyl-3-äthylpyrrol werden in 80 cm³ Äther gelöst. Nach 24stündigem Stehen im offenen Erlenmeyerkolben haben sich an den Gefäßwänden farblose Kristalle abgeschieden. Nach 10 Tagen wurde der Kristallbrei abfiltriert und mit Äther gewaschen. Ausbeute 2,8 g. Umkristallisiert aus Methylalkohol, farblose Oktaeder oder Rhomben; F: 219—220° unter Zersetzung.

6. Peroxyde des 1,3-Diphenyl-isobenzofurans und des 1,2,3-Triphenyl-isoindols

Es besteht eine gewisse Ähnlichkeit in der Anordnung der Doppelbindungen im Anthracen und im Isobenzofuran-Molekül; es ist daher nicht verwunderlich, daß auch das 1,3-Diphenyl-isobenzofuran (I) wie das Anthracen ein *Photoperoxyd* bilden kann. Dieses unterscheidet sich von dem des Anthracens und vieler anderer Acene durch seine große thermische Unbeständigkeit. Daher erhielt A. GUYOT[2] statt des Peroxyds II das o-Dibenzoyl-benzol (III), das nicht das primäre Photoprodukt der photochemischen Einwirkung von Sauerstoff auf 1,3-Diphenyl-isobenzofuran ist, sondern ein Zerfallprodukt des primär entstandenen Peroxyds II.

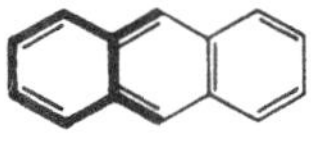

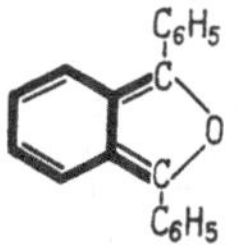

C_6H_5
C
O
C
C_6H_5
I

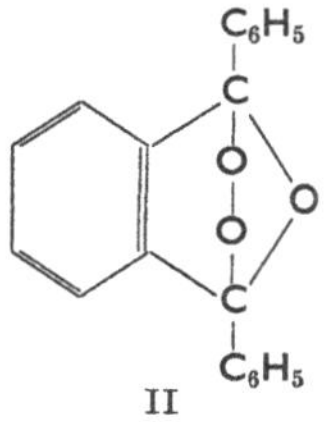

C_6H_5
C
O O
O
C
C_6H_5
II

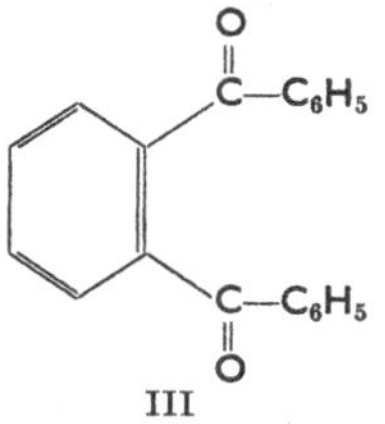

O
C—C_6H_5
C—C_6H_5
O
III

[1] METZGER, W., u. H. FISCHER: A. **527**, 1 (1937).
[2] GUYOT, A., u. J. CATEL: Bl. [3] **35**, 1124 (1906).

Das Peroxyd wurde erst von CH. DUFRAISSE und S. ECARY[1] aufgefunden.

IV $\xrightarrow[O_2]{\text{Licht}}$ V

Bestrahlt man eine Lösung von 1,2,3-Triphenyl-isoindol (IV) in trockenem Methylenchlorid unter gleichzeitiger Hindurchleitung von scharf getrocknetem Sauerstoff, so tritt nach W. THEILACKER und W. SCHMIDT[2] Bildung von 1,2,3-Triphenyl-isoindol-peroxyd (V) ein. (V) ein weißes Pulver, ist viel stabiler als (II), es schmilzt bei 80—90° unter Schwarzfärbung und Gasentwicklung. Der Unterschied in der Stabilität ist verständlich, da (II) ein Ozonid ist.

1,3-Diphenyl-isobenzofuranperoxyd[1] (II). Eine Lösung von Diphenylisobenzofuran (2 g) in Schwefelkohlenstoff (1000 cm³) wird unter Rühren dem vollen Sonnenlichte ausgesetzt (70 sec), dann sofort unter vermindertem Druck eingeengt, wobei die Temperatur der Flüssigkeit unter 0° gehalten wird; II scheidet sich in schönen Kristallen ab. Die Explosionstemperatur des Peroxyds liegt bei ungefähr 18°, aber sie ist wesentlich höher (bis zu 50°), wenn das Produkt nicht rein ist. Die Kristalle scheinen bei der Temperatur des festen Kohlendioxyds während mehrerer Stunden beständig zu sein.

Das Gas, welches bei der Zersetzung des Peroxyds II abgegeben wird, besteht hauptsächlich aus Kohlendioxyd, welches Spuren von Sauerstoff enthält.

7. Versuche mit Benzopersäure, gebildet durch Einwirkung von Sauerstoff auf Benzaldehyd im Licht

Wird Benzaldehyd, gelöst in Aceton oder Benzol, im Sonnenlicht mit Sauerstoff behandelt, so bildet sich *Benzopersäure*[3].

Es ist möglich, Derivate der Benzopersäure darzustellen, ohne die Persäure selbst zu isolieren, z. B. hat J. U. NEF[4] *Benzoyl-acetyl-peroxyd* (I) auf diese Weise erhalten.

$$C_6H_5CHO \xrightarrow[O_2]{\text{Licht}} C_6H_5C(=O)\text{—}OOH \xrightarrow{CH_3C(=O)\text{—}O\text{—}C(=O)CH_3} C_6H_5C(=O)\text{—}O\text{—}O\text{—}C(=O)CH_3 \quad \text{I}$$

Benzoyl-acetyl-peroxyd (I). 8 g Benzaldehyd, 16 g Essigsäureanhydrid und 200 g Sand in vier gleiche Teile geteilt und in Porzellanschalen von 15 cm Durchmesser ausgebreitet, wurden vier Tage im diffusen Licht stehen gelassen; nach dem Extrahieren mit Äther und Waschen mit Sodalösung usw. wurden 11,2 g neutrales Öl erhalten, welches sofort erstarrte und nach einmaligem Umkristallisieren aus Ligroin reines Benzoylacetylperoxyd (9,85 g) vom F: 37—39° ergab.

$$>C{=}C< \xrightarrow{C_6H_5C(=O)OOH} >C\text{—}C< \text{ (über O verbrückt, Epoxyd)}$$

[1] DUFRAISSE, CH., u. S. ECARY: C. r. **223**, 735 (1946).
[2] THEILACKER, W., u. W. SCHMIDT: A. **605**, 43 (1957).
[3] BEEK, P. VAN DER: R. **47**, 300 (1928).
[4] NEF, J. U.: A. **298**, 284 (1897).

Benzopersäure wird in der präparativen Chemie verwandt, um Olefine in die entsprechenden Äthylenoxyde zu überführen.

Fußend auf Beobachtungen von E. RAYMOND[1] haben D. SWERN und Mitarbeiter[2] gezeigt, daß Ölsäure, Ölsäuremethylester und Oleylalkohol in die entsprechenden Äthylenoxydderivate überführt werden, wenn man sie, in Aceton gelöst, bei Gegenwart von Benzaldehyd der Oxydation mit Luftsauerstoff unterwirft, und die Lösungen gleichzeitig mit UV-Licht bestrahlt.

$$HOOC \cdot [CH_2]_7 \cdot \overset{\diagup O \diagdown}{CH — CH} \cdot [CH_2]_7 \cdot CH_3 \quad (II)$$

Ölsäureepoxyd (Äthylenoxyd der Ölsäure) (II)[2]. Als Reaktionsgefäß diente ein Dreihalskolben aus Pyrexglas (2 l-Kolben), der mit Thermometer, Rückflußkühler (gekühlt mit fester Kohlensäure) und zwei Gaszuleitungsröhren (verschlossen mit Glasfilterplatten) versehen war. In den Kolben gab man 426 g Benzaldehyd (4,0 Mol) und 120,3 g Ölsäure (95%; 0,4 Mol) gelöst in Aceton (730 cm^3). Ein starker, konstanter Strom trockener Luft wurde während des Versuches durch die Lösung geleitet und diese bestrahlt (125 W, Quecksilberdampflampe); durch Luftkühlung (künstlicher Wind) wurde die Reaktionstemperatur zwischen 25 und 35° gehalten. Die Reaktion wurde nach 8 Std. unterbrochen, als man festgestellt hatte, daß Peroxydbildung schnell vonstatten ging — dies bewies, daß das gebildete Peroxyd nicht oder nur zu kleinem Teil verbraucht wurde. Man kühlte auf —50° und filtrierte mit Hilfe eines Kältetrichters; der Rückstand wurde einmal mit kaltem Aceton gewaschen und so 9,10-Ölsäureepoxyd (Reinheitsgrad 92%) als weißes Pulver (106 g) erhalten, welches nach Benzaldehyd roch. Umkristallisation aus Aceton (—20°, 10 cm^3 Aceton für je 1 g des Produktes) lieferte 84 g Ölsäureepoxyd (70% Ausbeute; F: 53,5—56°). Das Produkt ist das höherschmelzende Isomere (F: 59,5°), durch Verunreinigungen wird der Schmelzpunkt unter den des tieferschmelzenden Isomeren (F: 55,5°) herabgedrückt. Die Konstitution des Reaktionsproduktes ergab sich daraus, daß die Verseifung 9,10-Dioxystearinsäure (F: 92—93°) in 75%iger Ausbeute lieferte.

8. Oxydation des Cyclopentadienon-Ringes

C. F. H. ALLEN und J. A. VAN ALLAN[3] haben einige Cyclopentadienone photochemisch der Luftoxydation unterworfen, und eine Öffnung der Cyclopentadienonringe beobachtet (I → II; III → IV). Es ist anzunehmen, daß die Oxydation im Licht zuerst ein *Peroxyd* bildet (vgl. I→V), welches unter CO-Abspaltung in das Endprodukt (vgl. II) übergeht.

Es ist erwähnenswert, daß die Oxydation mit Peressigsäure ganz anders verläuft, so erhält man aus III das *α-Pyronderivat* VI.

ST. COAN[4] et al. haben eine Benzollösung von Tetraphenylcyclopentadienon VII bestrahlt (Quarzgefäß, 300 Watt Hg-Sunlamp der Burdick Corporation, Milton, Wisconsis). Die Bestrahlung (37,5 Std.) lieferte eine gelbe Lösung, aus welcher Dibenzoylstilben gewonnen

[1] RAYMOND, E.: J. Chim. phys. 28, 480 (1931); C. **1932 I**, 2316.

[2] SWERN, D., T. W. FINDLAY u. J. T. SCANLAN: Am. Soc. **66**, 1925 (1944).

[3] ALLEN, C. F. H., u. J. A. VAN ALLAN: J. org. Chem. **18**, 882 (1953).

[4] COAN, S., D. E. TRUCKER, u. E. I. BECKER: Am. Soc. **75**, 900 (1953).

wurde, während der Bestrahlung wurde gerührt und gekühlt. Diese Reaktion erinnert an den Übergang I — II.

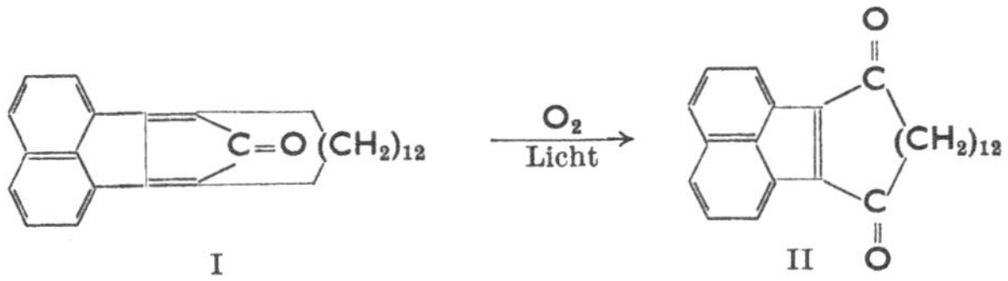

8,19-Dodekahydrocyclohexadeca-(1,2:a)-acenaphthylendion-(7,20)[1] (II). Eine Lösung des Cyclopentadienon-Derivates I (4 g) in Isooctan (200 cm³) wurde bestrahlt (sunlamp), während Luft (feinverteilt) hindurchgeführt wurde. Die ursprünglich rote Lösung wurde nach Beendigung der Reaktion gelb, und das Reaktionsprodukt schied sich teilweise aus. Nach Einengen der Lösung wurde das gelbe Produkt (II) abfiltriert und aus Butanol umkristallisiert. F: 137°, Ausbeute 3,9 g (97% d. Th.).

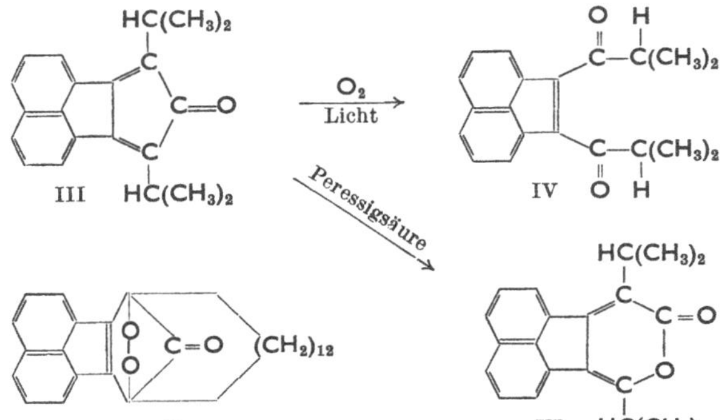

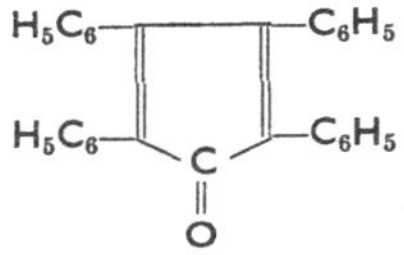

9. Ersatz der Wasserstoffatome einer Methylengruppe durch Sauerstoff: Überführung von (+)-3-Methoxy-N-methyl-morphinan in (—)-3-Methoxy-10-oxo-N-methyl-morphinan

Die Photooxydation von (+)-3-Methoxy-N-methyl-morphinan-hydrobromid (I, HBr) [Handelsname des Hydrobromids: Romilar (Roche)] macht sich beim Stehenlassen von wäßrigen Lösungen dieser Substanz am Tageslicht schon äußerlich durch allmählich intensiver werdende Gelbfärbung bemerkbar. Das Oxydationsprodukt konnte von O. HÄFLINGER et al.[2] in etwa 10% Ausbeute gewonnen werden, das Oxydationsprodukt ist eine schwache Base, welche ein Jodmethylat

[1] ALLEN, C. F. H., u. J. A. VAN ALLAN: J. org. Chem. 18, 882 (1953).

[2] HÄFLIGER, O., A. BROSSI, L. H. CHOPARD-DIT-JEAN, M. WALTER u. O. SCHNIDER: Helv. 39, 2053 (1956).

und ein Oxim bildet; weitere Hinweise auf die Konstitution ergaben sich aus dem UV- und dem IR-Spektrum. Die Entdecker der Reaktion diskutieren nicht den Reaktionsmechanismus. Im Hinblick auf die konstitutionelle Ähnlichkeit zwischen I und Tetralin scheint es nicht unmöglich (vgl. S. 48), daß die photochemische Einwirkung von O_2 auf I zum Hydroperoxyd führt, welches unter Verlust von H_2O das Keton liefert.

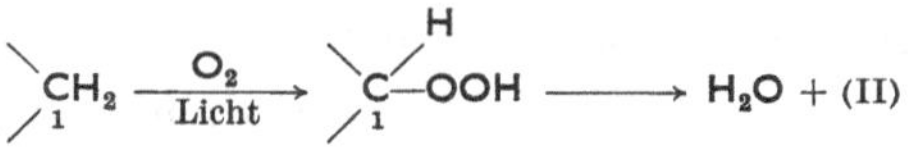

$$>CH_2 \xrightarrow[\text{Licht}]{O_2} >C(H)\text{—OOH} \longrightarrow H_2O + (II)$$

Die Oxydation von (+)-3-Methoxy-N-methyl-morphinan (I) zu (—)-3-Methoxy-10-oxo-N-methyl-morphinan (II) konnte auch im Dunkelprozeß durch Einwirkung von Chromtrioxyd und Schwefelsäure durchgeführt werden.

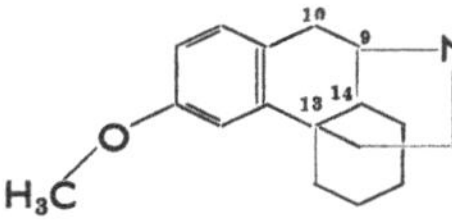

I 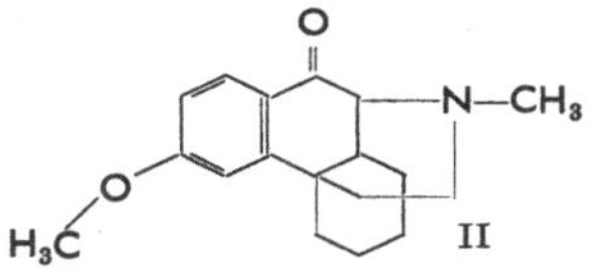 — II

(—)-3-Methoxy-10-oxo-N-methyl-morphinan (II). 1000 cm³ einer 1%igen wäßrigen Lösung von (+)-3-Methoxy-N-methyl-morphinan-hydrobromid (I, HBr) werden unter Rühren während 30 min mit Sauerstoff begast, dann wird die Lösung gleichmäßig auf 8 Erlenmeyer-Kolben von je 500 cm³ Inhalt verteilt und auf weißer Unterlage 3 Tage dem Sonnenlicht ausgesetzt (Basel). Anschließend vereinigt man die Kolbeninhalte, versetzt mit 100 cm³ konzentrierter Salzsäure, wäscht mit Äther und stellt die salzsaure Lösung mit Ammoniaklösung auf p_H 9,3 ein. Der ausgefallene Niederschlag wird nach dreistündigem Stehen filtriert, getrocknet, dreimal aus Aceton umgelöst und anschließend im Hochvakuum (0,1 mm, 180°) sublimiert. Man erhält 1,13 g blaßgelbe Prismen vom F: 189—190°. $[\alpha]_D^{19°} = -142°$ (c = 3,0 in $CHCl_3$), $[\alpha]_D^{24} = -1,3°$ (c = 2,0 in 2 n HCl), pK_a $= 4,9 \pm 0,1$. Das UV-Absorptionsspektrum zeigt Maxima bei 233 mμ, log ε = 4,08, und 288 mμ, log ε = 4,18.

10. Oxydation von Thioharnstoff zu Amino-imino-methan-sulfinsäure

G. O. Schenck und H. Wirth[1] haben darauf hingewiesen, daß es ihnen gelungen ist, photochemisch aus Thioharnstoff durch die Einwirkung von Sauerstoff bei Gegenwart eines Sensibilisators die Amino-imino-methan-sulfinsäure (I) zu erhalten.

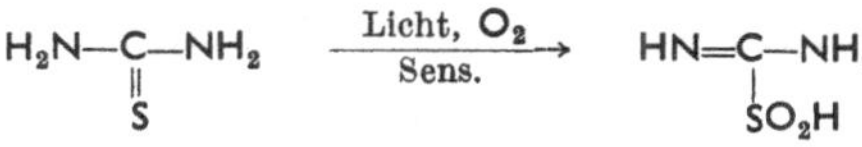

$$H_2N\text{—}C(=S)\text{—}NH_2 \xrightarrow[\text{Sens.}]{\text{Licht, } O_2} HN{=}C(SO_2H)\text{—}NH_2 \quad \text{I}$$

Wird ohne Sensibilisator gearbeitet, so sind die Reaktionsprodukte Cyanamid und Schwefelsäure[2].

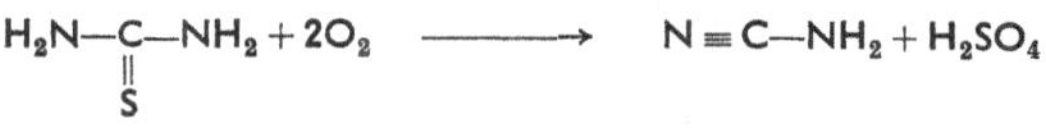

$$H_2N\text{—}C(=S)\text{—}NH_2 + 2O_2 \longrightarrow N\equiv C\text{—}NH_2 + H_2SO_4$$

---

[1] Schenck, G. O., u. H. Wirth: Naturwiss. **40**, 141 (1953).

[2] Warburg, O., u. V. Schocken: Arch. of Biochem. **21**, 363 (1949).

Amino-imino-methan-sulfinsäure (I)[1]. Bestrahlt man 0,76 g Thioharnstoff (0,01 Mol) in 100 cm^3 Äthanol in Gegenwart von 50 mg Rose Bengale bei 20° unter O_2 von innen mit einem Quecksilberdampfhochdruckbrenner Osram H QA 500, 125 Watt, so wird in 20 min 1 O_2 aufgenommen. Bereits nach 14 min beginnt sich die Lösung durch Auskristallisation von (I) zu trüben. Nach Absaugen und Waschen mit warmem Alkohol werden 0,56 g (60,2% d. Th.) erhalten, F.: 142—143° (Zers.), identisch mit einem Produkt dargestellt[2] aus Thioharnstoff und 6%igem H_2O_2.

11. Einwirkung von Sauerstoff auf substituierte Hydrazone

Die von W. BUSCH[3] beobachtete Autoxydation substituierter Hydrazone (I) führt zur Bildung von Hydroperoxyden (II)[4]. Nach G. O. SCHENCK und H. WIRTH[5] findet ein ähnlicher Umsatz statt, wenn die Lösungen der substituierten Hydrazone im Licht der Einwirkung von Sauerstoff bei Gegenwart eines Sensibilisators (Methylenblau, Rubren) ausgesetzt werden. In einigen Fällen konnte gezeigt werden, daß die photosensibilisierte Autoxydation wesentlich schneller verläuft als die Dunkelreaktion.

$$\underset{\text{I}}{R-N(H)-N=CH-R'} \xrightarrow[\text{Sensibilisator}]{\text{Licht, } O_2} \underset{\text{II}}{R-N=N-CH(O-OH)-R'}$$

$$\underset{\text{III}}{p\text{-}Br-C_6H_4-N=N-C(CH_3)_2(OOH)}$$

Hydroperoxyd (III) aus Aceton-p-bromphenylhydrazon[1]. Aceton-p-bromphenylhydrazon (2,3 g, F.: 93°) wurde in Benzol (80 cm^3) gelöst, welches vorher mit Chlorophyll (aus Oleander) gesättigt und dann filtriert worden war. Die Lösung wurde unter Durchleiten von Sauerstoff belichtet, in 7 min. wurden 180 cm^3 Sauerstoff (0,00805 Mol) — 80,5% d. Th. — verbraucht. Die Bestrahlung erfolgte durch eine wassergekühlte, gläserne Tauchlampe H QA 500. Geschlossener Gaskreislauf (vgl. S. 231).

Nach Abziehen des Lösungsmittels bei 15 mm (Bad max. 30°) verblieb ein dunkelgrüner öliger Rückstand, der nach Lösen in warmem Petroläther (Kp.: 35 bis 60°) und Einstellen in ein Eis-Kochsalz-Bad innerhalb von 15 min 2,2 g durch Chlorophyll verunreinigte Kristalle lieferte. Wiederholung der Umkristallisation erbrachte 1,9 g (90,5% d. Th. bez. auf Sauerstoff) gelbe Blättchen, F.: 45—47° (Zers.). Die Dunkel-Autoxydation verläuft ohne Sensibilisator unter sonst gleichen Bedingungen 28,5mal langsamer und liefert in 80% d. Th. bez. auf Sauerstoff das gleiche Reaktionsprodukt.

12. Hinweise auf weitere Reaktionen

Photochemische Überführung der Thioketone in Ketone durch Sauerstoff (vgl. Seite 200).

[1] SCHENCK, G. O., u. H. WIRTH: Unveröffentlicht.

[2] BARNETT, E. B. DE: Soc. **97**, 64 (1919).

[3] BUSCH, W., u. W. DIETZ: B. **47**, 3277 (1914).

[4] PAUSACKER, K. H.: Soc. **1950**, 3478; CRIEGEE, R., u. G. LOHANS: B. **84**, 219 (1951).

[5] SCHENCK, G. O., u. H. WIRTH: Naturwiss. **40**, 141 (1953).

Photochemische Oxydation (mit Sauerstoff) von Verbindungen mit der Endgruppe CFClJ bei Gegenwart von Wasser zu den entsprechenden Säuren (vgl. Seite 116).

Isochromanyl-1-hydroperoxyd (vgl. Seite 235). $\Delta^{1,9}$-Oktalyl-10-hydroperoxyd (vgl. 237).

Photosensibilisierte Oxydation von Cholesterin und verwandter Verbindungen (vgl. Seite 238). Bildung von Äthylenoxyden (vgl. Seite 236).

V. Photochemische Anlagerungen an Olefine und Acetylene

1. Wasser

a) Anlagerung an Kettenolefine

Die photochemische Anlagerung von Wasser an Olefine ist zwar schon seit langer Zeit bekannt, doch hat dieser Umsatz bisher kaum Bedeutung für die präparative Chemie erlangt. Als Beispiel für eine solche Reaktion sei auf die Umwandlung der Crotonsäure hingewiesen, die unter mehrwöchentlicher Einwirkung des Lichtes (Uviollampe) durch Anlagerung von Wasser in *β-Oxybuttersäure* übergeht[1].

$$CH_3CH{=}CHCOOH + H_2O \xrightarrow{\text{Licht}} H_3C{-}CHOH{-}CH_2{-}COOH$$

b) Anlagerung an Ringolefine

α) 1,3-Dimethyluracil

S. Y. WANG et al.[2] haben 1,3-Dimethyluracil (I) (wäßrige Lösung) der Einwirkung von UV-Licht ausgesetzt, bis eine Abnahme (80—90%) der optischen Dichte (260 mμ) beobachtet wurde. Sie erhielten 6-Oxy-1,3-dimethyl-5,6-dihydrouracil (II), F: 105—106°. (Ausbeute 60—75%.) Eine UV-Bestrahlung von 5-Oxy-1,3-dimethyl-5,6-dihydrouracil (III) bei Gegenwart von Wasser führte nicht zur Bildung von II.

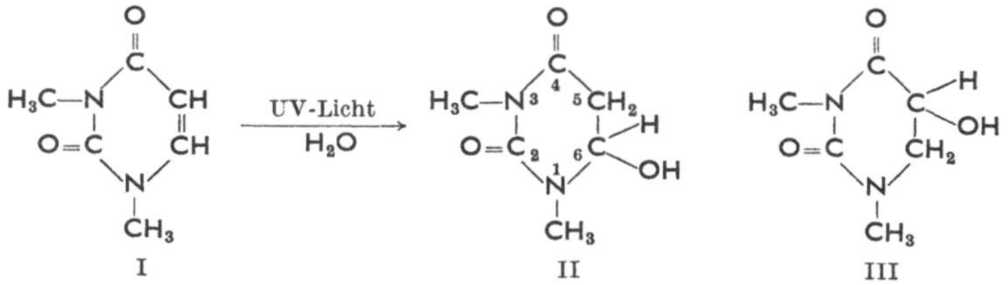

I $\xrightarrow[H_2O]{\text{UV-Licht}}$ II   III

β) Ergotamin, Ergotaminin und verwandte Verbindungen

A. STOLL und W. SCHLIENTZ[3] haben die photochemischen Umwandlungen des Ergotamins und des Ergotaminins untersucht. Sie erhielten bei Bestrahlung ihrer wäßrigen, sauren Lösungen je zwei Photoprodukte, welche sie mit der Silbe „Lumi" vor den Namen der Ausgangsverbindungen kennzeichneten. Die Lumiprodukte bilden sich nur im Licht,

---

1 STOERMER, R., u. H. STOCKMANN: B. 47, 1786 (1914).
2 WANG, S. Y., M. APICELLA u. B. R. STONE: Am. Soc. 78, 4180 (1956).
3 STOLL, A., u. W. SCHLIENTZ: Helv. 38, 585 (1955).

es wurde unter Sauerstoff-Ausschluß und bei Temperaturen unterhalb 30° gearbeitet.

Die vier Belichtungsprodukte von Ergotamin und Ergotaminin stimmen auf die Bruttoformel $C_{33}H_{37}O_6N_5$, was der Addition von je einer Molekel Wasser an die beiden isomeren Ausgangsalkaloide entspricht. Die Lichteinwirkung bewirkt Wasseranlagerung an die 9,10-Doppelbindung. Das Hydroxyl dürfte an C_{10}, dem wasserstoffärmeren Kohlenstoffatom, sitzen, denn die leichte Eliminierbarkeit dieses Hydroxyls bei der reduktiven Spaltung mit Natrium in Butanol, spricht dafür, daß es sich um eine tertiäre Hydroxylgruppe handelt.

Durch die Anlagerung von Wasser an die Doppelbindung $\Delta^{9,10}$ entsteht an C_{10} ein neues Asymmetriezentrum, so daß sowohl aus Ergotamin als auch aus Ergotaminin je zwei stereoisomere Belichtungsprodukte entstehen. Der an das Kohlenstoffatom 10 sich anlagernde Wasserstoff, bzw. bei den Lumi-Verbindungen das Hydroxyl, kann in trans- oder in cis-Stellung zum Wasserstoffatom an C_5 eintreten. Analog wie bei den Dihydro-Derivaten bezeichnen A. Stoll und W. Schlientz die trans-Verbindungen mit I, (Lumi-ergotamin (I) bzw. Lumi-ergotaminin (I)), und die cis-Verbindungen mit II, (Lumi-ergotamin (II) und Lumi-ergotaminin (II)). Die sterischen Verhältnisse werden durch die folgenden Konfigurationsformeln veranschaulicht.

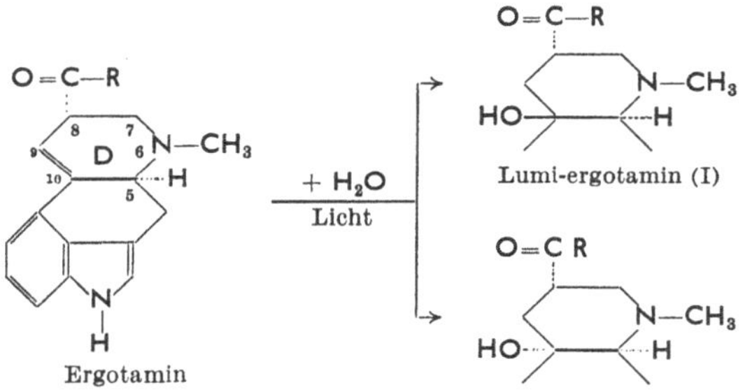

+ H_2O

Licht

Ergotamin

Lumi-ergotamin (I)

Lumi-ergotamin (II)

R =

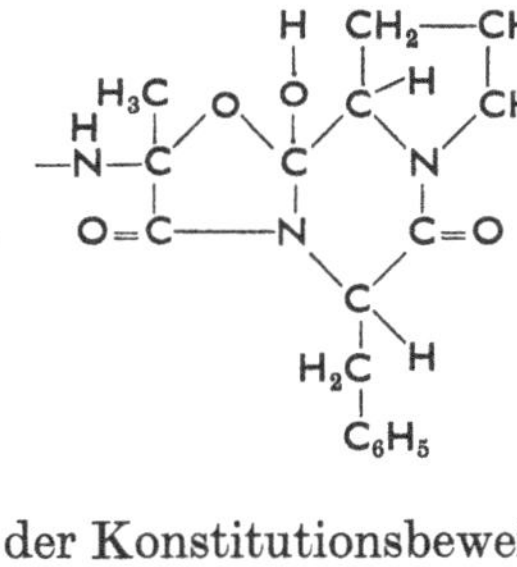

Auf die Einzelheiten der Konstitutionsbeweise für I und II kann hier nicht eingegangen werden, es sei jedoch darauf hingewiesen, daß die beiden Lumi-ergotamine und die beiden Lumi-ergotaminine in manchen ihrer Eigenschaften (z. B. Fehlen der Fluorescenz im ultravioletten Licht, UV-Absorptionsspektren) den entsprechenden Dihydroverbindungen, bei denen durch Anlagerung von Wasserstoff die Doppelbindung $\Delta^{9,10}$ ebenfalls abgesättigt ist, sehr ähneln.

Ergotaminin $\xrightarrow[\text{Licht}]{+ H_2O}$ Lumi-ergotaminin (I) und Lumi-ergotaminin (II)

Lumi-ergotamin[1] (I) und (II). 4 g Ergotamin wurden in 50 cm^3 Eisessig kalt gelöst und mit 450 cm^3 ausgekochtem, mit Kohlendioxyd gesättigtem destilliertem Wasser verdünnt und in eine dünnwandige, farblose Glasflasche eingefüllt. Nachdem die Luft mit Kohlendioxyd verdrängt war, belichtete man das Gefäß 30 Std. lang mit direktem Sonnenlicht (Mitte August, Basel). Die Temperatur der Lösung stieg nicht über 30°.

Die dunkelbraun gewordene, im UV-Licht nicht mehr fluorescierende Reaktionslösung wurde nun mit konzentriertem Ammoniak alkalisch gemacht und mit Chloroform erschöpfend ausgeschüttelt, worauf man die vereinigten, mit Natriumsulfat getrockneten Chloroformauszüge zur Trockne verdampfte, den Rückstand in 30 cm^3 Chloroform, das 1% Alkohol enthielt, wieder löste und auf eine Säule aus 300 g Aluminiumoxyd (Merck) gab.

Beim Entwickeln mit dem gleichen Lösungsmittel bildeten sich eine Reihe von Zonen, die im ultravioletten Licht grau, grün, gelb und orange fluorescierten, was von unverändertem Ausgangsmaterial und von Nebenprodukten herrührte. Nachdem ins Filtrat insgesamt 200 mg Substanz abgelaufen waren, wurde das Chromatogramm in Zonen zerlegt. Aus den oberen zwei Dritteln der Säule ließen sich 3,2 g braunrote Substanz eluieren. Beim Aufnehmen in Methanol kristallisierten daraus etwa 2,6 g rohes, nur noch wenig gefärbtes Lumi-ergotamin (I), F: 233—237°, $[\alpha]_D^{20} = +13°$ (in Pyridin).

Aus den verschiedenen Zonen des unteren Drittels der Säule konnten nur 100 mg Substanz eluiert werden, die nach dem Aufnehmen in wenig Aceton 65 mg kristallisiertes rohes Lumi-ergotamin (II) lieferten. Auch aus dem zuerst abgelaufenen Filtrat der Säule ließ sich kristallisiertes rohes Lumi-ergotamin (II) (140 mg) gewinnen.

Das rohe Lumi-ergotamin (I) wurde in einem Chloroform-Methanol-Gemisch (1:2) gelöst und kristallisierte nach dem Verjagen des Chloroforms aus dem verbleibenden Methanol in farblosen, stark lichtbrechenden, keilförmig zugespitzten Prismen vom F: 247°. Es ist in den üblichen organischen Lösungsmitteln schwer löslich, etwas leichter löst es sich in Pyridin und Eisessig. Zur Analyse wurde die Substanz im Hochvakuum bei 100° getrocknet. $[\alpha]_D^{20} = +14°$ ($c = 0{,}4$ in Pyridin).

Das rohe Lumi-ergotamin (II) wurde in wenig Aceton gelöst und kristallisierte daraus in farblosen Polyedern, die Kristallösungsmittel enthielten und bei 192° schmolzen. Zur Analyse wurde die Substanz im Hochvakuum bei 100° getrocknet. $[\alpha]_D^{20} = +2°$ ($c = 0{,}6$ in Pyridin).

Ähnlich wie bei photochemischer Wasseranlagerung des Ergotamins und des Ergotaminins verläuft die photochemische Wasseranlagerung des Lysergsäure-diäthylamids. Es wurden auch hier zwei stereoisomere Photoprodukte ($C_{20}H_{27}O_2N_3$) erhalten.

[1] Stoll, A., u. W. Schlientz: Helv. 38, 585 (1955).

Nach H. HELLBERG[1] ist es ratsam, die photochemische Anlagerung von Wasser an Mutterkorn-Alkaloide in einer wäßrigen Phase vorzunehmen, welche Elektrolyte enthält, da unter diesen Umständen die Anlagerung schneller erfolgt.

2. Wasserstoffsuperoxyd (Milas-Reaktion)

Wäßrige Lösungen von Wasserstoffsuperoxyd reagieren nicht oder nur sehr langsam mit Allylalkohol, Croton- oder Maleinsäure und ähnlichen ungesättigten Verbindungen. N. MILAS[2] hat festgestellt, daß jedoch Wasserstoffsuperoxyd sich an diese Verbindungen anlagert in Gegenwart gewisser Osmium-, Vanadium- oder Chrom-Verbindungen. Dieselbe Anlagerung findet statt unter Einwirkung von UV-Licht. Es wird angenommen, daß ein photochemischer Zerfall des Wasserstoffsuperoxyds unter Bildung aktivierter freier Hydroxylradikale[3] stattfindet:

$$\text{HO—OH} \xrightarrow{\text{Licht}} 2\cdot\text{OH}$$

$$\text{CH}_2\text{=CH—CH}_2\text{OH} + \text{HO—OH} \xrightarrow{\text{Licht}} \underset{\substack{|\\ \text{O}\\ \text{H}}}{\text{CH}_2}\text{—}\underset{\substack{|\\ \text{O}\\ \text{H}}}{\text{CH}}\text{—}\underset{\substack{|\\ \text{O}\\ \text{H}}}{\text{CH}_2}$$

Glycerin. Allylalkohol (10 g, 1 Mol) wurde in einem Quarzgefäß mit einer Lösung von 10% Wasserstoffsuperoxyd (1,05 Mol) gemischt, die Mischung dem Lichte einer Cooper-Hewitt Hg-Dampflampe ausgesetzt und lebhaft geschüttelt (100 Stöße in der Minute). Nach der Bestrahlung (160 Std.) hatte die Mischung 89% ihres Peroxydgehaltes verloren. Das Reaktionsprodukt wurde der fraktionierten Destillation unterworfen und eine Fraktion, Kp: 287—289° (6,8 g) erhalten.

Die Lampe war 50 cm von dem Reaktionsgefäß entfernt, welches von einem Aluminiumreflektor umgeben war, um die Strahlen möglichst auszunutzen. Durch Luftkühlung (Ventilator) wurde dafür gesorgt, daß die Temperatur des Reaktionsgemisches nicht über Zimmertemperatur anstieg.

3. Alkohole

Photochemische Anlagerungen von Alkoholen an die olefinische Doppelbindung sind zwar schon vor dem ersten Weltkrieg durchgeführt worden, aber die damals untersuchten Reaktionen verliefen sehr langsam. Ein frühes Beispiel ist die von R. STOERMER und H. STOCKMANN[4] durchgeführte Anlagerung von Methylalkohol an die Crotonsäure, welche zur Bildung der *β-Methoxybuttersäure* (I) führte. Vierwöchentliche Bestrahlung (UV-Licht) lieferte nur 8 g dieser Säure aus 90 g Crotonsäure.

$$\text{CH}_3\text{—CH=CH—COOH} + \text{CH}_3\text{OH} \xrightarrow{\text{Licht}} \underset{\text{I}}{\text{CH}_3\text{—CH(OCH}_3\text{)—CH}_2\text{COOH}}$$

Die Bildung der *β-Äthoxybuttersäure* unter gleichen Bedingungen gelang nur mit einer Ausbeute von 6,8%.

---

[1] HELLBERG, H.: Acta chem. Scand. **11**, 219 (1957).

[2] MILAS, N., P. KURZ u. W. ANSLOW: Soc. **59**, 543 (1937).

[3] WATERS, W.: In Organic Chemistry, an Advanced Treatise. Herausgegeben von H. GILMAN, Teil **4**, 1155. New York: Wiley and Sons 1953.

[4] STOERMER, R., u. H. STOCKMANN: B. **48**, 1786 (1914).

Unsere Kenntnis von der photochemischen Anlagerung von Alkoholen an die olefinische Doppelbindung ist durch kürzlich erschienene Arbeiten amerikanischer Forscher[1, 2] sehr erweitert worden. Es wurden z. B. aus Octen-(1) und Propanol-(2) photochemisch *2-Methyldecanol-(2)* erhalten[1] sowie Octanol-(2) [aus Äthylalkohol und Hexen-(1)].

Die Anlagerung von Alkoholen an Olefine vollzieht sich auch bei Gegenwart von Peroxyden, z. B. läßt sich *2-Methyldecanol-(2)* aus Octen-(1) und Propanol-(2) im Dunkelprozeß bei Gegenwart von tert.-Butylperoxyd erhalten[1]. Es wird angenommen, daß sowohl die Photo- als auch die Dunkelreaktion über freie Radikale (Radikalkettenmechanismus) verläuft; dieser Mechanismus wird bei der Anlagerung von Mercaptanen an Olefine näher besprochen werden.

β-Methoxybuttersäure[3] (I). 90 g Crotonsäure wurden in Methylalkohol gelöst und 4 Wochen lang den Strahlen der Uviollampe ausgesetzt. Danach wurde das Lösungsmittel vorsichtig verdunstet, die Säure genau mit Soda neutralisiert und die zur Trockne verdampfte Masse wiederholt mit absolutem Alkohol ausgezogen. Es lösten sich darin 12 g eines Natriumsalzes, welches an der Luft zerfließlich war; es wurde mit verdünnter Schwefelsäure zerlegt. Nach Ausziehen mit Äther konnten 8 g β-Methoxy-buttersäure erhalten werden, die bei 117—118°/20 bzw. unter gewöhnlichem Druck bei 212—214° siedeten.

Octanol-(2)[2]. Eine Lösung von Hexen-(1) (22 g, 0,26 Mol) in Äthylalkohol (360 g; 7,8 Mol) wurden mit einer Quarz-Hg-Dampflampe bestrahlt (168 Std.). Man destillierte tiefsiedendes Material und Ausgangsmaterial, welches sich nicht umgesetzt hatte, ab, und erhielt Octanol-(2). (1,5 g, Kp_{38}: 97—98°, n_D^{20} 1,4290.)

4. Schwefelwasserstoff, Mercaptane und verwandte Verbindungen

Die Kenntnis dieser Reaktionen verdanken wir hauptsächlich den Arbeiten von W. VAUGHAN und F. RUST. Sie verlaufen schnell und mit guter Ausbeute und führen teilweise zu technisch hergestellten Produkten; hier soll nur auf die Darstellung von *β,β'-Dichlor-diäthylsulfid* — aus Vinylchlorid und Schwefelwasserstoff — hingewiesen werden, welches eine bedeutsame Rolle im Gaskrieg des ersten Weltkrieges spielte[4].

Es wird angenommen[5], daß die Anlagerung von Schwefelwasserstoff und von Organo-Schwefelverbindungen nach folgendem Schema verläuft (R = H im Falle des Schwefelwasserstoffs, R = Alkyl im Falle der Mercaptane):

$$RSH + \xrightarrow{\text{Licht}} RS\cdot + H\cdot$$

$$\begin{cases} H\cdot + R'CH{=}CH_2 \longrightarrow CH_3\dot{C}HR' \\ CH_3\dot{C}HR' + RSH \longrightarrow CH_3CH_2R' + RS\cdot \end{cases}$$

---

[1] URRY, W. H., F. W. STACEY, O. O. JUVELAND u. C. H. MCDONNELL: Am. Soc. **75**, 250 (1953).

[2] URRY, W. H., F. W. STACEY, E. S. HUYSER u. O. O. JUVELAND: Am. Soc. **76**, 450 (1954).

[3] STOERMER, R., u. H. STOCKMANN: B. **47**, 1786 (1914).

[4] A. P. 2398480 (W. VAUGHAN u. F. RUST).

[5] VAUGHAN, W., u. F. RUST: J. org. Chem. **7**, 472 (1942).

oder

$$H\bullet + HSR \longrightarrow H_2 + RS\bullet$$

$$RS\bullet + CH_2{=}CHR' \longrightarrow RSCH_2\dot{C}HR'$$

$$RSCH_2\dot{C}HR' + HSR \longrightarrow RSCH_2CH_2R' + RS\bullet$$

Licht von kürzerer Wellenlänge als ca. 2800 Å ist nötig, um die Dissoziation der Wasserstoff-Schwefelbindung zu bewirken. Licht von größerer Wellenlänge kann jedoch verwandt werden, wenn man dem Reaktionsgemenge aus Olefin und Schwefelverbindung Substanzen, z. B. Aceton, zusetzt, welche durch dieses verhältnismäßig langwellige Licht unter Bildung freier Radikale zerfallen[1].

Arbeitet man mit Licht von Wellenlängen unterhalb 2800 Å, so können Glasgefäße nicht verwandt werden, da diese für solches Licht undurchlässig sind, man arbeitet mit Quarzgefäßen oder in Gefäßen, die ein „Fenster" aus Quarz oder Calciumfluorid[2,3] besitzen.

Die Anlagerung des Schwefelrestes an die Olefine erfolgt entgegen der Markownikoff-Regel, d. h. das Schwefelatom lagert sich an dasjenige Kohlenstoffatom an, welches die größere Zahl von Wasserstoffatomen besitzt.

Die Patentliteratur weist darauf hin, daß ungesättigte Verbindungen, welche sehr verschiedenen Klassen angehören, photochemisch Schwefelwasserstoff[3] und Mercaptane[4] anlagern. Erwähnt sind u. a. Äthylen, Propylen, Styrol, Cyclohexen, Acetylen und Phenylacetylen; sauerstoffhaltige ungesättigte Verbindungen, mit denen die Reaktionen durchgeführt wurden, sind u. a. Acrylsäureester, Divinyläther, Diallyläther und Allylalkohol.

Aliphatische Mercaptane, die man photochemisch an Olefine angelagert hat, sind u. a. Methyl-, Äthyl-, Butyl-, Amyl-, Hexyl-, Heptyl- und Octyl-mercaptan; auch Verbindungen der allgemeinen Formel $HS(CH_2)_nSH$ können auf diese Weise an Olefine angelagert werden[4].

Kürzlich haben F. Bordwell und W. Hewett[5] gefunden, daß sich Thioessigsäure unter Einwirkung von Licht an Olefine anlagern läßt, z. B. an 2-Chlorpropen, 1-Methylcyclohexen und Camphen. Es entstehen hierbei *Thiolacetate*, beim 1-Methylcyclohexen lieferte die Hydrolyse des Additionsproduktes ungefähr 85% *cis-* und 15% *trans-2-Methyl-cyclo-hexanthiol.*

F. Bordwell und W. Hewett weisen darauf hin, daß die photochemische Anlagerung der Thioessigsäure an Olefine gute Ausbeuten liefert, und daß man durch Hydrolyse der entstandenen Thiolacetate sehr reine Mercaptane erhalten kann. Die präparative Bedeutung des von F. Bordwell und W. Hewett beschriebenen Umsatzes ist auch aus der Tatsache ersichtlich, daß die Hydrolyse der photochemischen

[1] Vaughan, W., u. F. Rust: J. org. Chem. **7**, 472 (1942).
[2] A. P. 2398480 (W. Vaughan u. F. Rust).
[3] A. P. 2398479 (W. Vaughan u. F. Rust).
[4] A. P. 2392294 (F. Rust u. W. Vaughan).
[5] Bordwell, F., u. W. Hewett: vgl. Ang. Ch. **67**, 280 (1955).

Anlagerungsprodukte der Thioessigsäure an Chloralkene zur Bildung drei-, vier- und sechsgliedriger cyclischer Sulfide führt. H. L. GOERING et al.[1] beschreiben die Photoanlagerung der Thioessigsäure an 1-Chlorcyclohexen (66—73% Trans-addition).

β,β'-Dichlor-diäthylsulfid[2] (Mustardgas). Verflüssigter Schwefelwasserstoff (ungefähr 9 cm^3) und verflüssigtes Vinylchlorid (ungefähr 10 cm^3) wurde in eine Quarzröhre, welche keine Luft enthielt, eingeführt und diese dann zugeschmolzen (Kühlung durch flüssige Luft). Man bestrahlte mit einer Quarz-Hg-Lampe ungefähr 10 min und hielt während dieser Zeit den Röhreninhalt auf einer Temperatur von 15—25°. Hierauf wurde die Röhre geöffnet, der Teil des Schwefelwasserstoffes und des Vinylchlorids, welcher nicht reagiert hatte, entwich. Das Reaktionsprodukt (Ausbeute 70—80% bezogen auf die angewandte Menge Vinylchlorid) bestand aus einem Gemenge von Äthylen-thiochlorhydrin und β,β'-Dichlordiäthylsulfid.

n-Butylmercaptan und Di-n-butyl-thioäther[3]. Buten-1 (0,045 Mol) und reiner Schwefelwasserstoff (0,09 Mol) wurden in eine Quarzröhre eingefüllt, deren innerer Durchmesser ungefähr 10 mm betrug. Die Röhre wurde dann zugeschmolzen und mit ultraviolettem Licht bestrahlt (Quarz-Hg-Lampe); während der Bestrahlung (4 min) hatte der Kolbeninhalt eine Temperatur von ungefähr 0°. Hierauf wurde die Röhre, welche vorher gekühlt war (feste Kohlensäure), geöffnet. Ausgangsmaterial, welches nicht in Reaktion getreten war, verdampfte. Der Rückstand (ungefähr 3,8 cm^3), welcher aus einem Gemenge n-Butylmercaptan und Di-n-butylthioäther bestand, wurde mit einem großen Überschuß wäßriger Natronlauge (10%ig) geschüttelt. Man ließ stehen und trennte die obere Schicht von der unteren; die obere Schicht (0,5 cm^3) bestand aus praktisch reinem Di-n-butylthioäther (n_D^{20}: 1,4530) (0,003 Mol). Die alkalische Lösung wurde angesäuert (Salzsäure) und lieferte n-Butylmercaptan (Kp: 98°, n_D^{20}: 1,4431) (0,035 Mol). Buten-1 war zu 90% in ein schwefelhaltiges Produkt überführt worden, welches aus n-Butylmercaptan und Di-n-butylthioäther bestand (12:1).

Di-n-propylsulfid[4]. a) Eine Quarzröhre, welche äquimolekulare Mengen Propylen und n-Propylmercaptan enthielt, wurde gekühlt (flüssiger Stickstoff), evakuiert und zugeschmolzen. Man erwärmte die Röhre auf 0° und bestrahlte sie 6 min mit einer Lampe (400 Watt-Hg-Lampe), welche 20 cm von der Röhre entfernt war; während der Bestrahlung wurde die Temperatur der Röhre auf 0° gehalten. Man kühlte dann die Röhre, öffnete sie und ließ diejenige Menge Propylen, die sich nicht umgesetzt hatte, entweichen. Es blieb eine Flüssigkeit zurück, die mit wäßriger Natronlauge (10%) gewaschen und dann destilliert wurde. Man erhielt Di-n-propylsulfid (Kp: 141,5°, n_D^{20}: 1,4480); Ausbeute 96% d. Th.

b) Man arbeitete wie unter a), ersetzte jedoch die Quarzröhre durch eine solche aus Pyrex-Glas und bestrahlte ein Reaktionsgemenge, welches nicht nur Propylen und n-Propylmercaptan, sondern auch ein paar Tropfen Aceton enthielt.

5. Bromwasserstoff und DBr

Bromwasserstoff läßt sich photochemisch sowohl an die olefinische Doppelbindung acyclischer als auch cyclischer Verbindungen anlagern. R. N. HASZELDINE u. B. R. STEELE[5] weisen darauf hin, daß Bromwasserstoff sich in der Dunkelheit nicht an Trifluoräthylen anlagert, selbst wenn bei 100° gearbeitet wird. Im Licht tritt bei Raum-

---

[1] GOERING, H. L., D. I. RELYEA u. D. W. LARSEN: Am. Soc. **78**, 348 (1956).
[2] A. P. 2398480 (W. VAUGHAN u. F. RUST).
[3] A. P. 2398479 (W. VAUGHAN u. F. RUST).
[4] VAUGHAN, W., F. RUST u. T. W. EVANS: J. org. Chem. **7**, 477 (1942).
[5] HASZELDINE, R. N., u. B. R. STEELE: Soc. **1957**, 2800.

temperatur schnell Addition ein und ein Gemenge von

$$F-\underset{H}{\overset{Br}{C}}-\underset{F}{\overset{H}{C}}-F \quad \text{nnd} \quad F-\underset{F}{\overset{Br}{C}}-\underset{F}{\overset{H}{C}}-H$$

wird gebildet.

R. N. HASZELDINE[1] hat Hexafluorpropen (I) mit Bromwasserstoff photochemisch umgesetzt und *1-Brom-1,1,2,3,3,3-hexafluorpropan* (II) erhalten, eine Verbindung, welche auch bei der Einwirkung von Bromwasserstoff auf Hexafluorpropen bei Gegenwart von Aluminiumchlorid im Dunkelprozeß gebildet wird. Der photochemische Umsatz dürfte in folgender Weise vonstatten gehen:

$$HBr \xrightarrow{\text{Licht}} H\cdot + Br\cdot$$

$$Br\cdot + F_3C{-}CF{=}CF_2\,(I) \longrightarrow F_3C{-}\dot{C}F{-}CF_2Br \xrightarrow{HBr} F_3C{-}CHF{-}CF_2Br\,(II) + Br\cdot$$

H. L. GOERING[2] hat gezeigt, daß 1-Brom-cyclohexen schnell Bromwasserstoff unter der Einwirkung von UV-Licht anlagert; es entsteht *1,2-Dibromcyclohexan* (F: 9,7–10,5°), welches als die *cis*-Verbindung beschrieben ist.

$$\text{1-Brom-cyclohexen} \xrightarrow[\text{Licht}]{H\,Br} \text{1,2-Dibromcyclohexan (H, H; Br, Br)}$$

Deuterobromid (DBr) läßt sich photochemisch (UV-Licht) an die Dreifachbindung anlagern. L. C. LEITCH und A. T. MORSE[3] haben folgenden Umsatz durchgeführt (Ausbeute fast quantitativ):

$$DC{\equiv}CD + 2\,DBr \xrightarrow{\text{Licht}} D_2CBr{-}CBrD_2$$

1-Brom-1,1,2,3,3,3-hexafluorpropan[1] (II). Hexafluorpropen (I) (2,0 g) und Bromwasserstoff (5% Überschuß) wurden in einer Quarzröhre (50 cm³) im Vakuum eingeschmolzen und bestrahlt (Hanovia UV-Lampe ohne Filter). Das verwandte Hexafluorpropen war in einem Vakuumsystem gereinigt worden, die Anwesenheit von Sauerstoff, Wasser, Peroxyden usw. wurde sorgfältig vermieden. Nach siebentägiger Bestrahlung wurde das schwach braune Reaktionsprodukt mit Wasser gewaschen und dann destilliert; man erhielt Hexafluorpropen (10%), 1-Brom-1,1,2,3,3,3-hexafluorpropan (Kp: 35,5°) in einer Ausbeute von 88%, wenn man nicht umgesetztes Hexafluorpropen in Rechnung setzt, sowie 1,2-Dibromhexafluorpropan in einer Ausbeute von etwa 2% d. Th.; Kp: 70—72°.

6. Ammoniak und Amine

Nach R. STOERMER und E. ROBERT[4] lagert sich Ammoniak und Anilin (p-Toluidin) mit größter Leichtigkeit unter Einwirkung ultravioletten Lichtes an die Doppelbindung α,β-ungesättigter Säuren an. Bei der Einwirkung von Anilin auf Crotonsäure entstanden neben wenig *Crotonsäure-* und *Isocrotonsäure-anilid* vor allem *β-Anilino-buttersäure* (I)

---

[1] HASZELDINE, R. N.: Soc. **1953**, 3559.
[2] GOERING, H. L., P. I. ABELL u. B. F. AYCOCK: Am. Soc. **74**, 3588 (1952).
[3] LEITCH, L. C., u. A. T. MORSE: Canad. J. Chem. **30**, 924 (1952).
[4] STOERMER, R., u. E. ROBERT: B. **55**, 1030 (1922).

und etwas *Anilino-buttersäure-anilid* (II), bei der Umsetzung von Crotonsäure mit Ammoniak hauptsächlich *β-Amino-buttersäure* und *Imino-dibuttersäure* (III).

$$CH_3\cdot CH(NH\cdot C_6H_5)\cdot CH_2\cdot COOH \quad (I)$$

$$CH_3\cdot CH(NH\cdot C_6H_5)\cdot CH_2\cdot CO\cdot NH\cdot C_6H_5 \quad (II)$$

$$\begin{array}{l} CH_3\cdot CH\cdot CH_2\cdot COOH \\ \quad\;\; | \\ \quad\;\; NH \qquad\qquad (III) \\ \quad\;\; | \\ CH_3\cdot CH\cdot CH_2\cdot COOH \end{array}$$

β-Anilino-buttersäureanilid[1] **(II).** Löst man 10 g Crotonsäure und 20 g destilliertes Anilin in Benzol und belichtet die Lösung 3 Tage (Heräussche Quarzlampe), so färbt sie sich tiefbraun. Das Benzol wurde verjagt, der Rückstand mit 10%iger Sodalösung durchgeschüttelt und die sodaunlöslichen Bestandteile mit Äther entzogen. Diese betrugen 11,2 g und bestanden aus Anilin und einer viel höher siedenden Substanz, welche kristallinisch erstarrte (2 g). Diese gab beim Behandeln mit Salzsäure ein Salz, das, aus salzsäurehaltigem Wasser oder verdünntem Aceton umkristallisiert, sich als salzsaures β-Anilino-buttersäure-anilid erwies; F: 212 bis 213°.

W. H. Urry und Mitarbeiter[2] haben gezeigt, daß Piperidin sich photochemisch mit Octen-(1) (IV) umsetzt unter Bildung von *2-n-Octyl-piperidin* (V). Diese Reaktion ist von Bedeutung, da sie die photochemische Synthese von Alkaloiden voraussehen läßt.

$$C_5H_{11}N + \underset{IV}{CH_2{=}CH_2{-}(CH_2)_5{-}CH_3} \xrightarrow{\text{UV-Licht}} \underset{V}{\text{(Piperidin-2-yl, N–H, C–H)}{-}CH_2{-}CH_2{-}(CH_2)_5{-}CH_3}$$

7. Aldehyde und Mono-Ketone

M. S. Kharasch und Mitarbeiter[3] fanden, daß aliphatische Aldehyde wie Acetaldehyd, Butanal (n-Butyraldehyd) und Heptanal sich unter Einwirkung von Licht an die olefinische Doppelbindung anlagern. Die Reaktion verläuft nach Schema A:

$$RCHO + R'CH{=}CH_2 \xrightarrow{\text{Licht}} RCO{-}CH_2CH_2R' \qquad (A)$$

Ähnliche Additionsreaktionen (vgl. Reaktion A) lassen sich auch als Dunkelreaktionen durchführen, wenn man das Olefin mit dem Aldehyd bei Gegenwart von Acylperoxyden (z. B. Acetylperoxyd) erwärmt. M. S. Kharasch und Mitarbeiter vermuten, daß sowohl A als auch die Dunkelanlagerung Reaktionen sind, bei denen freie Radikale eine Rolle spielen.

$$RCHO \xrightarrow{\text{Licht}} R\dot{C}{=}O + H\cdot$$

Polymere Produkte wurden sowohl bei der photochemischen Einwirkung von Butanal auf Styrol als auch von Crotonaldehyd auf Octen-(1) erhalten.

[1] Stoermer, R., u. E. Robert: B. **55**, 1030 (1922).

[2] Urry, W. H., O. O. Juveland u. F. W. Stacey: Am. Soc. **74**, 6155 (1952).

[3] Kharasch, M. S., W. H. Urry u. B. M. Kuderna: J. org. Chem. **14**, 248 (1949).

Decanon-(2)[1]. Eine Lösung aus Acetaldehyd (192,4 g) und Octen-(1) (123,6 g) wurde in einer N_2-Atmosphäre der Einwirkung von UV-Licht (Quarz-Quecksilber-Lampe) ausgesetzt (72 Std.); während der Bestrahlung wurde die Reaktionsröhre mit Eiswasser gekühlt. Destillation bei gewöhnlichem Druck lieferte: Acetaldehyd (185 g), Octen-(1) (115 g) sowie eine geringe Menge Diacetyl. Hierauf wurde unter vermindertem Druck weiter destilliert und eine Fraktion (7,5 g; Kp_{37}: 117°) erhalten, welche sich als Decanon-(2) erwies.

Die Bildung eines *1,4-Diketons* wurde von H. SCHLUBACH[2] et al. beobachtet, als sie im UV-Licht Propionaldehyd auf Butylacetylen einwirken ließen. Sie erhielten eine Verbindung, welche durch Anlagerung von 2 Mol Propionaldehyd an 1 Mol Butylacetylen entstanden war. Für dieses Produkt kommen die Formeln A und B in Frage; Pyrrolreaktion des Umsatzproduktes mit Ammoniak und andere Reaktionen sprechen für die Bildung eines *1,4-Diketons.*

$$C_4H_9—CH_2—CH\begin{matrix} \diagup COC_2H_5 \\ \diagdown COC_2H_5 \end{matrix} \quad \text{A} \qquad\qquad C_4H_9—\underset{\substack{|\\ COC_2H_5}}{CH}—CH_2—CO—C_2H_5 \quad \text{B}$$

In einer merkwürdigerweise nur wenig beachteten Arbeit haben E. PATERNO und G. CHIEFFI[3] darauf hingewiesen, daß *Trimethylenoxyde* bei der photochemischen Einwirkung von Aldehyden oder Ketonen auf Olefine gebildet werden. Dies ist durch die Arbeiten von G. BÜCHI[4] et al. bestätigt worden. Es wurde gefunden, daß bei der Einwirkung von 2-Methylbuten-(2) (I) auf Benzaldehyd im UV-Licht das *Trimethylenoxyd* II gebildet wird. Die Einwirkung von Acetophenon auf I verläuft ähnlich und führt zur Bildung von III; die Konstitution ist sichergestellt durch die Resultate der Hydrolyse (Bildung von Acetophenon und Acetaldehyd).

$$C_6H_5—\underset{\substack{|\\H}}{\overset{\substack{O\\ \|}}{C}} + \underset{\substack{|\\CH_3}}{\overset{\substack{CH_3\\|\\C—H\\ \|}}{C}}—CH_3 \xrightarrow{\text{Licht}} C_6H_5—\underset{\substack{|\\H}}{\overset{\substack{O—\\|}}{C}}—\underset{\substack{|\\CH_3}}{\overset{\substack{CH_3\\|\\C—H\\|}}{C}}—CH_3 \qquad C_6H_5—\underset{\substack{|\\CH_3}}{\overset{\substack{O—\\|}}{C}}—\underset{\substack{|\\CH_3}}{\overset{\substack{CH_3\\|\\C—H\\|}}{C}}—CH_3$$

$$\text{I} \qquad\qquad \text{II} \qquad\qquad \text{III}$$

Die Bildung von den (nichtisolierten) Verbindungen VII bzw. VIII nehmen G. BÜCHI[5] et al. bei dem photochemischen Umsatz zwischen Decin-(5) (VI) und Benzaldehyd (IV) bzw. Acetophenon (V) an. Die isolierten Produkte sind *6-Benzyliden-5-decanon* (IX) und *2-Phenyl-3-n-butyl-octen-(2)-on (4)* (X). *Benzyliden-5-decanon* ist wahrscheinlich ein Gemisch der *cis-* und *trans*-Form, welches bisher nicht getrennt

[1] KHARASCH, M. S., W. H. URRY u. B. M. KUDERNA: J. org. Chem. **14**, 248 (1949).
[2] SCHLUBACH, H., V. FRANZEN u. E. DAHL: A. **587**, 124 (1954).
[3] PATERNÒ, E., u. G. CHIEFFI: G. **39**, 341 (1909).
[4] BÜCHI, G., C. G. INMAN u. E. S. LIPINSKY: Am. Soc. **76**, 4327 (1954).
[5] BÜCHI, G., J. T. KOFRON, E. KOLLER u. D. ROSENTHAL: Am. Soc. **78**, 876 (1956).

werden konnte; es wird angenommen, daß die *trans*-Form überwiegt, ähnliches gilt von X.

$$C_6H_5{-}\overset{\overset{\large O}{\|}}{\underset{\underset{\large R}{|}}{C}} \xrightarrow{\text{Licht}} C_6H_5{-}\overset{\overset{\large O\bullet}{|}}{\underset{\underset{\large R}{|}}{C}}\bullet + \overset{\overset{\large C_4H_9}{|}}{\underset{\underset{\large C_4H_9}{|}}{C{\equiv}C}} \longrightarrow$$

IV, R = H　　　　VI
V, R = CH_3

$$C_6H_5{-}\overset{\overset{\large O-C-C_4H_9}{|\quad\ \|}}{\underset{\underset{\large R\quad C_4H_9}{|\quad\ |}}{C{-}C}} \qquad \overset{C_6H_5}{\underset{R}{}} \!\!\!\!\! >C{=}C< \overset{C_4H_9}{\underset{C(=O)C_4H_9}{}}$$

VII, R = H　　　IX, R = H
VIII, R = CH_3　　X, R = CH_3

1,2,2-Trimethyl-3-phenyltrimethylenoxyd[1] (II). Benzaldehyd (295 g) und 2-Methyl-2-buten (I) (181 g) wurden unter N_2 der Einwirkung von UV-Licht ausgesetzt (48 Std.). Der Versuch wurde in einer Apparatur vorgenommen, welche von M. S. KHARASCH und H. F. FRIEDLANDER[2] beschrieben wurde. 2-Methyl-2-buten, welches nicht reagiert hatte, wurde unter vermindertem Druck abdestilliert und der Rückstand fraktioniert destilliert (Vakuum: 3,5 mm). Die Fraktion 80—84° wurde noch einmal unter Anwendung eines Halbmikro-Fraktionieraufsatzes destilliert; man erhielt 1,2,2-Trimethyl-3-phenyltrimethylenoxyd (46 g; $Kp_{0,2}$: 44°).

8. Aliphatische Polyhalogenide

Die Kenntnis dieser Reaktionen verdanken wir in erster Linie M. S. KHARASCH und Mitarbeitern, welche seit 1946 dieses Gebiet ausgiebig bearbeitet haben. Als Polyhalogenide verwandten sie hauptsächlich Kohlenstofftetrachlorid und -bromid sowie Bromtrichlormethan. Neuerdings hat R. N. HASZELDINE erfolgreich mit Trifluorjodmethan gearbeitet.

Es wird allgemein angenommen, daß die photochemische Addition von Polyhalogeniden an die Bildung freier Radikale geknüpft ist, wie folgendes Beispiel zeigt[3]:

$$BrCCl_3 \xrightarrow{\text{Licht}} Br\bullet + Cl_3C\bullet$$

$$RCH{=}CH_2 + Cl_3\underset{\bullet}{C} \longrightarrow R\underset{\bullet}{C}H{-}CH_2CCl_3$$

$$R\underset{\bullet}{C}H{-}CH_2CCl_3 + BrCCl_3 \longrightarrow RCHBr{-}CH_2CCl_3 + Cl_3C\bullet$$

Im Falle der Anlagerung von Trifluorjodmethan an die Kohlenstoff-Doppelbindung bei Gegenwart von Licht wird angenommen, daß die Primärreaktion in einer Bildung von freien *Trifluormethylradikalen* besteht[4].

$$F_3CJ \xrightarrow{\text{Licht}} \underset{\bullet}{C}F_3 + J\bullet$$

[1] BÜCHI, G., C. G. INMAN u. E. S. LIPINSKY: Am. Soc. **76**, 4327 (1954).
[2] KHARASCH, M. S., u. H. F. FRIEDLANDER: J. org. Chem. **14**, 239 (1949).
[3] KHARASCH, M. S., E. JENSEN u. W. H. URRY: Am. Soc. **69**, 1100 (1947).
[4] Vgl. u. a. R. N. HASZELDINE: Soc. **1953**, 3559.

Die Annahme, daß die photochemische Addition aliphatischer Polyhalogenide an die Kohlenstoff-Doppelbindung mit der Bildung freier Radikale verknüpft ist, wird durch die Tatsache gestützt, daß man ähnliche Anlagerungen auch als Dunkelreaktionen durchführen kann, wenn man bei Gegenwart von Diacetylperoxyd arbeitet, welches bekanntlich die Bildung freier Radikale begünstigt; so läßt sich z. B. die Anlagerung von Bromtrichlormethan an Octen-(1) (Bildung von *1,1,3-Trichlor-3-bromnonan*) als Dunkelreaktion durchführen[1].

a) Fluorfreie Polyhalogenide

Die photochemische Addition von Bromtrichlormethan an Olefine verläuft schon unter Einfluß des sichtbaren Lichtes; unter diesen Bedingungen läßt sich keine Addition von Kohlenstofftetrachlorid erreichen, da hier die Anwendung ultravioletten Lichtes notwendig ist[1]. Folgende Beispiele zeigen die Resultate einiger Versuche[1].

1. Octen-(1) und CCl_4, sichtbares Licht: keine Reaktion; ultraviolettes Licht: *1,1,1,3-Tetrachlornonan.*

2. Octen-(1) und CBr_4, sichtbares Licht: *1,1,1,3-Tetrabromnonan.*

3. Styrol und CBr_4, sichtbares Licht: *1,1,1,3-Tetrabrom-3-phenylpropan.*

4. Propylen und $BrCCl_3$, ultraviolettes Licht: *1,1,1-Trichlor-3-brombutan*[2].

Die Einwirkung von Trichlorbrommethan auf β-Methylstyrol und Zimtsäureäthylester bei Gegenwart von ultraviolettem Licht verläuft so, daß jeweils nur eines der möglichen Isomeren gebildet wird[3].

$$C_6H_5CH{=}CHCH_3 + BrCCl_3 \xrightarrow[\text{Licht}]{\text{UV}} C_6H_5CHBr{-}CH(CH_3)CCl_3$$

$$C_6H_5CH{=}HCCOOC_2H_5 + BrCCl_3 \xrightarrow[\text{Licht}]{\text{UV}} C_6H_5CHBr{-}CH(COOC_2H_5)CCl_3$$

Die photochemische Addition von aliphatischen Polyhalogeniden erfolgt auch an solche (nichtaromatische) Kohlenstoffdoppelbindungen, die einem 5- oder 6gliedrigen Ringsystem angehören. Im allgemeinen addieren 5gliedrige Verbindungen leichter als 6gliedrige, so ist z. B. Cyclopentadien reaktionsfreudiger als 1,3-Cyclohexadien und Cyclopenten reaktionsfreudiger als Cyclohexen.

Die folgende Formelübersicht zeigt einige ungesättigte Verbindungen, welche Brom-trichlormethan photochemisch addieren[4].

CCl_3 Br Br CCl_3 Cl_3C Br S O_2 S O_2

---

[1] Kharasch, M. S., E. Jensen u. W. H. Urry: Am. Soc. **69**, 1100 (1947).

[2] Kharasch, M. S., O. Reinmuth u. W. H. Urry: Am. Soc. **69**, 1105 (1947).

[3] Kharasch, M. S., u. M. Sage: J. org. Chem. **14**, 537 (1949).

[4] Kharasch, M. S., u. H. F. Friedlander: J. org. Chem. **14**, 239 (1949).

Bromtrichlormethan[1] wird im Licht von Octin-(1) unter Bildung von *1,1,1-Trichlor-3-brom-nonen-(2)* angelagert.

$$CH_3[CH_2]_5—C{\equiv}CH \xrightarrow[\text{Licht}]{BrCCl_3} CH_3[CH_2]_5—CBr{=}CHCCl_3$$

Mit Phenylacetylen sowie mit Octin-(2) ($CH_3[CH_2]_4C{\equiv}CCH_3$) verlaufen die Reaktionen komplizierter; abgesehen von einer Addition (1:1 wie oben) bilden sich auch andere Verbindungen. Das folgende Schema erklärt diese Reaktionen:

$$BrCCl_3 \xrightarrow{\text{Licht}} Br\cdot + Cl_3C\cdot$$

$$R'C{\equiv}CH + Cl_3C\cdot \longrightarrow Cl_3CCH{=}R'C\cdot$$

$$Cl_3CCH{=}R'C\cdot + BrCCl_3 \longrightarrow Cl_3CCH{=}CR'Br + Cl_3C\cdot$$

$$Cl_3CCH{=}R'C\cdot + HC{\equiv}CR' \longrightarrow Cl_3CCH{=}R'CCH{=}R'C\cdot$$

$$Cl_3CCH{=}R'CCH{=}R'C\cdot + BrCCl_3 \longrightarrow Cl_3CCH{=}R'CCH{=}CR'Br + Cl_3C\cdot$$

Eine schlechte Ausbeute wurde erhalten, als man mit Kohlenstofftetrachlorid und Octin-(1) oder Nonin-(2) ($CH_3[CH_2]_5C{\equiv}CCH_3$) arbeitete. Die Reaktionsprodukte haben einen hohen Siedepunkt und zerfallen beim Destillieren.

1,1,1,3-Tetrabrom-3-phenyl-propan[2]. Ein Gemenge von Styrol (10 g; 0,1 Mol), Kohlenstofftetrabromid (203 g, 0,61 Mol) und Kohlenstofftetrachlorid (173 g, 1,12 Mol) wurden mit sichtbarem Licht bestrahlt (die Reaktion wurde bei 90° durchgeführt; 4 Std.). Dann wurde Kohlenstofftetrachlorid bei gewöhnlichem Druck und die größere Menge des nicht umgesetzten Tetrabromids unter vermindertem Druck abdestilliert. Der Rückstand (braunes Öl, 46 g) wurde destilliert (kleiner Claisen-Kolben); nach einem kleinen Vorlauf wurde eine Hauptfraktion erhalten ($Kp_{0,1}$: 112—124°). Das Destillat kristallisierte nach kurzer Zeit; F: 57 bis 59°, Ausbeute 41,8 g (96%).

1,1,1,3-Tetrabromnonan[2]. Ein Gemenge von Octen-(1) (56 g, 0,5 Mol) und Kohlenstofftetrabromid (600 g, 1,8 Mol) wurde mit sichtbarem Licht bei 75° bestrahlt (7 Std., Rühren durch Einleiten von N_2). Hierauf wurde überschüssiges Kohlenstofftetrabromid unter vermindertem Druck abdestilliert, nur eine sehr kleine Menge unverändertes Octen-(1) wurde gefunden. Der Rückstand (205 g) wurde unter vermindertem Druck destilliert und lieferte 196 g 1,1,1,3-Tetrabromnonan, $Kp_{0,2}$: 125—130° (88% d. Th. Ausbeute).

b) Polyfluor-alkyljodide

Auf die Arbeiten von R. N. HASZELDINE ist schon oben kurz hingewiesen worden. Die von ihm und seinen Mitarbeitern ausgeführten Untersuchungen haben zu bemerkenswerten Resultaten geführt.

Bei der photochemischen Einwirkung von Trifluormethyljodid auf Äthylen (Raumtemperatur, Pyrexglas) entstand nach R. N. HASZELDINE[3] hauptsächlich *3-Jod-1,1,1-trifluorpropan.*

$$JCF_3 \xrightarrow{\text{Licht}} \cdot CF_3 + J\cdot$$

$$\cdot CF_3 + CH_2{=}CH_2 \longrightarrow CF_3—CH_2—\dot{C}H_2$$

$$CF_3—CH_2—\underset{\bullet}{C}H_2 + JCF_3 \longrightarrow CF_3—CH_2—CH_2J + \underset{\bullet}{C}F_3$$

[1] KHARASCH, M. S., J. JEROME u. W. H. URRY: J. org. Chem. **15**, 966 (1950).
[2] KHARASCH, M. S., E. JENSEN u. W. H. URRY: Am. Soc. **69**, 1100 (1947).
[3] HASZELDINE, R. N.: Soc. **1949**, 2856.

Neben *3-Jod-1,1,1-trifluorpropan* wurde auch die Bildung einer gewissen Menge *5-Jod-1,1,1-trifluorpentans* beobachtet.

Nach R. N. HASZELDINE[1] lagert sich Trifluorjodmethan unter Einwirkung von Licht an Olefine des Typus $CH_2{=}CHR$ (R = CH_3, Cl, F, $COOCH_3$, CN, CF_3) an, es entstehen Verbindungen der allgemeinen Formel:

$$CF_3{-}CH_2{-}CHJ{-}R$$

Das CF_3-Radikal greift also stets an die endständige Methylengruppe an, der Verlauf der Anlagerung hängt demnach nicht von der Polarisation der Doppelbindung ab. Im Dunkeln traten bei Raumtemperatur keine Reaktionen ein.

Der Angriff eines Trifluormethylradikals auf die Perfluorolefine ($R{-}CF{=}CF_2$) erfolgt an der Difluormethylengruppe[2]. Es bildet sich bei dem photochemischen Umsatz zwischen Trifluormethyljodid und Hexafluorpropen (I) (in Quarzgefäßen) bei einer Bestrahlung mit UV-Licht der Wellenlänge $\lambda > 2200$ Å sowohl *Nonafluor-2-jodbutan* (II) als auch *Dodekafluor-2-jod-4-trifluormethylhexan* (III). Arbeitet man mit Licht der Wellenlänge $\lambda > 3000$ Å, so verläuft die Reaktion sehr langsam und man erhält nur *Nonafluor-2-jodbutan.*

$$F_3CJ \xrightarrow{\text{Licht}} \cdot CF_3 + J\cdot$$

$$\cdot CF_3 + F_3C{-}CF{=}CF_2\ (I) \longrightarrow F_3C{-}\dot{C}F{-}CF_2{-}CF_3$$

$$F_3C{-}\underset{\bullet}{C}F{-}CF_2{-}CF_3 + F_3CJ \longrightarrow \underset{(II)}{CF_3{-}CFJ{-}CF_2{-}CF_3} + F_3C\cdot$$

$$F_3C{-}CFJ{-}CF_2{-}CF(CF_3){-}CF_2{-}CF_3\ (III)$$

Es wurde auch die photochemische Einwirkung (UV-Licht) von JCF_3 auf Tetrafluoräthylen ($CF_2{=}CF_2$) untersucht[3], welche zur Bildung von *1-Jodheptafluorpropan* führte.

Die photochemische Einwirkung von JCF_3 auf Acetylen lieferte *3,3,3-Trifluor-1-jod-1-propen*[4]:

$$\cdot CF_3 + CH{\equiv}CH \longrightarrow CF_3CH{=}\dot{C}H$$

$$F_3C{-}CH{=}\underset{\bullet}{C}H + JCF_3 \longrightarrow CF_3{-}CH{=}CHJ + \underset{\bullet}{C}F_3$$

Ähnliche Reaktionen wie mit Trifluorjodmethan lassen sich auch mit Pentafluorjodäthan durchführen[5].

Pentafluorjodäthan reagiert in der Dunkelheit bei Raumtemperatur nicht mit Acetylen, jedoch findet eine glattverlaufende Reaktion bei

[1] HASZELDINE, R. N., u. B. R. STEELE: Soc. **1953**, 1199.

[2] HASZELDINE, R. N.: Soc. **1953**, 3559.

[3] HASZELDINE, R. N.: Soc. **1949**, 2860.

[4] HASZELDINE, R. N.: Soc. **1950**, 3037.

[5] HASZELDINE, R. N., u. K. LEEDHAM: Soc. **1952**, 3483.

dieser Temperatur unter Einwirkung von UV-Licht statt. Das Hauptprodukt dieses Umsatzes ist *Pentafluor-1-jod-buten-(1)* (IV).

$$\cdot C_2F_5 + CH{\equiv}CH \longrightarrow C_2F_5{-}CH{=}\dot{C}H$$

$$C_2F_5{-}CH{=}\dot{C}H + JC_2F_5 \longrightarrow \underset{IV}{C_2F_5{-}CH{=}CHJ} + \cdot C_2F_5$$

Hervorzuheben ist, daß diese Reaktion auch als Dunkelprozeß bei 210—240° durchgeführt werden kann. In der Tat lassen sich viele der in diesem Kapitel beschriebenen Photoreaktionen (Zimmertemperatur) auch als thermische Prozesse in der Dunkelheit durchführen.

R. N. HASZELDINE[1] hat auch eine interessante Darstellung der *γ,γ,γ-Trifluorcrotonsäure* (V) beschrieben, welche (teilweise) eine Photosynthese ist. Die Darstellung besteht in der photochemischen Einwirkung von Trifluorjodmethan auf Acrylnitril; das primäre Produkt wurde als solches nicht in reinem Zustand isoliert, sondern direkt auf die Säure verarbeitet:

$$CF_3J + CH_2{=}CHCN \xrightarrow{\text{Licht}} CF_3{-}CH_2{-}CHJ{-}CN$$

$$CF_3{-}CH_2{-}CHJ{-}CN \xrightarrow[\text{KOH}]{\text{alk.}} CF_3{-}CH{=}CH{-}COOH \quad (V)$$

Nonafluor-2-jodbutan[2] **(II).** Trifluorjodmethan (10,0 g) und Hexafluorpropen ($F_3C{-}CF{=}CF_2$) (3,0 g) wurden in einer zugeschmolzenen Quarzröhre (50 cm^3 Fassungsvermögen) den Strahlen einer Hanovia UV-Lampe (ohne Filter) ausgesetzt. Die Lampe befand sich 10 cm von der Röhre entfernt, die Bestrahlung (14 Tage) wurde derart durchgeführt, daß die flüssige Phase vom Licht geschützt war, der Röhreninhalt nahm während der Bestrahlung eine rote Farbe an (Ausscheidung von Jod). Destillation lieferte Hexafluorpropen (15%), Trifluorjodmethan sowie Nonafluor-2-jodbutan ($F_3C{-}CJF{-}CF_2{-}CF_3$) (94% berechnet unter Berücksichtigung von wiedergewonnenem C_3F_6), $Kp_{65,5}$, n_D^{20} 1,340.

Dodekafluor-2-jod-4-trifluormethylhexan[2] **(III).** Nonafluor-2-jodbutan (1,9 g) wurde mit Hexafluorpropen (0,5 g) in einer Quarzröhre (10 cm^3) bestrahlt (Versuchsanordnung wie oben). Beim Aufarbeiten des Röhreninhalts erhielt man Dodekafluor-2-jod-4-trifluormethylhexan [$F_3C{-}CFJ{-}CF_2CF(CF_3){-}CF_2{-}CF_3$]. Kp: 135 bis 139°, Ausbeute: 51%.

3-Chlor-1,1,1-trifluor-3-jodpropan[3]**.** Vinylchlorid (2,3 g) und Trifluorjodmethan (7,0 g) wurden 4 Tage in einer zugeschmolzenen Glasröhre (Pyrexglas) bestrahlt. Die Bestrahlung wurde derart durchgeführt, daß nur die flüssige Phase den Strahlen ausgesetzt wurde, als Lichtquelle diente eine Hanovia UV-Lampe ohne Filter, welche sich in einer Entfernung von 10 cm von der Pyrexröhre befand. Nach Beendigung des Versuches wurde die tiefrote Lösung (Ausscheidung von Jod) destilliert. Man erhielt 4,4 g 3-Chlor-1,1,1-trifluor-3-jodpropan ($F_3C{-}CH_2{-}CHClJ$); Kp: 120°, n_D^{20} 1,453.

3,3,4,4,4-Pentafluor-1-jod-buten-(1)[4] **(IV).** Acetylen (1,55 g, 15% Überschuß) und Pentafluorjodäthan wurden in einer Anzahl von Cariusröhren (50 cm^3 Fassungsvermögen, Pyrexglas) gegeben und diese dann zugeschmolzen. Die Röhren wurden dem Lichte einer Hanovia-Lampe (ohne Filter) ausgesetzt, welche 30 cm von den Röhren entfernt war. Nach 9 Tagen wurde der Inhalt der Röhren vereinigt und

[1] HASZELDINE, R. N.: Soc. **1952**, 3490.
[2] HASZELDINE, R. N.: Soc. **1953**, 3559.
[3] HASZELDINE, R. N., u. B. R. STEELE: Soc. **1953**, 1205.
[4] HASZELDINE, R. N., u. K. LEEDHAM: Soc. **1952**, 3483.

dann fraktioniert. Man erhielt unverändertes Acetylen (6%), Pentafluorjodäthan (3%) und höher siedendes Material (13 g), dies bestand zu 57% aus 3,3,4,4,4-Pentafluor-1-jod-buten-(1) (C_2F_5—CH=CHJ). Kp: 84,4°, n_D^{25} 1,392.

γ,γ,γ-Trifluorcrotonsäure[1]. Acrylnitril (0,53 g) wurde zusammen mit Trifluorjodmethan (8,5 g) in einer Pyrexröhre (50 cm³) eingeschmolzen und diese 48 Std. den Strahlen einer UV-Lampe ausgesetzt. Nach Entfernung überschüssigen Trifluorjodmethans wurde unverändertes Acrylnitril (etwa 0,01 g) im Vakuum abdestilliert. γ,γ,γ-Trifluor-α-jodbutyronitril wurde in reinem Zustand nicht isoliert, sondern — nach Entfernung von Spuren polymeren Acrylnitrils durch Vakuumdestillation — sofort mit 10%iger alkoholischer Natronlauge behandelt (5% Überschuß), zuerst bei Raumtemperatur, dann bei 50° (1 Std.). Man säuerte mit verdünnter Schwefelsäure an, hierauf wurde mit Äther ausgezogen, welcher 1,02 g γ,γ,γ-Trifluorcrotonsäure lieferte. F: 50,5—51°.

c) Trifluorjodäthylen

J. D. Park et al.[2] konnten zeigen, daß Perfluorvinyljodid (I) sich im UV-Licht an Äthylene unter Bildung *acyclischer* Verbindungen anlagert. Es handelt sich um eine 1:1-Addition (X=H oder F):

$$CF_2{=}CFJ + CX_2{=}CHX \xrightarrow{\text{Licht}} CF_2{=}CF{-}CHX{-}CX_2J$$

Beispiele von Reaktionen dieser Art werden in der folgenden Übersicht gezeigt:

1) $CF_2{=}CFJ + CH_2{=}CFH \longrightarrow CF_2{=}CF{-}CH_2{-}CFHJ$ (50%)
   (I = $CF_2{=}CFJ$)

2) $CF_2{=}CFJ + CH_2{=}CF_2 \longrightarrow CF_2{=}CF{-}CH_2{-}CF_2J$ (24%)

3) $CF_2{=}CFJ + CF_2{=}CFH \longrightarrow CF_2{=}CF{-}CFH{-}CF_2J$ (39%)

4) $CF_2{=}CFJ + CF_2{=}CFJ \longrightarrow CF_2{=}CF{-}CF_2{-}CFJ_2$ (50%)
   (II = $CF_2{=}CF{-}CF_2{-}CFJ_2$)

5) $CF_2{=}CFJ + CF_2{=}CHCl \longrightarrow CF_2{=}CF{-}CHCl{-}CF_2J$ (4%)[3]

Reaktion 4 zeigt die Photodimerisierung des Perfluorvinyljodids zum *4,4-Dijodperfluorbuten-(1)* (II), auf welche schon früher (vgl. S. 22) hingewiesen worden ist. Die Konstitution dieses dimeren Produktes wird durch die folgenden Beobachtungen gestützt: a) Das Produkt ist ungesättigt, hierdurch wird eine Cyclobutan-Struktur ausgeschlossen. b) Von den beiden noch übrigbleibenden Möglichkeiten (II und III) wurde 3,4-Dijodperfluorbuten-(1) (III) ausgeschlossen, da die Substanz sich nicht mit Zink unter Bildung von Perfluorbutadien umsetzt. Es bleibt daher für das Photodimere des Perfluorvinyljodids nur die Formel des *4,4-Dijodperfluorbuten-(1)* (II) übrig.

Versuche, Perfluorvinyljodid thermisch (170–180°; 24 Std.) zu dimerisieren, führten unter Jodabspaltung zur Bildung von IV.

$CF_2{=}CF{-}CFJ{-}CJF_2$ (III)

$$\begin{array}{l} F_2C{-}CF \\ \;|\quad\;\; \| \\ F_2C{-}CF \end{array}$$ (IV)

[1] Haszeldine, R. N.: Soc. **1952**, 3490.

[2] Park, J. D., R. J. Seffl u. J. R. Lacher: Am. Soc. **78**, 59 (1956).

[3] Nachtrag bei der Korrektur: R. N. Haszeldine u. B. R. Steele (Soc. **1957**, 2193) sind der Ansicht, daß das Produkt nicht $CF_2 = CF - CHCl - CF_2J$, sondern $CF_2 = CF - CF_2 - CHClJ$ ist.

Um die Reaktionen (1–5) zu erklären nehmen J. D. PARK et al. an, daß aus Perfluorvinyljodid photochemisch das „freie“ Perfluorvinyl-Radikal V entsteht. Sie schlagen folgenden Reaktionsmechanismus vor (X=H oder F):

$$6)\quad \underset{\text{I}}{CF_2{=}CFJ} \longrightarrow \underset{\text{V}}{CF_2{=}CF\bullet} + J\bullet$$

$$7)\quad CF_2{=}CF\bullet + CX_2{=}CHX \longrightarrow CF_2{=}CF{-}CHX{-}\dot{C}X_2$$

$$8)\quad CF_2{=}CF{-}CHX{-}\dot{C}X_2 + CF_2{=}CFJ \longrightarrow \underset{\text{VI}}{CF_2{=}CF{-}CHX{-}CX_2J} + CF_2{=}\dot{C}F$$

1,1,2-Trifluor-4-jod-buten-(1)[1] (VI, X=H). Die Photoreaktion wurde in einer zugeschmolzenen 5 l-Pyrexflasche vorgenommen, welche einen Absperrhahn zum Füllen mit Ausgangsmaterial und zum Ablassen des Reaktionsgutes hatte. — Trifluorjodäthylen (I) (21 g; 0,10 Mol) und 4,2 g (0,15 Mol) Äthylen wurden in der Pyrexflasche 7 Tage bestrahlt (Hanovia Hg-Lampe EH 4). Das Reaktionsprodukt (23g) war durch Jod stark gefärbt. Fraktionierte Destillation lieferte (VI, X=H) (16,2 g), Kp_{623}: 112°; die Kaliumpermanganatreaktion war positiv.

9. o-Chinone, 1,2-Diketone und 1,2,3-Triketone

A. SCHÖNBERG und A. MUSTAFA[2] fanden, daß aromatisch substituierte Äthylene (z. B. Styrol, Stilben, Triphenyläthylen) unter Einwirkung des Sonnenlichtes mit Phenanthrenchinon in benzolischer Lösung eine Additionsreaktion eingehen:

(Schema A) Phenanthrenchinon (C=O, C=O) + $C_6H_5{-}CH{=}CH{-}C_6H_5$ $\underset{\text{Wärme}}{\overset{\text{Licht}}{\rightleftharpoons}}$ I (Dioxin-Ring: C–O–C(H)(C₆H₅)–C(H)(C₆H₅)–O–C)

Die Einwirkung von Stilben führt zur Bildung des *2,3-Diphenyl-phenanthro-(9',10')-dihydrodioxins-(1,4)* (I), dessen Konstitution sich aus seiner Farblosigkeit und seinem thermischen Zerfall in Phenanthrenchinon und Stilben sowie aus der Bildung von Phenanthrenchinon bei der Einwirkung von konzentrierter Schwefelsäure auf I ergibt. Die Verbindung I ist später im Dunkelprozeß von A. BUTENANDT[3] erhalten worden.

9,10-Dihydroxyphenanthren (–OH, –OH) + $BrCH(C_6H_5){-}CH(C_6H_5)Br$ $\longrightarrow$ I

Photoreaktionen gemäß Schema A werden in diesem Kapitel als „Additionsreaktionen“, die entstehenden Additionsprodukte als „Additionsprodukte“ usw. bezeichnet.

[1] PARK, J. D., R. J. SEFFL u. J. R. LACHER: Am. Soc. 78, 59 (1956).
[1] SCHÖNBERG, A., u. A. MUSTAFA: Nature 153, 195 (1944); Soc. 1944, 387.
[2] BUTENANDT, A., et al.: A. 575, 125 (1951).

1,2-Dicarbonylverbindungen, welche photochemisch mit Olefinen unter Bildung von *1,4-Dioxen*-Derivaten reagieren, sind in Tab. 6 zusammengefaßt. Diese zeigt u. a. Phenanthrenchinone, Benzile, Derivate des o-Benzochinons und des β-Naphthochinons sowie zwei 1,2,3-Triketone, nämlich Indantrion und das peri-Naphthindantrion. Tab. 7 zeigt die Olefine mit denen „Additionsreaktionen" durchgeführt wurden.

Die „Additionsverbindungen" sind farblose oder schwach gelbe Verbindungen; viele zerfallen schon bei relativ tiefen Temperaturen, z. B. zerfällt das 2,3-Diphenylphenanthro-(9',10')-dihydrodioxin[1] (I) schon bei 270° in Phenanthrenchinon und Stilben. Eine Erklärung für die thermische Instabilität dieser 1,4-Dioxenderivate steht noch aus.

Tabelle 6. *o-Chinone, 1,2-Diketone und 1,2,3-Triketone, die sich photochemisch (Sonnenlicht) an Olefine anlagern*

Phenanthrenchinon (A)	Tetrachlor-o-benzochinon (G)
2,7-Dimethylphenanthrenchinon (A')	Tretrabrom-o-benzochinon (H)
Retenchinon (B)	Benzil (J)
Chrysochinon (C)	p-Anisil (K)
7,8-Benzochinolin-5,6-chinon (D)	Triketonindan (L)
4-Cyano-1,2-naphthochinon (E)	Perinaphthindan-7,8,9-trion (M)
3,4-Dichlor-1,2-naphthochinon (F)	

C D G

L M

Auf die Ähnlichkeit zwischen den „Additionsreaktionen" (vgl. Schema A) und den Dien-Synthesen von DIELS-ALDER ist wiederholt hingewiesen worden[2]. Es besteht sicher eine große formale Ähnlichkeit zwischen beiden Prozessen, ob diese Ähnlichkeit sich auch auf den Reaktionsmechanismus erstreckt, ist zweifelhaft. Sicherlich handelt es sich bei den „Additionen" um einen radikalischen Mechanismus, der im allgemeinen nicht für den Diels-Alder-Prozeß angenommen wird (vgl. S. 53).

[1] SCHÖNBERG, A., u. A. MUSTAFA: Soc. **1944**, 387.

[2] Vgl. u. a. K. ALDER u. M. SCHUMACHER: Fortschritte der Chemie der org. Naturstoffe (herausgegeben von L. ZECHMEISTER) Bd. 10, S. 24. Springer-Verlag 1953.

Tabelle 7

Tab. 7 gibt eine Zusammenstellung von Olefinen, welche sich im Sonnenlicht, Tab. 8, welche sich im UV-Licht an o-Chinone (1,2-Diketone, 1,2,3-Triketone) anlagern (vgl. Schema A, Seite 89). Die großen römischen Buchstaben hinter den Namen der Olefine zeigen die o-Chinone (1,2-Diketone, 1,2,3-Triketone) mit welchen die Photoaddition durchgeführt wurde (vgl. Tab. 6). Beispiel: Die Tabelle 7 zeigt, daß das Styrol sich im Sonnenlicht an Phenanthrenchinon und an Tetrachlor-o-chinon anlagert[1].

Styrol: (A)[2,3], (G)[8,9]
Stilben: (A)[2,3], (A')[15], (B)[5], (D)[14], (E)[12], (F)[8], (G)[7], (H)[8], (J)[4], (K)[13], (L)[6], (M)[6]
α,α-Diphenyläthylen: (A)[3], (J)[4], (D)[14]
p-Methylstilben: (A)[6], (G)[7]
2-Phenyl-buten-(2): (A)[10]
1,1-Diphenyl-buten-(1): (A)[11]
α-Äthylstilben: (A)[6]
β-Chlorstilben: (A)[4]
p,p'-Dimethoxystilben: (A)[4]
α,α-Diphenyl-α-propylen: (A)[4]
Triphenyläthylen: (A)[2,3], (C)[11], (D)[14]
α,α-Di-p-anisylpropylen-(1): (A)[5]
Benzyliden-desoxybenzoin (vgl. I): (A)[11]
as-Di-p-xenyläthylen (vgl. II): (A)[5]
1,1-Di-(p-xenyl)-propylen-(1) (vgl. III): (A)[5]
2-Phenyl-1,1-p-xenyläthylen: (A)[10]
1-[Naphthyl-(2')]-2-phenyläthylen (vgl. IV): (A)[6], (G)[8]
1-Methyl-1-phenyl-2-äthyläthylen: (A)[11]
Diphenylketen (vgl. VI): (A)[5]
α-Stilbazol (vgl. VII): (A)[4]
1,2-Di-(4'-pyridyl)-äthylen (vgl. V): (A)[15]
Äthylidenphthalid (vgl. VIIIa): (A)[13]
n-Propylidenphthalid (vgl. VIIIb): (A)[13]
Hexylidenphthalid (vgl. VIIIc): (A)[13]
Benzylidenphthalid (vgl. VIIId): (A)[5], (B)[13], (D)[14]
α-Naphthyliden-phthalid (vgl. VIIIe): (A)[14]
β-Naphthylidenphthalid (vgl. VIIIf): (A)[14]
Methylenanthron (vgl. XIIIa): (A)[5], (B)[11]
9-Benzylidenanthron (vgl. XIIIb): (A)[10], (B)[13]
9-Anisylidenanthron (vgl. XIIIc): (A)[10]
2,3-Diphenylbenzofuran (vgl. XIV): (A)[10]
5-Methylphenanthrofuran (vgl. XV): (A)[13]
9-Benzylidenxanthen (vgl. IXa): (A)[5], (B)[11]
9-Benzylidenthioxanthen (vgl. IXb): (A)[5]
Benzyliden-1.2-benzoxanthen (vgl. X): (A)[11]
Benzyliden-2,3-6,7-dibenzoxanthen (vgl. XI): (A)[11]
9-Methylen-1,2-7,8-dibenzoxanthen (vgl. XII): (A)[13]
Xanthotoxin (vgl. XVI): (A)[8]
Khellinon (vgl. XVIIa): (A)[8]
Visnaginon (vgl. XVIIb): (A)[8]
3-Phenylisocumarin (vgl. XVIII): (G)[8]
3,4-Diphenylisocumarin: (A)[15]
1,3-Diphenyl-iso-chromen (vgl. XIX): (A)[15]
β-Naphthoxanthospiropyran (vgl. XXa): (A)[13]
β-Naphthothioxanthospiropyran (vgl. XXb): (A)[13]

---

[1] Vgl. SCHÖNBERG, A. u. A. MUSTAFA: Nature **153**, 195 (1944) sowie SCHÖNBERG, A., N. LATIF, R. MOUBASHER u. A. SINA: Soc. **1951**, 1364.

[2] SCHÖNBERG, A., u. A. MUSTAFA: Nature **153**, 195 (1944).

[3] SCHÖNBERG, A., u. A. MUSTAFA: Soc. **1944**, 387.

[4] SCHÖNBERG, A., u. A. MUSTAFA: Soc. **1945**, 551.

[5] SCHÖNBERG, A., u. A. MUSTAFA: Soc. **1947**, 997.

[6] SCHÖNBERG, A., A. MUSTAFA, M. Z. BARAKAT, N. LATIF, R. MOUBASHER u. Mrs. SAID: Soc. **1948**, 2126.

[7] SCHÖNBERG, A., u. N. LATIF: Am. Soc. **72**, 4828 (1950).

[8] SCHÖNBERG, A., N. LATIF, R. MOUBASHER u. A. SINA: Soc. **1951**, 1364.

[9] SCHÖNBERG, A., u. N. LATIF: Soc. **1952**, 446.

[10] MUSTAFA, A., u. A. M. ISLAM: Soc. **1949**, 381.

[11] MUSTAFA, A.: Soc. **1949**, Sup. 83.

[12] SCHÖNBERG, A., W. I. AWAD u. G. A. MOUSA: Am. Soc. **77**, 3850 (1955).

[13] MUSTAFA, A.: Soc. **1951**, 1034.

[14] MUSTAFA, A.: Unveröffentlicht.

[15] SCHÖNBERG, A., N. LATIF, R. MOUBASHER u. W. I. AWAD: Soc. **1950**, 374.

Tabelle 7 (Fortsetzung)

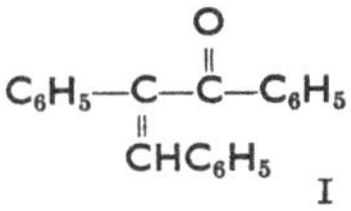

C_6H_5—C(=CHC_6H_5)—C(=O)—C_6H_5
I

(p—C_6H_5—C_6H_4)$_2$C=CH_2
II

(p—C_6H_5—C_6H_4)$_2$C=$CHCH_3$
III

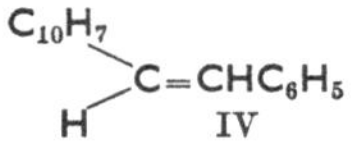

$C_{10}H_7$(H)C=CHC_6H_5
IV

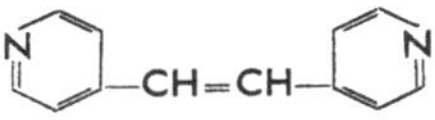

V

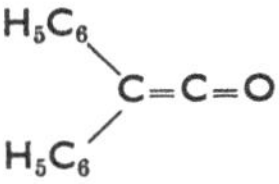

$(H_5C_6)_2$C=C=O
VI

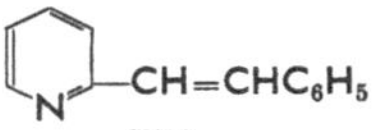

VII

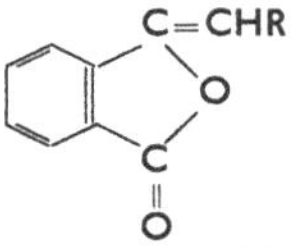

VIIIa, R = CH_3
b, R = C_2H_5
c, R = C_5H_{11}
d, R = C_6H_5
e, R = $C_{10}H_7(\alpha)$
f, R = $C_{10}H_7(\beta)$

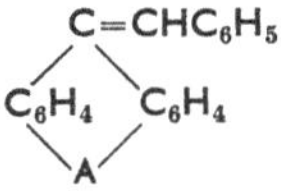

IXa, A = O
b, A = S

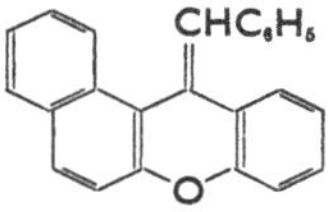

X

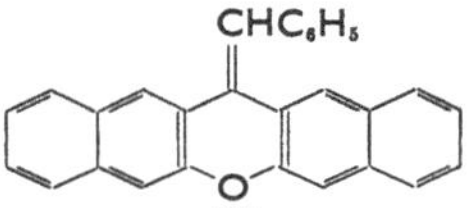

XI

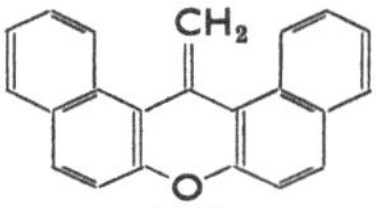

XII

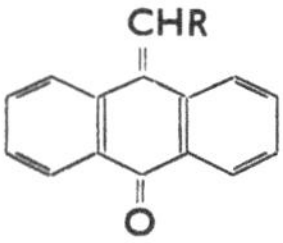

XIII
a, R=H
b, R=C_6H_5
c, R=$C_6H_4OCH_3$p

XIV

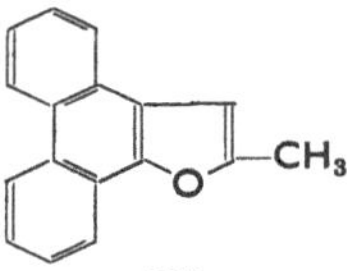

XV

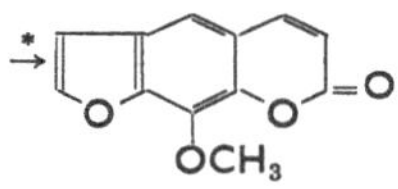

XVI

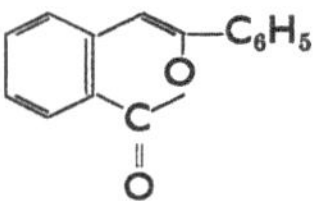

XVIII

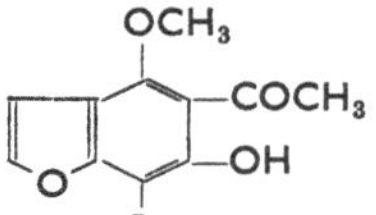

XVIIa, R=OCH_3
b, R=H

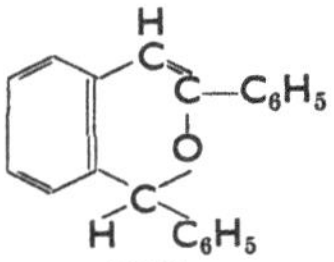

XIX

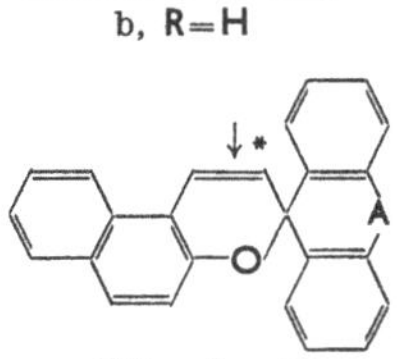

XXa, A = O
b, A = S

* Die Pfeile Kennzeichnen die Doppelbindungen, welche an den Additionsreaktionen beteiligt sind.

G. O. SCHENCK[1] und G. O. SCHENCK und G. A. SCHMIDT-THOMÉE[2] nehmen als Zwischenprodukte bei den Additionsreaktionen phototropisomere Diradikale an, an die sich die Olefine anlagern.

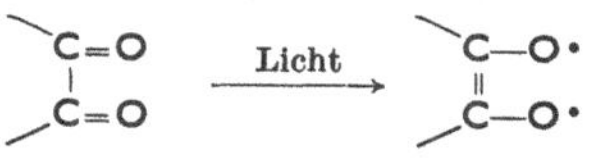

$$>C{=}O,\ >C{=}O \xrightarrow{\text{Licht}} >C{-}O\cdot,\ >C{-}O\cdot$$

A. SCHÖNBERG et al.[3] haben darauf hingewiesen, daß die Verhältnisse möglicherweise komplizierter liegen, da viele der bei den Additionsreaktionen verwandten Olefine selbst durch das Licht angeregt werden können (vgl. die Photodimerisation des Stilbens, S. 23). Nach ihrer Ansicht ist es noch nicht geklärt, ob es sich bei den „Additionsreaktionen" um eine Einwirkung des aktivierten Chinons (1,2-Diketons) auf das nichtaktivierte Olefin oder um eine Einwirkung des angeregten Olefins auf das nichtangeregte Chinon oder um eine Einwirkung des angeregten Chinons auf das angeregte Olefin — mit oder ohne Mitwirkung nichtaktivierter Olefin- und (oder) Chinonmoleküle — handelt.

Tabelle 8

Stilben: A[4]
as-Diphenyläthylen: A[5]
Triacetyl-d-glucal (vgl. V, S. 94): A[6]
Diacetyl-d-xylal (vgl. II): A[7]
Hexaacetyl-cellobial: A[7]

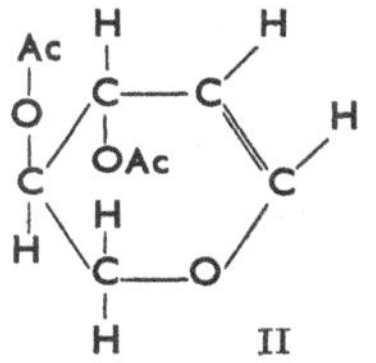

II

Die „Additionsreaktionen" sind fast alle im Sonnenlicht durchgeführt worden, einige, z. B. die zwischen Phenanthrenchinon und Stilben, sowohl im Sonnen- als auch im UV-Licht; nach beiden Methoden wurden identische Produkte erhalten. Die Versuche mit Phenanthrenchinon und den drei letztgenannten Verbindungen (vgl. Tab. 8) wurden bisher nur im UV-Licht durchgeführt.

Von den in Tab. 6 aufgeführten 1,2-Diketonen (o-Chinonen) hat sich das Phenanthrenchinon am besten bewährt. Schlecht reagiert dagegen – soweit bisher festgestellt – u. a. Benzil[8].

[1] SCHENCK, G. O.: Naturwiss. **40**, 229 (1953).
[2] SCHENCK, G. O., u. G. A. SCHMIDT-THOMÉE: A. **584**, 201 (1953).
[3] SCHÖNBERG, A., I. W. AWAD u. G. A. MOUSA: Am. Soc. **77**, 3850 (1955).
[4] BUTENANDT, A., L. KARLSON-POSCHMANN, G. FAILER, U. SCHIEDT u. E. BIEKERT: A. **575**, 129 (1951).
[5] SCHENCK, G. O.: Ang. Ch. **64**, 23 (1952).
[6] HELFERICH, B., u. E. v. GROSS: B. **85**, 531 (1952).
[7] HELFERICH, B., u. M. GINDY: B. **87**, 1488 (1954).
[8] SCHÖNBERG, A., u. A. MUSTAFA: Soc. **1945**, 551.

A. SCHÖNBERG und A. MUSTAFA[1] haben gefunden, daß Phenanthrenchinon und Diphenylketen im Sonnenlicht die Additionsverbindung (III) geben.

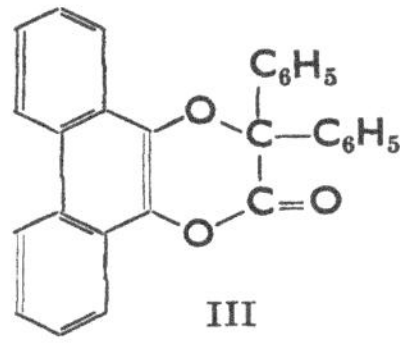

III

L. HORNER et al.[2] fanden, daß man „Additionsreaktionen" mit Diphenylketen auch durchführen kann, wenn man statt mit Diphenylketen selbst mit Azibenzil arbeitet, welches im Licht unter Stickstoffabspaltung in *Diphenylketen* übergeht (vgl. S. 176).

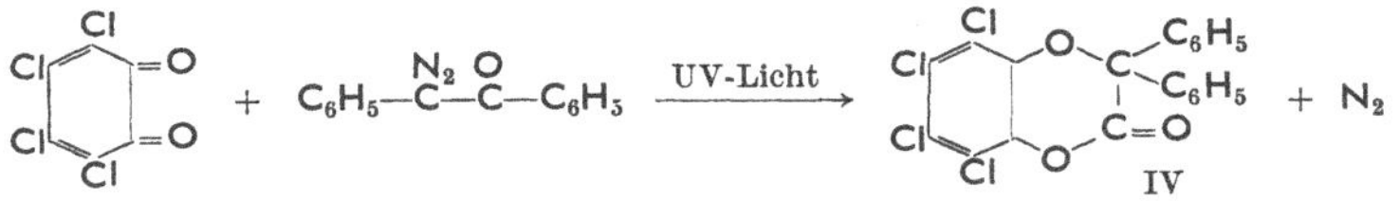

UV-Licht

IV

Von besonderem Interesse sind die Anlagerungsverbindungen, die von B. HELFERICH et al.[3] erhalten wurden. Es handelt sich nämlich um Olefine rein aliphatischer Natur, während die in Tab. 7 aufgeführten Olefine aromatische Gruppen besitzen. Die Reaktion des Phenanthrenchinons mit Triacetyl-d-glucal führt zu einer Maskierung der Oxygruppen an den Kohlenstoffatomen 1 und 2 der Gluco-pyranose.

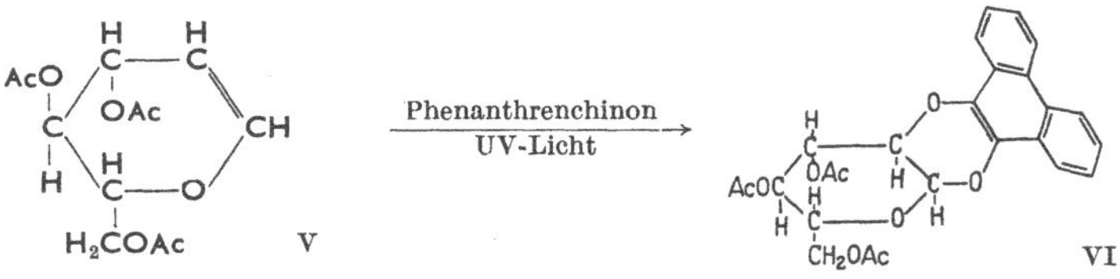

V

Phenanthrenchinon / UV-Licht

VI

Bei langdauernder Einwirkung von Phenanthrenchinon und β-Chlorstilben aufeinander in Gegenwart von Licht, wird VII erhalten, entstanden durch Addition der Chlorverbindung an Phenanthrenchinon gefolgt von HCl-Abspaltung[4]. Versuche, VII durch photochemische Anlagerung von Tolan an Phenanthrenchinon zu erhalten, schlugen fehl[5].

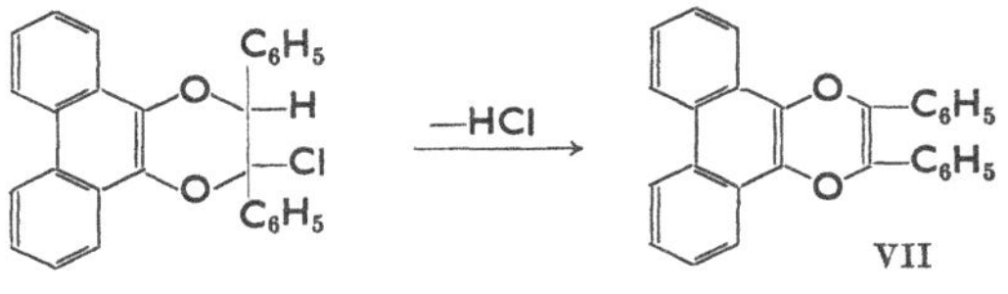

−HCl

VII

[1] SCHÖNBERG, A., u. A. MUSTAFA: Soc. **1947**, 130.

[2] HORNER, L., E. SPIETSCHKA u. A. GROSS: A. **573**, 17 (1951).

[3] HELFERICH, B., u. E. VON GROSS: B. **85**, 531 (1952). — HELFERICH, B., E. N. MUCAHY u. H. ZIEGLER: B. **87**, 233 (1954). — HELFERICH, B., u. M. GINDY: B. **87**, 1488 (1954).

[4] SCHÖNBERG, A., u. A. MUSTAFA: Soc. **1945**, 551.

[5] BUTENANDT, A., et al.: A. **575**, 129 (1951).

Bei der systematischen Untersuchung der Additionsreaktionen von o-Chinonen mit Olefinen im Lichte, hat sich die überraschende Tatsache ergeben, daß Tetrahalogen-o-benzochinone so aktiv sind, daß sie sogar in der Dunkelheit bei Siedetemperatur des Benzols unter Bildung von Dioxenderivaten reagieren können; dies wurde unabhängig von A. SCHÖNBERG und von L. HORNER gefunden[1]. Die Bildung von *2,3-Diphenyl-5,6,7,8-tetrachlorbenzodioxen* (VIII) verläuft nach folgendem Schema[2]:

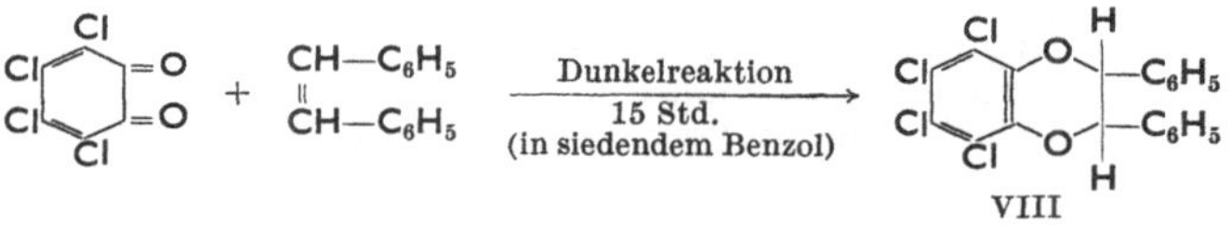

Dunkelreaktion
15 Std.
(in siedendem Benzol)

VIII

Von besonderem Interesse ist, daß die Photo- und die Dunkelreaktionen nicht immer zu demselben Produkt führen; so entsteht bei der Einwirkung von Styrol auf Tetrachlor-o-benzochinon (in siedendem Benzol) die kanariengelbe Verbindung X[3], während die Photoreaktion unter Anwendung von Sonnenlicht die fast farblose Verbindung IX[4] liefert; IX bildet im Gegensatz zu dem gelben Produkt kein Chinoxalinderivat[5].

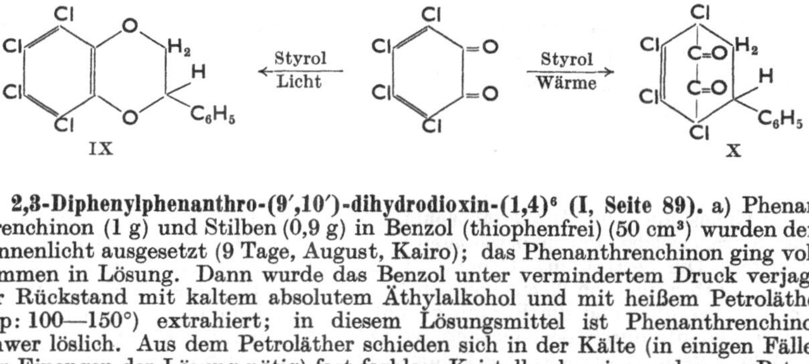

Styrol / Licht — Styrol / Wärme

IX — X

2,3-Diphenylphenanthro-(9′,10′)-dihydrodioxin-(1,4)[6] (I, Seite 89). a) Phenanthrenchinon (1 g) und Stilben (0,9 g) in Benzol (thiophenfrei) (50 cm^3) wurden dem Sonnenlicht ausgesetzt (9 Tage, August, Kairo); das Phenanthrenchinon ging vollkommen in Lösung. Dann wurde das Benzol unter vermindertem Druck verjagt, der Rückstand mit kaltem absolutem Äthylalkohol und mit heißem Petroläther (Kp: 100—150°) extrahiert; in diesem Lösungsmittel ist Phenanthrenchinon schwer löslich. Aus dem Petroläther schieden sich in der Kälte (in einigen Fällen war Einengen der Lösung nötig) fast farblose Kristalle ab; sie wurden aus Petroläther (Kp: 100—150°) oder Xylol umkristallisiert. Farblose Nadeln, F: etwa 260° (rote Schmelze), Ausbeute etwa 70% d. Th.

b)[7] 1,04 g Phenanthrenchinon und 0,9 g Stilben wurden in 120 cm^3 Benzol in einem Quarzgefäß unter Kohlendioxyd-Atmosphäre 26 Std. mit einer Hanauer Analysenquarzlampe in 20 cm Abstand bestrahlt, nach dieser Zeit war alles Phenanthrenchinon gelöst. Fraktionierte Kristallisation aus Benzol lieferte neben Ausgangsmaterial weiße, prismatische Kristalle, die wiederholt aus Benzol umkristallisiert wurden. F: 255°, Ausbeute 11% d. Th.

---

[1] SCHÖNBERG, A., u. N. LATIF: Am. Soc. **72**, 4828 (1950), eingegangen bei der Redaktion am 6. März 1950. — HORNER, L., u. H. MERTZ: A. **570**, 89 (1950), eingegangen bei der Redaktion am 8. August 1950.

[2] SCHÖNBERG, A., u. N. LATIF: Am. Soc. **72**, 4828 (1950).

[3] HORNER, L., u. H. MERTZ: A. **570**, 89 (1950).

[4] SCHÖNBERG, A., N. LATIF, R. MOUBASHER u. A. SINA: Soc. **1951**, 1364.

[5] SCHÖNBERG, A., u. N. LATIF: Soc. **1952**, 446.

[6] SCHÖNBERG, A., u. A. MUSTAFA: Soc. **1944**, 387.

[7] BUTENANDT, A., et al.: A. **575**, 123 (1951).

Phenanthrenhydrochinon-triacetyl-β-d-glucosid-anhydrid[1] (VI, Seite 94). Eine Suspension von 11,25 g reinem Phenanthrenchinon (entspr. 1 Mol) in einer Lösung von 14,7 g Triacetyl-d-glucal (V, Seite 94) (entspr. 1 Mol) in 750 cm^3 Benzol wird unter Rührung (Magnet) mit einer wassergekühlten Quarzlampe (S 700 im Glasschacht) 15 Std. bei Zimmertemperatur belichtet. Dabei geht das Chinon langsam in Lösung. Der nach dem Verdampfen des Benzols unter vermindertem Druck (Badtemperatur 30—50°) zurückbleibende Sirup wird noch warm mit 150 cm^3 trockenem Methanol verrieben. Das dabei kristallin ausfallende Additionsprodukt, Ausbeute 12,8 g (50% d. T.), wird durch ein- bis zweimaliges Umkristallisieren aus absolutem Alkohol oder durch Fällen aus Essigester mit Methanol in rein weißen, verfilzten Nadeln vom F: 209—210° (Kofler-Bank) erhalten.

Die optimale Belichtungsdauer ist von den Maßen der Apparatur abhängig und für jeden Apparat besonders zu ermitteln. Sie beträgt in der Regel höchstens das Doppelte der Zeit, die bis zum Auflösen des Phenanthrenchinons nötig ist.

10. Phosphin

Phosphin (Phosphorwasserstoff) setzt sich im Dunkelprozeß mit Olefinen bei Gegenwart von Peroxyden (z. B. Di-t-butylperoxyd) um. Eine solche Reaktion läßt sich auch photochemisch durchführen.

A. R. STILES, F. F. RUST und W. E. VAUGHAN[2], denen wir diese Untersuchungen verdanken, arbeiteten mit UV-Licht (unterhalb 2300 Å, oberhalb nur in Gegenwart von Aceton) und stellten fest, daß Verbindungen der allgemeinen Formeln: RPH_2, R_2PH und R_3P gebildet wurden. Reaktionen dieser Art wurden u. a. mit Buten-(1), Cyclohexen und Allylalkohol durchgeführt; es wird angenommen, daß Radikalketten-Reaktionen vorliegen und daß der primäre photochemische Prozeß ein Zerfall des Phosphins ist:

$$PH_3 \xrightarrow{\text{Licht}} \cdot PH_2 + H\cdot$$

Butylphosphin und Dibutylphosphin. Man arbeitete mit zugeschmolzener Quarzröhre, welche Phosphorwasserstoff und Buten-(1) (Mol. Verhältnis 1:1) enthielten. Die Bestrahlung (General Electric Uviarc Lampe, 360 W, welche sich in einer Entfernung von 25 cm von den Röhren befand) wurde bei Zimmertemperatur durchgeführt und die Röhren gekühlt (Wasser-Kühlung). Der Verlauf der Reaktion konnte durch Beobachtung des Volumens der flüssigen Phase innerhalb der Röhren verfolgt werden; das Volumen verminderte sich im Verlauf der Reaktionen. Der Versuch wurde unterbrochen, wenn die Volumenänderung sehr klein wurde; die Röhren wurden dann mit flüssigem N_2 gekühlt und geöffnet. Die Produkte wurden (unter N_2, um Oxydation zu vermeiden) in einen Destillationskolben gebracht und dann fraktioniert. Man erhielt Butylphosphin Kp: 82,2 bis 87,9° (38%) und Dibutylphosphin Kp: 181—185° (10%).

11. Trichlorsilan und Organo-siliciumverbindungen

R. N. HASZELDINE und R. J. MARKLOW[3] haben gezeigt, daß Trichlorsilan (I) photochemisch mit Tetrafluoräthylen reagiert (Radikal-Reaktion) unter Bildung von Verbindungen der allgemeinen Formel $H-[CF_2-CF_2]_n-SiCl_3$ ($n = 1,2,3$ usw.); arbeitet man mit Licht ($\lambda > 2200$ Å), so erhält man eine fast quantitative Ausbeute. Durch

[1] HELFERICH, B., E. N. MUCAHY u. H. ZIEGLER: B. **87**, 233 (1954).
[2] STILES, A. R., F. RUST u. W. E. VAUGHAN: Am. Soc. **74**, 3282 (1952).
[3] HASZELDINE, R. N., u. R. J. MARKLOW: Soc. **1956**, 962.

geeignete Wahl der relativen Mengen der an der Reaktion beteiligten Verbindungen kann man die Verbindung $HCF_2-CF_2-SiCl_3$ in etwa 60% Ausbeute erhalten.

$$\underset{\text{I}}{SiHCl_3} \rightarrow \cdot SiCl_3 + H\cdot$$

$$\cdot SiCl_3 + C_2F_4 \rightarrow Cl_3SiCF_2-\dot{C}F_2$$

$$Cl_3Si-CF_2-\dot{C}F_2 + HSiCl_3 \rightarrow \underset{\text{II}}{Cl_3Si-CF_2-CHF_2} + \cdot SiCl_3$$

Bei dem photochemischen Umsatz zwischen Trichlorsilan und Tetrafluoräthylen tritt H_2 nicht einmal in Spuren auf: ein Umsatz $2H \rightarrow H_2$ findet daher nicht statt.

Nicht nur photochemisch, sondern auch thermisch reagiert Trichlorsilan mit Tetrafluoräthylen unter Bildung von Verbindungen der Formel $H-[CF_2-CF_2]_n-SiCl_3$, aber der thermische Prozeß ist weniger gut, da bei ihm ein Teil des Tetrafluoräthylens in Perfluorcyclobutan umgewandelt wird.

Trichlor-(1,1,2,2-tetrafluoräthyl)-silan[1] (II). Trichlorsilan (15,2 g) und Tetrafluoräthylen (6,85 g) wurden in einer zugeschmolzenen Quarzröhre mit UV-Licht bestrahlt (24 Std.). Das flüssige Reaktionsgut wurde fraktioniert und gab neben unverändertem Trichlorsilan (Kp: 32°), 7,1 g von II (44%, Kp: 84,5—85,0°, n_D^{18} 1,367) sowie Produkte mit höherem Siedepunkt (4,0 g). Es wurden ausschließlich Verbindungen der allgemeinen Formel $H-[CF_2-CF_2]_n-SiCl_3$ erhalten. Arbeitet man mit Trichlorsilan (275 mMol) und Tetrachloräthylen (68,5 mMol), so beträgt die Ausbeute an Trichlor-(1,1,2,2-tetrafluoräthyl)silan 61%.

Für diese Versuche wurden die Röhren mit Hilfe einer Vakuumapparatur gefüllt und Feuchtigkeit und Luft sorgfältig ausgeschlossen.

Dialkylsilane (R_2SiH_2) lassen sich nach A. M. Geyer und R. N. Haszeldine[2] photochemisch an Tetrafluoräthylen anlagern. Bei geeigneter Wahl der Mengenverhältnisse der an der Umsetzung beteiligten Verbindungen lassen sich gute Ausbeuten erzielen, z. B. läßt sich die Bildung von Dimethyl-(1,1,2,2-tetrafluoräthyl)-silan (III, n = 1) aus Dimethylsilan und Tetrafluoräthylen in einer Ausbeute von 83% durchführen. In der Dunkelheit tritt keine Reaktion ein. Um die Reaktionsprodukte zu erklären, wird ein Radikalkettenmechanismus vorgeschlagen.

$$(CH_3)_2SiH_2 \xrightarrow{\text{Licht}} (CH_3)_2\dot{S}iH + H\cdot$$

$$(CH_3)_2\dot{S}iH + C_2F_4 \longrightarrow (CH_3)_2Si\begin{cases}H\\ CF_2-CF_2\cdot\end{cases}$$

$$(CH_3)_2Si\begin{cases}H\\ CF_2-CF_2\cdot\end{cases} + C_2F_4 \longrightarrow (CH_3)_2Si\begin{cases}H\\ [CF_2-CF_2]_n\cdot\end{cases}$$

$$(CH_3)_2Si\begin{cases}H\\ [CF_2-CF_2]_n\cdot\end{cases} + (CH_3)_2SiH_2 \longrightarrow (CH_3)_2Si\begin{cases}H\\ [CF_2-CF_2]_n\,H\end{cases} \quad \text{III}$$

$$+ (CH_3)_2\dot{S}iH \longrightarrow \text{usw.}$$

Dimethyl-(1,1,2,2-tetrafluoräthyl)-silan (III, n = 1). Tetrafluoräthylen (1,40 g, 14 mMol) und Dimethylsilan (4,20 g, 70 mMol) wurden in einer zugeschmolzenen Quarzröhre (340 cm^3) 24 Std. bestrahlt (Hanovia S 250 U type arc ohne Filter). Destillation lieferte unverändertes Dimethylsilan und ein flüssiges Produkt (2, 171g),

[1] Haszeldine, R. N., u. R. J. Marklow: Soc. **1956**, 962.

[2] Geyer, A. M., u. R. N. Haszeldine: Soc. **1957**, 1038.

aus dem durch Fraktionierung Dimethyl-(1,1,2,2-tetrafluoräthyl)-silan (1,852 g, 83%) (Kp.: 62—64°) erhalten wurde. Es hinterblieb ein Rückstand (0,160 g), welcher Dimethyl-(1,1,2,2,3,3,4,4-octafluorbutyl)-silan (0,125 g) und Dimethyl-di-(1,1,2,2-tetrafluoräthyl)-silan [$(CH_3)_2$ $Si(C_2F_4H)_2$] (0,035 g) lieferte.

12. Hinweis auf weitere Reaktionen

Anlagerung von Triphenylgerman an Octen-(1) (vgl. S. 241).

Anlagerung von Chlor und Brom (vgl. Kapitel XIV, S. 136). Bildung von cyclo-Butanderivaten durch Anlagerung von Olefinen an Olefine (vgl. Kapitel II, S. 22).

VI. Photochemische Addition von Verbindungen mit aktiven Methylen- oder Methin-Gruppen an Aldehyde oder Ketone

1. Diarylmethane an Diarylketone

Diese Reaktionen haben eine gewisse Ähnlichkeit mit Prozessen, welche als Aldolkondensationen bekannt sind. Diese Ähnlichkeit besteht hinsichtlich der Ausgangsverbindungen und der Umsetzungsprodukte:

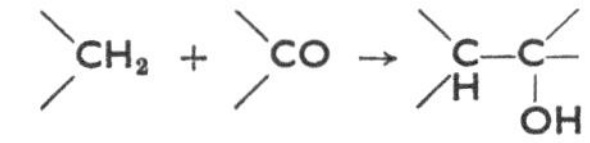

$$>CH_2 + >CO \rightarrow >C(H)-C(OH)<$$

Es ist aber wahrscheinlich, daß der Mechanismus der Aldolkondensation verschieden ist von dem der Photoprozesse.

E. Paternò und G. Chieffi[1] fanden, daß Benzophenon im Sonnenlicht mit Diphenylmethan *sym-Tetraphenyläthylalkohol* (I) bildet; eine ähnliche Reaktion findet auch zwischen Benzophenon und p,p-Dianisylmethan statt. Bei diesem Prozeß wurde, abgesehen von *1,1-Di-phenyl-2,2-di-p-anisyl-äthanol,* auch *Benzpinakon* und *Tetra-p-anisyläthan* erhalten. Bei der photochemischen Einwirkung von p,p'-Ditolylmethan auf Benzophenon wurde dagegen nur die Bildung von *Benzpinakon* beobachtet[2].

$$(C_6H_5)_2CO + (C_6H_5)_2CH_2 \xrightarrow{\text{Licht}} (C_6H_5)_2C(OH)-CH(C_6H_5)_2 \quad (I)$$

9-Xanthyldiphenylcarbinol wurde erhalten bei der Photoaddition von Xanthen an Benzophenon. Sehr glatt verläuft die Photoaddition von Xanthen an Xanthon (in Benzollösung): Kristalle des *9-Oxy-di-xanthyls* (II) scheiden sich schon nach wenigen Stunden aus[3].

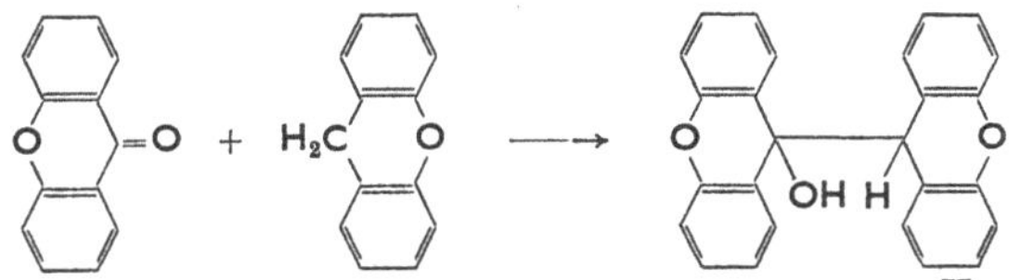

O =O + H_2C O ⟶ O OH H O

II

[1] Paternò, E., u. G. Chieffi: G. **39 II**, 415 (1909).
[2] Bergmann, E., u. S. Fujise: A. **483**, 65 (1930).
[3] Schönberg, A., u. A. Mustafa: Soc. **1944**, 67.

Als das gelbe Thioxanthon (III) und Xanthen in Benzollösung dem Sonnenlicht ausgesetzt wurden, wurde *9-Xanthylthioxanthydrol* (IV) nur mit schlechter Ausbeute erhalten, welche durch verlängerte Bestrahlung nicht verbessert werden konnte. Weiter ergab sich, daß man bei der Bestrahlung von 9-Xanthylthioxanthydrol (IV), Thioxanthon und Xanthen erhält. Diese Beobachtungen lassen sich durch die Annahme erklären, daß in den Lösungen sich ein photochemisches Gleichgewicht zwischen Thioxanthon, Xanthen und dem Additionsprodukt (IV) einstellt[1].

III + H_2C (Xanthen) $\underset{}{\overset{\text{Licht}}{\rightleftharpoons}}$ IV

Es wird angenommen, daß die Primärreaktion in einem Zerfall von IV in zwei ungleiche „freie Radikale" besteht (vgl. die gestrichelte Trennlinie in IV), und daß die entstandenen Radikale sich durch Disproportionierung stabilisieren (Bildung von III und Xanthen). Dieser Zerfall findet auch als Dunkelreaktion bei 270° statt (Dauer des Erhitzens 30 min).

Freie Radikale spielen auch nach E. BERGMANN[2] bei dem Umsatz (im Licht) zwischen Benzhydrolmethyläther und Benzophenon eine Rolle, es entstanden *Benzpinakon* (V) und *Benzpinakon-dimethyläther* (VI).

$$C_6H_5COC_6H_5 + (C_6H_5)_2CH(OCH_3) \xrightarrow{\text{Licht}} (C_6H_5)_2\dot{C}OH + (C_6H_5)_2\dot{C}OCH_3$$
$$\downarrow \text{V} \qquad \downarrow \text{VI}$$

9-Oxydixanthyl[3] (II). Äquimolekulare Mengen von Xanthen (1 g) und Xanthon wurden in trockenem Benzol (15 cm³, thiophenfrei) in einer Röhre (Pyrexglas) dem Sonnenlicht ausgesetzt. Die Röhre war mit der Lösung vollgefüllt, sie wurde dann mit einem Kork verschlossen und umgekehrt in Quecksilber getaucht, um den Zutritt von Luft zu verhindern. Nach eintägiger Sonnenbestrahlung (Kairo) wurden die farblosen Kristalle filtriert und aus Ligroin (Kp: 100—110°) umkristallisiert. F: 194° (Zersetzung), Ausbeute 80%.

2. Substituierte Fettsäuren an Aldehyde und Ketone

Die Photoaddition von Phenylessigsäure an Benzophenon[4] liefert *α, β, β-Triphenyl-β-oxypropionsäure* (I). Diese Reaktion wurde durch mehrmonatige Sonnenbestrahlung in Benzollösung durchgeführt; abgesehen von I wurde auch die Bildung von *Benzpinakon* beobachtet.

$$(C_6H_5)_2CO + C_6H_5CH_2COOH \xrightarrow{\text{Licht}} (C_6H_5)_2C(OH){-}CH(C_6H_5){-}COOH \quad \text{I}$$

[1] SCHÖNBERG, A., u. A. MUSTAFA: Soc. **1945**, 551.
[2] BERGMANN, E., u. S. FUJISE: A. **483**, 65 (1930).
[3] SCHÖNBERG, A., u. A. MUSTAFA: Soc. **1944**, 67.
[4] PATERNÒ, E., u. G. CHIEFFI: G. **40**, II, 321 (C. **1911 I**, 552).

Im Gegensatz zur Bildung der α- β- β-Triphenyl-β-oxypropionsäure (I) verläuft die von E. Bergmann et al.[1] durchgeführte Addition von p-Nitrobenzaldehyd an O-Benzylserinäthylester (II) sehr schnell, das Reaktionsprodukt ist *α-Amino-α-benzyloxymethyl-β-oxy-β-[p-nitrophenyl]-propion-säureäthylester* (III).

$$\underset{\text{II}}{C_6H_5\cdot CH_2{-}OCH_2{-}\overset{H}{\underset{NH_2}{C}}{-}COOC_2H_5} + (p)O_2NC_6H_4CHO \xrightarrow{\text{Licht}}$$

$$\underset{\text{III}}{C_6H_5CH_2\cdot OCH_2{-}\overset{(O_2N)H_4C_6CH(OH)}{\underset{NH_2}{C}}{-}COOC_2H_5}$$

Eine ähnliche Reaktion durfte man bei der Addition von Sarkosinäthylester (IV) an p-Nitrobenzaldehyd annehmen (Bildung von V). Das Produkt, welches man tatsächlich erhält, ist jedoch nicht V, sondern *3-Methyl-2,5-bis-[p-nitrophenyl]-oxazolidin-4-carbonsäureäthylester* (VI), gebildet aus Sarkosinäthylester (IV) (1 Mol) und p-Nitrobenzaldehyd (2 Mol).

$$\underset{\text{IV}}{H_3C\cdot HN{-}CH_2CO_2C_2H_5} + 2\,O_2N\cdot C_6H_4CHO \xrightarrow{\text{Licht}} \text{VI: } H_3CN\text{–}CH(CO_2C_2H_5)\text{–}CH(C_6H_4\cdot NO_2)\text{–}O\text{–}C(H)(C_6H_4\cdot NO_2)$$

$$\underset{\text{V}}{H_3C\cdot HN{-}\underset{HC(OH)C_6H_4\cdot NO_2}{CH}\cdot COOC_2H_5}$$

α-Amino-α-benzyloxymethyl-β-oxy-β-[p-nitrophenyl]-propionsäureäthylester (III). O-Benzylserinäthylester-hydrochlorid (Hydrochlorid von II) wurde bei 0° mit Chloroform (10 cm³) gerührt, welches gasförmiges Ammoniak (2%) enthielt. Die filtrierte Lösung wurde bei 20° unter vermindertem Druck zur Trockne gebracht, und der Niederschlag in wasserfreiem Alkohol gelöst. p-Nitrobenzaldehyd (3 g) wurde hinzugegeben und die Lösung der Sonne ausgesetzt (2 Tage, Jerusalem). III (2 g) schied sich aus, man wusch mit Äther und kristallisierte aus Isopropylalkohol um, F: 136°.

3. Hinweis auf weitere Reaktionen

Auf die Bildung von Pinakonen (S. 110) sowie die Addition von Verbindungen mit aktiven Methylengruppen an das Carbonyl von Chinonen (S. 101, 102) sei hingewiesen.

VII. Photochemische Anlagerungen an die Carbonylgruppen der Chinone, Chinonimide und Chinonoxime

1. Cyclische Schwefelsäureester aus Schwefeldioxyd und o-Chinonen

G. O. Schenck und G. A. Schmidt-Thomée[2] fanden, daß eine Reihe von o-Chinonen (vgl. Tabelle 9) sich im Sonnenlicht oder unter Einwirkung

---

[1] Bergmann, E., H. Bendas u. Ch. Resnick: Soc. **1953**, 2564.

[2] Schenck, G. O., u. G. A. Schmidt-Thomée: A. **584**, 199 (1953).

von UV-Licht mit SO_2 unter Bildung von cyclischen Schwefelsäureestern umsetzen.

Im Falle von Phenanthrenchinon führt die Reaktion zur Bildung von I; diese Substanz bildet sich nicht im Dunkelversuch.

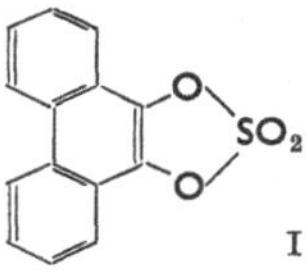

I

Tabelle 9

Tetrachlor-o-benzochinon	2-Nitro-phenanthrenchinon
Naphthochinon-(1,2)	3-Nitro-phenanthrenchinon
3-Nitro-naphthochinon-(1,2)	4-Nitro-phenanthrenchinon
Phenanthrenchinon	Chrysochinon

9,10-Sulfuryldioxy-phenanthren[1] **(I).** 25 g pulverisiertes Phenanthrenchinon werden in 1,2 l absolutem Benzol suspendiert und nach Sättigung mit SO_2 80 Std. unter magnetischer Rührung belichtet [HgH 2000 (Osram)]. Die Hauptmenge des Cyclosulfates scheidet sich während der Reaktion in fast weißen Nadeln ab, die abgesaugt und mit Äther gewaschen werden (22—23 g). Das Filtrat wird durch Destillation auf etwa 150 cm^3 eingeengt; beim Abkühlen scheidet sich eine weitere Menge (6—7 g) meist gelb gefärbtes Cyclosulfat ab. Dieses Produkt wird abgesaugt, mit Benzol und Äther gewaschen, gepulvert und zur Entfernung von Phenanthrenchinon mit 100 cm^3 40%iger Natriumbisulfitlösung gekocht; nach dem Absaugen wäscht man mit Wasser, Methanol und Äther. Ausbeute 28—30 g (86—92% d. Th.). Die Verbindung kann aus Dioxan (Eisessig, Chloroform) umkristallisiert werden; weiße Nadeln, F: 202—203° (korrigiert) unter Orangefärbung und SO_2-Entwicklung.

Bildung von I im Sonnenlicht. 0,2 g Phenanthrenchinon wurden mit 20 cm^3 Benzol-SO_2 im Einschmelzrohr vom 4. März bis 16. September (Göttingen) bestrahlt: klare weiße Kristalle von I wurden erhalten.

2. Kohlenwasserstoffe

a) Benzolkohlenwasserstoffe an Phenanthrenchinon

A. Benrath und A. von Meyer[2] fanden, daß die Sonnenbestrahlung von Phenanthrenchinon in Toluol (m-Xylol, Mesitylen) zur Bildung des schwarzen *Phenanthrenchinhydrons* führt, die Bestrahlung von Phenanthrenchinon in o-, oder p-Xylol oder 1,2,4-Trimethylbenzol (Pseudocumol) führte jedoch zur Bildung von *Additions*verbindungen.

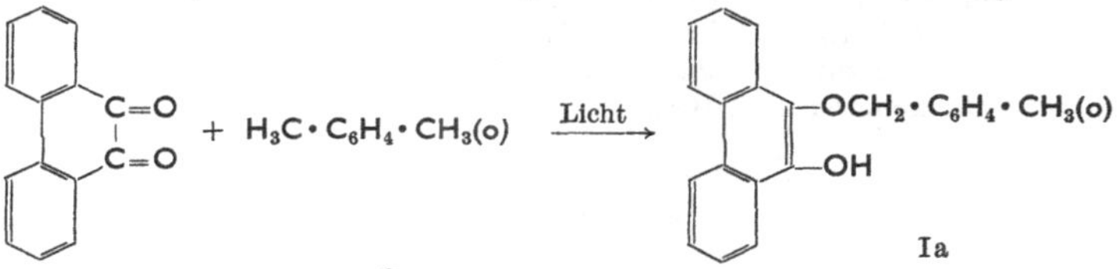

$$+ \ H_3C \cdot C_6H_4 \cdot CH_3(o) \xrightarrow{\text{Licht}}$$

$-OCH_2 \cdot C_6H_4 \cdot CH_3(o)$, $-OH$ — Ia

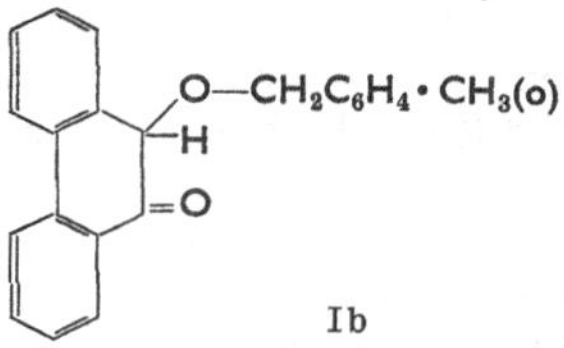

$O-CH_2C_6H_4 \cdot CH_3(o)$, $-H$, $=O$ — Ib

[1] Schenck, G. O., u. G. A. Schmidt-Thomée: A. **584**, 199 (1953).
[2] Benrath, A., u. A. von Meyer: J. pr. **89**, 258 (1914).

Die Konstitution der Additionsverbindungen mit p-Xylol gemäß Ia bzw. Ib ist durch optische Untersuchungen (Ultrarot-Spektrum) gestützt; die Tatsache, daß die Additionsverbindung aus Phenanthrenchinon und p-Xylol nicht mit Diazomethan reagiert, wird mit einem starken Überwiegen der Ketoform erklärt. Die Addition verläuft über freie Radikale, gebildet durch Wasserstoffverlust[1].

$$CH_3—C_6H_4—CH_3 \xrightarrow{-H} CH_3—C_6H_4—CH_2\cdot$$

Phenanthrenhydrochinon-mono-o-xylyläther[1] (Ia). Ende Februar wurden in einem großen Reagenzrohr 5 g Phenanthrenchinon und 10 g o-Xylol dem Sonnenlicht ausgesetzt (Königsberg); nach zwei Monaten hatte sich die Röhre mit dunkelroten und hellrosafarbenen Kristallen bedeckt, die fest an den Wänden hafteten; die Röhre wurde etwa 4 Monate lang bestrahlt. Nach dem Öffnen der Röhre wurde der Inhalt mit einem Glasstabe zerdrückt und dann abgesaugt. Es hinterblieben schmutzig rosafarbene Kristalle, das Filtrat war tiefburgunderrot. Durch wiederholtes Waschen mit Ligroin und mehrmaliges Umkristallisieren aus diesem Lösungsmittel wurden hellgelbe Kristalle erhalten, die bei 148—149° zu einer fast farblosen Flüssigkeit schmolzen. Ausbeute 6 g. Ia liefert bei der Einwirkung von HBr in Eisessig oder von alkoholischer Natronlauge Phenanthren-hydrochinon.

b) Kohlenwasserstoffe an p-Chinone

Es liegen einige Beobachtungen mit Chloranil vor. Nach R. F. MOORE und W. A. WATERS[2] reagiert Chloranil photochemisch (UV-Licht) mit p-Xylol unter Bildung des *2,3,5,6-Tetrachlor-4-(p-methylbenzyloxy)-phenols* (I) (40tägige Bestrahlung; Ausbeute 1,8 g aus 2 g Chloranil und 25 cm^3 Xylol).

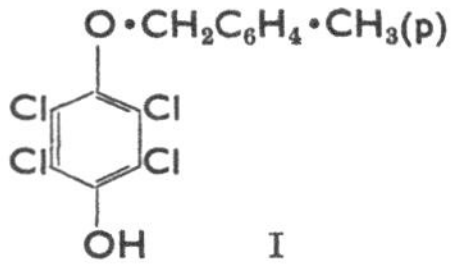

$O\cdot CH_2C_6H_4\cdot CH_3(p)$ — Cl, Cl, Cl, Cl — OH   I

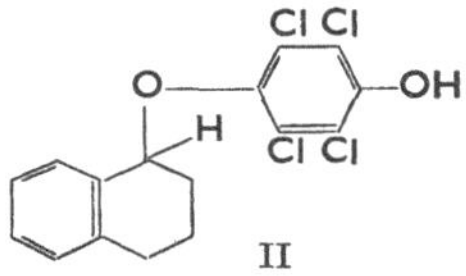

Cl Cl — O — H — OH — Cl Cl   II

Ähnlich wie die Bildung von I verläuft die Photoaddition von Chloranil an Tetralin, welche zur Bildung des *Tetrachlorhydrochinon-α-tetralyl-mono-äthers* (II) führt[3].

Tetrachlorhydrochinon-α-tetralyl-mono-äther[3] (II). 7,0 g Chloranil und 9,0 g Tetralin (frisch destilliert unter N_2) wurden in 130 cm^3 absolutem thiophenfreiem Benzol 18 Std. unter Rühren mit N_2 belichtet (wassergekühlte Tauchlampe HQA 500). Die Aufarbeitung ergab 3,7 g II (25% d. Th.), F: 142,5. Methylierungsprodukt (mit Diazomethan) F: 104,5°.

3. Aldehyde an Chinone

a) o-Chinone

H. KLINGER[4] fand, daß Phenanthrenchinon sich mit aliphatischen, aromatischen, gesättigten und ungesättigten Aldehyden, z. B. Acetaldehyd, Benzaldehyd und Zimtaldehyd umsetzt.

[1] BENRATH, A., u. A. VON MEYER: J. pr. **89**, 258 (1944).
[2] MOORE, R. F., u. W. A. WATERS: Soc. **1953**, 3405.
[3] SCHENCK, G. O.: Apparate für Lichtreaktionen und ihre Anwendung in der präparativen Photochemie [Dechema-Monographien, Band 24, 105 (1955); Dissertation K. H. RITTER, Göttingen (1954)].
[4] KLINGER, H.: A. **249**, 137 (1888); **382**, 211 (1911).

Die Photoaddukte I lassen sich hydrolytisch in 9,10-Dioxyphenanthren und RCOOH spalten; es ist so möglich, Aldehyde in die entsprechenden Säuren — ohne Anwendung oxydierender Mittel — zu überführen. Dies ist nicht ohne präparatives Interesse bei Aldehyden, welche nicht leicht zu den entsprechenden Säuren oxydiert werden können[1].

=O =O + RCHO ⟶ —O·COR —OH (Schema A)

I

—O·COR —OH $\xrightarrow{\text{Hydrolyse}}$ —OH —OH + RCOOH

Weitere Untersuchungen haben gezeigt, daß die Zahl der Aldehyde, die sich photochemisch an Phenanthrenchinon anlagern, groß ist (Tab. 10), so daß man die Bildung solcher Photoaddukte als charakteristisch für Aldehyde ansehen kann. Da sich aber auch gezeigt hat, daß nicht nur Phenanthrenchinon, sondern auch eine Anzahl anderer o-Chinone (Tab. 11) mit Aldehyden Photoaddukte bildet, die als Derivate der entsprechenden Brenzkatechine anzusehen sind, so kann man die Bildung solcher Photoaddukte auch als eine Gruppenreaktion der o-Chinone ansehen.

Tabelle 10

Acetaldehyd[2]
iso-Valeraldehyd[2]
Benzaldehyd[2]
p-Chlorbenzaldehyd[3]
p-Methylbenzaldehyd[4]
Salicylaldehyd[5]
Anisaldehyd[5]
Zimtaldehyd[5]
Cuminaldehyd (p-Isopropylbenzaldehyd)[6]
2,4-Dimethoxybenzaldehyd[6]
2-Methoxy-1-naphthaldehyd[6]
Anthracen-9-aldehyd[7]
Furfurol[5]
2-Formylchinolin[7]

Tabelle 11

Tetrachlor-o-benzochinon[4]
Tetrabrom-o-benzochinon[4]
4-Cyan-1,2-naphthochinon[8]
6-Brom-1,2-naphthochinon[9]
3,4-Dichlor-1,2-naphthochinon[4]
Acenaphthenchinon[10]
Phenanthrenchinon[11]
Retenchinon[12]
Chrysenchinon[7]
3-Phenylbenzochinoxalin-5,6-chinon (Ia, Seite 104)[9]
7,8-Benzochinolin-5,6-chinon[13] (Formel D, Seite 90)

[1] SCHÖNBERG, A.: Unveröffentlicht.
[2] KLINGER, H.: A. **249**, 137 (1888).
[3] SCHÖNBERG, A., u. R. MOUBASHER: Soc. **1939**, 1430.
[4] SCHÖNBERG, A., N. LATIF, R. MOUBASHER u. A. SINA: Soc. **1951**, 1364.
[5] KLINGER, H.: A. **382**, 211 (1911).
[6] SCHÖNBERG, A., u. A. MUSTAFA: Soc. **1947**, 997.
[7] MUSTAFA, A.: Soc. **1951**, 1034.
[8] SCHÖNBERG, A., W. I. AWAD u. G. A. MOUSA: Am. Soc. **77**, 3850 (1955).
[9] MUSTAFA, A., A. HARHASH, A. MANSOUR u. S. OMRAN: Am. Soc. **78**, 4306 (1956).
[10] SIRCAR, A., u. S. SEN: J. Ind. Chem. Soc. **8**, 605 (1931).
[11] KLINGER, H.: A. **249**, 137 (1888). — SCHÖNBERG, A., u. R. MOUBASHER: Soc. **1939**, 1430.
[12] MUSTAFA, A.: Soc. **1949**, Sup. 83.
[13] MUSTAFA, A.: Unveröffentlicht.

Nach A. Schönberg und R. Moubasher[1, 3] sind für die Additionsprodukte aus Phenanthrenchinon und Aldehyden nicht nur Konstitutionen gemäß I (Seite 103) anzunehmen, sondern auch andere Formulierungen [vgl. A (Keto-Enol-Tautomerie) und B (Ring-Ketten-Tautomerie)] in Betracht zu ziehen.

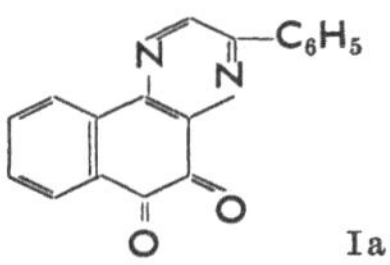

Ia

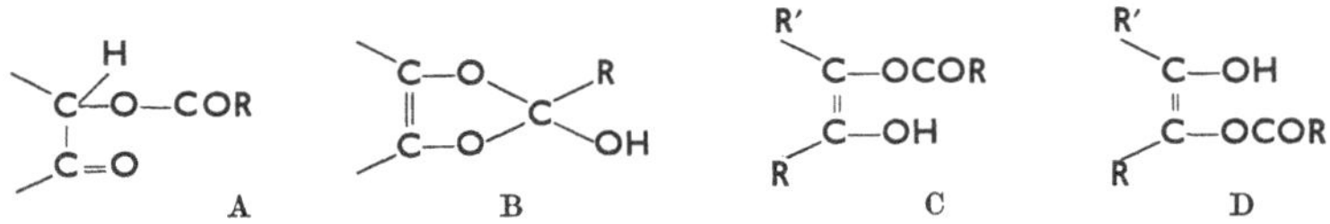

A B C D

Es sei darauf hingewiesen, daß Formulierung B gut die Tatsache erklärt, daß bei Anlagerung von Aldehyden an unsymmetrische o-Chinone bisher jeweils nur ein Produkt isoliert worden ist, während die Klingersche Formulierung der Photoaddukte die Bildung zweier Isomerer (vgl. C und D) erwarten läßt.

Mit der Annahme der Bildung von Isomeren bei der Einwirkung von Aldehyden auf Phenanthrenchinon steht auch folgendes im Einklang: H. Klinger[2] erhielt bei der Photoaddition von Benzaldehyd an Phenanthrenchinon ein Produkt F: 177—178°, welches auch von A. Schönberg und R. Moubasher[3] wiedererhalten wurde. R. F. Moore und W. A. Waters[4] fanden bei der Einwirkung von Benzaldehyd auf Phenanthrenchinon im UV-Licht ein Produkt F: 185°; es ergab sich, daß ein Präparat, welches F: 177—178° gezeigt hatte (Additionsprodukt im Sonnenlicht) nach mehrjährigem Lagern F: 185° zeigte. Versuche, die an einem Präparat F: 185° mit Diazomethan durchgeführt wurden, ergaben andere Resultate als mit dem Präparat 177—178°; das Produkt 177—178° konnte später nicht mehr erhalten werden.

Es ist vielleicht richtig, die Möglichkeit tautomerer Umlagerungen im Sinne der Formel B nicht auszuschließen, um so mehr als die Photoaddukte aus Phenanthrenchinonimid und Aldehyden ein Verhalten zeigen — Bildung von G beim Erwärmen —, welches am besten durch folgende Annahme erklärt wird: Die Photoaddukte sind entweder Derivate eines Dihydro-oxazols (F) oder gehen leicht aus der „offenen Form" E in F über.

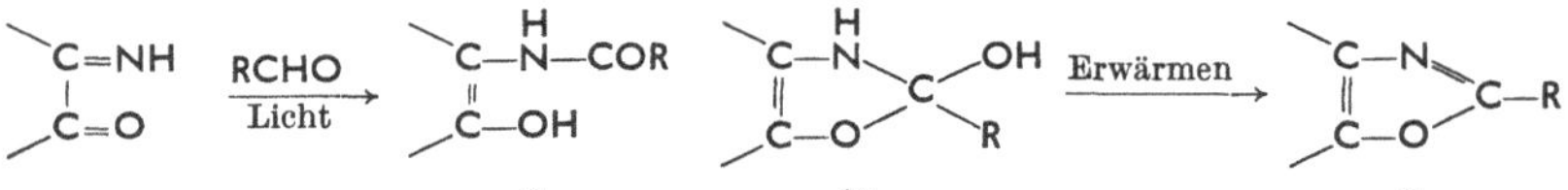

E F G

[1] Schönberg, A., N. Latif, R. Moubasher u. A. Sina: Soc. **1951**, 1354.

[2] Klinger, H.: A. **249**, 143 (1888).

[3] Schönberg, A., u. R. Moubasher: Soc. **1939**, 1430.

[4] Moore, R. F., u. W. A. Waters: Soc. **1953**, 238.

R. F. MOORE und W. A. WATERS[1] haben einen Radikalkettenmechanismus für die Anlagerung von Aldehyden an Phenanthrenchinon vorgeschlagen. Der Primär-Prozeß besteht nach ihnen in der Bildung eines Biradikals, welches mit dem Aldehyd unter Bildung des Radikals $C_6H_5{-}\dot{C}{=}O$ (im Falle des Benzaldehyds) reagiert.

$$H_8C_{14}\langle{}^{O}_{O} \xrightarrow{\text{Licht}} H_8C_{14}\langle{}^{O\cdot}_{O\cdot}$$

$$H_8C_{14}\langle{}^{O\cdot}_{O\cdot} + C_6H_5CHO \longrightarrow H_8C_{14}\langle{}^{O\cdot}_{OH} + C_6H_5\dot{C}{=}O$$

$$C_6H_5\dot{C}{=}O + H_8C_{14}\langle{}^{O}_{O} \longrightarrow H_8C_{14}\langle{}^{O\cdot}_{OCOC_6H_5}$$

$$H_8C_{14}\langle{}^{O\cdot}_{OCOC_6H_5} + C_6H_5CHO \longrightarrow H_8C_{14}\langle{}^{OH}_{OCOC_6H_5} + C_6H_5\dot{C}{=}O$$

Einzelbesprechungen

Bei der photochemischen Einwirkung von 1,2-Benzophenazin-3,4-chinon (II) auf Benzaldehyd[2] wurde gefunden, daß die Komponenten im Molverhältnis 1:1 reagieren. Das Photoprodukt war jedoch nicht gelb (vgl. die gelbe Farbe von IIIb und IIIc), sondern wurde in violetten Kristallen erhalten. Es wird angenommen, daß das Photoprodukt die Konstitution IVb hat — entstanden durch H-Wanderung (vgl. V → IVb) —, welches daher nicht als direktes Derivat des 3,4-Dioxy-1,2-benzophenazins (IIIa) anzusehen ist.

II, gelb

IIIa, R = R' = H
b, R = R' = CH_3, gelb
c, R = R' = $COCH_3$, gelb

IVa, R = H, violett
b, R = COC_6H_5, violett
c, R = $CO \cdot C_6H_4 \cdot OCH_3$(p), violett

G. BADGER et al.[3] haben gezeigt, daß IVa blauviolett ist. Für das violette Kristalle bildende Photoaddukt aus II und p-Anisaldehyd wird die Konstitution IVc angenommen.

[1] MOORE, R. F., u. W. A. WATERS: Soc. **1953**, 238, vgl. G. R. MASSON, V. BOEKELHEIDE u. W. A. NOYES jr.: Technique of Organic Chemistry, Vol. II, Seite 381; Interscience Publishers, Inc. (1956).

[2] SCHÖNBERG, A., A. MUSTAFA u. S. ZAYED: Am. Soc. **75**, 4302 (1953).

[3] BADGER, G., R. S. PEARCE u. R. PETTIT: Soc. **1951**, 3204.

Bei der photochemischen Einwirkung von Anisaldehyd und Zimtaldehyd auf 4-Cyan-1,2-naphthochinon (VI) wurden farblose Produkte erhalten, deren Bildung ähnlich dem durch Schema A (vgl. S. 103) dargestellten Prozeß zu erklären ist. Die Einwirkung von Acetaldehyd[1] auf (VI) lieferte jedoch ein orangefarbenes Produkt, welches in alkoholischer Lösung mit $FeCl_3$ eine Farbreaktion gibt; auch mit Propionaldehyd[1] wurde ein orangefarbenes Photoprodukt erhalten. Es wird angenommen, daß die Photoaddukte VII sich nach Schema B bilden. Auf die Ähnlichkeit dieses Umsatzes mit der Bildung von Photoaddukten aus Aldehyden und p-Chinonen (vgl. I, S. 107) sei hingewiesen. — Hinsichtlich der Erklärung der Farbe der Additionsprodukte vergleiche Original.

O, O, CN — RCHO / Licht → [O, O, COR, H, CN, H] → OH, OH, COR, CN (Schema B)

VI VII

Phenanthrenhydrochinon-monosalicylat[2] (I, R=C_6H_4OH, vergl. S. 103). Phenanthrenchinon (5 g), Salicylaldehyd (25 cm^3), gelöst in trockenem Benzol (50 cm^3) wurden 5 Wochen dem Sonnenlicht ausgesetzt (Königsberg). Hierauf wurden die ausgeschiedenen Kristalle (4,5 g) abgesaugt und mit Benzol nachgewaschen. Durch wiederholtes Umkristallisieren aus heißem Benzol oder Alkohol gewann man seidenglänzende, weiße Nadeln, die an der Luft glanzlos erscheinen und einen Stich ins Gelbliche annehmen; F: 188°.

Aus der Benzollösung wurden weitere 2,6 g erhalten.

Photoaddition von Anisaldehyd an 1,2-Benzophenacin-3,4-chinon[3] (II). In einer Schlenkröhre (Pyrexglas) wurde 0,7 g Chinon II, 1g Anisaldehyd und 15 cm^3 Benzol (thiophenfrei) gegeben und die Röhre in einem Strom trockener Kohlensäure zugeschmolzen. Hierauf wurde sie 10 Tage (August, Kairo) dem Sonnenlicht ausgesetzt. Der Niederschlag wurde abfiltriert, mehrmals mit Aceton gewaschen und dann mehrere Male aus Essigsäure umkristallisiert. Das Additionsprodukt IVc bildet rotviolette Kristalle, F: 249°, wenig löslich in Benzol; die Lösung in wäßriger Kalilauge ist orange.

1,2-Dioxy-3-acetyl-4-cyan-naphthalin[1] (VII, R=CH_3). 4-Cyan-1,2-naphthochinon (VI) (0,6 g), Acetaldehyd (0,44 g) in trockenem Benzol (thiophenfrei, 20 cm^3) wurde in einer zugeschmolzenen Röhre (Pyrexglas) in einer N_2-Atmosphäre dem Sonnenlicht ausgesetzt (4 Tage, März, Kairo). Der gelbbraune Niederschlag wurde abfiltriert und aus Benzol umkristallisiert; man erhielt Kristalle (orange), (0,3 g), F: 228° (unter Zersetzung). Das Produkt ist leicht löslich in Alkali und wird nach Ansäuern unverändert wiedergewonnen. Die alkoholische Lösung gibt mit $FeCl_3$ eine tiefgrüne Farbe, welche auf Zusatz wäßrigen Ammoniaks eine rotbraune Farbe annimmt. Die Substanz sublimiert im Vakuum.

b) p-Chinone

H. Klinger und Mitarbeiter[4] haben gefunden, daß sich p-Benzochinon mit Acetaldehyd, Isovaleraldehyd und Benzaldehyd derart umsetzt, daß Kernsynthesen aromatischer Verbindungen erfolgen. So

---

[1] Schönberg, A., W. I. Awad u. G. A. Mousa: Am. Soc. **77**, 3850 (1955).
[2] Klinger, H.: A. **382**, 211 (1911).
[3] Schönberg, A., A. Mustafa u. S. Zayed: Am. Soc. **75**, 4302 (1953).
[4] Klinger, H., u. O. Standke: B. **24**, 1340 (1891). — Klinger, H., u. W. Kolvenbach: B. **31**, 1214 (1898).

erhält man aus Benzochinon und Acetaldehyd *Acetohydrochinon* in Form eines chinhydronartigen Körpers, aus welchem sich das *Acetohydrochinon* (I) durch Behandlung mit wäßriger schwefliger Säure gewinnen läßt. Die photochemische Bildung von I erinnert an die Photoaddition von Acetaldehyd an 4-Cyan-1,2-naphthochinon (vgl. S. 106).

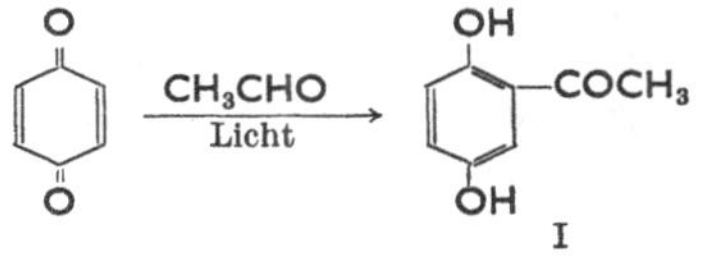

$$\text{Benzochinon} \xrightarrow[\text{Licht}]{CH_3CHO} \text{Acetohydrochinon (I, } C_6H_3(OH)_2COCH_3) \qquad \text{(Schema A)}$$

Nach einem anderen Prinzip verläuft die Photoaddition von Benzaldehyd an Chloranil[1], welche zur Bildung von *Tetrachlorhydrochinon-monobenzoat* (II) führt, sowie die Photoaddition von Benzaldehyd an Khellinchinon[2] (III). In beiden Fällen werden O-*Derivate* von *Hydrochinonen* erhalten; diese Reaktionen erinnern an die Photoanlagerung von Aldehyden an Phenanthrenchinon (Schema A, S. 103).

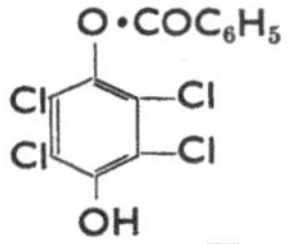

II: $O\cdot COC_6H_5$, Cl, Cl, Cl, Cl, OH — III: O, O, O, O, O, CH_3

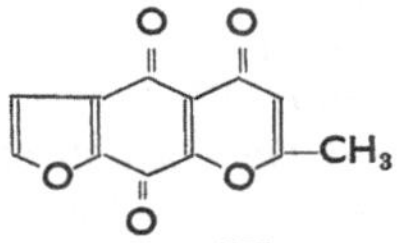

Acetohydrochinon[3] (I). Fein gepulvertes Benzochinon (5 g) wurde mit frisch destilliertem Acetaldehyd (30 cm³) in einem zugeschmolzenen Rohre dem Sonnenlicht ausgesetzt. Es empfiehlt sich, einen dicken Glasstab mit einzuschmelzen, um durch Schütteln die Krusten von Benzochinhydron, die sich an der Innenwand der Röhre festsetzen, leichter entfernen zu können. Nach dreimonatiger Belichtung (Königsberg) wurde der Röhreninhalt in eine Schale gegossen, das an den Wänden haftende Chinhydron mit warmem Alkohol herausgelöst und das Ganze gemeinsam auf dem Wasserbade zur Trockene gebracht. Der braungrüne, etwas klebrige Rückstand wurde zerrieben, zuerst mit Äther, dann mit wäßriger schwefliger Säure behandelt, um die klebrigen Stoffe, Chinon und Chinhydron zu entfernen. Hierbei blieb schließlich ein braungelbes, sandiges Pulver zurück, woraus man am schnellsten durch Sublimation Acetohydrochinon in leidlich guter Ausbeute gewinnt; grüngelbe Nadeln, F: 202°.

Tetrachlorhydrochinon-monobenzoat[1] (II). Chloranil (2 g) und Benzaldehyd (10 cm³) wurden 96 Std. den Strahlen einer Hanovia-Ultraviolett-Lampe (500 W) ausgesetzt. Hierauf wurde unter vermindertem Druck überschüssiges Benzaldehyd abdestilliert, und der gummiartige Rückstand mit Essigsäure verrieben bis er fest wurde. Man kristallisierte aus Essigsäure um und erhielt das Monobenzoat des Tetrachlorhydrochinons in farblosen Kristallen (F: 180°), welche sich in kalter verdünnter Natronlauge auflösten.

4. Aldehyde an Chinonimide und Chinonoxime

Nach A. Schönberg und W. I. Awad[4] lagern sich Aldehyde an Phenanthrenchinonimid (I) im Licht, aber nicht in der Dunkelheit an. Arbeitet man mit Acetaldehyd, so erhält man ein Produkt, welches schon

[1] Moore, R. F., u. W. A. Waters: Soc. **1953**, 238.
[2] Schönberg, A., u. M. Sidky: J. org. Chem. **22**, 1698 (1957).
[3] Klinger, H., u. W. Kolvenbach: B. **31**, 1214 (1898).
[4] Schönberg, A., u. W. I. Awad: Soc. **1945**, 197.

R. PSCHORR[1] im Dunkelprozeß bei der Einwirkung von Essigsäureanhydrid auf 9-Oxy-10-aminophenanthren erhalten hat und für welches er die Formel eines *9-Oxy-10-acetylamino-phenanthrens* (IIa, R=CH_3) vorgeschlagen hat.

Abgesehen von Acetaldehyd bildet Phenanthrenchinonimid im Licht Addukte mit Benzaldehyd, p-Methoxybenzaldehyd, p-Chlorbenzaldehyd, Piperonal und 2-Methoxy-1-naphthaldehyd. Die Reaktion mit dem letztgenannten Aldehyd verläuft viel langsamer als mit Benzaldehyd, was möglicherweise durch sterische Hinderung erklärt werden kann.

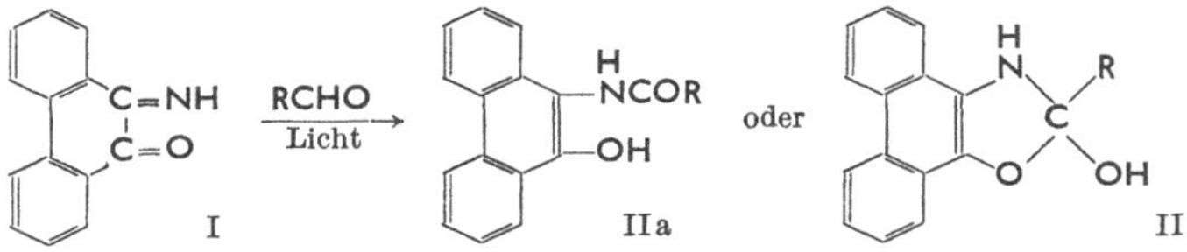

C=NH, C=O (I) —RCHO, Licht→ H–NCOR, OH (IIa) oder H–N, R, C, O, OH (IIb)

I IIa IIb

Die Photoaddukte sind, soweit untersucht, thermisch instabil; so geht das Photoaddukt aus Benzaldehyd und Phenanthrenchinonimid beim Erwärmen in *2-Phenylphenanthroxazol* (III, R=C_6H_5) über. A. SCHÖNBERG und W. I. AWAD[2] weisen darauf hin, daß die Photoaddukte vielleicht Derivate des *2-Oxy-2,3-dihydrophenthroxazols* (vgl. IIb) sind oder daß ein Fall von Ring-Ketten-Tautomerie (IIa ⇄ IIb) vorliegt.

Photoaddukte wurden auch erhalten als Retenchinonimid (IVa oder IVb) mit Acetaldehyd, Benzaldehyd und p-Methoxybenzaldehyd umgesetzt wurden[3].

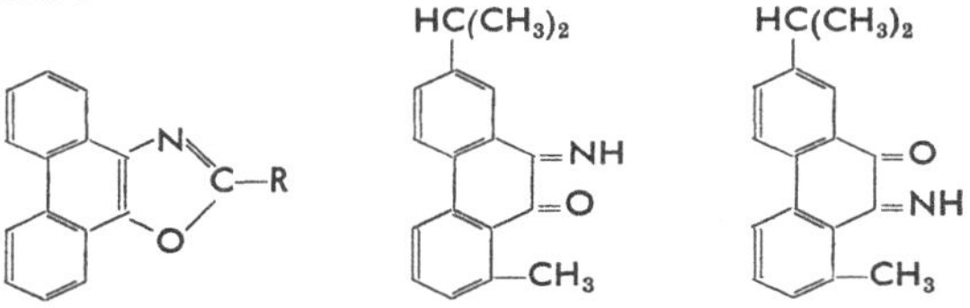

N, C–R, O (III); $HC(CH_3)_2$, =NH, =O, CH_3 (IVa); $HC(CH_3)_2$, =O, =NH, CH_3 (IVb)

III IVa IVb

Die photochemische Einwirkung von Benzaldehyd auf Phenanthrenchinon-oxim (V) führt zu einem Produkt, welches beim Erwärmen (30 min, 271°) ein Sublimat lieferte, welches aus *2-Phenylphenanthroxazol* (III, R = C_6H_5) bestand.

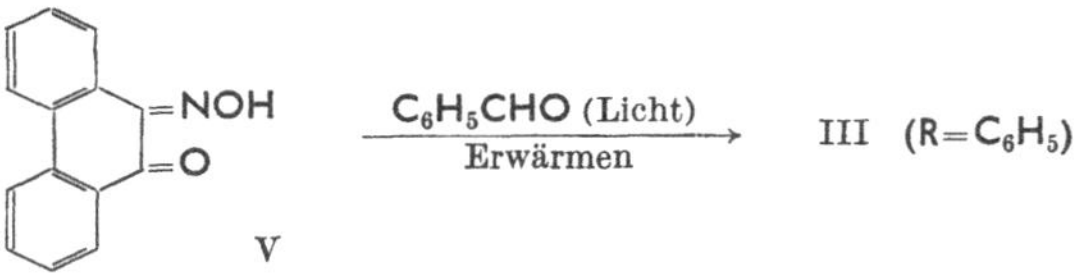

=NOH, =O (V) —C_6H_5CHO (Licht), Erwärmen→ III (R=C_6H_5)

V

Ähnliche Ergebnisse lieferte die photochemische Einwirkung von p-Anisaldehyd auf Phenanthrenchinon-oxim: das Produkt lieferte beim Erhitzen *2-p-Methoxyphenyl-phenanthroxazol*[4] (III, R=p–$CH_3OC_6H_4$).

[1] PSCHORR, R.: B. **35**, 2733 (1902).
[2] SCHÖNBERG, A., u. W. I. AWAD: Soc. **1945**, 197.
[3] SCHÖNBERG, A., u. W. I. AWAD: Soc. **1947**, 651.
[4] SCHÖNBERG, A., N. LATIF, R. MOUBASHER u. W. I. AWAD: Soc. **1950**, 374.

$NCOC_6H_5$ =O VI

$HNCOC_6H_5$ $-OCOC_6H_5$ VII

A. MUSTAFA und M. KAMEL[1] fanden, daß 1,2-Naphthochinon-1-benzoylimid (VI) mit Benzaldehyd im Licht, aber nicht in der Dunkelheit ein Addukt bildet, welches als *Dibenzoyl-1-aminonaphthol-(2)* (VII) angesehen wird und welches schon früher in einer Dunkelreaktion, nämlich durch Benzoylieren von 1-Amino-naphthol-(2), erhalten worden war[2].

Photoaddukte wurden auch aus 1,2-Naphthochinon-1-benzoylimid und p-Anisaldehyd oder p-Tolylaldehyd erhalten[1].

9-Acetylamino-10-oxyphenanthren (IIa, R = CH_3) bzw. 2-Oxy-2-phenyl-2,3-dihydrophenanthroxazol (IIb,R = CH_3)[3]. Phenanthrenchinonimin (1 g) und 10 g Acetaldehyd wurden in Benzol (thiophenfrei und über Natrium destilliert) 11 Tage (August, Kairo) dem Sonnenlicht ausgesetzt; die Reaktion wurde in einer Schlenk-Röhre (Monaxglas) vorgenommen (N_2-Atmosphäre). Hierauf wurde das Benzol unter vermindertem Druck verjagt und der Rückstand mit wenig Benzol gewaschen. IIa bzw. IIb wurde aus Benzol in farblosen Kristallen erhalten, welche in kaltem Alkohol wenig löslich sind. F: 217° (rotbraune Schmelze, Zersetzung).

2-p-Methoxyphenyl-phenanthroxazol[4] (III, R = p—$CH_3OC_6H_4$). Phenanthrenchinon-monoxim (0,5 g) und Anisaldehyd (1 g) in trockenem Benzol (thiophenfrei) wurden dem Sonnenlicht ausgesetzt (7 Tage, April, Kairo). Die Bestrahlung wurde in einer zugeschmolzenen Röhre (Monax-Glas, Kohlendioxyd-Atmosphäre) durchgeführt. Der gebildete Niederschlag wurde aus Alkohol umkristallisiert, das Produkt (F: 244°) wurde in einem Gefäß, welches in siedendem Zimtsäureäthylester (Kp: 271°) eintauchte, erwärmt (30 min); das Sublimat, welches sich bildete, bestand aus 2-Methoxyphenyl-phenanthroxazol (F: 178°).

Dibenzoyl-1-aminonaphthol-(2)[1] (VII). 1,2-Naphthochinon-1-benzoylimid (VI) (1 g), Benzaldehyd (1 cm^3) und Benzol (30 cm^3, thiophenfrei, über Natrium getrocknet) wurden 10 Tage dem Sonnenlicht ausgesetzt (April, Kairo). Die Benzollösung wurde konzentriert und die ausgeschiedenen Kristalle aus Äthylalkohol umkristallisiert; VII bildet farblose Kristalle, F: 234°, Ausbeute 0,61 g. Die Reaktion wurde in einer zugeschmolzenen Schlenk-Röhre (Pyrexglas) in einer Kohlendioxyd-Atmosphäre durchgeführt.

VIII. Photochemische Bildung und Photolyse der Pinakone

1. Pinakone durch Addition von Alkoholen an Aldehyde oder Ketone

Das einfachste Beispiel ist die Photosynthese des eigentlichen *Pinakons* (I) aus Aceton und Isopropanol, welche zuerst von G. CIAMICIAN und P. SILBER[5] und später von G. O. SCHENCK[6] untersucht worden

[1] MUSTAFA, A., u. M. KAMEL: Am. Soc. **77**, 5630 (1955).
[2] SCHEIBER, J., u. P. BRANDT: J. pr. **78**, 93 (1908).
[3] SCHÖNBERG, A., u. W. I. AWAD: Soc. **1945**, 197.
[4] SCHÖNBERG, A., N. LATIF, R. MOUBASHER u. W. I. AWAD: Soc. **1950**, 374.
[5] CIAMICIAN, G., u. P. SILBER: B. **44**, 1280 (1911).
[6] SCHENCK, G. O.: Dechema-Monographien **24**, 105 (1955).

ist. Weitere Beispiele sind die Bildung von *Benzpinakon* (III) aus Benzhydrol und Benzophenon[1] und von *Triphenyläthylenglykol* (II) aus Benzylalkohol und Benzophenon[2].

$$(CH_3)_2CO + (CH_3)_2CHOH \xrightarrow{\text{Licht}} (CH_3)_2\underset{OH}{\underset{|}{C}}-\underset{OH}{\underset{|}{C}}(CH_3)_2 \qquad \text{(I)}$$

$$C_6H_5\cdot CO\cdot C_6H_5 + C_6H_5\cdot CH_2OH \xrightarrow{\text{Licht}} (C_6H_5)_2\underset{OH}{\underset{|}{C}}-\overset{H}{\overset{|}{\underset{OH}{\underset{|}{C}}}}-C_6H_5 \qquad \text{(II)}$$

$$C_6H_5\cdot CO\cdot C_6H_5 + (C_6H_5)_2CHOH \xrightarrow{\text{Licht}} (C_6H_5)_2\underset{OH}{\underset{|}{C}}-\underset{OH}{\underset{|}{C}}(C_6H_5)_2 \qquad \text{(III)}$$

Pinakon[3] (I). 650 cm³ eines äquimolaren Gemisches von Aceton und Isopropanol wurden mit einer luftgekühlten Quarztauchlampe (Quarzquecksilberdampfbrenner S 300 der Quarzlampengesellschaft mbH., Hanau) bestrahlt. Eine zusätzliche Außenkühlung hielt das Reaktionsgut auf 48°. Nach beendeter Belichtung destillierte man das nicht umgesetzte Ausgangsmaterial auf dem Wasserbad ab und versetzte den Rückstand mit der für die Bildung von Pinakonhexahydrat berechneten Menge Wasser. Nach 12stündigem Stehen wurde das auskristallisierte Hydrat abgesaugt, an der Luft getrocknet und gewogen. Ausbeute nach 24, 48, 72 Std. 39,0, 74,4, 119,0 g Pinakonhexahydrat entsprechend 19,9, 38,0, 60,8 g Pinakon.

Benzpinakon[1] (III). Benzhydrol (1 g) und Benzophenon (1 g) in trockenem Benzol (thiophenfrei) (20 cm³), wurden in einer zugeschmolzenen Röhre (Pyrexglas) unter Luftabschluß dem Sonnenlicht ausgesetzt (2 Tage, Dezember, Kairo). Die Lösung wurde im Vakuum zur Trockene gebracht, und der Rückstand aus Äthylalkohol umkristallisiert. Benzpinakon wurde erhalten; Ausbeute 80%, F: 187°.

2. Benzpinakone aus Benzhydrolen durch Einwirkung aliphatischer Ketone

Benzpinakon (III) kann in guter Ausbeute erhalten werden durch photochemische Einwirkung von Aceton oder Methyl-äthyl-keton auf Benzhydrol[1]. Ähnliche Reaktionen wurden mit Di-p-methylbenzhydrol [$(p\text{-}CH_3C_6H_4)_2CHOH$] und Di-p-methoxybenzhydrol durchgeführt[4].

$$2\,(C_6H_5)_2CHOH + CH_3COCH_3 \xrightarrow{\text{Licht}} \text{III} + CH_3CHOHCH_3$$

Benzpinakon[1] (III). Eine Lösung von Benzhydrol (4 g) in wasserfreiem reinen Aceton (20 cm³) wurde in einer geschlossenen Röhre (Pyrexglas, sauerstofffreie Atmosphäre) dem Sonnenlicht ausgesetzt (8 Std., Mai, Kairo). Die Lösung wurde unter vermindertem Druck zur Trockene gebracht, der Rückstand aus absolutem Alkohol umkristallisiert; F: 187°, Ausbeute 70%.

---

[1] SCHÖNBERG, A., u. A. MUSTAFA: Soc. **1943**, 276.

[2] CIAMICIAN, G., u. P. SILBER: B. **48**, 193 (1915).

[3] SCHENCK, G. O.: Dechema-Monographien **24**, 105 (1955).

[4] SCHÖNBERG, A., u. A. MUSTAFA: Soc. **1944**, 67.

3. Pinakone aus aromatischen Aldehyden, fett-aromatischen und aromatischen Ketonen durch photochemische Einwirkung aliphatischer Alkohole

a) Aldehyde

Die Pinakonisierung der Aldehyde auf obigem Wege ist wenig untersucht. G. CIAMICIAN und P. SILBER[1] haben die Bildung von *Hydrobenzoin* (IV) und *Isohydrobenzoin* (neben Harzen) bei der photochemischen Einwirkung von Äthylalkohol auf Benzaldehyde beobachtet; ähnlich verläuft die Bildung von Anisoin aus Anisaldehyd.

$$2\,C_6H_5CHO + C_2H_5OH \xrightarrow{\text{Licht}} \underset{\text{IV}}{C_6H_5CHOH{-}CHOHC_6H_5} + CH_3CHO$$

b) Ketone

Die Photopinakonisierung von fett-aromatischen und von aromatischen Ketonen mit Hilfe von Alkoholen ist ein gut untersuchtes Gebiet; für präparative Zwecke arbeitet man gewöhnlich mit Äthyl- oder Isopropylalkohol. Als Lichtquelle diente Sonnenlicht oder UV-Licht. In Tab. 12 sind Ketone aufgeführt, bei denen die Pinakonisierung — falls nicht anders angegeben, in Isopropylalkohol — mit Erfolg durchgeführt wurde; hervorzuheben ist, daß in einigen Fällen (z. B. bei der Einwirkung von Isopropylalkohol auf Benzophenon) die Reaktion sehr glatt vonstatten geht.

$$2\,C_6H_5COC_6H_5 + (CH_3)_2CHOH \xrightarrow{\text{Licht}} \underset{\text{III}}{(C_6H_5)_2C(OH){-}C(OH)(C_6H_5)_2} + (CH_3)_2CO$$

Tabelle 12

Acetophenon[2] (in Butanol)	p,p'-Dichlorbenzophenon[5]
Benzophenon[3] (in Äthylalkohol)	p-Phenylbenzophenon[6]
p,p'-Dimethoxybenzophenon[5] (in Äthylalkohol[4])	m-Phenylbenzophenon[7]
	Desoxybenzoin[2]
p,p'-Dimethoxybenzophenon[5]	α-Tetralon[2]

Benzpinakon[8] (III). Benzophenon (150 g) in 665 g Isopropylalkohol (welchem ein Tropfen Eisessig zugesetzt wird, um Spuren von Alkali zu neutralisieren) wird in einem verschlossenen Rundkolben dem Sonnenlicht ausgesetzt; der Kolben wird während der Bestrahlung so unterstützt, daß der Kolbenhals nach unten zeigt. Nach 3—5stündiger Bestrahlung (starkes Sonnenlicht) beginnen Kristalle von III

---

[1] CIAMICIAN, G., u. P. SILBER: B. **34**, 1530 (1901).
[2] WEIZMANN, C., E. BERGMANN u. Y. HIRSHBERG: Am. Soc. **60**, 1530 (1938); BERGMANN, F., u. Y. HIRSHBERG: Am. Soc. **65**, 1429 (1943).
[3] CIAMICIAN, G., u. P. SILBER: B. **34**, 1537 (1901).
[4] MIGITA, M.: Chem. Abstr. **27**, 716 (1933).
[5] SCHÖNBERG, A., u. A. MUSTAFA: Soc. **1944**, 67.
[6] BACHMANN, W. E.: Am. Soc. **55**, 394 (1933).
[7] HATT, H., A. PILGRIM u. E. STEPHENSON: Soc. **1941**, 478.
[8] Organic Syntheses, Collective Vol. II, 71; vgl. W. COHEN: R. **39**, 243 (1920). — CIAMICIAN, G., u. P. SILBER: B. **33**, 2911 (1900).

sich auszuscheiden, nach 8—10 Tagen ist die Umwandlung vollständig. Man kühlt (Eis) und saugt die Kristalle ab, wäscht mit wenig Isopropylalkohol nach und läßt an der Luft trocknen. Das Filtrat kann für die Reduktion weiterer Mengen Benzophenon verwandt werden. F: 188—190° abhängig von der Schnelligkeit des Erwärmens, bei schneller Erwärmung F: 193—195° (Zersetzung); Ausbeute 141 bis 142 g (93—94%).

4. Reversibilität der Photopinakonisierung aromatischer Ketone durch aliphatische Alkohole

Die Photopinakonisierung aromatischer Ketone durch aliphatische Alkohole ist kein allgemeiner Vorgang: die in Tab. 13 aufgezählten Ketone werden in isopropyl-alkoholischer Lösung durch Licht nicht in die entsprechenden Pinakone überführt.

Tabelle 13

Fluorenon[1]	α-Naphthyl-phenylketon[4]
Xanthon[2]	Di-α-naphthylketon[4]
p-Methylmercapto-benzophenon[3]	Phenyl-o-biphenylketon[4]
Di-(p-methylmercapto)-benzophenon[3]	

A. SCHÖNBERG und A. MUSTAFA[2] haben die Photostabilität von Xanthon- und Fluorenon-pinakon untersucht und gefunden, daß sie durch Aceton im Licht, aber nicht in der Dunkelheit in die entsprechenden Ketone (Xanthon und Fluorenon) überführt werden.

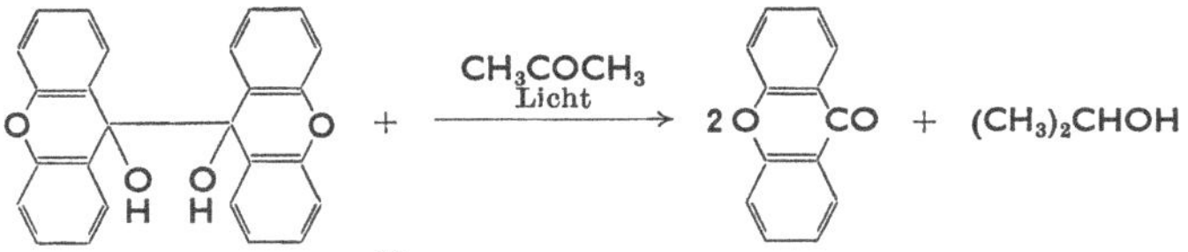

$$\text{V} + CH_3COCH_3 \xrightarrow{\text{Licht}} 2\,\text{Xanthon (O, CO)} + (CH_3)_2CHOH$$

V

Ähnlich verläuft die photochemische Einwirkung[3] von Aceton auf VI und VII (Bildung von p,p'-Dimethylmercapto-benzophenon und p-Methylmercaptobenzophenon).

$$\begin{matrix} Ar' \\ Ar \end{matrix}\!\!>C(OH)-(HO)C<\!\!\begin{matrix} Ar \\ Ar' \end{matrix}$$

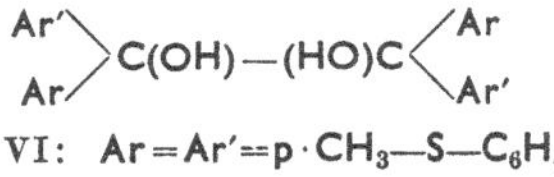

VI: $Ar = Ar' = p \cdot CH_3{-}S{-}C_6H_4$

VII: $Ar = C_6H_5,\ Ar' = p \cdot CH_3{-}S{-}C_6H_4$

Es wird angenommen, daß die Photopinakonisierung von Ketonen durch Alkohole zu einem Gleichgewicht führt, welches in manchen Fällen auf der Seite des Pinakons, in anderen auf seiten des Ketons liegt.

---

[1] BACHMANN, W. E.: Am. Soc. **55**, 391 (1933).

[2] SCHÖNBERG, A., u. A. MUSTAFA: Soc. **1944**, 67.

[3] MUSTAFA, A.: Soc. **1949**, 352.

[4] BERGMANN, F., u. Y. HIRSHBERG: Am. Soc. **65**, 1429 (1943).

Es ist möglich, daß die Photolyse der Tetraaryl-pinakone über „freie" Radikale [vgl. VIII im Falle des Xanthon-pinakons (V)] verläuft.

$$(CH_3)_2CHOH + 2\,Ar_2CO \underset{\text{Licht}}{\rightleftarrows} Ar_2C(OH){-}(HO)CAr_2 + (CH_3)_2CO$$

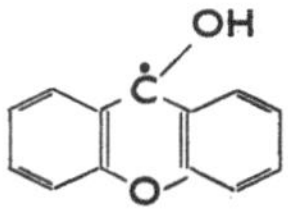

VIII

Xanthon[1]**.** 5 g Xanthonpinakon (V) in Aceton wurden 31 Tage (Kairo) dem Sonnenlicht ausgesetzt, man arbeitete in einer zugeschmolzenen Pyrexglasröhre (CO_2-Atmosphäre). Hierauf wurde das Lösungsmittel verjagt und der Rückstand (Xanthon) aus Petroläther (Kp.: 100—110°) umkristallisiert. Das Aceton enthielt iso-Propylalkohol, welches mit Hilfe von p-Nitrobenzoylchlorid nachgewiesen wurde.

5. Abbau von Pinakonen durch Einwirkung von Chinonen

A. Schönberg und A. Mustafa[1] haben gefunden, daß Pinakon (Tetramethyl-äthylenglykol) beständig ist, wenn man seine benzolische Lösung, welche auch p-Benzochinon enthält, dem Sonnenlicht aussetzt. Im Gegensatz hierzu sind die in Tab. 14 aufgeführten Glykole unter diesen Bedingungen zwar in der Dunkelheit beständig, im Lichte aber unbeständig; sie werden dabei in die entsprechenden Ketone überführt, während das p-Benzochinon zu *Chinhydron* reduziert wird. Ein ähnlicher Abbau der Äthylenglykole läßt sich nach R. Criegee[2] mit Bleitetraacetat als Dunkelreaktion durchführen.

$$\underset{\text{OH}\ \ \text{OH}}{R_2C{-}CR_2} + 2\,C_6H_4O_2 \xrightarrow{\text{Licht}} 2\,R_2CO + C_6H_4O_2,\ C_6H_4(OH)_2$$

I

$$\underset{\text{OH}\ \ \text{OH}}{R_2C{-}CR_2} + Pb(O\cdot CO\cdot CH_3)_4 = 2\,R_2CO + 2\,CH_3COOH + Pb(O\cdot CO\cdot CH_3)_2$$

Tabelle 14

β,γ-Dioxy-β,γ-diphenyl-butan (II)	Tetrachlor-benzpinakon (I, R = p—ClC_6H_4)
Benzpinakon (I, R = Phenyl)	9,10-Diphenyl-dihydrophenanthren-diol (9,10) (III)
Tetra-p-anisyl-äthylenglykol (I, R = p—$CH_3\cdot O\cdot C_6H_4$)	1,2-Diphenyl-acenaphthen-diol(1,2) (IV)
Tetramethyl-benzpinakon (I, R = p—$CH_3\cdot C_6H_4$	Xanthopinakon (V)

$$C_6H_5C(OH)CH_3\cdot C(OH)(CH_3)\,C_6H_5$$

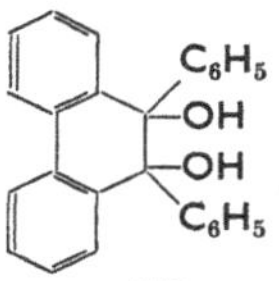

II

III 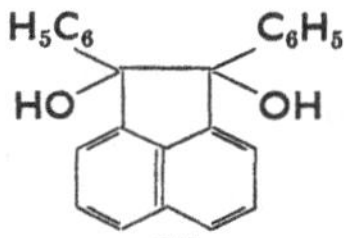 IV 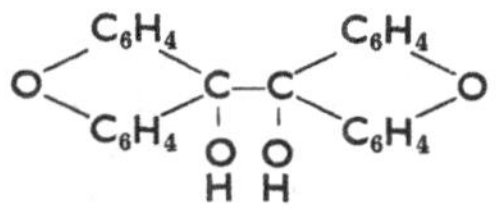 V

[1] Schönberg, A., u. A. Mustafa: Soc. **1944**, 67.
[2] Criegee, R.: B. **64**, 260 (1931).

1,8-Dibenzoylnaphthalin[1]. Man löste 1,2-Diphenylacenaphthen-diol-(1,2) (IV) (1,17 g) und p-Benzochinon (1,1 g) in 20 cm^3 Benzol (thiophenfrei, über Natrium getrocknet) und setzte die Lösung 7 Tage der Sonne aus; sie befand sich während dieser Zeit in einer mit Stickstoff gefüllten zugeschmolzenen Glasröhre (Pyrexglas). Nach Beendigung der Bestrahlung wurde das Chinhydron abfiltriert, das Benzol im Vakuum verjagt und der Rückstand erst mit Petroläther und dann mit kaltem Alkohol gewaschen; das so erhaltene 1,8-Dibenzoylnaphthalin wurde aus Alkohol umkristallisiert, Ausbeute nahezu quantitativ.

6. Pinakone aus Alloxan und 1,2,3-Triketonen

Alloxan wird durch Äthylalkohol[2] oder Isopropylalkohol[3] photochemisch in *Alloxantin* (I), Triketohydrinden in *Hydrindantin*[4] (II) übergeführt.

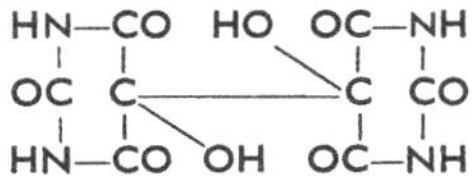

I 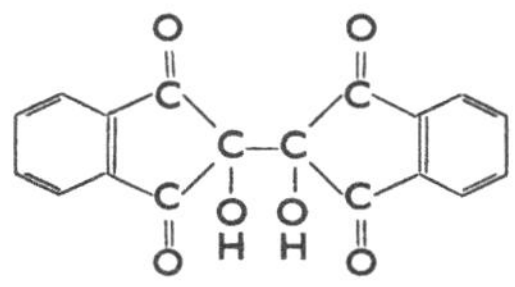 II

Die photochemische Bildung von *Alloxantin* und *Hydrindantin* auf diesem Wege ist leicht verständlich, wenn man diese beiden Verbindungen als Pinakone ansieht (vgl. I und II). Formel II erklärt auch gut die Tatsache, daß *Hydrindantin* aus Indantrion durch Einwirkung des Gomberg-Bachmann-Reagens ($Mg + MgJ_2$) erhalten wurde[5], da viele nicht enolisierbare Ketone durch dieses Reagens in die entsprechenden Pinakone überführt werden[6].

Die Halbacetalformel für Alloxantin (III) und die entsprechende Formel für Hydrindantin sind mit diesen beiden Synthesen schwer in Einklang zu bringen.

Für das Photoprodukt aus peri-Naphthindantrion (Isopropylalkohol, Sonnenlicht) wurde IV vorgeschlagen[7].

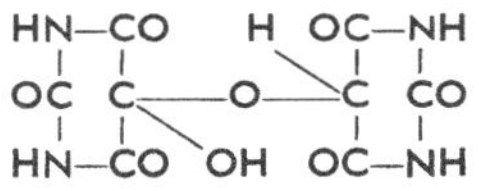

III 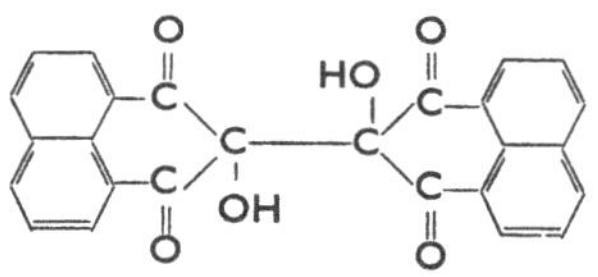 IV

Alloxantin[8] **(I).** Eine Lösung von Alloxan (5 g) in absolutem Alkohol (25 cm^3) wurde 7 Wochen (Winter, Bologna) dem Sonnenlicht ausgesetzt. Schon nach zwei Wochen begann die Abscheidung von Alloxantin-Kristallen (Ausbeute 1,7 g). Der abdestillierte Alkohol enthielt Aldehyd. Im Dunkeln trat keine Reaktion ein.

---

[1] Schönberg, A., u. A. Mustafa: Soc. **1944**, 67.
[2] Ciamician, G., u. P. Silber: B. **36**, 1581 (1903).
[3] Moubasher, R., u. A. Othman: Am. Soc. **72**, 2667 (1950).
[4] Schönberg, A. ,u. R. Moubasher: Soc. **1944**, 366.
[5] Schönberg, A., u. R. Moubasher: Soc. **1949**, 212.
[6] Gomberg, M., u. W. E. Bachmann: Am. Soc. **49**, 236 (1927).
[7] Moubasher, R., u. A. Mustafa: Soc. **1947**, 130.
[8] Ciamician, G., u. P. Silber: B. **36**, 1575 (1903).

7. Pinakone als Zwischenprodukte bei photochemischen Reaktionen

a) Bildung von Lactonen durch Einwirkung von Isopropylalkohol auf o-Formylbenzoesäure und Derivate

A. MUSTAFA[1] erhielt bei der Bestrahlung (Sonne) von o-Formylbenzoesäure (I) in Isopropylalkohol *Hydrodiphthalyl* (III); ein Reaktionsmechanismus ist nicht angegeben. Der Verfasser ist der Ansicht, daß eine Pinakonisierung (vgl. II) die Reaktion erklärt.

2 I (CHO, COOH) $\xrightarrow[\text{Licht}]{(CH_3)_2CHOH}$ [II] + $(CH_3)_2CO$ → $2\,H_2O$ + III

I II III

Die photochemische Überführung von o-Benzoyl-benzoesäure (IV) in das *Dilacton* der *α,β-Dioxy-α,α,β,β-tetraphenyläthan-o,o'-dicarbonsäure* (V), welche von LIMAYE[2] beobachtet wurde, dürfte ähnlich zu erklären sein.

2 IV $\xrightarrow[\text{Licht}]{(CH_3)_2CHOH}$ V

IV V

Hydrodiphthalyl[1] (III). Eine Lösung von o-Formyl-benzoesäure (I) (1 g) in Isopropylalkohol (10 cm³) wurde in einer zugeschmolzenen Röhre (Pyrexglas, Kohlendioxyd-Atmosphäre) 44 Tage (Herbst, Kairo) dem Sonnenlicht ausgesetzt. Es schieden sich Kristalle aus, die mit Petroläther (Kp: 30—50°) gewaschen wurden; nach Umkristallisieren aus Benzol farblose Kristalle, F: 257°; (Ausbeuteangaben fehlen).

b) Überführung aromatischer Ketone in Benzhydrole

W. E. BACHMANN[3] hat gefunden, daß Benzophenon in Isopropylalkohol (welches kleine Mengen Natrium-isopropylat enthält) photochemisch in *Benzhydrol* übergeführt wird; die Ausbeuten sind ausgezeichnet. Fußend auf der Beobachtung[4], daß (im Dunkelprozeß) Benzpinakon in alkoholischer Lösung, welche kleine Mengen Natriumalkoholat enthielt, in *Benzhydrol* übergeführt wurde, wurde folgender

[1] MUSTAFA, A.: Soc. **1949**, Sup. 83.
[2] LIMAYE: J. Univ. Bombay 1932, 1, 2. Teil, 52; zit. nach A. MUSTAFA: Soc. **1949**, Sup. 83.
[3] BACHMANN, W. E.: Am. Soc. **55**, 391 (1933).
[4] BACHMANN, W. E.: Am. Soc. **55**, 358 (1933).

Mechanismus für die photochemische Überführung von Benzpinakon (I) in *Benzhydrol* vorgeschlagen: es tritt zuerst photochemische Überführung von Benzophenon in Benzpinakon ein, die folgenden Reaktionen, bei denen Ketyle (II) eine Rolle spielen, sind dagegen Dunkelreaktionen.

$$2\,(C_6H_5)_2CO + (CH_3)_2CHOH \xrightarrow{\text{Licht}} (C_6H_5)_2C(OH){-}(HO)C(C_6H_5)_2\ \text{(I)} + (CH_3)_2CO$$

$$\text{I} \xrightarrow{(CH_3)_2CHONa} (C_6H_5)_2C(ONa){-}(NaO)C(C_6H_5)_2 \rightleftharpoons 2\,(C_6H_5)_2\dot{C}ONa\ \text{(II)}$$

$$2\,\text{II} + 2\,(CH_3)_2CHOH \longrightarrow (C_6H_5)_2\dot{C}OH + 2\,(CH_3)_2CHONa$$

$$2\,(C_6H_5)_2\dot{C}{-}OH \longrightarrow (C_6H_5)_2CO + (C_6H_5)_2CHOH$$

Ähnliche Umsätze ließen sich mit den in der Tab. 15 aufgeführten Ketonen durchführen. Eine Benzhydrolbildung wurde jedoch nicht beobachtet, als Michlers Keton oder Phenyl-α-naphthylketon entsprechend behandelt wurden.

Tabelle 15

4-Methylbenzophenon	4-Chlor-4'-methylbenzophenon
4,4'-Dimethylbenzophenon	4-Phenylbenzophenon
4-Methoxy-benzophenon	4-Chlorbenzophenon

Benzhydrol[1]. Benzophenon (25 g) wurden in eine Flasche (Pyrexglas, 150 cm^3) gegeben, man fügte 125 cm^3 Isopropylalkohol hinzu, welcher eine kleine Menge Natrium-isopropylalkoholat (bereitet mit Hilfe von 0,25 g Natrium) enthielt. Nach 7tägiger Sonnenbestrahlung lieferte das Reaktionsgemisch 20 g Benzhydrol. Beim Arbeiten in langen Röhren verlief die Reaktion schneller.

8. Hinweis auf weitere Reaktionen

Zur photochemischen Bildung von Pinakonen durch Einwirkung von Wasserstoffsuperoxyd auf Olefine siehe S. 76.

IX. Photochemische Bildung von Carbonsäuren und Carbonsäurechloriden

1. Oxydation (mit Sauerstoff) von Alkyl-Halogeniden

Photochemische Oxydation von Verbindungen der allgemeinen Formel $F_3C-(CF_2)_nCFYX$ (X oder Y = H, F, Cl, Br oder J) ist überraschend einfach. In der Propanreihe tritt jedoch leicht C–C-Spaltung ein, so wird z. B. *Carbonylfluorid* (OCF_2) aus C_3HF_7 gebildet[2]. Die C–C-Spaltung wird jedoch vermieden, wenn man die Oxydation bei Gegenwart von Wasser vornimmt. So gelang es R. N. Haszeldine[3],

---

[1] Bachmann, W. E.: Am. Soc. **55**, 391 (1933).
[2] Francis, W. C., u. R. N. Haszeldine: Soc. **1955**, 2151.
[3] Haszeldine, R. N.: Soc. **1955**, 4301.

aus 1,2,4-Trichlor-1,1,2,3,3,4-hexafluor-4-jodpropan (I) durch photochemische Einwirkung in Gegenwart von Natronlauge *β,γ-Dichlorpentafluorbuttersäure* (II) zu erhalten.

$$\underset{\text{I}}{ClCF_2—CFCl—CF_2—CFClJ} \xrightarrow[O_2;\ H_2O]{\text{Licht}} \underset{\text{II}}{ClCF_2—CFCl—CF_2—COOH}$$

In einer Mitteilung (ohne experimentelle Einzelheiten) haben R. N. HASZELDINE et al.[1] darauf hingewiesen, daß aus Dichlor-1,1,1-trifluoräthan (III) durch photochemische Oxydation mit Hilfe von Sauerstoff bei Gegenwart von Chlor Trifluoracetylchlorid (IV) entsteht (90% Ausbeute), das Chlor wirkt als Sensibilisator.

$$\begin{aligned} \underset{\text{III}}{F_3C—CHCl_2} + Cl\cdot &\longrightarrow HCl + F_3C—CCl_2\cdot \\ &\longrightarrow F_3C—CCl_2—O_2\cdot \\ &\longrightarrow F_3C—CCl_2—O\cdot \\ &\longrightarrow \underset{\text{IV}}{F_3C—C(=O)—Cl} + Cl\cdot \end{aligned}$$

β,γ-Dichlorpentafluorbuttersäure[2] (II). I (4,3 g) wurde in einer Quarzröhre (200 cm^3) mit Sauerstoff (7 Atmosphären) und Natronlauge (10%, 20 cm^3) eingeschmolzen und die Röhre in horizontaler Lage kräftig geschüttelt. Man bestrahlte mit einer UV-Lampe, welche 5 cm von der Röhre entfernt war (12 Std.). Dann wurde die Röhre geöffnet und wiederum mit Sauerstoff beschickt; nach weiterer Bestrahlung (12 Std.) wurde der überschüssige Sauerstoff abgepumpt. Man säuerte mit Salzsäure an und beobachtete die Bildung einer Emulsion. Die wäßrige Lösung wurde mit Äther extrahiert (10 × 20 cm^3); der Ätherauszug wurde getrocknet und lieferte bei der Destillation II. Kp_{25}: 105—107°; Ausbeute 63%.

2. Hydrolyse cyclischer Ketone

G. CIAMICIAN und P. SILBER[3] haben eine Reihe cyclischer Ketone in wäßrigem Medium durch Einwirkung von Sonnenlicht in die entsprechenden Carbonsäuren übergeführt. So wurde aus Cyclohexanon (I) *Capronsäure* (II) erhalten. Ähnliche Umsätze wurden mit α-Methylcyclohexanon und Menthon durchgeführt. Diese Reaktion läßt sich nicht mit allen cyclischen Ketonen, z. B. nicht mit Carvon, durchführen (vgl. S. 2).

$$\underset{\text{I}}{C_6H_{10}{=}O} \xrightarrow[\text{Licht}]{H_2O} \underset{\text{II}}{CH_3—CH_2—CH_2—CH_2—CH_2—COOH}$$

Capronsäure (II). Während des Sommers wurde eine Lösung von 100 g Cyclohexanon (I) (Kp: 155°) in Wasser (1500 cm^3) dem Sonnenlicht ausgesetzt (Bologna). Während der Belichtung trübte sich die anfangs klare Flüssigkeit sehr bald, und es begann die Abscheidung öliger Tropfen, die sich z. T. an der Oberfläche ansammelten. Beim Öffnen der Röhren, in denen die Belichtung vorgenommen wurde, zeigte sich, daß die Flüssigkeit die vorher völlig neutral war, deutlich sauer reagierte.

Die wäßrige Lösung wurde von einem öligen Anteil (40 g) getrennt, hierauf wurde die Lösung ausgesalzen und mit Äther ausgezogen. Dieser Auszug sowie die ätherische Lösung der oben erwähnten öligen Ausscheidung wurden dann beide

[1] HASZELDINE, R. N., u. F. NYMAN: Proc. Chem. Soc. (London) 146 (1957).
[2] FRANCIS, W. C., u. R. N. HASZELDINE: Soc. **1955**, 2151.
[3] CIAMICIAN, G., u. P. SILBER: B. **40**, 2415 (1907); **41**, 1071 (1908).

getrennt mit einer Lösung von kohlensaurem Natrium geschüttelt, um die Capronsäure zu entfernen. Die vereinigten alkalischen Flüssigkeiten lieferten nach vorheriger Konzentration und Ausfällen mit verdünnter Schwefelsäure die Capronsäure, welche nach Aufnahme mit Äther völlig glatt bei 204—205° überging. Ausbeute 8,2 g.

3. Ersatz von Wasserstoff durch die Chloroformylgruppe

M. S. KHARASCH und H. C. BROWN[1] konnten zeigen, daß gewisse Kohlenwasserstoffe, z. B. Cyclohexan, Methyl-cyclohexan und Cyclopentan sich mit Oxalylchlorid photochemisch umsetzen. Bei diesen Reaktionen wird ein H-Atom durch die Chloroformylgruppe $-\overset{\overset{\displaystyle Cl}{|}}{C}=O$ ersetzt; so wird z. B. *Cyclohexancarbonsäurechlorid* (I) aus Cyclohexan erhalten. Die Ausbeuten mit n-Pentan, n-Heptan und iso-Octan waren schlecht, negative Resultate wurden erhalten mit Toluol, m-Xylol, p-Chlorotoluol und β-Methylnaphthalin[2].

Die Wellenlänge des eingestrahlten Lichtes scheint einen Einfluß auf die Art des photochemischen Zerfalles des Oxalylchlorids zu haben; Licht der Wellenlänge 2537 Å begünstigt die Bildung von · COCl, Licht der Wellenlänge 3650 Å diejenige von · CO-COCl.

Es wird angenommen[3], daß photochemisch „freie Radikale“ gebildet werden, welche die Einführung der Chloroformylgruppe bewirken.

$$\left.\begin{array}{l}(COCl)_2 \xrightarrow{\text{Licht}} 2\cdot COCl \\ (COCl)_2 \xrightarrow{\text{Licht}} \cdot CO-COCl + Cl\cdot\end{array}\right\} \rightarrow 2\,CO + 2\,Cl\cdot$$

$$Cl\cdot + RH \longrightarrow R\cdot + HCl$$

$$R\cdot + (COCl)_2 \longrightarrow RCOCl + \cdot COCl$$

Die Wellenlänge des eingestrahlten Lichtes scheint einen Einfluß auf die Art des photochemischen Zerfalles des Oxalylchlorids zu haben: Licht (2537 Å) begünstigt die Bildung von ·COCl, Licht (3650 Å) diejenige von ·CO-COCl.

Zwar gelingt die Einführung der Chloroformylgruppe (z. B. im Falle des Cyclohexans) auch im Dunkelprozeß, nämlich bei dem Umsatz des Kohlenwasserstoffs mit Oxalylchlorid in der Wärme bei Gegenwart von Benzoylperoxyd, bei Abwesenheit von Licht und Peroxyden reagieren jedoch typische gesättigte Kohlenwasserstoffe, z. B. n-Heptan und Cyclohexan nicht mit Oxalylchlorid.

Auf den Umsatz von Oxalylchlorid mit gewissen Olefinen[4] scheint das Licht keinen Einfluß zu haben; so tritt schon in der Dunkelheit beim

---

[1] KHARASCH, M. S., u. H. C. BROWN: Am. Soc. **64**, 329 (1942).
[2] KHARASCH, M. S., S. S. KANE u. H. C. BROWN: Am. Soc. **64**, 1621 (1942).
[3] KHARASCH, M. S., u. H. C. BROWN: Am. Soc. **62**, 454 (1940); **64**, 329 (1942).
[4] KHARASCH, M. S., S. S. KANE u. H. C. BROWN: Am. Soc. **64**, 333 (1942).

Erwärmen von 1,1-Diphenyläthylen mit Oxalylchlorid am Rückflußkühler folgende Reaktion ein:

$$(C_6H_5)_2C{=}CH_2 + (COCl)_2 \longrightarrow (C_6H_5)_2C{=}C\begin{smallmatrix} H \\ COCl \end{smallmatrix} + CO + HCl$$

Cyclohexancarbonsäurechlorid[1] **(I).** Cyclohexan (16,8 g) und Oxalylchlorid (12,7 g) wurden in einem Gefäß (Pyrex-Glas, Rückflußkühler) bestrahlt (20 Std.); die Lichtquelle war eine Niederdruck-Quecksilberdampflampe. Das Gewicht der Reaktionsmischung verminderte sich um 4,2 g, was einem 60%-Umsatz entspricht. Das Reaktionsgemisch wurde fraktioniert destilliert und lieferte Oxalylchlorid (5,7 g) und Cyclohexancarbonsäurechlorid (I) (8,0 g) (Kp: 175—180°, nach nochmaliger Destillation Kp: 180—181°); das Säurechlorid wurde identifiziert als Amid (F: 185—186°).

X. Photolyse von Desoxybenzoin-Derivaten

A. Schönberg et al.[2] haben gefunden, daß gewisse Derivate des Desoxybenzoins der Photolyse unterliegen. So liefert Benzoyldiphenylmethan (I) in Benzollösung (CO_2-Atmosphäre) unter Einwirkung des Sonnenlichtes *1,1,2,2-Tetraphenyläthan* (II) und *Benzaldehyd.*

$$\underset{\text{I}}{C_6H_5CO{-}CH(C_6H_5)_2} \xrightarrow{\text{Licht}} \underset{\text{II}}{(C_6H_5)_2CH{-}CH(C_6H_5)_2} + C_6H_5CHO$$

Es wird angenommen, daß die primäre Einwirkung des Lichtes in einem Zerfall von I unter Bildung der „freien" Radikale Benzoyl (III) und Diphenylmethyl (IV) besteht.

$$\underset{\text{III}}{C_6H_5\dot{C}O} \qquad \underset{\text{IV}}{H\dot{C}(C_6H_5)_2}$$

Die Bildung von *Tetraphenyläthan* (II) läßt sich auf verschiedene Weise erklären: durch Dimerisierung des Diphenylmethylradikals oder durch Einwirkung dieses Radikals auf Benzoyldiphenylmethan (I). Auch die Bildung von Benzaldehyd läßt sich durch verschiedene Annahmen deuten, sie erfolgt aber sicher dadurch, daß das „freie" Benzoyl einer der im System vorhandenen Verbindungen, z. B. I, Wasserstoff entreißt.

Die Annahme, daß bei der Photolyse von Benzoyldiphenylmethan (I) „freie" Radikale und Radikalkettenreaktionen eine Rolle spielen, wird durch Beobachtungen von A. Schönberg und A. Mustafa[3] gestützt. Diese fanden eine erhebliche Stabilität von I bei Belichtung seiner Lösung (Benzol) bei freiem Zutritt von Luft. Es ist anzunehmen, daß Radikalkettenreaktionen dadurch behindert werden, daß die photochemisch gebildeten „freien" Radikale sich mit Sauerstoff umsetzen.

[1] Kharasch, M. S., u. H. C. Brown: Am. Soc. **64**, 329 (1942).
[2] Schönberg, A., A. Fateen u. S. Omran: Am. Soc. 78, 1224 (1956).
[3] Schönberg, A., u. A. Mustafa: Soc. **1945**, 657.

Es sei hier an die Behinderung der Photobromierung gewisser Kohlenwasserstoffe durch Sauerstoff erinnert (vgl. Seite 138).

Zu den Desoxybenzoinderivaten, welche der Photolyse im Sonnenlicht unterliegen, gehören nach den Untersuchungen von A. SCHÖNBERG, A. FATEEN und S. OMRAN[1] auch gewisse Aryl-desyl-sulfide. So entstand bei der Bestrahlung von Phenyl-desyl-sulfid (V, Ar=C_6H_5) *Didesyl* (VII), bzw. *iso-Didesyl* und die Bildung von *Thiophenol* konnte nachgewiesen werden. Es wird angenommen, daß primär die folgende Photoreaktion eintritt:

$$\underset{\text{V}}{C_6H_5{-}CO{-}\underset{\substack{|\\ C_6H_5}}{C}HSAr} \xrightarrow[\text{Licht}]{} ArS\cdot + \underset{\text{VI}}{C_6H_5{-}CO{-}\overset{H}{\underset{\substack{|\\ C_6H_5}}{C}}\cdot}$$

Die Bildung von *Didesyl* (VII) bzw. *iso-Didesyl* und von *Thiophenol* läßt sich in ähnlicher Weise erklären wie die Bildung von 1,1,2,2-Tetraphenyläthan (II) und Benzaldehyd (aus I) (vgl. oben); so ist es möglich, daß *Didesyl* (VII) durch Dimerisierung des freien Desylradikals (VI) entsteht.

$$(C_6H_5{-}CO{-}\underset{\bullet}{C}HC_6H_5)_2 \quad \text{(VII)}$$

1,1,2,2-Tetraphenyläthan[1] (II). Benzoyldiphenylmethan (I) (0,4 g) in trockenem Benzol (frei von Toluol und Thiophen) (10 cm³) wurde in einer Kohlendioxyd-Atmosphäre in einer zugeschmolzenen Pyrexglasröhre dem Sonnenlicht ausgesetzt (2 Wochen, Mai, Kairo). Die Lösung, welche sich gelb gefärbt hatte, wurde konzentriert (2 cm³); beim Abkühlen schieden sich Kristalle von II ab (0,08 g; F: 209°).

Didesyl[1] (VII). o-Kresyl-desyl-sulfid (V, Ar = o-CH_3—C_6H_4) (2 g) in trockenem Benzol (15 cm³, frei von Toluol und Thiophen) wurden (unter Kohlendioxyd) in einer zugeschmolzenen Pyrexröhre dem Sonnenlicht ausgesetzt (30 Tage, Januar, Kairo). VII (0,2 g) schied sich in Kristallen ab; F: 255°.

XI. Photochemische Bildung eines Anthracenderivates aus Phenanthrenderivaten

K. TSUDA und R. HAYATSU[2] haben 7-Dehydrocholesterin (I), *iso*-Dehydrocholesterin (II) und $\Delta^{5,8(9)}$-Cholestadienol (III) bei Gegenwart von p-Toluolsulfosäure und Mercuriacetat unter Luftabschluß bestrahlt und erhielten in allen drei Fällen dasselbe Produkt ($C_{27}H_{42}O$), welches als das *Anthracenderivat* IV angesehen wird.

Bei der Bestrahlung von III bei Gegenwart von Essigsäureanhydrid und p-Toluolsulfosäure (aber ohne Mercuriacetat) wurde ein Produkt erhalten, welches nach Verseifung ebenfalls IV lieferte; diese Methode ist vom präparativen Standpunkt der Mercuriacetat-Methode überlegen, da das Reaktionsprodukt nicht, wie bei der Mercuriacetat-Methode, durch Chromatographie gereinigt werden muß.

Die Umwandlung ohne Mercuriacetat wurde im starken Sonnenlicht durchgeführt, bei der Umwandlung in Gegenwart von Mercuriacetat arbeiteten die japanischen Forscher im Licht einer Glüh- und einer Quecksilber-Lampe.

---

[1] SCHÖNBERG, A., A. FATEEN u. S. OMRAN: Am. Soc. 78, 1224 (1956).

[2] TSUDA, K., u. R. HAYATSU: Am. Soc. 77, 3089 (1955).

Die Konstitution von IV wird gestützt durch die UV-Absorptionskurve und die Überführung in V durch Salpetersäure und in VI durch Einwirkung von Selen.

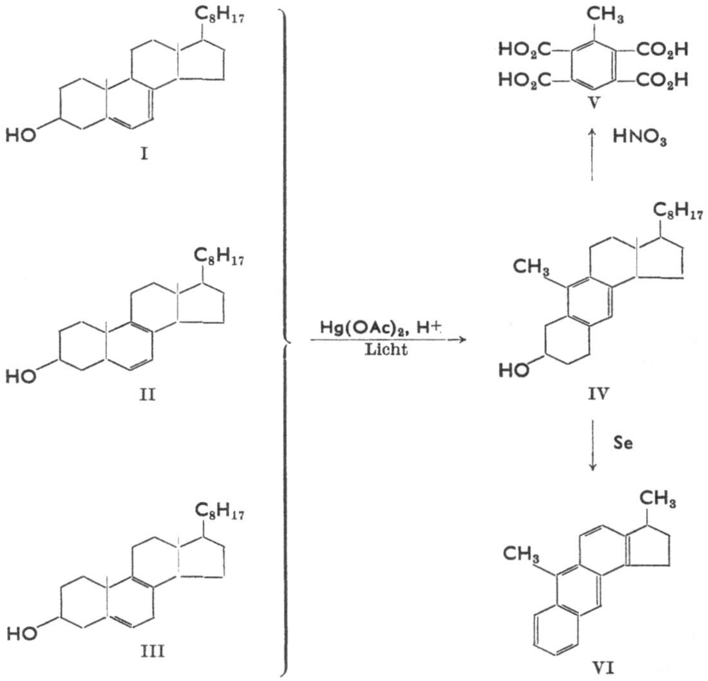

Überführung von $\Delta^{5,8(9)}$-Cholestadienol (III) in das Anthracenderivat[1] (IV). III (2 g) in p-Toluolsulfonsäure (0,6 g) und Essigsäureanhydrid (100 cm³) wurden bei 100° im N_2-Strom starkem Sonnenlicht ausgesetzt (27 Std.). Man ließ erkalten, schüttete in Eiswasser und filtrierte. Der Niederschlag wurde aus Aceton umkristallisiert und ergab ein Produkt F: 152—153°. Man verseifte in der Wärme mit alkoholischer Kalilauge (5%) und goß die Reaktionslösung in Wasser, es bildete sich ein fester Niederschlag (IV). Kristalle, F: 153—154° (aus Aceton); Ausbeute 22,5% d. Th.

XII. Photochemische Dehydrierung

Über die photochemische Dehydrierung ist verhältnismäßig wenig gearbeitet worden, was vielleicht damit zusammenhängt, daß dem Organiker eine Reihe guter Methoden zur Verfügung stehen, durch welche Dehydrierungen in Dunkelprozessen durchgeführt werden können. Einige Angaben liegen über die photochemische Dehydrierung des Tetralins vor.

R. F. Moore und W. A. Waters[2] haben Tetralin durch Einwirkung von Chinonen (Phenanthrenchinon, Chloranil, 1,4-Naphthochinon) photochemisch (UV-Licht) dehydriert. Sie erhielten *1,2-Dihydronaphthalin*, welches als 1,2-Dibrom-1,2,3,4-tetrahydronaphthalin nach-

[1] Tsuda, K., u. R. Hayatsu: Am. Soc. **77**, 3089 (1955).
[2] Moore, R. F., u. W. A. Waters: Soc. **1953**, 3405.

gewiesen wurde. Die besten Ausbeuten (50%) wurden mit Phenanthrenchinon erhalten; abgesehen von 1,2-Dihydronaphthalin wurden die Reduktionsprodukte der verwandten Chinone erhalten, nämlich *Phenanthrenchinhydron*, *Tetrachlor-hydrochinon* und *1,4-Dioxy-naphthalin.*

G. O. SCHENCK[1] hat ebenfalls Tetralin mit Chloranil im UV-Licht umgesetzt; er berichtet über ein Umsetzungsprodukt, nämlich *Tetrachlorhydrochinon-α-tetralyl-mono-äther* (I), welches in einer Ausbeute von 25% d. Th. erhalten wurde (vgl. S. 102).

Vielleicht lassen sich die verschiedenen Resultate, welche R. F. MOORE und G. O. SCHENCK erhalten haben, durch die Annahme erklären, daß die photochemische Dehydrierung des Tetralins mit Chloranil über den Äther (I) verläuft, welcher (thermisch oder photochemisch) in *1,2-Dihydronaphthalin* und *Tetrachlor-hydrochinon* zerfällt.

$$C_{10}H_{12} + C_6O_2Cl_4 \xrightarrow{\text{Licht}} \text{I} \longrightarrow C_6H_2O_2Cl_4 + C_{10}H_{10}$$

I

N. DOST und K. VAN NES[2] haben Tetralin in Xylol-Lösung bei 140° mit Chloranil dehydriert, und zwar arbeiteten sie teils ohne, teils mit Bestrahlung (UV-Licht). Sie erhielten *Naphthalin*. Die Ausbeute wurde durch die Bestrahlung während der Dehydrierung nicht verändert. Dieselbe Beobachtung wurde gemacht, als Acenaphthen unter diesen Bedingungen dehydriert wurde (Bildung von *Acenaphtylen*). Die photochemische Dehydrierung erlaubt ein Arbeiten bei Raumtemperatur.

1,2-Dihydronaphthalin[3]. Zu sorgfältig gereinigtem Tetralin (Kp: 206°) (50 cm³) wurde Phenanthrenchinon (2 g) gegeben. Man bestrahlte mit einer 500 W Quecksilber-Quarz Hanovia-Lampe, welche 25 cm vom Reaktionsgefäß entfernt war. Als Reaktionsgefäß diente ein dünnwandiges Glasgefäß, welches unter N_2 zugeschmolzen war; während der Bestrahlung (18 Tage) wurde das Gefäß geschüttelt. Hierauf wurde das Phenanthrenchinhydron, welches sich gebildet hatte, abfiltriert und das Tetralin abdestilliert. Das Destillat wurde mit einer Bromlösung (10%, Lösungsmittel Chloroform) bei 0° behandelt, bis die Bromfarbe aufhörte schnell zu verschwinden (etwa 0,4 cm³ Brom). Nach Verjagen des Lösungsmittels wurden 1,2-Dibrom-1,2,3,4-tetrahydronaphthalin (0,7 g) erhalten; F: 71°. Ausbeute an 1,2-Dihydronaphthalin: 50%.

Während die thermischen Dehydrierungen mit Diphenyldisulfid höhere Temperaturen benötigen — die Dehydrierung des Tetralins

---

[1] SCHENCK, G. O.: Dechema-Monographien **24**, 105 (1955).
[2] DOST, N., u. K. VAN NES: R. **70**, 403 (1951).
[3] MOORE, R. F., u. W. A. WATERS: Soc. **1953**, 3405.

(Bildung von Thiophenol und Naphthalin) hat M. NAKASAKI[1] bei 260° durchgeführt und unter ähnlichen Bedingungen Anthracen aus Dihydroanthracen erhalten —, kann man photochemische Dehydrierungen mit Diphenyldisulfid und *iso*-Amyldisulfid schon bei Raumtemperatur durchführen.

Nach M. NAKASAKI gab Benzhydrol (0,5 g) und Diphenyldisulfid (0,7 g) in 15 cm³ Petroläther nach zweiwöchiger Bestrahlung mit Sonnenlicht (in einer zugeschmolzenen Röhre) 0,3 g *Benzpinakon* [$(C_6H_5)_2COH-$ $-COH(C_6H_5)_2$]. Unter ähnlichen Bedingungen wurde die Dehydrierung von Benzylalkohol zu *Benzaldehyd* durchgeführt; diese Umwandlung läßt sich nach A. SCHÖNBERG und A. MUSTAFA[2] auch thermisch (100°, 60 Std.) durchführen.

M. NAKASAKI führte auch eine photochemische Dehydrierung (UV-Licht) von Tetralin mit Hilfe von Di-(2-benzthiazolyl)-disulfid (II) durch.

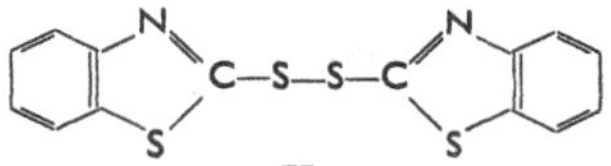

II

Die dehydrierende Wirkung von Diphenyldisulfid sowohl im Licht als auch bei thermischen Prozessen dürfte wohl durch eine Dissoziation in „freie“ Radikale zu erklären sein, d. h. die Radikale (Thiyle)[3] sind das reduzierende Mittel. Die Radikaldissoziation der Disulfide im Licht ($R-S-S-R \rightarrow 2RS\cdot$) haben die Untersuchungen von M. S. KHARASCH et al.[4] sehr wahrscheinlich gemacht.

Die photochemische Dehydrierung von Äthanen mit Hilfe von Brom, welche zur Bildung von Verbindungen der Äthylenreihe führt, verläuft wahrscheinlich über die entsprechenden Organo-bromverbindungen.

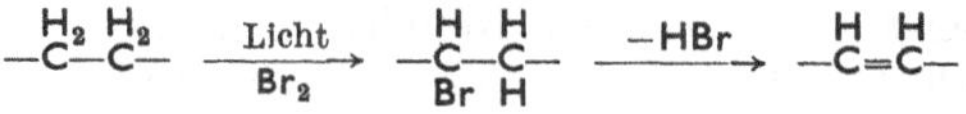

Eine sehr glatt verlaufende Reaktion ist die Bildung von 2,3; 6,7-Dibenz-suberen-(4)-on-(1) (IV) aus 2,3; 6,7-Dibenz-suberon-(1) (III)[5].

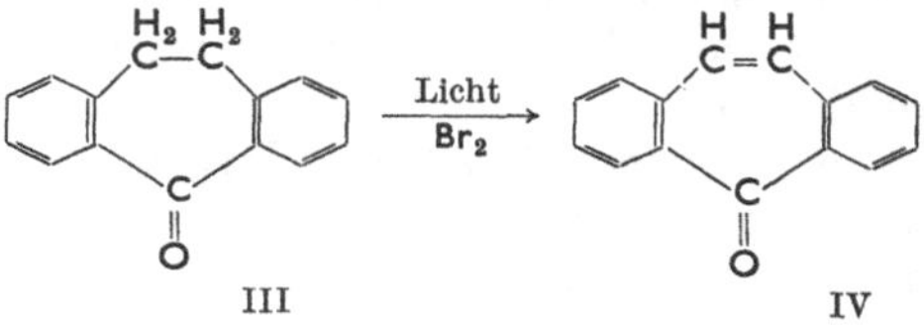

III IV

2,3; 6,7-Dibenz-suberen-(4)-on-(1) (IV). Zu 2,3; 6,7-Dibenz-suberon-(1) (III) wurde bei 130° unter Belichtung die molare Menge Brom getropft. Das Reaktionsprodukt wurde destilliert (Kp_8: 220°) und das kristallisierende Destillat aus Methanol umgelöst; F: 89°, Ausbeute etwa 80% d. Th.

[1] NAKASAKI, M.: J. chem. Soc. Japan, Pure Chem. Sect. **74**, 403 (1953); Chem. Abstr. **48**, 12017 (1954).

[2] SCHÖNBERG, A., u. A. MUSTAFA: Am. Soc. **73**, 2401 und 5931 (1951).

[3] SCHÖNBERG, A., E. RUPP u. W. GUMLICH: B. **66**, 1932 (1933).

[4] KHARASCH, M. S., W. NUDENBERG u. T. H. MELTZER: J. org. Chem. **18**, 1233 (1953).

[5] TREIBS, W., u. H.-J. KLINKHAMMER: B. **84**, 678 (1951).

XIII. Photochemische Cyclisierung durch Eliminierung zweier Wasserstoff- oder zweier Chlor-Atome. Bildung fünf- oder sechsgliedriger Ringe

1. Hexaphenyläthan (Triphenylmethyl) in Triphenylmethan und Di-biphenylen-diphenyläthan

Nach J. SCHMIDLIN und A. GARCIA-BANUS[1] zeigen Triphenylmethyllösungen (Benzol) nach drei Monaten noch keine Veränderung. Im diffusen Sonnenlicht tritt jedoch völlige Entfärbung der Lösung unter Bildung von *Triphenylmethan* und *Di-biphenylen-diphenyläthan* (II) ein.

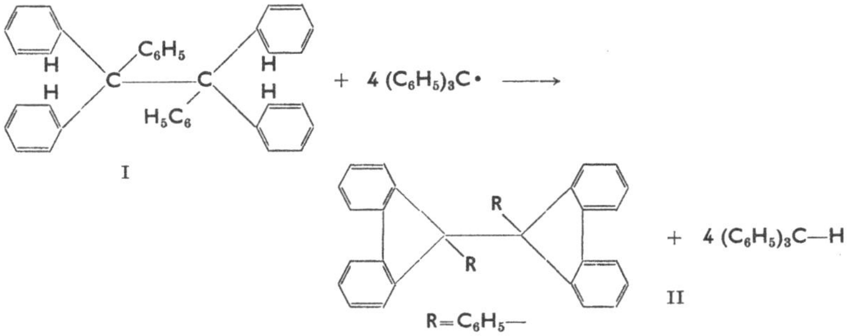

C_6H_5 H H H_5C_6 H H + 4 $(C_6H_5)_3C\cdot$ ⟶

I

R R + 4 $(C_6H_5)_3C—H$

II

$R = C_6H_5—$

Strahlen der Wellenlänge 5300–4000 Å haben sich bei der photochemischen Umwandlung des Hexaphenyläthans am wirksamsten erwiesen, sie werden von Triphenylmethyl stark absorbiert. Im gelben Licht tritt weder Oxydation noch Reduktion ein[2].

Im ultravioletten Licht wird Triphenylmethyl nicht nachweisbar oxydiert oder reduziert, gleichgültig ob man die Benzollösung oder das feste Hexaphenyläthan selbst behandelt. Die photochemische Entfärbung von Triphenylmethyllösungen im Sonnenlicht tritt in Toluol schneller als in Benzol ein. In m-Xylol erfolgt die Entfärbung noch schneller, am schnellsten in Hexan[2].

Lösungen des p-Tri-biphenyl-methyls (III), welches nur als freies Radikal existiert, zeigen nach 45tägiger Sonnenbestrahlung keine Veränderung der Farbintensität[1].

$(p—C_6H_5—C_6H_4)_3C\cdot$

III

Di-biphenylen-diphenyläthan (II)[1]. Eine Benzollösung (350 cm³) von Hexaphenyläthan (I) — dargestellt aus Triphenylmethylchlorid und im Vakuum getrocknetem molekularen Silber[3] —, welche sich in einem zugeschmolzenen Kolben (Kohlendioxyd-Atmosphäre, sauerstofffrei) befand, wurde 45 Tage dem

[1] SCHMIDLIN, J., u. A. GARCIA-BANUS: B. **45**, 1344 (1912).

[2] BOWDEN, S. T., u. W. J. JONES: Soc. **1928**, 1149.

[3] SCHMIDLIN, J.: B. **41**, 423 (1908).

diffusen Sonnenlicht ausgesetzt (Dezember, Januar; Zürich). Die Lösung entfärbte sich vollkommen und farblose Kristalle (2,85 g) schieden sich ab, welche nach mehrmaligem Umkristallisieren aus Benzol bei Gegenwart von Luft 1,6 g Biphenylen-phenyl-methyl-peroxyd ($C_{38}H_{26}O_2 + 2C_6H_6$) lieferten.

Die Benzollösung, welche nach dem Abfiltrieren der farblosen Kristalle (2,85 g) erhalten wurde, lieferte beim Einengen Triphenylmethan, welches mit Kristallbenzol ausfiel (7,2 g). Durch weiteres Aufarbeiten der Benzollösung erhielt man nach Zugabe von Petroläther noch 1,60 g Triphenylmethan sowie Di-biphenylendiphenyläthan (unlöslich in Äther). Die quantitative Aufarbeitung lieferte aus 9,49 g Hexaphenyläthan insgesamt 3,15 g Di-biphenylen-diphenyläthan (II) und 6,43 g benzolfreies Triphenylmethan.

2. Dehydrierung des Dibenzalbernsteinsäure-anhydrids; Synthese von Naphthalinderivaten

Das Anhydrid der Dibenzal-bernsteinsäure (I, R = H) läßt sich nach der Untersuchung von H. Stobbe[1] photochemisch dehydrieren (Verlust von 2 Atomen H). Zu diesem Zweck wird das Anhydrid in gesättigter Lösung (Benzol oder Chloroform), welche Jod enthält, dem Sonnenlicht ausgesetzt; *1-Phenyl-naphthalin-2,3-dicarbonsäure-anhydrid* (II, R = H) scheidet sich wegen seiner Schwerlöslichkeit aus der belichteten Flüssigkeit aus. Es wird zur Trennung von anderen, gleichfalls entstandenen Stoffen zunächst in Chloroform gelöst und der Verdampfungsrückstand dieser Lösung aus Eisessig oder Benzol umkristallisiert. II (R = H) schmilzt bei 255° ohne Zersetzung.

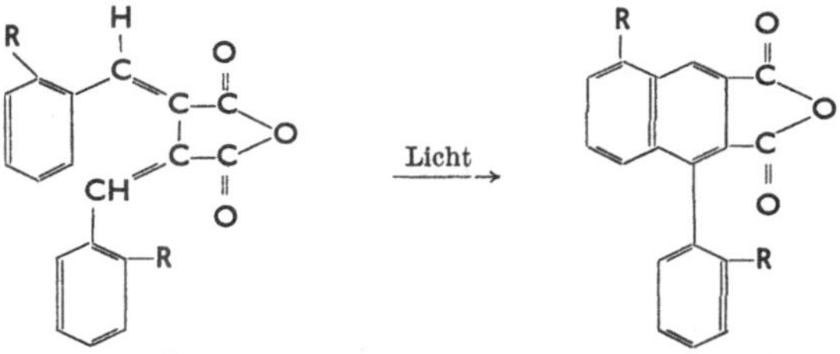

I —Licht→ II

III —Licht→ IV

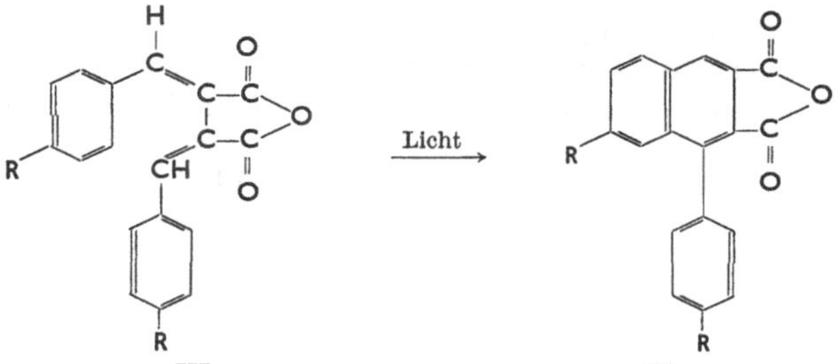

Ähnliche photochemische Umwandlungen wurden von F. G. Baddar et al.[2] mit den Dimethoxyderivaten I, (R=OCH_3) und III (R=OCH_3)

[1] Stobbe, H.: B. **40**, 3372 (1907).

[2] Baddar, F. G., L. S. El-Assal u. M. Gindy: Soc. **1948**, 1270.

durchgeführt [Sonnenbestrahlung, Benzol oder Chloroformlösung, die eine Spur Jod enthielten; 2 Tage (März, Kairo) im Falle von I ($R=OCH_3$), 4 Tage (Juli) im Falle von III ($R=OCH_3$)]. *1-p-Tolyl-7-methylnaphthalin-2,3-dicarbonsäure-anhydrid* (IV, $R=CH_3$) wurde aus III ($R=CH_3$) durch Bestrahlen (Benzollösung, 8 Tage, März) erhalten; es ist nicht angegeben, daß die Lösung Jod enthielt. Die Bildung von II ($R=OCH_3$) war fast quantitativ.

Die Umwandlung von Dibenzal-bernsteinsäureanhydriden zu den entsprechenden Naphthalinderivaten (vgl. I → II) läßt sich auch thermisch als Dunkelreaktion durchführen. F. G. Baddar und Mitarbeiter[1] beobachteten eine Bildung der Naphthalinderivate beim Erwärmen von I ($R=OCH_3$) (2 Std., 280–285°) und III ($R=OCH_3$) (2 Std., 205–210°).

3. Dehydrierung des Dehydrodianthrons, Helianthrons, Anthrafuchsons, 10-(9'-Xanthylen)-anthrons und verwandte Reaktionen

Dehydrodianthron (I) und Helianthron (II) gehen beim Belichten ihrer Lösungen in *meso-Naphthodianthron* (III) über[2]; ähnliche Resultate wurden bei Versuchen mit Derivaten des Dianthrons erhalten[3]. Man arbeitet gewöhnlich in organischen Lösungsmitteln; über Versuche, die in konzentrierter Schwefelsäure ausgeführt wurden, siehe unten.

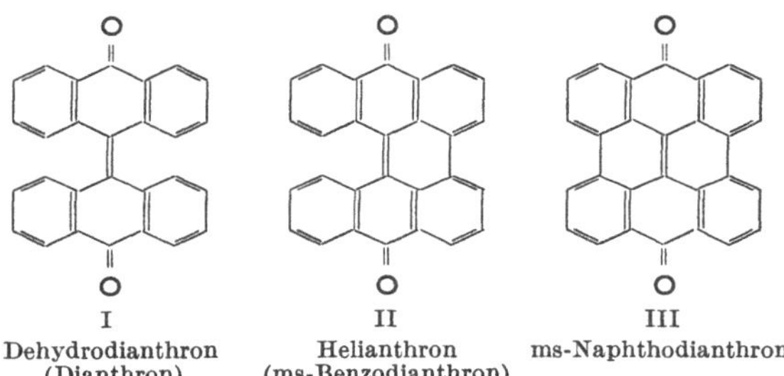

I Dehydrodianthron (Dianthron) — II Helianthron (ms-Benzodianthron) — III ms-Naphthodianthron

Die photochemische Cyclisierung des Dehydrodianthrons (I) und des Helianthrons (II) wurde von H. Brockmann und R. Mühlmann[4] näher untersucht; besonders interessierte sie der Verbleib des abgespaltenen Wasserstoffs.

Wird Dehydrodianthron (I) unter Luftabschluß belichtet, so findet der folgende Umsatz statt[4]:

$$3\,\text{I} \xrightarrow{\text{Licht}} \text{III} + 2\,\text{Va}$$

Wird Dehydrodianthron in Essigsäure-anhydrid gelöst und mehrere Stunden lang unter Kochen am Rückflußkühler belichtet, so wird eine

[1] Baddar, F. G., L. S. El-Assal u. M. Gindy: Soc. **1948**, 1270.
[2] Meyer, H., R. Bondy u. A. Eckert: M. **33**, 1451 (1912).
[3] Attree, G. F., u. A. G. Perkin: Soc. **1931**, 153.
[4] Brockmann, H., u. R. Mühlmann: B. **82**, 348 (1949).

reichliche Menge von Diacetyldianthranol (Vb) erhalten[1]. Nimmt man die Belichtung von Helianthron (II) in Acetanhydrid vor, so erfolgt die Bildung von IVb[2].

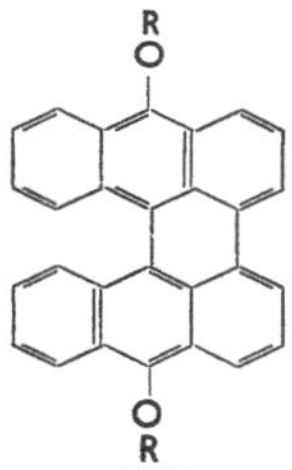

IVa : R=H
b : $R=COCH_3$

Va : R=H
b : $R=COCH_3$

Wird Helianthron und Dehydrodianthron in Lösung bei Gegenwart eines Oxydationsmittels bestrahlt, so kommt es zu einer quantitativen Bildung von *Naphthodianthron* (III): als Oxydationsmittel kann man Luftsauerstoff, Nitrobenzol oder Phenanthrenchinon benutzen. Diese Oxydationsmittel dienen dazu, das Dihydrohelianthron (IVa), das sich bei der Photoreaktion bildet, zu dehydrieren. Falls die Dehydrierung mit Sauerstoff durchgeführt wird, so bildet sich Wasserstoffsuperoxyd.

Anthrafuchson (VI)[3] läßt sich in indifferenten Lösungsmitteln (Benzol, Ligroin) mit Aluminiumchlorid in das Phenanthrenderivat VII (*1,10-Benzoylen-9-phenyl-phenanthren*) überführen, doch erhält man eine bessere Ausbeute und ein reineres Produkt, wenn die Umwandlung photochemisch durchgeführt wird. Eine ähnliche photochemische Dehydrierung erlaubt die Überführung von 10-(9'-Xanthylen)-anthron (VIII) in *Oxapenenon* (IX)[4].

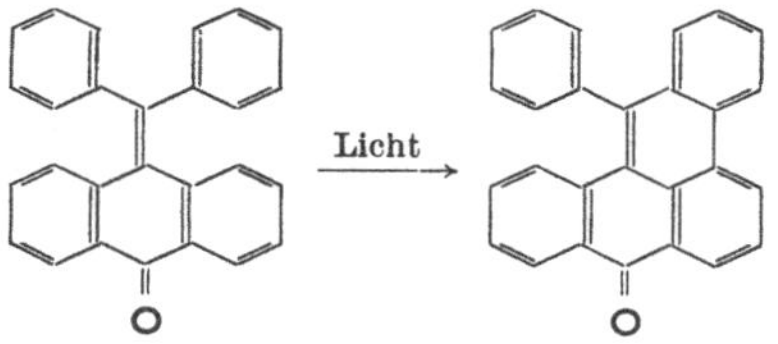

VI —Licht→ VII

VIII —Licht→ IX

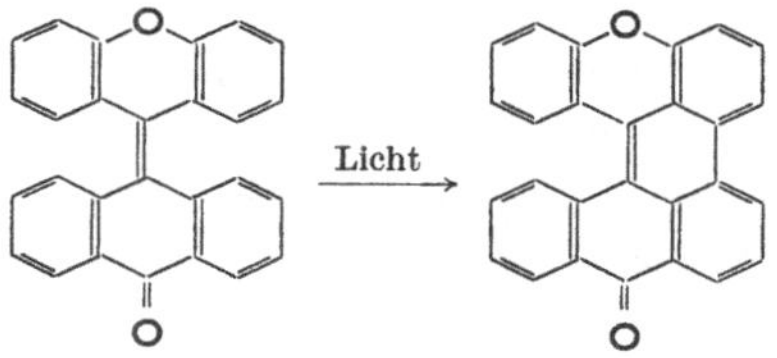

Wird 10-9'-Thiaxanthylidenanthron (X), suspendiert in Benzol, dem Sonnenlicht ausgesetzt, so erfolgt Dehydrierung unter Bildung des Perylenderivates XI[5]. Diese Dehydrierung findet sowohl in einer CO_2-Atmosphäre als auch in trockener Luft statt. Ähnlich verhält sich

1 Meyer, H., R. Bondy u. A. Eckert: M. **33**, 1463 (1912).
2 Brockmann, H., u. R. Mühlmann: B. **82**, 348 (1949).
3 Clar, E., u. W. Müller: B. **63**, 869 (1930).
4 Schönberg, A., A. F. Ismail u. W. Asker: Soc. **1946**, 442.
5 Ismail, A. F., u. Z. M. El-Shafei: Soc. **1957**, 3393.

9,10-Dihydro-9-phenyl-10-10'-thioxanthyliden-anthran-9-ol (XII) (Bildung von XIII).

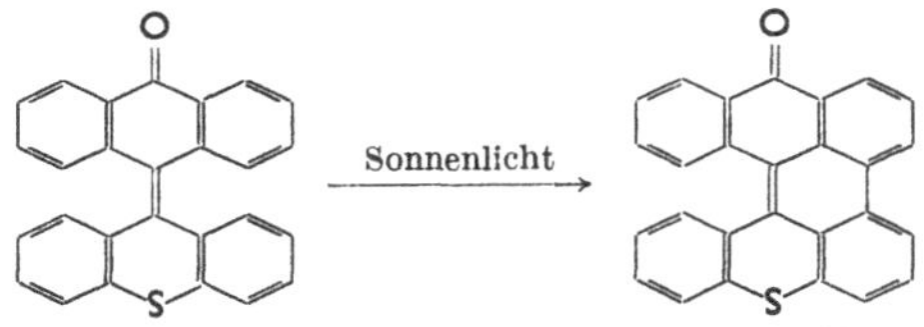

X —Sonnenlicht→ XI

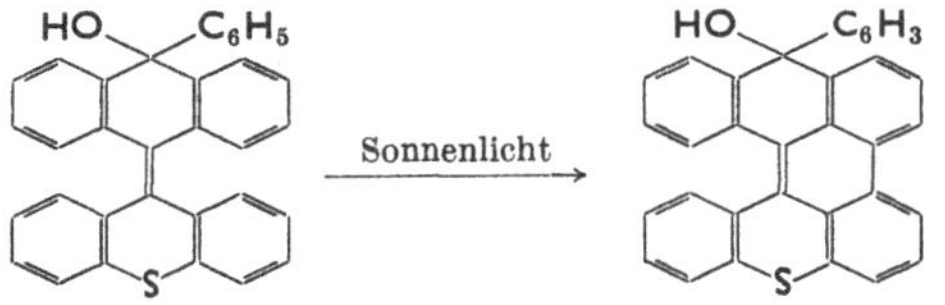

XII —Sonnenlicht→ XIII

Die nur im sauren Medium stattfindende Dehydrierung des 2,4-Diphenyl-5,6-benzochinolins (XIV) führt zu einer um 2H ärmeren Base, die wohl als *4-Phenyl-1,2-benzo-5-azapyren* (XV)[1] zu formulieren ist.

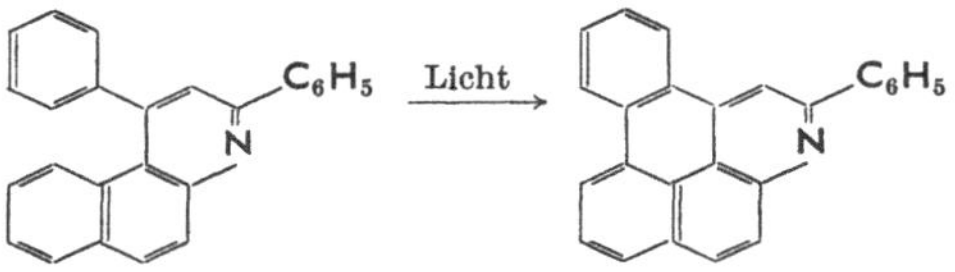

XIV —Licht→ XV

Als Erklärung für das photochemische Verhalten von Dehydrodianthron, Helianthron, Anthrafuchson usw. (Disproportionierung) haben SCHÖNBERG et al.[2] auf die photochemische Bildung von Biradikalen (vgl. XVI, eine der möglichen Resonanzformen) hingewiesen, welche sich durch Disproportionierung stabilisieren sollten; eine solche Stabilisierung ist häufig im Gebiet freier Radikale beobachtet worden.

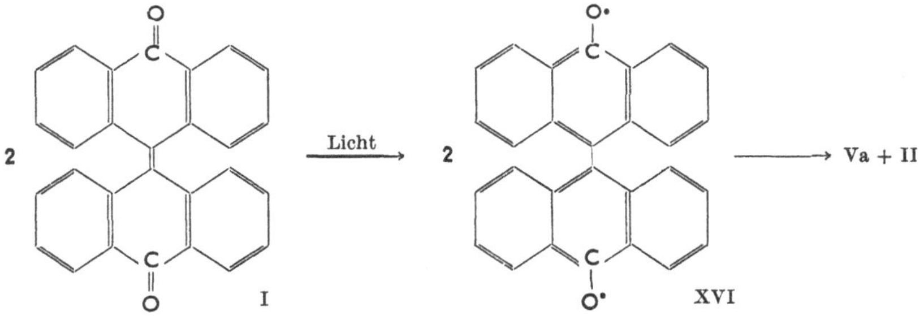

2 I —Licht→ 2 XVI → Va + II

[1] HUISGEN, R.: A. **564**, 16 (1949).
[2] SCHÖNBERG, A., A. MUSTAFA u. W. ASKER: Am. Soc. **76**, 4143 (1954).

Es ist bemerkenswert, daß einige der oben besprochenen Äthylenderivate, welche sich im Licht disproportionieren, ausgesprochen thermochrom sind (vgl. I, VI und VIII). Die in der Wärme gebildeten Formen dieser thermochromen Äthylenderivate sind jedoch nicht mit den photochemisch erzeugten Biradikalen identisch; die farbigen thermochemisch erzeugten Formen sind thermostabil, freie Radikale (auch Biradikale) sind jedoch thermolabil.

Meso-naphthodianthron (III) aus Dehydrodianthron (I)[1]. Läßt man eine klare Lösung von Dehydrodianthron in Eisessig längere Zeit im Lichte stehen, so scheiden sich, namentlich an den dem Lichte zugekehrten Gefäßwänden, gelbliche Kriställchen aus, die sich vom Dehydrodianthron durch viel geringere Löslichkeit und vor allem auch dadurch unterscheiden, daß sie sich in konzentrierter Schwefelsäure mit karminroter Farbe und prachtvoll ziegelrot leuchtender Fluorescenz lösen. Die gleiche Substanz entsteht durch die Wirkung von elektrischem Bogenlicht und unter den Strahlen einer Quarz-Quecksilber-Lampe.

Am besten geht man zu ihrer Darstellung so vor, daß man die siedende Lösung von je 2 g Dehydrodianthron in 1000 cm^3 Eisessig so lange dem Einflusse direkten Sonnenlichtes oder einer anderen starken Lichtquelle aussetzt, bis die ursprüngliche grüne Farbe der Lösung reingelb geworden ist. Die Benutzung von Quarzkolben ist empfehlenswert, aber nicht unerläßlich.

Das so erhaltene Produkt wird wiederholt mit Eisessig ausgekocht, es ist hellgelb und vollkommen rein.

Meso-naphthodianthron (III) aus Dianthrol (V)[1]. Die gelbe gesättigte Lösung der Substanz V in Eisessig färbt sich beim Kochen im Sonnenlichte rasch grün, gleichzeitig werden Kristalle abgeschieden. Filtriert man jetzt ab, so kann man unter der Lupe deutlich neben den feinen Nadeln des Naphthodianthrons die derben kompakten Kristalle des Dehydrodianthrons unterscheiden. Durch wiederholtes Auskochen mit Eisessig kann man beide Substanzen trennen. Setzt man die Belichtung genügend lange fort, so kann man auf diese Weise zu reinem Naphthodianthron gelangen; Ausbeute mindestens 90% d. Th.

Meso-naphthodianthron (III) aus Helianthron (II)[1]. Löst man Helianthron, das durch fünfmaliges Umkristallisieren aus einem bei 150° siedenden Gemisch von Eisessig und Nitrobenzol sorgfältig gereinigt sein muß, in viel Eisessig und belichtet (Sonne) in der Hitze oder auch bei gewöhnlicher Temperatur, so scheiden sich, ohne daß Wasserabspaltung bemerkbar wäre, z. T. an den Kolbenwänden anhaftende hell-rotbraune Kristalle ab. Man kocht mit Xylol aus und kristallisiert noch wiederholt aus Nitrobenzol um. III wird in hellgelben Nadeln erhalten.

Diacetyldianthranol (Vb)[2]. Dehydrodianthron (I) in Essigsäureanhydrid gelöst, wurde mehrere Stunden lang unter Kochen am Rückflußkühler belichtet. Nach dem Erkalten wurde von mitentstandenem (III) abfiltriert, unter Kühlung mit Methylalkohol versetzt, der entstandene Essigester abdestilliert und der Rückstand aus Eisessig umkristallisiert. Es wurden reichliche Mengen Diacetyldianthranol erhalten.

1,10-Benzoylen-9-phenyl-phenanthren (VII)[3]. 2 g Anthrafuchson (VI) werden in Xylol gelöst und in einem Rundkolben aus Quarzglas mit aufgesetztem Luftkühler den Strahlen einer Quecksilber-Quarzlampe der Firma Heraeus ausgesetzt. Die Erwärmung durch die Hg-Lampe erhält die Lösung allein im Sieden. Es wird so lange belichtet, bis in einer Probe mit konzentrierter Schwefelsäure eine dunkelrote Fluorescenz auftritt. Nach 45stündiger Belichtungsdauer wird die Xylol-Lösung hell-rubinrot mit grünlicher Fluorescenz. Sie wird stark eingeengt und die ausfallenden Kristalle aus Eisessig umkristallisiert. VII bildet gelbe Nadeln, die sich in konzentrierter Schwefelsäure karminrot mit intensiv orangeroter Fluorescenz lösen. F: 228—229°.

---

[1] Meyer, H., R. Bondy u. A. Eckert: M. **33**, 1447 (1912).

[2] Meyer, H., R. Bondy u. A. Eckert: M. **33**, 1463 (1912).

[3] Clar, E., u. W. Müller: B. **63**, 869 (1930).

Oxapenenon (IX)[1]. 10-(9'-Xanthylen)-anthron (VIII) (1 g) wurde in Benzol (25 cm³), welches sorgfältig getrocknet war und weder Toluol noch Thiophen enthielt, eine Woche dem direkten Sonnenlicht ausgesetzt (Juni, Kairo); die Lösung färbte sich rot (grüne Fluorescenz) und schied, nachdem sie unter vermindertem Druck auf 5 cm³ eingeengt worden war, in der Kälte rote Kristalle ab (0,5 g). IX wurde aus Benzol umkristallisiert; F: 245—246°. Konzentrierte Schwefelsäure gab eine malachitgrüne Farbreaktion; die Substanz ist wenig löslich in heißem Alkohol, die Lösungsfarbe ist orange-rot. Der photochemische Umsatz wurde in einer zugeschmolzenen Röhre (Monaxglas) unter CO_2 durchgeführt.

4-Phenyl-1,2-benzo-5-azapyren (XV)[2]. 2,4-Diphenyl-5,6-benzochinolin (XIV) (150 mg) werden in 30 cm³ Alkohol unter Zusatz einiger Tropfen konzentrierter Schwefelsäure gelöst und dem Sonnenlicht ausgesetzt. Die farblose Lösung ist schon nach wenigen Minuten gelb; nach 1 Std. haben sich 170 mg citronengelber Nadeln ausgeschieden. Das Filtrat liefert bei weiterer Belichtung noch 24 mg des gleichen Stoffes. Das vorliegende Sulfat des Photodehydrierungsproduktes wird mit warmem Ammoniak zerlegt und das erhaltene XV aus viel Chloroform-Alkohol umkristallisiert. Man erhält farblose, verfilzte Nadeln (136 mg), die bei 220° schmelzen.

4. 4,5,4',5'-Tetrachlor-mesonaphthodianthron aus 4,5,8,4',5',8'-Hexachlor-helianthron

Im Gegensatz zu den oben beschriebenen photochemischen Synthesen von Mesonaphthodianthron handelt es sich bei der Darstellung von *4,5,4',5'-Tetrachlor-mesonaphthodianthron* (II) aus 4,5,8,4',5',8'-Hexachlor-helianthron (I) um die Eliminierung zweier Chloratome. Die Umwandlung wird durchgeführt in konzentrierter Schwefelsäure[3].

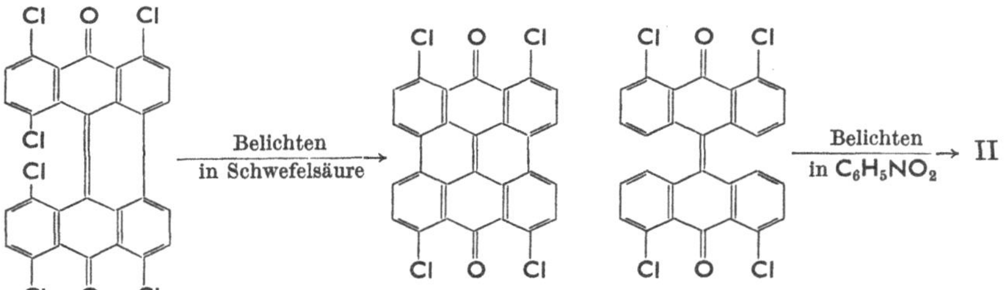

Cl O Cl
Cl
Cl
Cl O Cl
I
Belichten
in Schwefelsäure
Cl O Cl
Cl O Cl
II
Cl O Cl
Cl O Cl
III
Belichten
in $C_6H_5NO_2$
→ II

4,5,4',5'-Tetrachlor-mesonaphthodianthron (II). Löst man etwa 1 g des Hexachlorohelianthrons (I) in 50 cm³ konzentrierter Schwefelsäure und setzt diese Lösung dem direkten Sonnenlicht aus, so beobachtet man sofort das Auftreten reichlicher Mengen Chlorwasserstoff, die erkenntlich sind an der starken Nebelbildung, der Reaktion mit Ammoniak usw. Nach und nach tritt auch ein schwacher, aber deutlicher Geruch nach Chlor auf. Auch mit Jodkalium-Stärke-Kleister läßt sich in der über der Flüssigkeit befindlichen Atmosphäre Chlor nachweisen.

Läßt man die Schwefelsäure-Lösung einige Tage im starken Sonnenlicht stehen, so verschwindet nach und nach die grüne Färbung vollständig und die Schwefelsäure färbt sich blau-rot. Durch Wasser wird jetzt das Reaktionsprodukt als braunes, amorphes Pulver ausgefällt. Zur Reinigung wird dieses zunächst mehrmals mit Xylol ausgekocht und dann aus Nitrobenzol mehrmals umkristallisiert. Das 4,5,4',5'-Tetrachloro-mesonaphthodianthron (II) wurde in gelben Nädelchen

[1] Schönberg, A., A. Ismail u. W. Asker: Soc. **1946**, 442.
[2] Huisgen, R.: A. **564**, 16 (1949).
[3] Eckert, A.: B. **58**, 322 (1925).

erhalten, es war identisch mit dem von ECKERT und TOMASCHEK[1] erhaltenen Produkt (vgl. III → II).

5. Umwandlungen von Xanthenium-Salzen in Dehydro-xanthenium-Salze

W. DILTHEY und F. QUINT[2] haben gefunden, daß man aus gewissen Xanthenium-Salzen (vgl. I) *Dehydro-xanthenium*-Salze (vgl. II) erhalten kann; diese Umwandlung erfolgt durch Einwirkung von Licht (Sonnenlicht) auf die gelösten Xanthenium-Salze; als Lösungsmittel kann z. B. Eisessig verwandt werden, in der Dunkelheit tritt keine Dehydrierung ein.

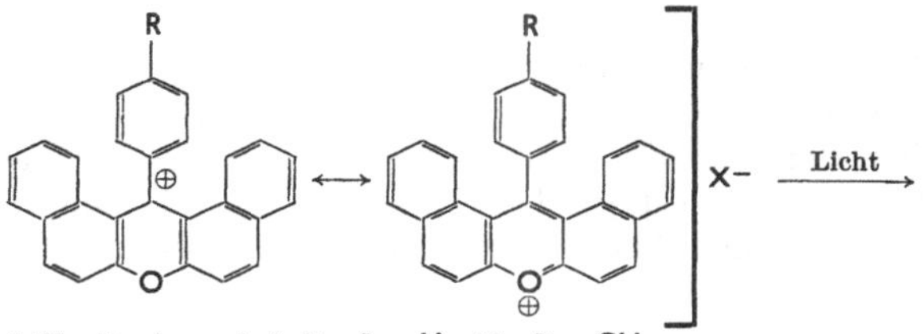

X^- $\xrightarrow{\text{Licht}}$

I (Xanthenium-salze). Ia, R = H, Ib, R = CH_3

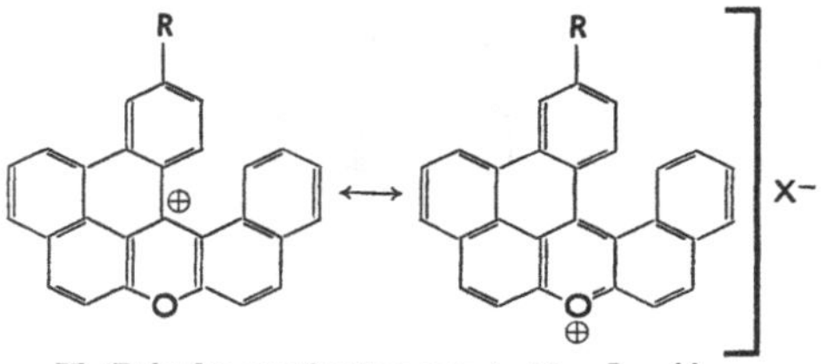

X^-

II (Dehydro-xanthenium-salze). IIa, R = H
IIb, R = CH_3

Am einfachsten verläuft die photochemische Umwandlung von gewissen chlorhaltigen Xanthenium-Salzen (vgl. III)[3]; hier kann man auch bei Abwesenheit oxydierender Mittel eine fast vollkommene Umwandlung erreichen (vgl. A). Bei anderen Xanthenium-Salzen verläuft die Reaktion jedoch nach dem Prinzip der Disproportionierung (vgl. B); dabei liefern 2 Mol des Carbeniumsalzes nur 1 Mol des *Dehydrenium*-Salzes, wenn man in Abwesenheit oxydierender Mittel arbeitet; als zweites Produkt entsteht ein Methanderivat (vgl. IV).

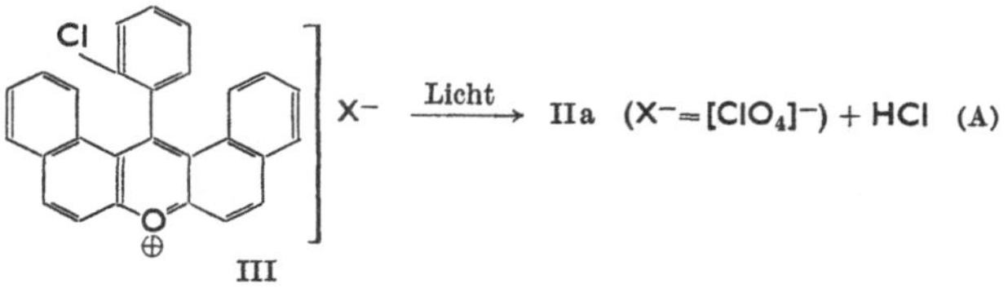

III X^- $\xrightarrow{\text{Licht}}$ IIa ($X^- = [ClO_4]^-$) + HCl (A)

---

[1] ECKERT, A., u. R. TOMASCHEK: M. **39**, 839 (1918).

[2] DILTHEY, W., u. F. QUINT: B. **69**, 1575 (1936).

[3] Bei den folgenden Verbindungen wird nur eine der möglichen Resonanzformen gezeigt.

Arbeitet man jedoch in Gegenwart von Luft, so kann das Methanderivat (vgl. IV) unter Umständen über das entsprechende Carbinol in das *Dehydrenium*-Salz (vgl. II) verwandelt werden, was bei der Berechnung der theoretisch möglichen Ausbeuten zu berücksichtigen ist.

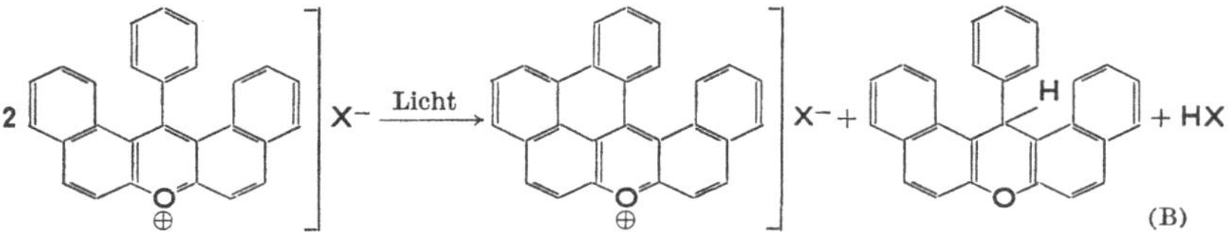

2 [ ] X⁻ —Licht→ [ ] X⁻ + + HX (B)

II IV

Nach Ansicht des Verfassers dürfte der oben erwähnten Disproportionierung (vgl. B) eine Bildung freier Radikale (vgl. V) vorausgehen. Auf die Ähnlichkeit zwischen der Disproportionierung von V einerseits und von Triphenylmethyl andererseits (vgl. S. 124), sowie auf die photochemische Bildung von Triphenylmethyl aus Triphenylbrommethan (vgl. S. 65) sei hingewiesen.

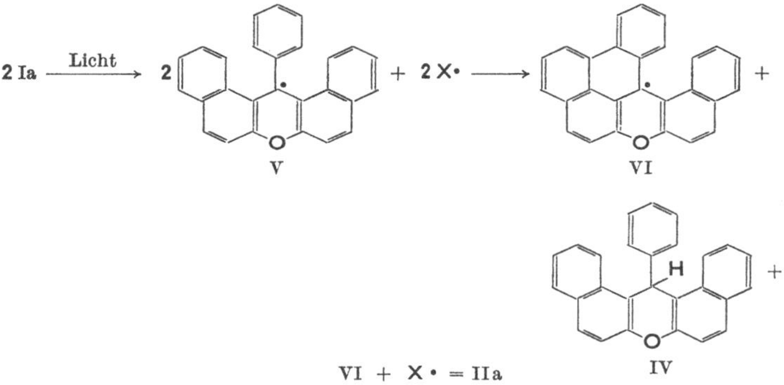

2 Ia —Licht→ 2 + 2 X• ⟶ +

V VI

+ •X + HX

VI + X• = IIa IV

Aus Patenten[1] ergibt sich, daß man photochemische Dehydrierungen auch mit NH-Isologen der Dibenzoxantheniumsalze durchführen kann. [N-Phenyl-ms-phenyl-1,2,7,8-dibenzoacridiniumchlorid (VII) → *Dehydro-N-phenyl-ms-phenyl-1,2,7,8-dibenzoacridiniumchlorid* (VIII).]

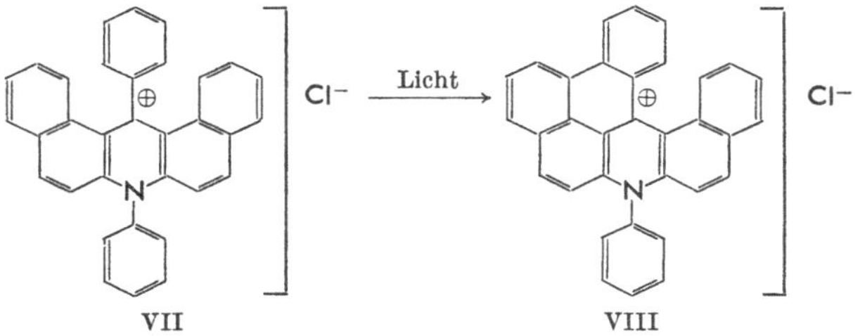

[ ] Cl⁻ —Licht→ [ ] Cl⁻

VII VIII

[1] F. P. 772781 und Schwz. Patent 176926, I. G. Farbenindustrie Akt.-Ges. (C. **1936 I**, 648).

Dehydro-ms-phenyl-dibenzo-xanthenium-perchlorat[1] **(IIa, X = ClO_4).** ms-o-Chlorphenyl-dibenzo-xanthenium-perchlorat (III, X = ClO_4) (0,5 g) wird in 150 cm^3 siedendem Eisessig unter Durchleiten von Stickstoff 3—4 Std. der Sonne ausgesetzt. Es scheiden sich violette Nädelchen aus, die heiß abgenutscht und mit Eisessig und Äther gewaschen werden. Dehydro-ms-phenyldibenzoxanthenium-perchlorat bildet violette Nädelchen mit stark bronzenem Oberflächenglanz. Ausbeute 0,42 g.

Dehydro-ms-phenyl-dibenzo-xantheniumpikrat[1] **[IIa, X = $OC_6H_2(NO_2)_3$].** 2 g ms-o-Chlorphenyl-dibenzo-xanthan (IV, man ersetze C_6H_5 durch o-C_6H_4Cl) wurden in 1000 cm^3 Eisessig unter Durchleiten von Sauerstoff rückfließend gekocht bei gleichzeitiger Einwirkung der Strahlung einer Quecksilberdampf-Quarzlampe. Die anfänglich blaßgelbe Lösungsfarbe macht einer sich stetig verstärkenden orangeroten Fluorescenz Platz. Nach Ablauf von 7—8 Std. hat der Eisessig eine sattrote Farbe (Ablauf violett) angenommen, während die Fluorescenz fast ganz zurückgedrängt worden ist. Man engt bis auf 120 cm^3 ein und läßt erkalten. Hierbei scheiden sich 0,6 g unverändertes Ausgangsprodukt ab. Beim Durchschütteln mit der dreifachen Menge Äther fallen blaue Flocken aus, die man auf einem Filter sammelt, mit Äther auswäscht, erneut in 100 cm^3 66%igem Eisessig, dem man 5 cm^3 rauchender Salzsäure zusetzt, aufnimmt und in der Hitze mit 0,2 g Pikrinsäure, gelöst in 20 cm^3 heißem Wasser, versetzt. Das Pikrat kristallisiert in blauschwarzen Nädelchen oder verwachsenen Prismen mit bronzenem Oberflächenglanz aus.

Dehydro-ms-phenyl-dibenzo-xantheniumpikrat[1] **[IIa, X = $OC_6H_2(NO_2)_3$].** Zu äquimolekularen Mengen ms-Phenyl-dibenzo-xanthanol und Pikrinsäure in Eisessig, fügt man die doppelte Menge Äther hinzu (es erfolgte keine Abscheidung des Salzes) und setzt die Lösung längere Zeit der Sonne aus. Schon nach kurzem Stehenlassen beginnt das Dehydrierungsprodukt in feinen, verfilzten, violetten Nädelchen mit bronzenem Oberflächenglanz auszufallen, die bald die ganze Flüssigkeit durchsetzen. Man erwärmt schwach, um etwa ausgefallenes Carbinol wieder in Lösung zu bringen, saugt auf einer Glassinter-Nutsche ab und wäscht mit warmem Eisessig nach. Die Mutterlauge wird erneut so lange bestrahlt bis der Ausgangskörper vollständig umgewandelt ist und keine Abscheidung mehr erfolgt. Aus 2 g Carbinol werden 2,3 g Dehydroprodukt erhalten. In Eisessig lösen sich die Kristalle mit violetter Farbe und leuchtend orange-roter Fluorescenz, die mit Wasser zum Verschwinden gebracht wird; bei langsamem Erkalten erhält man zentimeterlange, verfilzte, schwarz-violett glänzende Nadeln.

Dehydro-ms-(p-tolyl)-dibenzo-xanthenium-perchlorat[1] **(IIb, X = ClO_4).** Setzt man eine siedende Lösung von 0,3 g ms-p-Tolyl-dibenzo-xantheniumperchlorat (Ib, X = ClO_4) in 150 cm^3 Eisessig der Sonne aus, so beginnt schon nach wenigen Minuten die Abscheidung des dehydrierten Produktes (IIb, X = ClO_4), die nach 90 min beendet ist. Es wird heiß abfiltriert und mit warmem Eisessig ausgewaschen. Dunkelbraune Nädelchen mit grünlichgelbem Oberflächenglanz; Ausbeute 0,1 g.

6. Dehydrierung von 2,3,5-Triphenyltetrazoliumchlorid zu 2,3-Diphenylen-5-phenyltetrazoliumchlorid und verwandte Reaktionen

I. Hausser, D. Jerchel und R. Kuhn[2] haben gefunden, daß bei der Bestrahlung von alkoholischen Lösungen von 2,3,5-Triphenyl-tetrazoliumchlorid (I, X = Cl) (2,3,5-Triphenyl-tetrazoliumchlorid dient für die Bestimmung der Keimfähigkeit von Pflanzensamen) nahezu quanti-

---

[1] Dilthey, W., u. F. Quint: B. **69**, 1575 (1936).

[2] Hausser, I., D. Jerchel u. R. Kuhn: B. **82**, 195 (1949).

tativ ein Dehydroprodukt gebildet wird, dessen Konstitution als *2,3-Diphenylen-5-phenyl-tetrazoliumchlorid* (II, X = Cl) sichergestellt werden konnte. Zu ähnlichen Ergebnissen kamen F. WEYGAND und I. FRANK[1] (vgl. S. 166).

I H_5C_6—C (N—N, N=N, ⊕) X⊖ H_5C_6—C (N—N, N=N, ⊕) X⊖ II

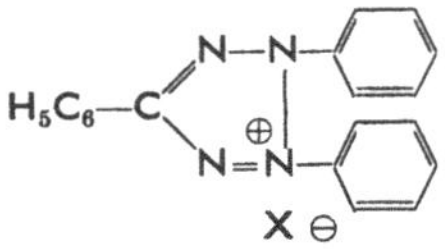

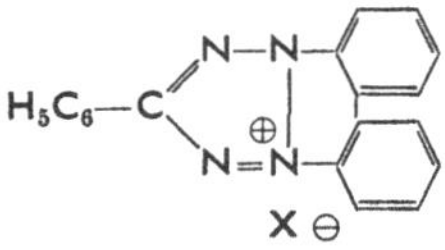

Konstitution II (X = Cl) wird gestützt durch die Tatsache, daß bei der Zinkstaubdestillation Carbazol gebildet wird[2] und Phenazon bei der Reduktion mit Zinkstaub + HCl in wäßrig-alkoholischer Lösung[1]. Ein weiterer Beweis, daß die Photo-Dehydrierungsprodukte der 2,3,5-Triphenyltetrazoliumsalze die Formel II haben, ist die Tatsache, daß II (X = Br) auch durch folgenden Dunkelprozeß dargestellt werden konnte[3].

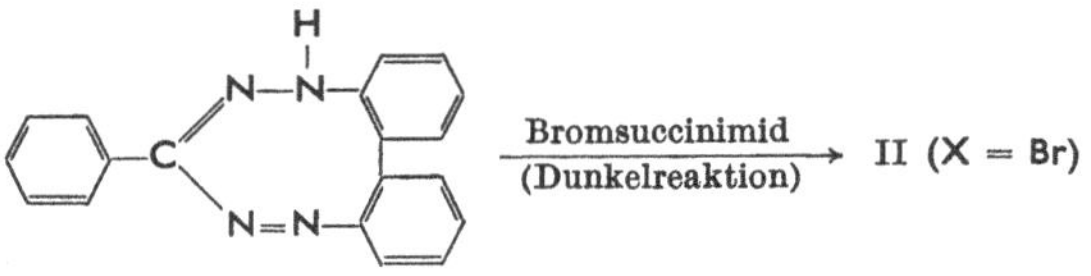

$\xrightarrow[\text{(Dunkelreaktion)}]{\text{Bromsuccinimid}}$ II (X = Br)

Die Leichtigkeit der Photodehydrierung von 2,3,5-Triaryltetrazoliumsalzen ist von den Substituenten am Tetrazolring abhängig[4]. Neben Tetrazoliumsalzen mit unsubstituierten Phenylgruppen eignen sich zur Dehydrierung auch solche, die Halogen, eine Carboxylgruppe oder einen Methoxylrest in den Phenylgruppen der 2- und 3-Stellung tragen. Zur Photodehydrierung nicht geeignete Tetrazoliumsalze sind in folgender Tabelle aufgeführt:

Tabelle 16

2-Diphenylyl-3,5-diphenyl-tetrazoliumchlorid	2-(p-Nitrophenyl)-3,5-diphenyl-tetrazoliumchlorid
2-(α-Naphthyl)-3,5-diphenyl-tetrazoliumbromid	5-Phenyl-2,3-di-(p-nitrophenyl)-tetrazoliumchlorid
2-(β-Naphthyl)-3,5-diphenyl-tetrazoliumbromid	2,3,5-Tri-(p-methoxyphenyl)-tetrazoliumchlorid

D. JERCHEL und H. FISCHER[5] zeigten, daß man bei Belichten von Bis-tetrazoliumverbindungen in glatter Reaktion *Bis-[2,3-o-diphenylen-*

[1] WEYGAND, F., u. I. FRANK: Z. Naturforsch. **3b**, 377 (1948).
[2] HAUSSER, I., D. JERCHEL u. R. KUHN: B. **82**, 195 (1949).
[3] JERCHEL, D., u. W. EDLER: B. **88**, 1284 (1955).
[4] JERCHEL, D., u. H. FISCHER: A. **590**, 216 (1954).
[5] JERCHEL, D., u. H. FISCHER: B. **88**, 1595 (1955).

tetrazolium-Salze] erhält, wie an dem photochemischen Übergang III → IV ersichtlich ist; V verhält sich ähnlich wie III.

III

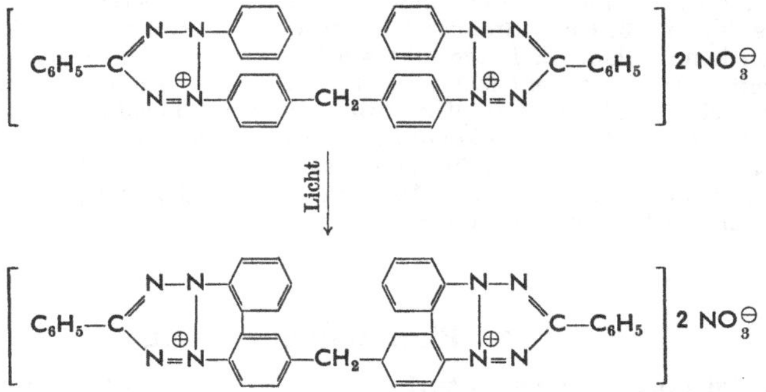

IV

V

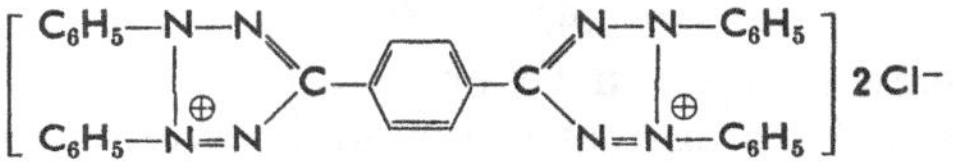

I. Hausser, D. Jerchel und R. Kuhn[1] haben auf die Bedeutung des Lösungsmittels und der Konzentration bei den photochemischen Reaktionen des 2,3,5-Triphenyl-tetrazoliumchlorid (I, X = Cl) hingewiesen. Bestrahlt man eine 1%ige wäßrige nicht fluorescierende Lösung von I (X = Cl) mit UV-Licht, so fällt viel rotes *Triphenylformazan* (VI) aus, das Filtrat enthält farbloses, himmelblau fluorescierendes II (X = Cl). Läßt man auf eine alkoholische Lösung von I (X = Cl) UV-Licht einwirken, so tritt *Triphenylformazan* höchstens in Spuren auf und es gelingt unter diesen Bedingungen nahezu quantitativ I in II (X = Cl) zu verwandeln. Eine verdünnte (0,01 %ige) wäßrige Lösung verhält sich wie eine alkoholische. Auf die Bildung von VI wird auf S. 166 näher eingegangen.

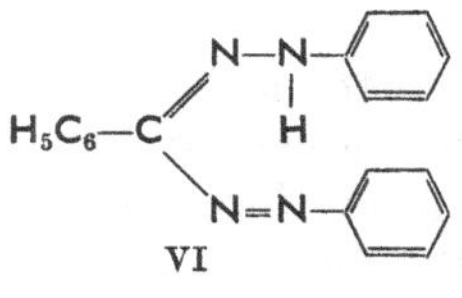

VI

2,3-Diphenylen-5-phenyl-tetrazoliumchlorid[1] (II, X = Cl). 1,5 g reines 2,3,5-Triphenyl-tetrazoliumchlorid (I, X = Cl) in 1500 cm³ absolutem Alkohol gelöst, wurde in 20 mm dicken Quarzküvetten 14 Std. mit dem ungefilterten UV-Licht einer S 500 Quecksilber-Hochdrucklampe der Quarzlampengesellschaft Hanau (500 W) aus 60 cm Entfernung bestrahlt. Das Lösungsmittel wurde bis auf 10 cm³ verdampft. Auf Zusatz von etwa 20 cm³ trockenem Äther fielen 1,27 g 2,3-Diphenylen-5-phenyl-tetrazoliumchlorid aus. Zur Analyse kristallisierte man aus Alkohol + Äther um, wobei glitzernde farblose Nädelchen (F: 360—361°, Berl-Block) erhalten wurden.

---

[1] Hausser, I., D. Jerchel u. R. Kuhn: B. **82**, 195 (1949).

2,3-Diphenylen-5-phenyl-tetrazoliumnitrat[1] **(II, X = NO_3).** 5 g Triphenyltetrazoliumchlorid (I, X = Cl) in 500 cm³ Wasser-Alkohol-Gemisch (4:1) wurden nach Zugabe von 20 cm³ 2 n-Salpetersäure in einem Standglas unter Wasseraußenkühlung mit einer UV-Eintauchlampe während 24 Std. unter Durchleiten von Stickstoffgas bestrahlt. Verwendung fand eine Quecksilbereintauchlampe (Firma Heraeus, Typ PL 313 mit Brenner S 81/80 W) als Strahlenquelle. Das Ende der Reaktion konnte dadurch festgestellt werden, daß sich bei der Reduktion einer Probe mit Natriumdithionit fast kein rotes Formazan (VI) mehr nachweisen ließ. In einer Schale auf dem Dampfbad wurde nun das Lösungsmittel abgedampft, 2mal mit je 20 cm³ Isopropylalkohol zur Entfernung von nicht umgesetztem Tetrazoliumsalz und Zersetzungsprodukten gewaschen und der Rückstand aus Alkohol bzw. Äther umkristallisiert. Die Ausbeute betrug 4,8 g, 80% d. Th. Schwach braun-gelb gefärbte Kristalle vom F: 322°.

XIV. Photohalogenierung

1. Additions- und Substitutionsreaktionen mit Chlor und Brom

a) Übersicht

Die Lichteinwirkung von Chlor und Brom auf organische Verbindungen gehört zu den längstbekannten und bestuntersuchten Reaktionen der organischen Photochemie. Es ist bemerkenswert, daß eine dieser langbekannten Reaktionen, nämlich die Photochlorierung von Benzol, industriell sehr bedeutsam geworden ist, nachdem sich gezeigt hat, daß eines der hierbei entstehenden stereoisomeren *Hexachlorcyclohexane* ein ausgezeichnetes Insecticid ist (Gammexan).

Die photochemische Einwirkung von Chlor verläuft im Prinzip wie die von Brom. Was im folgenden über den Mechanismus der Photochlorierung gesagt ist, gilt sinngemäß auch für die Photobromierung.

Der Mechanismus der Photochlorierung verläuft nach dem folgenden Schema:

$$Cl_2 \xrightarrow{\text{Licht}} 2\,Cl\cdot$$

$$\cdot Cl + R_3CH \longrightarrow R_3C\cdot + HCl$$

$$R_3C\cdot + Cl_2 \longrightarrow R_3CCl + Cl\cdot$$

Kettenabbruch kann zustande kommen durch Vereinigung zweier Chloratome oder durch die zweier „freier“ Alkylgruppen. Die Kettenlänge wird ungünstig beeinflußt durch eine Reaktion der Chloratome mit einer Verunreinigung, z. B. Sauerstoff, Phenole und Amine.

Die Addition von Chlor an Olefine verläuft auch über die Bildung freier Chloratome:

$$Cl_2 \xrightarrow{\text{Licht}} 2\,Cl\cdot$$

$$R_2C{=}CR_2 + \cdot Cl \longrightarrow R_2C(Cl)\text{—}\dot{C}R_2$$

$$R_2C(Cl)\text{—}\dot{C}R_2 + Cl_2 \longrightarrow R_2C(Cl)\text{—}C(Cl)R_2 + Cl\cdot$$

[1] Jerchel, D., u. H. Fischer: A. **590**, 216 (1954).

Es ist daher nicht verwunderlich, daß bei der Chlorierung ungesättigter Verbindungen, z. B. aromatischer Kohlenwasserstoffe, Chlorierung im Licht zu Additions- und Substitutionsreaktionen führt.

Die Photochlorierung (Photobromierung) von aromatischen Verbindungen der allgemeinen Form ArR (Ar = aromatischer Rest, R = Alkyl) erfolgt hauptsächlich in der Seitenkette. Die Wasserstoffatome, die an dem Kohlenstoff haften, der direkt mit dem aromatischen Ring verbunden ist, werden besonders leicht durch Halogen ersetzt.

Vom präparativen Standpunkt sind besonders diejenigen Halogenierungen im Licht bedeutsam, welche zu besseren Resultaten führen als die entsprechenden Dunkelreaktionen. Dies ist z. B. bei der Darstellung des *Cyclopropylchlorids* aus Cyclopropan der Fall. Sowohl die thermische Chlorierung (Dunkelprozeß) als auch die Photochlorierung führen zur Bildung des *Cyclopropylchlorids*, die Photochlorierung ist jedoch vorzuziehen, da der thermische Prozeß ein Produkt liefert, welches beträchtliche Mengen Allylchlorid enthält[1].

Für präparative Zwecke ist es auch bedeutsam, daß die Photohalogenierung häufig stark selektiv verläuft; dies ist z. B. bei der Photochlorierung von Propan bei − 60° von H. B. HASS[2] et al. beobachtet worden, die *Isopropylchlorid* in einer Ausbeute von 73% erhielten. Bei der photochemischen Einwirkung von Brom auf 2,2,3-Trimethylbutan bei 80° erhielten G. A. RUSSELL und H. C. BROWN[3] *2-Brom-2,3,3-trimethylbutan* in nahezu quantitativer Ausbeute.

Vereinzelte Fälle der Photohalogenierung von Verbindungen der Acetylenreihe sind bekannt geworden, z. B. liefert nach R. N. HASZELDINE[4] die Photochlorierung (UV-Licht, schwache Bestrahlung) von Perfluorbutin das *2,3-Dichlor-1,1,1,4,4,4-hexafluorbuten-(2)*.

$$F_3C{-}C{\equiv}C{-}CF_3 \xrightarrow[\text{Licht}]{Cl_2} F_3C{-}CCl{=}CCl{-}CF_3$$

Butadienderivate lassen sich photochemisch derartig mit Chlor umsetzen, daß zuerst die eine Doppelbindung, dann die andere mit Chlor abgesättigt wird. So konnte S. A. FASEEH[5] zeigen, daß 4-Phenyl-butadien-1-carbonsäure (I) zwar in der Dunkelheit mit Chlor nicht reagiert, im Licht jedoch sich der Prozeß so führen läßt, daß zuerst *2,3-Dichlor-3-styryl-propionsäure* (II) und hierauf *2,3,4,5-Tetrachlor-5-phenyl-n-valeriansäure* (III) gebildet wird.

$$\underset{\text{I}}{C_6H_5CH{=}CH{-}CH{=}CH{-}COOH} \xrightarrow[\text{Licht}]{Cl_2} \underset{\text{II}}{C_6H_5CH{=}CH{-}CHCl{-}CHCl{-}COOH} \xrightarrow[\text{Licht}]{Cl_2}$$

$$\underset{\text{III}}{C_6H_5CHCl{-}CHCl{-}CHCl{-}CHCl{-}COOH}$$

---

[1] ROBERTS, J. D., u. P. H. DIRSTINE: Am. Soc. **67**, 1281 (1945).
[2] HASS, H. B., E. T. MCBEE u. P. WEBER: Ind. Eng. Chem. **28**, 333 (1936).
[3] RUSSELL, G. A., u. H. C. BROWN: Am. Soc. **77**, 4025 (1955).
[4] HASZELDINE, R. N.: Soc. **1952**, 2512.
[5] FASEEH, S. A.: Soc. **1953**, 3708.

b) Spezielle Reaktionen

Wanderung von Alkylgruppen bei der Bromierung

Eine interessante Wanderung einer Methylgruppe wurde bei der Photobromierung von 2,2,4,4-Tetramethylpentan (IV) beobachtet[1]. Keine oder nur sehr geringe Bildung bromhaltiger Produkte wurde bei der photochemischen Bromierung (Gasphase, 100°) beobachtet. Bei 200° trat jedoch Umsatz ein und abgesehen von der Bildung eines Dibromids $C_9H_{18}Br_2$ (5%) konnte in einer Ausbeute von 72% *2-Brom-2,3,4,4-tetramethylpentan* (V) erhalten werden.

$$1.\quad Br_2 \xrightarrow{\text{Licht}} 2\,Br^\bullet$$

$$2.\quad \underset{\text{IV}}{(CH_3)_3C{-}CH_2{-}C(CH_3)_3} + Br^\bullet \longrightarrow (CH_3)_3C{-}\dot{C}H{-}C(CH_3)_3 + HBr$$

$$3.\quad (CH_3)_3C{-}\underset{\bullet}{C}H{-}C(CH_3)_3 \longrightarrow (CH_3)_2\underset{\bullet}{C}{-}C(H)(CH_3){-}C(CH_3)_3$$

$$4.\quad (CH_3)_2\underset{\bullet}{C}{-}C(H)(CH_3){-}C(CH_3)_3 + Br_2 \longrightarrow \underset{\text{V}}{(CH_3)_2C(Br){-}C(H)(CH_3){-}C(CH_3)_3} + Br^\bullet$$

Die Struktur von V wird gestützt durch die Beobachtung, daß die Substanz, in Äther gelöst, mit dem Silbersalz der 3,5-Dinitrobenzoesäure ein *Olefin* liefert, dem die Struktur VI zukommen muß; es liefert nämlich bei der Einwirkung von Ozon *Formaldehyd* und *3,4,4-Trimethylpentan-2-on*.

$$\underset{\text{V}}{(CH_3)_2C(Br){-}C(H)(CH_3){-}C(CH_3)_3} + (NO_2)_2C_6H_3COOAg \longrightarrow \underset{\text{VI}}{H_2C{=}C(CH_3){-}C(H)(CH_3){-}C(CH_3)_3}$$

Bromierung bei Gegenwart von Sauerstoff

Die Wirkung von Sauerstoff auf die Photobromierung gesättigter Kohlenwasserstoffe ist sehr komplex. Nach M. S. Kharasch[2] et al. beschleunigt die Anwesenheit kleiner Mengen Sauerstoff die Photobromierung von Cyclohexan, Methylcyclohexan und Isobutan, höhere Konzentrationen haben den entgegengesetzten Einfluß[3]. Die gemeinsame Wirkung von Licht und Sauerstoff ist größer als die Summe der Einzelwirkungen.

Bei der Photobromierung (N_2-Atmosphäre) von 2-Phenyläthylen-1-sulfochlorid (VII) in Kohlenstofftetrachlorid erhielt man die schwefelfreien Produkte VIII und IX (vgl. S. 146). Bei der Photobromierung

[1] Kharasch, M. S., Yu Cheng Liu u. W. Nudenberg: J. org. Chem. **20**, 680 (1955).
[2] Kharasch, M. S., W. Hered u. F. R. Mayo: J. org. Chem. **6**, 818 (1941).
[3] Willard, J., u. F. Daniels: Am. Soc. **57**, 2240 (1935).

in Gegenwart kleiner Mengen Sauerstoff (aber nur unter dieser Bedingung) konnte auch die Bildung von X festgestellt werden[1].

$$\underset{\text{VII}}{C_6H_5CH{=}CHSO_2Cl} \xrightarrow[Br_2]{\text{Licht}} \underset{\text{VIII}}{C_6H_5CHBr{-}CHBrCl} + \underset{\text{IX}}{C_6H_5CHBr{-}CHBr_2}$$

Die Bildung des Sulfochlorids X bei Gegenwart von Sauerstoff wird durch folgendes Reaktionsschema erklärt:

$$Br_2 \xrightarrow{\text{Licht}} 2\,Br\cdot$$

$$\underset{\text{VII}}{C_6H_5CH{=}CHSO_2Cl} + Br\cdot \longrightarrow C_6H_5\dot{C}H{-}CHBrSO_2Cl$$

$$C_6H_5\dot{C}H{-}CHBrSO_2Cl \xrightarrow{O_2} C_6H_5CH(O{-}O\cdot){-}CHBrSO_2Cl$$

$$C_6H_5CH(O{-}O\cdot){-}CHBrSO_2Cl + Br_2 \longrightarrow \underset{\text{X}}{C_6H_5CHBr{-}CHBrSO_2Cl} + O_2 + Br\cdot$$

Chlorierung bei Gegenwart von Jod

Zur Photochlorierung bei Gegenwart von Jod sei auf die additive Teilchlorierung des Benzols hingewiesen. Durch die Untersuchungen von G. Calingaert[2] ist es jetzt möglich, eine additive Teilchlorierung des Benzols durchzuführen. Die Chlorierung von Benzol unter Lichteinwirkung, bei Gegenwart von Jod, führt neben der Bildung von Substitutionsprodukten (*Chlorbenzolen*) und von *Hexachlorcyclohexanen* auch zur Bildung verschiedener stereoisomerer Teiladditionsprodukte (*Chlorcyclohexene*). Aus ihnen wurde nichteinheitliches *Pentachlorcyclohexen* und *3,4,5,6-Tetrachlorcyclohexen* erhalten; aus dem letzteren läßt sich nach Abtrennung von Isomeren durch Chromatographie ein stereochemisch einheitliches *3,4,5,6-Tetrachlorcyclohexen* gewinnen.

Die jodkatalysierte Photochlorierung von Benzol wurde mit Hilfe einer Infrarot-Glühlampe durchgeführt. Bestrahlt wurde eine Lösung von etwas Jod (6,25 g) in trockenem thiophenfreiem Benzol (2200 g); gleichzeitig strömte Chlor (995 g) durch die Lösung (21–30°). Für weitere Einzelheiten vergleiche die Originalarbeit.

Auch die Photochlorierung (in Gegenwart von J_2) von Monochlorbenzol und von o-Dichlorbenzol konnte so durchgeführt werden, daß eine additive Teilchlorierung stattfand, so wurde aus Monochlorbenzol ein Gemisch der Isomeren *1,3,4,5,6-Pentachlorcyclohexene-(1)* erhalten. Mittels Verteilungschromatographie konnten 4 Isomere abgetrennt werden[3].

---

[1] Rondestvedt, C. S. jr., R. L. Grimsley u. C. D. Ver Nooy: J. org. Chem. **21**, 206 (1956).

[2] Calingaert, G., M. E. Griffing, E. R. Kerr, A. J. Kolka u. H. D. Orloff: Am. Soc. **73**, 5224 (1951).

[3] Kolka, A., H. Orloff u. M. Griffing: Am. Soc. **76**, 1244 (1954).

Bromierung in der Allylstellung mit Hilfe von Brom

Über Bromierung in der Allylstellung mit Hilfe von Brom ist wenig bekannt. H. SCHALTEGGER[1] berichtet, daß er die Cholesterylester (XI) in die Verbindungen (XII) übergeführt hat; als Lichtquelle diente eine 200 Watt-Lampe (Ausbeute 60%). Die Bromierung wurde in Kohlenstofftetrachlorid-Lösung durchgeführt. Im Dunkelprozeß findet Anlagerung von Brom an die Doppelbindung statt.

RO XI —Licht, Br_2→ RO XII —Br

R = Benzoyl oder Tosyl

1,2-Dichlor-1,1,3,3,3-pentafluor-2-methylpropan[2]. Eine zugeschmolzene Pyrexglasröhre (30 cm^3), welche 1,1,3,3,3-Pentafluor-2-methylpropen (2,7 g) und einen geringen Überschuß von Chlor enthielt, wurde der Sonnenbestrahlung (20 min) ausgesetzt. Die Füllung der Röhre erfolgte von einem Vakuumsystem aus unter Ausschluß von Luft und Feuchtigkeit. 1,2-Dichlor-1,1,3,3,3-pentafluor-2-methylpropan wurde in einer Ausbeute von 100% erhalten (Kp: 75—76°, n_D^{23} 1,345).

2,3-Dichlor-3-styryl-propionsäure[3] (II). Man leitete Chlor in eine Lösung von 4-Phenylbutadien-1-carbonsäure (I) (43,5 g; 0,25 Mol) in Kohlenstofftetrachlorid (435 g) und bestrahlte bei 37° mit Sonnenlicht. Die Aufnahme von Cl_2 (0,25 Mol) dauerte 1 Std., die Reaktionslösung wurde klarer und die Temperatur stieg bis 57°. Dann führte man während einer weiteren Stunde Cl_2 (0,125 Mol) ein und ließ die Lösung während einer dritten Stunde im Sonnenlicht stehen; die gelbe Farbe verschwand und eine kleine Menge farbloser Kristalle schieden sich aus. Man filtrierte und verjagte das Lösungsmittel, es blieb ein dickflüssiges Produkt zurück, welches mit Leichtpetroleum-Xylol verrieben wurde. Der sich bildende farblose Niederschlag wurde aus Leichtpetroleum-Xylol umkristallisiert und lieferte 2,3-Dichlor-5-phenyl-penten-(4)-säure (II). (57,7 g, F: 126—127°.)

1,2,3,4,5,6-Hexachlorcyclohexan. Die Photochlorierung von Benzol ist — wie schon eingangs erwähnt — ein Prozeß von großer technischer Bedeutung, da es sich im Jahre 1943 herausstellte, daß eines der Isomeren, bekannt als das γ-Isomere, welches zuerst von VAN DER LINDEN[4] erhalten wurde, ein starkes Insecticid ist[5].

Um eine möglichst gute Ausbeute des γ-Isomeren zu erhalten, wurden eingehende Versuche bezüglich des Lichtes (wirksame Wellenlängen), der Wahl des Lösungsmittels, der Reaktionstemperatur und der Konzentration der Reaktionsteilnehmer unternommen.

Eine für den Laboratoriumsversuch geeignete Beschreibung der photochemischen Bildung von 1,2,3,4,5,6-Hexachlorcyclohexan, die eine günstige Ausbeute des γ-Isomeren liefert, scheint noch nicht veröffentlicht zu sein und der Verfasser ist Herrn J. H. BROWN[6] besonders verbunden für die folgende Beschreibung:

Benzol (500 g, frei von Thiophen und Cycloparaffinen) wird in einen Rundkolben aus Glas gegeben, der in kaltes Wasser eintaucht. Das Glasgefäß ist versehen mit einem Rührer, einem Gaszuleitungsrohr, dessen Öffnung sich unterhalb der Benzoloberfläche befindet, einem Thermometer und einem Rückflußkühler.

Unter Bestrahlung wird Chlor durch das Benzol durchgeleitet (25 l per Stunde) und die Temperatur auf etwa 25° gehalten. Bei dieser Temperatur beginnt die Ausscheidung des α- und des β-Isomeren, wenn das System etwa 90 g Chlor aufgenommen hat. Es ist vorteilhaft dann die Chlorzugabe zu unterbrechen und die

[1] SCHALTEGGER, H.: Experientia **5**, 321 (1949); Helv. **33**, 2101 (1950).
[2] HASZELDINE, R. N.: Soc. **1953**, 3570.
[3] FASEEH, S. A.: Soc. **1953**, 3708.
[4] LINDEN, T. VAN DER: B. **45**, 236 (1912).
[5] SLADE, R. E.: Chem. and Ind. **1945**, 314.
[6] Imperial Chemical Industries, Ltd., General Chemicals Division, Research Department.

Reaktionslösung noch eine kurze Zeit zu bestrahlen, um dem gelösten Chlor die Möglichkeit zu geben, sich mit Benzol umzusetzen. Der Kolbeninhalt wird hierauf der Wasserdampfdestillation ausgesetzt, um Benzol und kleine Mengen mono-Chlorbenzol, die sich gebildet haben, zu entfernen. Der feste Rückstand wird zerrieben und im Trockenschrank bei 80° getrocknet. Er besteht aus der α-Form (63%), der β-Form (7%), der γ-Form (Gammexan) (14%) und der δ-Form (8%) des Hexachlorcyclohexans. Außerdem sind noch kleine Mengen der ε-Form und Cyclohexanderivate, welche chlorhaltiger als Hexachlorcyclohexan sind, anwesend. Gesamtausbeute übersteigt 95%.

Die Bestrahlung wird mit Hilfe einer Quecksilber-Hochdrucklampe durchgeführt (Licht der Wellenlänge 4538 Å ist wichtig); als Lichtquelle hat sich als besonders wirksam erwiesen die Mercra-Lampe (400 W) der Firma British Thomson Houston Ltd., welche etwa 20 cm von dem Reaktionsgefäß entfernt ist. Vor Beginn der Chlorierung wird die Apparatur mit Stickstoff gefüllt.

3-Chlorcumarin[1]. Cumarin (219 g; 1,5 Mol) in Kohlenstoff-tetrachlorid (450 g) wird in einer Glasflasche, welche einen Rückflußkühler trägt, unter Rühren auf 75° erwärmt. Man läßt Cl_2 in die Lösung eintreten, welche gerührt und bestrahlt wird (Hg-Lampe; das ausgestrahlte Licht soll die Wellenlängen 2800 Å und 5400 Å einschließen), hält die Temperatur auf 75° und regelt den Zufluß von Chlor derart, daß innerhalb einer Stunde 105 g (1,5 Mol) eingeführt werden. Hierauf wird das Lösungsmittel schnell verjagt und der Rückstand erhitzt (etwa 200°, 60—90 min), nach dieser Zeit findet keine Entwicklung von Chlorwasserstoff statt. Das so erhaltene hellfarbige Rohprodukt (F: etwa 118°) wird aus Isopropanol (800 cm^3) umkristallisiert; die Kristallisation liefert 3-Chlorcumarin (F: 122°) in einer Ausbeute von 95,2% d. Th.

9-Bromfluoren[2]. Zu einer gelinde siedenden Lösung von reinem Fluoren (8,3 g, 0,05 Mol) in 45 cm^3 Tetrachlorkohlenstoff (Badtemperatur nicht über 85°) ließ man im Lauf von 4 Std. 8 g Brom in 20 cm^3 Tetrachlorkohlenstoff zutropfen. Die noch rotbraune Lösung wurde 1—2 Std. weiter erhitzt, bis sie eine gelbe Farbe zeigte. Nach dem Abdestillieren des Lösungsmittels unter vermindertem Druck wurde der Rückstand (12 g) zweimal aus Cyclohexan umkristallisiert; farblose Nadeln vom F: 103—104°, Ausbeute 70% d. Th.

Im direkten Sonnenlicht ist die gleiche Bromierung innerhalb 15 min beendet. Im siedenden Chloroform bildet sich mit Brom im Dunkeln das 2-Bromfluoren und nur im Sonnenlicht das 9-Bromfluoren.

p-Brombenzyl-bromid[3]. Die Reaktion wird in einem Dreihalskolben aus Pyrexglas vorgenommen, welcher mit Tropftrichter, Rührer und Rückflußkühler versehen ist.

102 g p-Bromtoluol (0,60 Mol) wird auf 120° erhitzt und den Strahlen einer 100 Watt-Lampe ausgesetzt, die sich in unmittelbarer Nähe des Reaktionskolbens befindet. Brom (102 g, 0,64 Mol) wird tropfenweise unter Rühren gleichmäßig während dreier Stunden hinzugegeben. Wenn die Entwicklung von Bromwasserstoffsäure aufgehört hat, kühlt man und filtriert nach einiger Zeit das feste Reaktionsprodukt ab, welches dreimal mit 30 cm^3 Alkohol gewaschen wird. F: 61°, Ausbeute 80 g; aus dem Filtrat lassen sich durch Kühlung (Eis-Kochsalz) weitere Mengen (18—20 g) gewinnen.

2. Chlorierung des Benzols in Gegenwart von Maleinsäureanhydrid

Während die Photochlorierung des Benzols (Maleinsäureanhydrids) *Hexachlorcyclohexan (α,α'-Dichlor-bernsteinsäureanhydrid)* liefert, führt die Photochlorierung des Benzols in Gegenwart von Maleinsäureanhydrid zur Bildung von *α-Phenyl-α'-chlorbernsteinsäure-anhydrid* (I) und einer

[1] A. P. 2687417, Hooker Electrochemical Company, Erfinder J. T. Rucker.

[2] Wittig, G., u. F. Vidal: B. 81, 368 (1948).

[3] Weizmann, M., u. S. Patai: Am. Soc. 68, 150 (1946).

zweiten Verbindung, welche wahrscheinlich *α-(2,3,4,5,6-Pentachlorcyclohexyl)-α'-chlorbernsteinsäure-anhydrid* (II) ist.

Da sich aus I HCl abspalten läßt unter Bildung von *Phenylmaleinsäure-anhydrid*, so ist — besonders wegen der Billigkeit der Ausgangsmaterialien — I ein leicht erhältliches Zwischenprodukt bei der Synthese des Phenylmaleinsäure-anhydrids.

G. ECKE[1] et al., denen wir diese Beobachtungen verdanken, schlagen folgenden Radikalketten-Mechanismus vor, wobei sie darauf hinweisen, daß die Addition „resonanz-stabilisierter" freier Radikale an Maleinsäureanhydrid eine bekannte Tatsache ist.

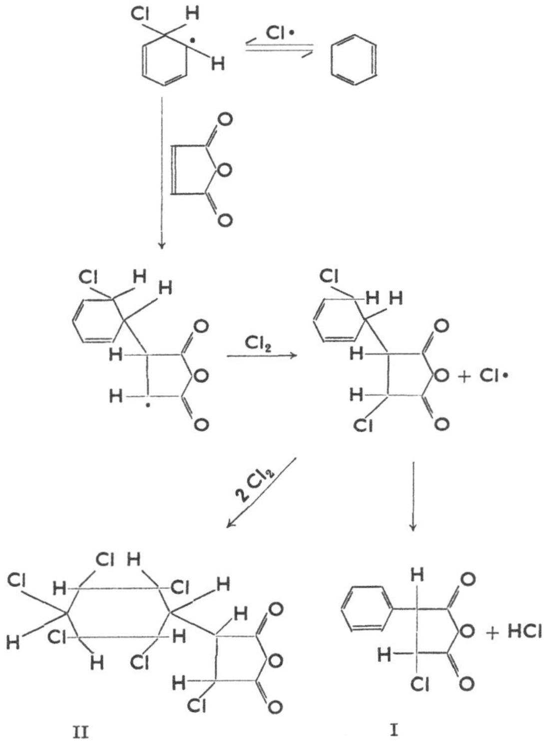

α-Phenyl-α'-chlorbernsteinsäure-anhydrid (I). Der Reaktionskolben (Pyrexglas, 500 cm^3) war verbunden mit einem Gaszuleitungsrohr, Rührer, Thermometer und einem Rückflußkühler; das obere Ende des Rückflußkühlers war verbunden mit einer Vorrichtung zum Auffangen des Salzsäuregases, welches während der Reaktion gebildet wird. In den Kolben gab man eine Lösung von Maleinsäureanhydrid (88 g, 0,9 Mol) in Benzol (281 g, 3,6 Mol). Man erwärmte auf 70° und hielt diese Temperatur während der Bestrahlung (2 General Electric Sonnenlampen, CG 401 CX) und führte während dieser Zeit (2,2 Std.) Chlor (64 g, 0,9 Mol) ein. Sobald alles Chlor addiert war, ließ man N_2 durch das Reaktionsgemisch eintreten, um gelösten Chlorwasserstoff zu vertreiben. Benzol, welches nicht reagiert hatte, wurde durch

[1] ECKE, G., L. BUZBEE u. A. KOLKA: Soc. 78, 79 (1956).

Destillation entfernt; man unterbrach die Destillation, wenn die Badflüssigkeit eine Temperatur von 120° erreicht hatte. Die letzten Reste leichtflüchtigen Materials wurden durch Absaugen unter vermindertem Druck entfernt; es blieb ein dickflüssiges Material zurück, welches man in Äther (135 cm³) gab. Man kühlte auf 0° ab und erhielt ein farbloses, festes Produkt (66 g, F: 90—98°). Mehrfaches Umkristallisieren (Benzol, Äther) lieferte I (34 g, F: 103—104,5°).

3. Chlorierung und Bromierung mit Hilfe von N-Chlor- und N-Bromsuccinimid

Eingehende Untersuchungen über den Einfluß des Lichtes bei der Halogenierung von aromatischen Verbindungen, u. a. von Toluol, Äthylbenzol, α- und β-Methylnaphthalin und 2,3-Dimethylnaphthalin, mit Hilfe von N-Chlorsuccinimid und N-Bromsuccinimid haben R. H. Martin und seine Mitarbeiter ausgeführt und in einer Reihe von Fällen eine große Erhöhung der Reaktionsgeschwindigkeit durch den Einfluß des Lichtes festgestellt. Die folgende Tabelle gibt den Einfluß des Lichtes auf den Umsatz von N-Chlorsuccinimid auf Toluol, welcher zur Bildung von *Benzylchlorid* führt. Es handelt sich um Parallelversuche (in Kohlenstofftetrachlorid). Toluol war im Überschuß und die Zeitangaben zeigen die Beendigung des Umsatzes[1].

Dunkelheit	8 Std. 47 min
Tageslicht	2 Std. 31 min
Hg-Lampe[2]	4 min

Interessant ist die Beobachtung, daß Hydrochinon die Photoreaktion zwischen N-Chlorsuccinimid und Toluol ungünstig beeinflußt, was dafür spricht, daß es sich bei diesem Umsatz um eine Kettenreaktion handelt, bei der freie Radikale eine Rolle spielen[1].

Die Bromierung von 2,3-Dimethylnaphthalin im Tageslicht in Eisessig verläuft anders als in Kohlenstofftetrachlorid bei Gegenwart von Benzoylperoxyd.

Wird die Reaktion in Gegenwart von UV-Licht durchgeführt, so wird ein Gemenge der beiden Dibromverbindungen erhalten, welches schwer zu trennen ist[1].

B. Prijs und Mitarbeiter[3] haben gefunden, daß man *8-Brommethylchinolin* (Ia) aus 8-Methylchinolin durch Bromieren mit N-Brom-

[1] Hebbelynck, M. F., u. R. H. Martin: Bull. Soc. Chim. Belges 59, 193 (1950).

[2] „Philora" (Philips).

[3] Prijs, B., R. Gall, R. Hinderling u. H. Erlenmeyer: Helv. 37, 90 (1954).

succinimid erhalten kann, wenn man bei Gegenwart von Dibenzoylperoxyd oder Licht arbeitet. Für größere Ansätze empfiehlt sich das photochemische Verfahren, hier entsteht als Nebenprodukt *8-Dibrommethyl-chinolin* (Ib).

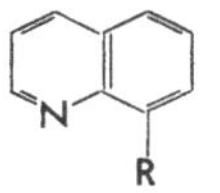

Ia, $R = CH_2Br$
b, $R = CHBr_2$

8-Brommethyl-chinolin (Ia) und 8-Dibrommethyl-chinolin[1] (Ib). Eine Lösung von 14,3 g 8-Methyl-chinolin (I, $R = CH_3$) in Kohlenstofftetrachlorid (200 cm^3) wurde mit Bromsuccinimid (17,8 g) versetzt und durch Belichten mit einer 60 W-Glühlampe von unten auf 70° erwärmt. Gleichzeitig wurde seitlich mit einer 80 W-UV-Lampe bestrahlt. Nach einer Stunde war alles umgesetzt, worauf die Lösung auf 0° abgekühlt und filtriert wurde. Der Rückstand wurde mit wenig kaltem Kohlenstofftetrachlorid gewaschen, das Filtrat mit eiskalter 2 n-NaOH geschüttelt und anschließend mit Wasser neutral gewaschen. Nach dem Trocknen und Abdestillieren des Lösungsmittels wurde der Rückstand mit heißem Petroläther extrahiert, aus dem in der Kälte 8-Brommethyl-chinolin erhalten wurde (Nadeln aus Alkohol, Ausbeute 13,9 g, F: 83—84°).

Aus dem Petrolätherextrakt erhielt man bei weiterem Eindampfen etwa 2,5 g 8-Dibrommethyl-chinolin in farblosen Kristallen, F: 107—108° nach Umkristallisieren aus Ligroin.

N-Bromsuccinimid dient in der präparativen Chemie hauptsächlich zum Ersatz von in Allylstellung zu einer Doppelbindung stehendem Wasserstoff (Ziegler-Reaktion). Eine günstige Beeinflussung dieser Reaktion durch das Licht wurde wiederholt beobachtet.

$$H_3C-C=C- \longrightarrow H_2CBr-C=C-$$

Die Bromierung des Cholesterinderivates II in der Allylstellung (Bildung von III) mit Hilfe von N-Bromsuccinimid wird durch UV-Licht beschleunigt; als Lösungsmittel diente u. a. Kohlenstofftetrachlorid. III wurde nicht in reinem Zustand isoliert, es war ein Zwischenprodukt bei der Synthese[2] von IV.

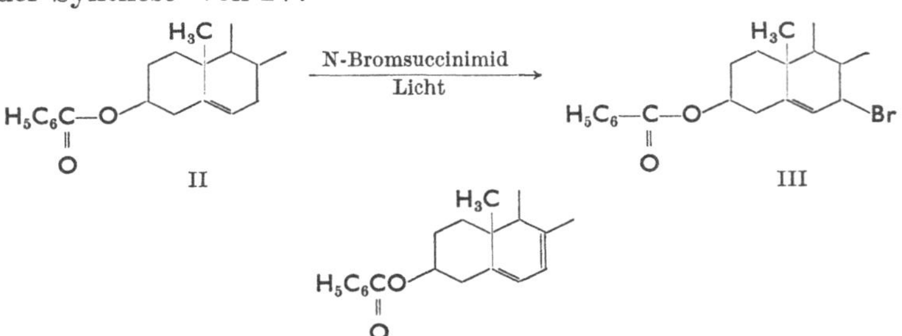

H_3C, $H_5C_6C{-}O$, O — II —N-Bromsuccinimid / Licht→ H_3C, $H_5C_6{-}C{-}O$, O, Br — III

H_3C, H_5C_6CO, O — IV

C. M. Meystre et al.[3] zeigten, daß die Einwirkung von N-Bromsuccinimid unter Belichtung auf $\Delta^{4,23}$-3-Keto-24,24-diphenylcholadien (V) am Kohlenstoff 22 glatt erfolgt (Bildung von VI, Teil-

[1] Prijs, B., R. Gall, R. Hinderling u. H. Erlenmeyer: Helv. **37**, 90 (1954).
[2] Bernstein, S., L. J. Binovi, L. Dorfman, K. J. Sax u. Y. Subbarow: J. org. Chem. **14**, 432 (1949).
[3] Meystre, C. M., A. Wettstein u. K. Miescher: Helv. **30**, 1022 (1947).

formel). VI wurde nicht isoliert, sondern durch Einwirkung von Dimethylanilin (Abspaltung von HBr) in $\Delta^{4,20,23}$-3-Keto-24,24-diphenylcholatrien (VII) übergeführt. Diese Substanz diente den Schweizer Forschern als Zwischenprodukt bei der Herstellung von Progesteron.

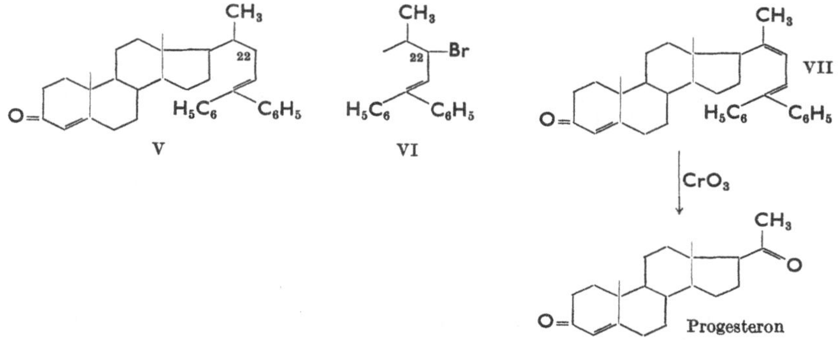

V VI VII

CrO_3

Progesteron

$\Delta^{4,20,23}$-3-Keto-24,24-diphenyl-cholatrien[1] (VII). 2 g $\Delta^{4,23}$-3-Keto-24,24-diphenylcholadien (V) wurden mit 725 mg N-Brom-succinimid in 50 cm³ Tetrachlorkohlenstoff unter starker Belichtung 15 min am Rückfluß zum Sieden erhitzt. Die Suspension kühlte man hierauf ab, nutschte vom gebildeten Succinimid ab, dampfte das Filtrat im Vakuum ein, versetzte den Rückstand mit 10 cm³ Dimethylanilin und kochte die Lösung 10 min. Die abgekühlte Lösung wurde mit Äther verdünnt, mit Salzsäure und Wasser gewaschen, getrocknet, durch 10 g Aluminiumoxyd filtriert und eingedampft. Den Rückstand löste man unter Erwärmen in Äthanol, behandelte die Lösung mit etwas Aktiv-Kohle und engte sie im Vakuum ein. Dabei kristallisierte das $\Delta^{4,20,23}$-3-Keto-24,24-diphenyl-cholatrien (VII) aus. Aus Äthanol umkristallisiert: F: 106—109°.

Die photochemische Einwirkung von N-Bromsuccinimid auf Dialkylacetale von α-Ketoaldehyden hat zu einer einfachen Synthese von α-Ketoestern geführt[2].

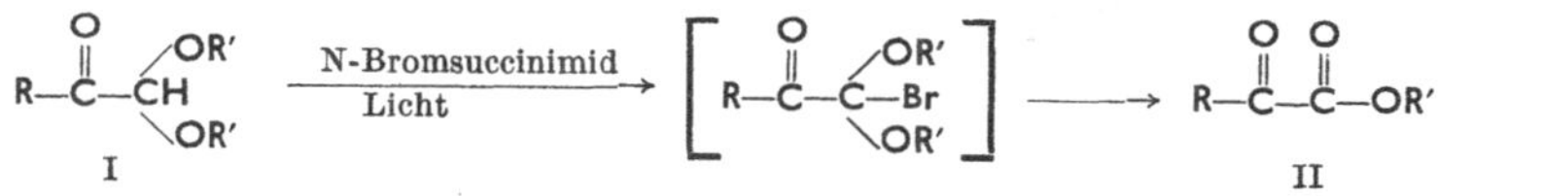

$$R\!-\!CO\!-\!CH(OR')_2 \ (\mathrm{I}) \xrightarrow[\text{Licht}]{\text{N-Bromsuccinimid}} [R\!-\!CO\!-\!CBr(OR')_2] \longrightarrow R\!-\!CO\!-\!CO\!-\!OR' \ (\mathrm{II})$$

Brenztraubensäureäthylester. (II, R = CH_3, R′ = C_2H_5). Brenztraubenaldehyd-diäthylacetal (I, R = CH_3, R′ = C_2H_5) (57,5 g; frisch destilliert), N-Bromsuccinimid (70,2 g) und Kohlenstofftetrachlorid (getrocknet, 288 cm³) befanden sich in einem Gefäß, welches einen Rückflußkühler trug ($CaCl_2$-Rohr). Durch Bestrahlen mit einer 250 W-Lampe, welche sich etwa 35 cm unterhalb des Reaktionsgefäßes befand, wurde zum Sieden erhitzt. Sobald dies erreicht war, wurde die Bestrahlung abgestellt und wieder aufgenommen, sobald das Sieden aufhörte. Dieses Verfahren wurde so lange fortgesetzt, bis die Anfangsreaktion nachließ, dann wurde die Lichtquelle näher an das Reaktionsgefäß gebracht und 3 Std. am Rückflußkühler gekocht.

Man ließ 12 Std. stehen, filtrierte das gebildete Succinimid ab und wusch es mit Kohlenstofftetrachlorid. Das Lösungsmittel wurde abdestilliert, der Rückstand lieferte (Vakuum-Destillation) Brenztraubensäureäthylester (Kp_{14}: 48—50°); Ausbeute: 78% d. Th.

---

[1] Meystre, C. M., A. Wettstein u. K. Miescher: Helv. **30**, 1022 (1947).
[2] Wright, J. B.: Am. Soc. **77**, 4883 (1955).

4. Ersatz der Sulfochlorid-Gruppe durch Chlor

C. S. RONDESTVEDT[1] et al. überführten 2-Phenyläthylen-1-sulfochlorid (I) in *1,1,2-Trichlor-2-phenyläthan* (II) durch photochemische Einwirkung von Chlor. Im Dunkeln trat keine Reaktion ein.

$$\underset{\text{I}}{C_6H_5CH{=}CHSO_2Cl} + Cl_2 \xrightarrow{\text{UV-Licht}} \underset{\text{II}}{C_6H_5CHClCHCl_2}$$

Ähnliche Beobachtungen haben B. MILLER und CH. WALLING[2] gemacht. Sie erhielten Chlorbenzol bei der Behandlung von Benzolsulfochlorid mit Chlor; bei diesem Prozeß wird Chlor regeneriert, zum Umsatz von 1 Mol Benzolsulfochlorid genügten 0,25 Mol Chlor (Lösungsmittel: Kohlenstofftetrachlorid, 70°, Ausbeute 92%).

$$C_6H_5{-}SO_2Cl + Cl_2 \xrightarrow{\text{Licht}} C_6H_5Cl + SO_2 + Cl_2$$

Bei einer entsprechenden Behandlung von p-Brombenzolsulfochlorid wurde nicht nur der schwefelhaltige Rest sondern auch das Bromatom durch Chlor ersetzt (Bildung von p-Dichlorbenzol).

$$\text{p-}BrC_6H_4SO_2Cl + Cl_2 \xrightarrow{\text{Licht}} \text{p-}Cl{-}C_6H_4{-}Cl$$

Die Einwirkung von Chlor auf Diphenylsulfon (Lösungsmittel: Kohlenstofftetrachlorid) führte zur Bildung von Chlorbenzol, dagegen erwies sich der Benzolsulfosäuremethylester als beständig.

$$C_6H_5SO_2C_6H_5 + Cl_2 \xrightarrow{\text{Licht}} 2\,C_6H_5Cl + SO_2$$

B. MILLER und CH. WALLING schlagen folgenden Reaktionsmechanismus vor:

$$C_6H_5SO_2C_6H_5 + Cl\bullet \longrightarrow C_6H_5Cl + C_6H_5SO_2\bullet$$
$$C_6H_5SO_2\bullet + Cl_2 \longrightarrow C_6H_5SO_2Cl + Cl\bullet$$

oder

$$C_6H_5SO_2\bullet \longrightarrow C_6H_5\bullet + SO_2$$
$$C_6H_5\bullet + Cl_2 \longrightarrow C_6H_5Cl + Cl\bullet$$

B. MILLER und CH. WALLING geben an, daß sie keine Erklärung für die Stabilität des Benzolsulfosäuremethylesters haben.

p-Dichlorbenzol[2]. p-Brombenzolsulfochlorid (32,4 g) in Kohlenstofftetrachlorid (250 cm^3) wurde, während ein lebhafter Cl_2-Strom durch die Lösung hindurchgeleitet wurde, bestrahlt (200 Watt-Lampe; 70°). Nach zwei Stunden wurde das Lösungsmittel und Brom verjagt, man erhielt p-Dichlorbenzol [18,1 g (97%), F: 47—50°].

1,1,2-Trichlor-2-phenyläthan[1] (II). Eine Lösung von I (10,1 g, 0,05 Mol) in CCl_4 (125 cm^3) wurde mit Chlor behandelt, bis eine Gewichtszunahme von 3,6 g (0,05 Mol) erfolgt war; bei Bestrahlen mit UV-Licht kam die Lösung zum Sieden. Man kühlte und bestrahlte (2 Std.), die Farbe des Chlors verschwand. Das Lösungsmittel wurde verdampft und der Rückstand destilliert, $Kp_{1,4}$: 84—85°; Ausbeute 9 g.

---

[1] RONDESTVEDT, C. S. jr., R. L. GRIMSLEY u. C. D. VER NOOY: J. org. Chem. **21**, 206 (1956).

[2] MILLER, B., u. CH. WALLING: Am. Soc. **79**, 4188 (1957).

5. Hinweis auf weitere Reaktionen

Zur Bildung organischer Stickstoffverbindungen durch Einwirkung von Chlor und Stickstoffmonoxyd auf Kohlenwasserstoffe siehe S. 245.

XV. Photochemische Umwandlungen organischer Halogenide

1. Ersatz des Jods in aliphatischen Jodiden durch Wasserstoff, Stickoxyd oder Chlor

Wird Trifluorjodmethan[1] bei Gegenwart von Quecksilber und Äthylalkohol (oder n-Hexan oder Wasser) mit UV-Licht bestrahlt (Zimmertemperatur), so entsteht *Trifluormethan* in guten Ausbeuten. Es wird angenommen, daß photochemisch ein Zerfall des Trifluorjodmethans erfolgt:

$$F_3CJ \xrightarrow{\text{Licht}} F_3C\cdot + J\cdot$$

Die Rückbildung von Trifluorjodmethan wird durch Umsatz zwischen Quecksilber und den Jodatomen verhindert (Bildung von Quecksilber-(2)-jodid). Hierauf erfolgt Umsatz zwischen den freien Trifluormethyl-radikalen und Äthylalkohol (bzw. Hexan oder Wasser):

$$F_3C\cdot + CH_3CH_2OH \longrightarrow HCF_3 + CH_3\dot{C}HOH$$

$$2\,CH_3\dot{C}HOH \longrightarrow CH_3CH_2OH + CH_3CHO$$

Versuche bei Gegenwart von n-Hexan lieferten *Hexen*, arbeitete man mit Wasser, so fand folgender Umsatz statt:

$$F_3C\cdot + H_2O \longrightarrow HCF_3 + \cdot OH \xrightarrow{\text{Hg}} Hg(OH)_2$$

Trifluormethan. Man bestrahlte (UV-Licht) eine zugeschmolzene Pyrexglasröhre, welche Quecksilber (1 cm³), Trifluorjodmethan (2,0 g) und Äthylalkohol (20 cm³) enthielt; während der Bestrahlung (3 Tage, Zimmertemperatur) wurde das Röhrchen lebhaft mechanisch geschüttelt. Quecksilber-(2)-jodid schied sich aus und die Flüssigkeit nahm eine braune Farbe an. Es bildete sich Trifluormethan (93%ige Ausbeute) sowie Acetaldehyd.

Nach R. N. HASZELDINE[2] lassen sich Perfluoralkyljodide durch photochemische Einwirkung von Stickoxyd (NO) in die entsprechenden Nitrosoverbindungen überführen. R. N. HASZELDINE arbeitete bei Gegenwart von Quecksilber, welches dazu diente, etwa gebildetes NO_2 zu beseitigen.

Unter Einwirkung des Lichtes bilden sich zuerst aus den Perfluoralkyljodiden durch Abspaltung von Jod *Perfluoralkylradikale*, wie folgendes Beispiel (*Nonafluor-2-nitroso-butan*) zeigt:

$$\underset{\text{I}}{CF_3{-}CF_2{-}CFJ{-}CF_3} \xrightarrow{\text{Licht}} CF_3{-}CF_2{-}\dot{C}F{-}CF_3 \xrightarrow{\text{NO}} \underset{\text{II}}{CF_3{-}CF_2{-}CF(NO){-}CF_3}$$

---

[1] BANUS, J., H. J. EMELÉUS u. R. N. HASZELDINE: Soc. **1950**, 3041.
[2] HASZELDINE, R. N.: Soc. **1953**, 2075, 3559.

Es wurden nach dieser Methode u. a. die in der Tabelle mit Angabe der Siedepunkte aufgeführten Verbindungen erhalten[1]; es handelt sich um blaue Substanzen.

Tabelle 17

$CF_3 \cdot NO$	—86°	$(CF_2Cl) \cdot CF_2 \cdot NO$	— 2°
$C_2F_5 \cdot NO$	—42°	$CF_2Br \cdot NO$	—12°
$C_3F_7 \cdot NO$	—12°	$CF_2Cl \cdot NO$	—35°
$C_4F_9 \cdot NO$	17°		

J. Mason und J. Dunderdale[2] haben nach ähnlichen Methoden Trifluornitrosomethan erhalten. Im Gegensatz zu R. N. Haszeldine wurde jedoch die Einwirkung von Stickoxyd auf Trifluorjodmethan ohne Zusatz von Quecksilber durchgeführt.

Nonafluor-2-nitrosobutan (II)[3]. Eine zugeschmolzene Röhre (30 cm³, Quarz), welche Nonafluor-2-jodbutan (2,1 g), Stickoxyd (80% Überschuß) und Quecksilber (3 g) enthielt, wurde der Einwirkung von UV-Licht (Hanovia-Lampe) ausgesetzt (8 Tage); die Lichtquelle war 10 cm von der Röhre entfernt, welche während der Bestrahlung lebhaft geschüttelt wurde. Fraktionierung unter vermindertem Druck des Röhreninhaltes gab neben unverändertem Nonafluor-2-jodbutan (I) Nonafluor-2-nitrosobutan (II), welches eine blaue Flüssigkeit (Kp: 23—25°) ist; Ausbeute 23%.

Ein photochemischer Ersatz der Jodatome in aliphatischen Jodiden durch Chlor wurde u. a. von R. N. Haszeldine[4] beobachtet, welcher Chlor (bei Gegenwart von Licht) auf 1,1,1-Trifluor-3-jod-propan (III) einwirken ließ:

$$\underset{\text{III}}{F_3C—CH_2—CH_2J} \xrightarrow{\text{Licht}} F_3C—CH_2—\dot{C}H_2 + J\cdot \xrightarrow{Cl_2}$$

$$\underset{\text{IV}}{F_3C—CH_2—CH_2Cl} + JCl$$

3-Chlor-1,1,1-trifluorpropan (IV). Die photochemische Einwirkung von Chlor auf 1,1,1-Trifluor-3-jodpropan (III) wurde in einer Quarzröhre (200 ml Fassungsvermögen), welche mit laufendem Wasser gekühlt wurde, durchgeführt; die Röhre war verbunden mit einem wirksamen Rückflußkühler (gekühlt auf 0°). Man leitete Chlor durch III (11,2 g) und regulierte den Zutritt derart, daß die Temperatur der Flüssigkeit im Reaktionsgefäß nicht über 25° anstieg und das Chlor größtenteils absorbiert wurde. Die Röhre wurde während des Umsatzes mit einer Hanovia-UV-Lampe (ohne Filter) bestrahlt, welche 55 cm von der Röhre entfernt war. Die Gase, welche den Rückflußkühler verließen, wurden durch Wasser geleitet; wenn man vorsichtig arbeitete, verließen nur Spuren organischen Materials den Rückflußkühler. Nach Zugabe von 1,2 Mol Cl_2 wurde die Reaktion unterbrochen. Das Reaktionsgut wurde fraktioniert und ergab 3-Chlor-1,1,1-trifluor-3-jodpropan (43%, Kp: 119°) sowie 3-Chlor-1,1,1-trifluorpropan (IV) (2,1 g, Kp: 45—46°) in einer Ausbeute von 16% sowie 3,3-Dichlor-1,1,1-trifluorpropan (2 g, Kp: 72—74°) (Ausbeute 12%).

---

[1] Haszeldine, R. N.: Ang. Ch. **66**, 693 (1954).

[2] Mason, J., u. J. Dunderdale: Soc. **1956**, 754.

[3] Haszeldine, R. N.: Soc. **1953**, 3559.

[4] Haszeldine, R. N.: Soc. **1951**, 2495.

2. Ersatz von Bromatomen durch Chlor oder ^{82}Br

Perfluorallylbromid ($CF_2 = CFCBrF_2$) reagiert in der Dunkelheit nicht mit Chlor, im Licht (2—15 w. G. E. 360 BL ultraviolet fluorescent lamp) bildete sich u. a. das bromfreie 1,2,3-Trichlor-perfluor-propan[1] ($ClCF_2—CClF—CF_2Cl$) (22%).

W. VOEGTLI[2] et al. konnten zeigen, daß der photochemische Ersatz von kerngebundenen Bromatomen (aromatische Reihe) durch Chlor mit Hilfe von gasförmigem Chlor eine häufige Erscheinung ist. Folgende Tabelle gibt einige Beispiele (Prozentzahlen bedeuten Ausbeuten):

p-Dibrombenzol → *p-Dichlorbenzol* . . . . (90%)
p-Chlorbrombenzol → *p-Dichlorbenzol* . . . . (90%)
m-Chlorbrombenzol → *m-Dichlorbenzol* . . . . (89%)
o-Chlorbrombenzol → *o-Dichlorbenzol* . . . . (82%)
1,1-Di-(p-bromphenyl)-2,2,2-trichloräthan → *1,1-Di-(p-chlorphenyl)-1,2,2,2-tetrachloräthan* . . . . (85%)
1,1-Di-(p-bromphenyl)-2,2-dichloräthylen → *1,1-Di-(p-chlorphenyl)-1,2,2,2-tetrachloräthan* . . . . (90%)

p-Dichlorbenzol. 25 g p-Dibrombenzol, F: 86—86,5°, in 100 cm³ Tetrachlorkohlenstoff, werden so lange chloriert, bis der Hauptteil des Broms vertrieben ist (3—4 Std.). Sofort nach Beginn des Einleitens färbt sich der Kolbeninhalt dunkelbraun, und nach kurzer Zeit befindet sich ein Teil des Broms mit dem Tetrachlorkohlenstoff zusammen im Rückfluß, während ein anderer Teil gasförmig entweicht. Am Schluß saugt man Luft durch die Apparatur, bis Chlor und Brom entfernt sind. Dann wird aus einem Destillierkolben mit kleiner angesetzter Kolonne zuerst der Tetrachlorkohlenstoff und dann das p-Dichlorbenzol abdestilliert. Es hinterbleibt kein Rückstand. Kp: 170° scharf, F: 52°. Ausbeute 14 g.

Als Apparatur für die Chlorierung mit gasförmigem Chlor wurde ein 250 cm³ Pyrex-Sulfierkolben verwendet mit 3 peripheren Schliffstutzen für Thermometer, Rückflußkühler (letzterer 20 cm lang) und zum Einfüllen, sowie einem zentralen großen Schliffstutzen, durch welchen das Gaseinleitungsrohr geführt wird, dessen unteres Ende einen Glassinterverteiler trägt. Vom oberen Ende des aufsteigenden Kühlers führt ein Glasrohr zur Abgasabsorption. Der untere Teil des konischen Reaktionskolbens taucht in ein Ölbad oder Infrarotheizbad, und die Philips-UV-Lampe von 80 W, 300 lm wird so nahe wie möglich an den Kolben herangeschoben. Nach dem Erwärmen des Kolbeninhalts bis zum Rückfluß schaltet man Licht und Chlorstrom ein. Blasentempo in den Gaswaschflaschen 60—100 pro min.

B. MILLER und CH. WALLING[3] haben Brombenzol in der Dunkelheit und im Licht mit überschüssigem Chlor unter sonst identischen Bedingungen behandelt. In beiden Fällen trat Ersatz des Broms durch Chlor ein, aber die Ausbeuten waren sehr verschieden: 39% (Dunkelheit) und 81% (Licht). Eine ähnliche Substitution trat auch im Falle der Brombenzoesäuren (m. und o.) ein, jedoch nicht mit p-Nitro-brombenzol.

Nach B. MILLER und CH. WALLING[4] ist es möglich, das Bromatom in Brombenzol durch ^{82}Br zu ersetzen. Während in der Dunkelheit keine Reaktion eintrat, konnte bei starker Beleuchtung in 17 Std. ein 30%-Umsatz mit $^{82}Br_2$ durchgeführt werden.

---

[1] FAINBERG, A. H., u. W. T. MILLER jr.: Am. Soc. **79**, 4170 (1957).
[2] VOEGTLI, W., H. MUHR u. P. LÄUGER: Helv. **37**, 1627 (1954).
[3] MILLER, B., u. CH. WALLING: Am. Soc. **79**, 4187 (1957).
[4] MILLER, B., u. CH. WALLING: Am. Soc. **79**, 4189 (1957).

3. Dejodierung aliphatischer Jodide

Bei Belichten von Trifluorjodmethan-Dampf mit UV-Licht tritt nur eine geringfügige Bildung von *Hexafluoräthan* ein[1]. Setzt man jedoch Substanzen (Quecksilber oder Dicyan) hinzu, welche mit den primären Dissoziationsprodukten ($\cdot CF_3$ und $J\cdot$) reagieren und dadurch ihre Wiedervereinigung verhindern, so wird *Hexafluoräthan* erhalten.

Die Verwendung von Dicyan bei der photochemischen Dejodierung aliphatischer Jodide — das Dicyan geht hierbei in JCN über — ist von geringerer präparativer Bedeutung als diejenige von Quecksilber. Dieses hat sich besonders bei der Dejodierung von Verbindungen mit der Endgruppe $-C(Cl)(F)(J)$ bewährt. Nach dieser Methode hat R. N. HASZELDINE[2] u. a. aus I das *1,2,4,5,7,8-Hexachlordodekafluoroctan* (II) erhalten.

$$\underset{\text{I}}{Cl{-}[CF_2{-}CFCl]_2{-}J} \xrightarrow[\text{Licht}]{Hg} \underset{\text{II}}{Cl{-}[CF_2{-}CFCl]_2{-}[CFCl{-}CF_2]_2Cl}$$

R. N. HASZELDINE weist darauf hin, daß bei der photochemischen Dejodierung von I mit Quecksilber ein Produkt erhalten wird, welches frei von Olefinen ist; dies ist nicht der Fall, wenn die Dejodierung mit Zink im Dunkelprozeß durchgeführt wird.

1,2,4,5,7,8-Hexachlordodekafluoroctan[2] (II). Dieses Octanderivat wurde durch 8tägiges kräftiges Schütteln von I (5,1 g) mit Quecksilber (20 cm^3) erhalten (Quarzröhre, UV-Bestrahlung); man arbeitete bei Gegenwart eines Verdünnungsmittels [1,1,2-Trichlor-trifluoräthan (5 cm^3)]. Nach Ausäthern des Reaktionsgutes und Destillation wurde II (Kp: 142—144°, n_D^{22} 1,408) in einer Ausbeute von 81% erhalten.

4. Debromierung von 1,1-Diaryl-2-brom-äthylenen

W. TADROS[3] et al. haben in Essigsäure (99%) folgende Reaktionen im Sonnenlicht durchgeführt ($Ar = p\cdot CH_3O-C_6H_4$ und $p\cdot C_2H_5O-C_6H_4$):

$$\underset{\text{I}}{2\,Ar_2C=CHBr} \longrightarrow 2\,Br\cdot + 2\,Ar_2C=CH\cdot \longrightarrow \underset{\text{II}}{[Ar_2C{:}CH]_2}$$

Dieser Umsatz erfolgte nicht in der Dunkelheit. Es fehlen Angaben, ob er auch bei Abwesenheit von Säuren, z. B. in Benzollösung stattfindet. Es wäre denkbar, daß der Abspaltung von Brom eine Anlagerung von Essigsäure vorangeht.

1,1,4,4-Tetra-(p-anisyl)-buta-1,3-dien (II, Ar = p-$CH_3OC_6H_4$). Eine Lösung von 1,1-Di-p-anisyl-vinylbromid (I, $Ar = p\cdot CH_3O{-}C_6H_4$) (1 g) in Essigsäure (99%, 10 cm^3) wurde in einer N_2-Atmosphäre dem direkten Sonnenlicht ausgesetzt (3 Monate, Kairo), als Reaktionsgefäß diente eine zugeschmolzene Röhre (Pyrexglas). Der Röhreninhalt nahm nach 24 Std. eine schwach braune Farbe an, welche sich bei weiterer Bestrahlung vertiefte. Es bildete sich ein Niederschlag (0,4 g), welcher sich als II (Ar = p-Anisyl) erwies.

---

[1] BANUS, J., H. J. EMELÉUS u. R. N. HASZELDINE: Soc. **1950**, 3041.

[2] HASZELDINE, R. N.: Soc. **1955**, 4302.

[3] TADROS, W., A. B. SAKLA u. Y. AKHOOKH: Soc. **1956**, 2701.

5. Bildung von Organo-Quecksilber-Verbindungen durch Einwirkung von Quecksilber auf Alkyljodide

H. J. Emeléus und R. N. Haszeldine[1] haben gezeigt, daß Jodtrifluormethan (JCF_3) und Jodpentafluoräthan (C_2JF_5) sich gegenüber Metallen völlig anders verhalten als Methyljodid und Äthyljodid. Jodtrifluormethan läßt sich mit Hilfe der üblichen Katalysatoren (J_2, CH_3MgJ) nicht grignardieren. Man kann auch Jodtrifluormethan nicht mit Zn, Cd oder Li zu metallorganischen Verbindungen umsetzen.

Jodtrifluormethan und Jodpentafluoräthan bilden jedoch mit Quecksilber stabile Verbindungen (z. B. F_3CHgJ), wenn die Reaktion durch Wärme oder Belichtung eingeleitet wird. Arbeitet man im Dunkelprozeß, so muß man verhältnismäßig hohe Temperaturen [z. B. 260 bis 290° (Einschlußrohr) bei der Darstellung von F_3CHgJ] anwenden, im Lichte genügen tiefere Temperaturen. Der Umsatz im Licht läßt sich in Anwesenheit oder Abwesenheit von Lösungsmitteln durchführen.

Trifluormethylquecksilberjodid. Jodtrifluormethan (7,5 g), gelöst in Perfluormethylcyclohexan (4 cm³) wurde in einer Pyrexglasröhre auf 110° erwärmt und mit Quecksilber geschüttelt (36 Std.); während dieser Zeit wurde die Röhre bestrahlt (Hanovia-Lampe). Nach Entfernung des Lösungsmittels und Extraktion mit Äther erhielt man reines Trifluormethylquecksilberjodid (7,5 g); die Ausbeute betrug 80% unter Zugrundelegung des umgesetzten Jodtrifluormethans. Trifluormethylquecksilberjodid sublimiert bei 80°, es ist löslich in Wasser, Äther und Aceton.

6. Darstellung von Hexaaryläthanen durch Einwirkung von Triarylmethyl-halogeniden auf Triarylmethane

W. Schlenk und A. Herzenstein[2] haben gezeigt, daß sich *Diphenylen-diphenyl-äthan* (I) leicht photochemisch aus 9-Phenylfluoren und 9,9-Biphenylen-phenyl-chlormethan gewinnen läßt.

$$(C_6H_4)_2CH{-}C_6H_5 + ClC(C_6H_4)_2{-}C_6H_5 \xrightarrow{\text{Licht}} (C_6H_4)_2C(C_6H_5){-}C(C_6H_5)(C_6H_4)_2 + HCl$$

I

Wird Diphenyl-mono-p-biphenylmethan (II) und Diphenyl-mono-p-biphenyl-chlormethan (III) in einem zugeschmolzenen Röhrchen unter Kohlendioxyd einige Stunden lang intensivem Sonnenlicht ausgesetzt, so stellt sich folgendes Gleichgewicht ein, welches sehr weit auf der linken Seite des Umsatzes liegt:

$$\underset{\text{II}}{(C_6H_5)_2CH{-}C_6H_4{-}C_6H_5} + \underset{\text{III}}{ClC(C_6H_5)_2{-}C_6H_4{-}C_6H_5} \rightleftharpoons HCl + (H_5C_6)_2(H_5C_6{-}H_4C_6)C{-}C(C_6H_5)_2(C_6H_4{-}C_6H_5) \quad \text{oder} \quad 2 \cdot C(C_6H_5)_2(C_6H_4{-}C_6H_5)$$

[1] Emeléus, H. J., u. R. N. Haszeldine: Soc. **1949**, 2948.

[2] Schlenk, W., u. A. Herzenstein: B. **43**, 3541 (1910).

Diphenylen-diphenyläthan[1] **(I).** Man setzt eine kalte konzentrierte benzolische Lösung molekularer Mengen von Biphenylen-phenyl-methan (Phenylfluoren) und Biphenylen-phenyl-chlormethan in einem dünnwandigen Glasgefäß unter Luftausschluß einige Tage der Einwirkung des Sonnenlichtes oder des Lichtes einer Quecksilberlampe aus, filtriert dann die in reichlicher Menge ausgeschiedenen schönen weißen Kristalle des Dibiphenylen-diphenyl-äthans ab und exponiert die abfiltrierte Lösung von neuem, bis eine Zunahme der ausgeschiedenen Kristalle nicht mehr zu beobachten ist. Die Flüssigkeit raucht zuletzt beim Öffnen des Gefäßes ziemlich stark an der Luft infolge ihres Gehalts an Chlorwasserstoff, welcher bei der Reaktion gebildet wird.

Das so dargestellte Dibiphenylen-diphenyl-äthan (I) erwies sich als vollkommen rein.

XVI. Photosynthese von Nitrosoverbindungen aus Alkylnitriten. Bildung organischer Stickstoffverbindungen durch Einwirkung von Chlor und Stickstoffmonoxyd oder von Nitrosylchlorid auf Kohlenwasserstoffe

1. Synthese von Alkylnitrosoverbindungen durch Zersetzung von Alkylnitriten

Von den photochemischen Zersetzungen der Alkylnitrite ist die des t-Butylnitrits am eingehendsten untersucht worden.

Nach C. Coe und T. Doumani[2] zerfällt t-Butylnitrit unter Einwirkung des UV-Lichtes in Aceton und Nitrosomethan. Sie erhielten bei ihren Versuchen das *Nitrosomethan* als *dimeres* Produkt.

$$(CH_3)_3C{-}O{-}NO \xrightarrow{\text{Licht}} (CH_3)_2CO + CH_3NO$$

B. Gowenlock und J. Trotman[3] haben bei der photochemischen Zersetzung des t-Butylnitrits zwei verschiedene *dimere Nitrosomethane* erhalten, die eine Form entsteht durch Dimerisierung der monomeren Form an nichtbestrahlten Oberflächen, die andere bei niederer Temperatur an bestrahlten Oberflächen. Es wird angenommen, daß *cis-trans* isomere Formen vorliegen.

$$\begin{matrix} R & & O \\ & \searrow N{=}N \nearrow & \\ O \swarrow & & \searrow R \end{matrix} \qquad \begin{matrix} R & & R \\ & \searrow N{=}N \swarrow & \\ O \swarrow & & \searrow O \end{matrix}$$

Dimeres Nitrosomethan[2]**.** Eine Quarzflasche (350 cm³), welche mit Dämpfen von t-Butylnitrit gefüllt war, wurde mit filtriertem UV-Licht bestrahlt, während der Bestrahlung schieden sich farblose Kristalle des dimeren Nitrosomethans ab. F: 122°; beim Erhitzen über den Schmelzpunkt trat eine blaue Farbe auf, dieselbe Farbe beobachtete man beim Erhitzen der Lösungen des Dimeren (z. B. der Toluollösungen). Die Farbe verschwindet beim Abkühlen, es liegt eine reversible Dimerisierung vor.

---

1 Schlenk, W., u. A. Herzenstein: B. **43**, 3541 (1910).
2 Coe, C., u. T. Doumani: Am. Soc. **70**, 1516 (1948).
3 Gowenlock, B., u. J. Trotman: Soc. **1955**, 4190.

Als Lichtquelle diente eine UV-Lampe „Uviarc“ (360 W, General Electric Company), als Filter wurde ein Rundkolben aus Quarz benutzt, welcher mit destilliertem Wasser gefüllt war, hierdurch wurden die infraroten Strahlen ausfiltriert. Die Lampe befand sich in einer Entfernung von 21,7 cm von dem Kolben, dieser war 16,1 cm von dem Reaktionsgefäß entfernt; die Entfernungen wurden vom Zentrum beider Gefäße gemessen.

2. Nitrosoverbindungen durch gleichzeitige Einwirkung von Stickstoffmonoxyd und Chlor auf Kohlenwasserstoffe

Versuche zur Herstellung von Nitrosoverbindungen durch gleichzeitige Einwirkung von Stickstoffmonoxyd und Chlor auf Kohlenwasserstoffe sind in letzter Zeit von E. MÜLLER und seiner Schule durchgeführt worden. Untersucht wurde die Einwirkung auf Cyclohexan, n-Heptan und Toluol. Es ergab sich, daß das relative Verhältnis $NO:Cl_2$ von großer Bedeutung ist.

E. MÜLLER und H. METZGER[1] haben bei der photochemischen Einwirkung von Chlor und Stickstoffmonoxyd ($^1/_8$ Vol.:1 Vol.) auf Kohlenwasserstoffe farblose *Bis-nitrosoverbindungen* erhalten, welche im Falle des Cyclohexans und des Toluols in Substanz isoliert wurden, im Falle des n-Heptans erhielten sie ein Gemisch *isomerer Bis-(x-nitroso-n-heptane)*. *Bis-(nitrosocyclohexan)* (I) und *Bis-(ω-nitroso-toluol)* (II) bilden farblose Kristalle; II wurde nur in geringer Ausbeute erhalten.

$[C_6H_{11}NO]_2$ (Cyclohexanring mit H und NO) $[C_6H_5CH_2NO]_2$ (Cyclohexanring mit NO und Cl)

I   II   III

Bei der Einwirkung von Chlor, Stickstoffmonoxyd (0,5 Vol.:1 Vol.) und UV-Licht auf Kohlenwasserstoffe erhielten E. MÜLLER und H. METZGER[2] aus Cyclohexan *1-Chlor-1-nitrosocyclohexan* (III) und aus n-Heptan *x-Chlor-x-nitroso-n-heptan*. Aus Toluol wurde keine geminale Chlornitrosoverbindung erhalten, es bildete sich *Diphenylfuroxan*, dessen Synthese S. 154 besprochen ist.

Ein Schema, welches die Bildung von Bis-nitrosoverbindungen und Chlor-nitrosoverbindungen bei der photochemischen Einwirkung von Cl_2 und NO auf Kohlenwasserstoffe erklärt, haben kürzlich E. MÜLLER et al.[3] veröffentlicht. Es wird diesbezüglich auf den Nachtrag (vgl. S. 245) verwiesen.

Keine der in diesem Abschnitt erwähnten geminalen Chlornitrosoverbindungen wurde in reinem Zustand isoliert, doch wurde aus dem Reaktionsgemisch, welches bei der Begasung von Cyclohexan mit Chlor und Stickstoffmonoxyd erhalten wurde, durch Einwirkung von konzentrierter Salpetersäure reines *1-Chlor-1-nitro-cyclohexan* erhalten.

Bis-(nitroso-cyclohexan)[4] (I). 300 cm³ Cyclohexan (n_D^{20} 1,4262) werden bei 15—20° mit 0,17 l/Std. Chlor und 1,40 l/Std. Stickstoffmonoxyd begast und gleich-

---

[1] MÜLLER, E., u. H. METZGER: B. 88, 165 (1955).
[2] MÜLLER, E., u. H. METZGER: B. 87, 1282 (1954).
[3] MÜLLER, E., D. FRIES u. H. METZGER: B. **90**, 1188 (1957).
[4] MÜLLER, E., u. H. METZGER: B. 88, 172 (1955).

zeitig belichtet (Quecksilber-Hochdruckdampf-Lampe S 81 der Quarzlampengesellschaft Hanau; hinsichtlich des Apparativen vgl. die Originalarbeit). Nach 5 Std. wird die Reaktion abgebrochen, 30 min Stickstoff durchgeleitet, das Reaktionsgemisch mit 2 n NaOH gewaschen und mit Natriumsulfat getrocknet. Danach wird die Ausbeute an 1-Chlor-1-nitroso-cyclohexan photometrisch zu 0,70 g = 20% d. Th. (bezogen auf $^3/_2$ Cl_2) bestimmt. Aus der nach Abdestillieren des Lösungsmittels bei vermindertem Druck zurückbleibenden „blauen Flüssigkeit" kristallisieren im Eisschrank etwa 2,0 g der farblosen Substanz I, die abgesaugt wird und die, mit wenig kaltem Aceton gewaschen, bei 115—116° schmilzt. Nach Entfernung des Acetons werden aus der Mutterlauge durch fraktionierte Destillation 1,50 g „blaue Flüssigkeit" (Frakt. a) vom Kp_{18} 40—67°, n_D^{20} 1,4674 und 0,50 g einer farblosen Flüssigkeit vom Kp_{15} 70—72°, n_D^{20} 1,4610, gewonnen (Frakt. b). Der Destillationsrückstand erstarrt zu einer braunen Kristallmasse, die nach dem Abpressen auf Ton fast farblos ist, bei 110—112° schmilzt und mit der zuerst abgesaugten farblosen Substanz I identisch ist. Gesamtausbeute an krist. Bis-(nitroso-cyclohexan) (I) 4,60 g = 60% d. Th. (bezogen auf 1 Mol Cl_2).

Die vereinigten Mengen der festen Verbindung I sind nach ein- oder zweimaligem Umkristallisieren aus Aceton analysenrein. Bis-(nitroso-cyclohexan) (I) ist leicht löslich in Benzol, nahezu unlöslich in Wasser, verdünnten Mineralsäuren und Laugen. F: 116,5—117° unter blau-grün-Färbung; die Schmelze erstarrt farblos und schmilzt erneut ohne wesentliche Änderung des Schmelzpunkts.

1-Chlor-1-nitro-cyclohexan[1]. 300 cm³ Cyclohexan werden bei 15—20° mit einem Gemisch von 0,70 l/Std. Chlor und 1,40 l/Std. Stickstoffmonoxyd begast und belichtet. (Quecksilber-Hochdruckdampf-Lampe S 81 der Quarzlampengesellschaft Hanau; hinsichtlich des Apparativen vgl. die Originalarbeit.) Nach 5 Std. wird die Reaktion abgebrochen und das überschüssige Solvens abdestilliert. Anschließend werden durch weitere Destillation 4,20 g einer stechend riechenden, tiefblauen, zu Tränen reizenden Flüssigkeit erhalten (Kp_{18} 40—70°, n_D^{20} 1,4690). 3,6 g der blauen Flüssigkeit werden in Eisessig gelöst und zur Oxydation mit konzentrierter Salpetersäure auf dem Wasserbade erhitzt. Nach einiger Zeit ist die blaue Lösung unter Entweichen von nitrosen Gasen entfärbt. Das Reaktionsgemisch wird mit Wasser versetzt, das sich abscheidende Öl separiert, mit Natriumsulfat getrocknet und destilliert. Dabei werden folgende Fraktionen erhalten:

a) 37—60°/15 mm kontinuierlich . . . . (1,91 g)
b) 92—92,5°/15 mm, n_D^{20} 1.4783 . . . . (0,92 g)

Fraktion b besteht aus 1-Chlor-1-nitro-cyclohexan, Fraktion a in der Hauptsache aus einem Gemisch von mono- und dichloriertem Cyclohexan.

3. Diphenylfuroxan durch gleichzeitige Einwirkung von Chlor und Stickstoffmonoxyd auf Toluol

Gleichzeitige Behandlung von Toluol (im Licht) mit Chlor und Stickstoffmonoxyd im Verhältnis 0,5:1 liefert unter anderem ein Produkt, aus dem nach Waschen mit Natronlauge und Abdestillieren des Toluols *Diphenylfuroxan* (I) und *Benzylchlorid* erhalten wird[2].

C_6H_5—C——C—C_6H_5
‖ ‖
N NO
\ /
O I

E. Müller und H. Metzger nehmen *Benzhydroxamsäurechlorid* (III) als Zwischenprodukt bei der Diphenylfuroxansynthese an; das Chlorid

[1] Müller, E., u. H. Metzger: B. 87, 1291 (1954).
[2] Müller, E., u. H. Metzger: B. 87, 1282 (1954).

liefert unter Einwirkung von Alkali *Benzonitriloxyd* (IV), aus welchem I durch Dimerisation entsteht.

a) $2\,C_6H_5\cdot CH_3 + 3\,Cl_2 + 2\,NO \longrightarrow 2\left(C_6H_5\text{—}C(H)(Cl)\text{—}NO\right) + 4\,HCl$ (II)

b) $II \longrightarrow C_6H_5\text{—}C(Cl){=}NOH$ (III)

c) $III + OH^\ominus \longrightarrow C_6H_5\text{—}C{\equiv}NO + H_2O + Cl^\ominus$ (IV)

d) $IV + IV \longrightarrow I$

Diphenylfuroxan (I). Toluol (300 cm³; n_D^{20} 1,4960) werden bei 15—20° mit einem Gemisch von 0,17 l/Std. Chlor und 0,40 l/Std. Stickstoffmonoxyd begast und gleichzeitig belichtet [Quecksilber-Hochdruckdampflampe S 81 (Quarzlampengesellschaft Hanau)]; hinsichtlich des Apparativen wird auf die Originalarbeit verwiesen. Nach 4 Std. wird die Reaktion abgebrochen, 30 min Reinstickstoff durchgeleitet und das rotbraune Reaktionsgemisch solange mit 2 n NaOH und Wasser gewaschen, bis die wäßrige Phase farblos ist. Die nunmehr hellblau gefärbte Lösung wird im Dunkeln nach einiger Zeit gelb.

30,0 cm³ der getrockneten Reaktionslösung werden auf einem Uhrglas abgedunstet und die zurückbleibenden farblosen Kristalle von Diphenylfuroxan (48 mg) auf Ton abgepreßt. Die restlichen 270 cm³ Lösung werden durch Destillation aufgearbeitet. Nach Abdestillieren des Toluols bei 50°/90 mm hinterbleibt ein gelbes, stechend nitrilartig riechendes Öl, aus dem eine weitere Menge Diphenylfuroxan (0,38 g) nach einigen Stunden auskristallisiert; die Gesamtausbeute beträgt 0,43 g.

4. Cyclohexanonoxim aus Nitrosylchlorid und Cyclohexan

E. V. Lynn et al.[1] setzten aliphatische Kohlenwasserstoffe der Einwirkung von Nitrosylchlorid bei Gegenwart von Licht aus. Mit n-Heptan wurden *Ketoxime* erhalten und „blaue Öle", die als *Chloronitrosoverbindungen* erkannt wurden[2].

Nach M. A. Naylor und A. W. Anderson[3] läßt sich *Cyclohexanonoxim* (I) in guter Ausbeute durch photochemische Einwirkung (UV-Licht) von Nitrosylchlorid auf Cyclohexan erhalten, wenn man bei tiefen Temperaturen (—30°) arbeitet und NOCl sehr langsam zugibt. Das folgende Reaktionsschema wird von ihnen vorgeschlagen, welches die Bildung des

1) $NOCl \xrightarrow{\text{Licht}} NO\cdot + Cl\cdot$

2) $C_6H_{12} + Cl\cdot \longrightarrow C_6H_{11}^\bullet + HCl$

3) $C_6H_{11}^\bullet + NO\cdot \longrightarrow C_6H_{11}NO \longrightarrow I$ (II)

4) $I + NOCl \longrightarrow C_6H_{10}NOCl$

5) $C_6H_{11}^\bullet + Cl\cdot \longrightarrow C_6H_{11}Cl$

6) $C_6H_{11}^\bullet + NOCl \longrightarrow I + Cl\cdot$

(Cyclohexan-Ring)=NOH
I

[1] Lynn, E. V.: Am. Soc. **41**, 368 (1919). — Lynn, E. V., u. O. Hilton: Am. Soc. **44**, 645 (1922).

[2] Mitchell, S., u. S. C. Carson: Soc. **1936**, 1005.

[3] Naylor, M. A., u. A. W. Anderson: J. org. Chem. **18**, 115 (1953).

Oxims I (entstanden durch Umlagerung der Nitrosoverbindung II) und der wichtigsten Nebenprodukte erklärt.

Cyclohexanonoxim (I)[1]. Es ist wichtig mit reinem Cyclohexan zu arbeiten, das verwandte Produkt hatte Kp: 80°, n_D^{20} 1,4260. Nitrosylchlorid wurde aus einem technischen Produkt durch fraktionierte Destillation erhalten und hatte Kp: —4°. Es wurden verschiedene Reaktionsgefäße und UV-Lichtquellen verwandt (siehe Originalarbeit), die Reaktion wurde bei tiefer Temperatur (—30° bis 0°) durchgeführt. Nitrosylchlorid wurde langsam und ohne Unterbrechung und geschützt gegen UV-Licht in Cyclohexan eingeführt, aus welchem sich Cyclohexanonoximhydrochlorid in Kristallen ausschied. F: 70—88°.

Zur Überführung in das Oxim wurde das Hydrochlorid in siedendem, wasserfreiem Äther suspendiert (8 g in 180 cm^3) und mit trockenem Ammoniak behandelt, welches während einiger Stunden durch die Suspension durchgeleitet wurde. Man filtrierte NH_4Cl ab und erhielt aus der Lösung das Oxim, F: 88° (nach Umkristallisieren). Gesamtausbeute des Oxims: mindestens 71%.

XVII. Photochemische Umwandlung von aromatischen Nitro-Verbindungen

1. Isomerisierung aromatischer Nitro- zu Nitroso-Verbindungen

Allgemeiner Teil

Die erste Reaktion dieser Art wurde 1901 von G. CIAMICIAN und P. SILBER[2] aufgefunden; sie beobachteten, daß o-Nitrobenzaldehyd im Sonnenlicht in o-*Nitrosobenzoesäure* umgewandelt wird; diese Umwandlung findet sowohl in Lösung (z. B. Benzol) als auch bei der Bestrahlung der Kristalle statt. Seit dieser Zeit hat man ähnliche Reaktionen mit vielen Substanzen durchgeführt, die die Atomgruppierung III besitzen. Einige Beispiele sind in der Tabelle 18 aufgeführt. Nicht alle aromatischen Nitroverbindungen vom Typus III lagern sich unter Einfluß des Lichtes in *Nitrosoverbindungen* um. Zu diesen Verbindungen gehört der o-Nitrozimtaldehyd[3]; nach F. KRÖHNKE sind o-Nitrophenyl-Verbindungen mit o-ständigem Keto-carbonyl gegenüber Licht reaktionslos[4].

Die Einwirkung von Licht auf m- und p-Nitrobenzaldehyde führt nicht zur Bildung von Nitrosoverbindungen.

Tabelle 18

o-Nitroterephthalaldehyd (IV) → 2-Nitroso-4-formyl-benzoesäure (V)[5]
o-Nitrobenzylidenanilin (VI) → o-Nitrosobenzanilid (VII)[6]
o-Nitrotriphenylmethan → o-Nitrosotriphenylcarbinol (VIII)[7]
o-Nitrophenylarsenoxyd (IX) → o-Nitrosophenylarsinsäure (X)[8]

---

[1] NAYLOR, M. A., u. A. W. ANDERSON: J. org. Chem. 18, 115 (1953).
[2] CIAMICIAN, G., u. P. SILBER: B. **34**, 2040 (1901).
[3] CIAMICIAN, G., u. P. SILBER: C. **1902 I**, 1190.
[4] KRÖHNKE, F., u. I. VOGT: B. **85**, 379 (1952).
[5] SUIDA, H.: J. pr. **84**, 829 (1911).
[6] SACHS, F., u. R. KEMPF: B. **35**, 2715 (1902).
[7] TANASESCU, I.: Bl. **39**, 1454 (1926).
[8] KARRER, P.: B. **47**, 1784 (1914).

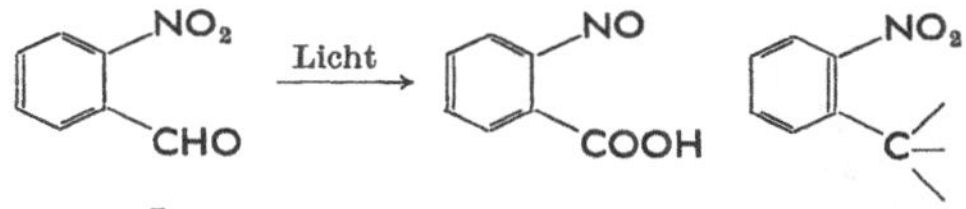

NO_2, CHO $\xrightarrow{\text{Licht}}$ NO, COOH; NO_2, C

I II III

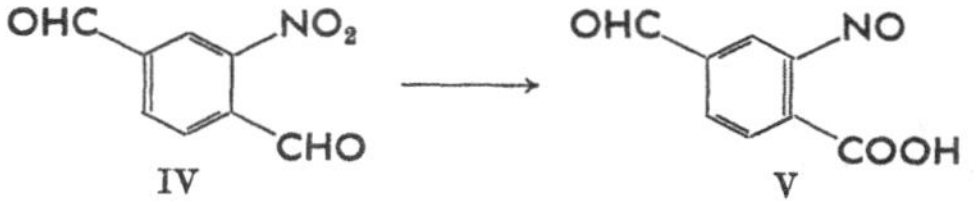

OHC, NO_2, CHO $\longrightarrow$ OHC, NO, COOH

IV V

$$C_6H_4(NO_2)CH{:}N{-}C_6H_5 \longrightarrow C_6H_4(NO){-}C(OH){:}N{-}C_6H_5 \longrightarrow C_6H_4(NO){-}CO{-}NH{-}C_6H_5$$

VI VII

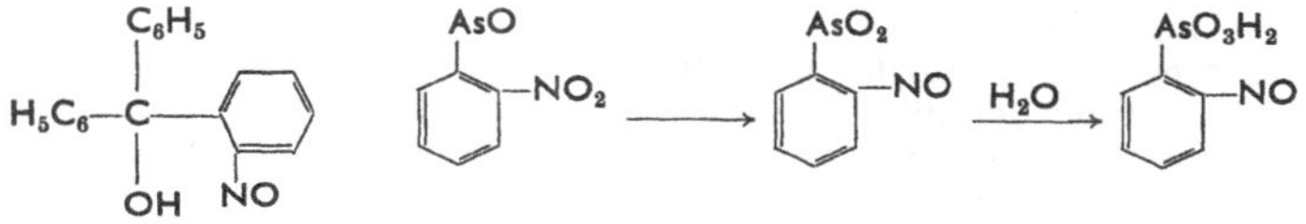

C_6H_5, H_5C_6–C–OH, NO; AsO, NO_2 $\longrightarrow$ AsO_2, NO $\xrightarrow{H_2O}$ AsO_3H_2, NO

VIII IX X

Bis-o-nitrobenzal-pentaerythritspiran (IX), welches eine Dinitroverbindung ist, lagert sich bei Einwirkung von Sonnenlicht in eine *Mononitrosoverbindung* um; bemerkenswert ist die Schnelligkeit der Umlagerung (15 min, Benzollösung)[1].

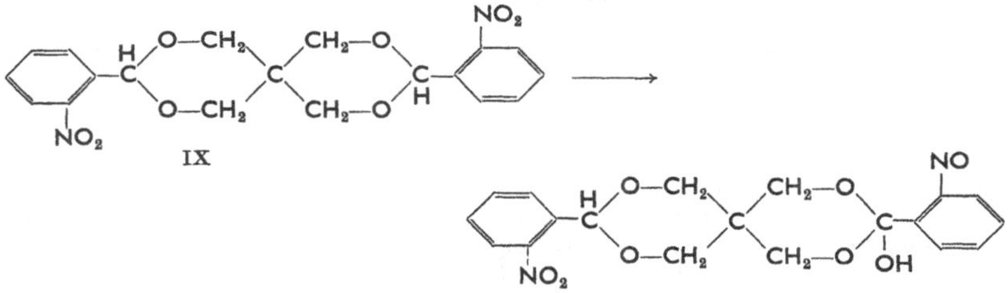

IX $\longrightarrow$

Bestrahlt man die alkoholische Lösung von o-Nitrobenzaldehyd, so erhält man im Falle von Methyl- und Äthylalkohol die entsprechenden *Ester* der o-*Nitrosobenzoesäure*[2]; es handelt sich hier um eine Umlagerung und Veresterung. Beide Prozesse sind photochemischer Natur[3]. Es erfolgt zuerst Acetalbildung und das entstehende o-*Nitrobenzacetal* (X) liefert unter Umlagerung und Alkoholabspaltung o-*Nitrosobenzoesäureester* (XI).

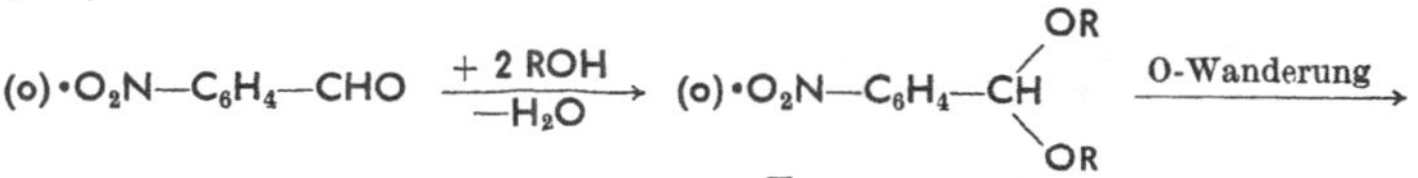

$$(o)\cdot O_2N{-}C_6H_4{-}CHO \xrightarrow[-H_2O]{+2\,ROH} (o)\cdot O_2N{-}C_6H_4{-}CH(OR)_2 \xrightarrow{\text{O-Wanderung}}$$

X

$$(o){-}ON{-}C_6H_4{-}C(OR)_2{-}OH \longrightarrow (o)\cdot ON{-}C_6H_4{-}COOR + ROH$$

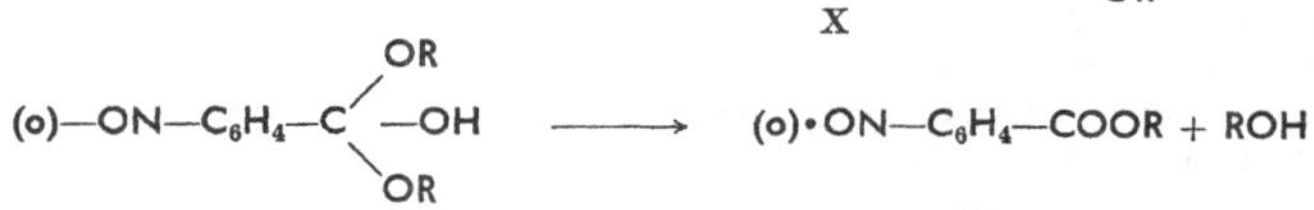

XI

---

[1] TANASESCU, I.: C. **1924 II**, 2827; Chem. Abstr. **19**, 2932 (1925).
[2] CIAMICIAN, G., u. P. SILBER: B. **34**, 2040 (1901).
[3] BAMBERGER, E., u. F. ELGER: A. **371**, 319 (1910).

o-Nitrosobenzoesäure[1]. Eine Lösung von o-Nitrobenzaldehyd in Benzol ist so empfindlich, daß eine halbe Stunde Belichtung genügt, um das ganze Rohr, in welchem die Lösung sich befindet, mit einem weißen feinkristallinen Niederschlag zu erfüllen. Das Produkt, welches an und für sich schon vollständig rein ist, wurde aus Alkohol umkristallisiert; die Säure färbt sich bei 180° schwarz und schmilzt unter Zersetzung zwischen 205 und 210°. Die heiße benzolische Lösung besitzt eine smaragdgrüne Farbe.

Umwandlung ohne Lösungsmittel. Mit einer gesättigten Lösung von o-Nitrobenzaldehyd benetzt man die Wände eines Kolben in der Art, daß nach völliger Entfernung des Lösungsmittels dieselben gleichmäßig mit Kristallen bedeckt sind. Setzt man nun den zugeschmolzenen Kolben dem Lichte aus, so beobachtet man, daß die Kristalle nach und nach ihre gelbe Farbe verlieren und schließlich weiß werden. Behandelt man dann den Kolben wieder mit Benzol in der Kälte, so bleibt fast die ganze Masse ungelöst, weil die entstandene o-Nitrosobenzoesäure in Benzol nur sehr wenig löslich ist.

o-Nitrosobenzoesäureäthylester[2] **(XI).** Im zerstreuten Tageslicht färbt sich das ölige o-Nitrobenzaldehyd-diäthylacetal (X, R $= C_2H_5$) im Verlauf von 2—3 Monaten allmählich tiefgrün und scheidet schließlich glänzende farblose Kristalle ab; im direkten Sonnenlicht ist es schon nach 15 min grün und die Absonderung erfolgt innerhalb $1^1/_2$—2 Std. Die abgesaugten und auf Ton ganz entölten Kristalle zeigen direkt den konstanten F: 120—121° (Vorbad 110°).

Im Dunkeln aufbewahrt wurde das Acetal nach 6—7 Jahren nicht merkbar verändert.

Das farblose Dimethylacetal des o-Nitrobenzaldehyds reagiert im direkten Sonnenlicht anscheinend noch rascher als das Homologe.

2-Nitroso-4-formyl-benzoesäure[3] **(V).** Die im folgenden beschriebene Umlagerung eignet sich als Vorlesungsversuch:

In eine schmale Küvette (von etwa 8 mm innerer Weite) bringt man eine klare Lösung von einigen Zentigrammen o-Nitroterephthalaldehyd (IV) in Xylol und einen Glasstab, stellt das Gefäß am Beginn der Vorlesung zwischen Geberlinie und Sammelobjektiv eines Skioptikons (220 V, 15 A) und stellt am Schirm auf den Glasstab scharf ein; ferner befestigt man auf der Küvette lose einen Buchstaben aus schwarzem Papier an der Seite der Lichtquelle. Nach kurzer Zeit wird die anfangs helle Scheibe am Schirm immer dunkler und nach 20 min verschwimmen die Umrisse des Buchstabens, der Glasstab ist nicht mehr sichtbar. Entfernt man nach etwa 30 min den Buchstaben, so zeigt sich sein umgekehrtes, weißes Bild auf dunklem Grunde fixiert, was sich durch Verschieben der Cuvette zeigen läßt; hierbei erscheint die ursprüngliche Lichtscheibe jetzt als dunkle Scheibe auf hellem Grunde befestigt. In dem hellen, bisher unbestrahlten Teile der Cuvette sieht man jetzt am Schirm neben dem Glasstab dunkle Flocken in lebhafter Bewegung und am Boden eine leichte Ablagerung von fester Substanz, die am Ende der Vorlesung schon ganz erheblich ist. Ein Kratzen mit dem Glasstab an der weißen Gefäßwand erzeugt dunkle Striche. Der Niederschlag läßt sich am Ende der Vorlesung auf einem kleinen Saugfilter sammeln und genügt, um die Reaktionen der entstandenen Nitrososäure zu zeigen.

o-Nitrosobenzanlid[4] **(VII).** o-Nitrobenzyliden-anilin (VI) (2,5 g) wurden in Benzol (50 cm³) gelöst und in einem zugeschmolzenen Röhrchen dem direkten Sonnenlicht ausgesetzt. Nach etwa achttägiger Belichtung wurde der ausgeschiedene hellbraungelbe Körper abfiltriert, mit Benzol gewaschen und auf Ton gepreßt. Ausbeute 1,1 g.

2-Nitrosophenylarsinsäure[5] **(X).** 2-Nitrophenylarsenoxyd (IX) (3 g) werden in gewöhnlichem wasserhaltigem Äther suspendiert und tropfenweise so viel alkoholische Salzsäure zugefügt, bis Lösung eingetreten ist. Die schwachgelb gefärbte Flüssigkeit wird hierauf in eine Bombenröhre oder in ein ähnliches Gefäß eingefüllt,

---

[1] Ciamician, G., u. P. Silber: B. **34**, 2040 (1901).
[2] Bamberger, E., u. F. Elger: A. **371**, 319 (1909).
[3] Suida, H.: J. pr. (2) **84**, 827 (1911).
[4] Sachs, F., u. R. Kempf: B. **35**, 2715 (1902).
[5] Karrer, P.: B. **47**, 1784 (1914).

durch Gummistopfen und Paraffinkappe vollkommener Luftabschluß hergestellt und die Röhre während einiger Wochen dem Sonnenlicht ausgesetzt. Nach dieser Zeit haben sich an den Wänden und am Boden reichliche Mengen gelbbrauner Kriställchen abgeschieden; sie werden abgesaugt und mit Äther gewaschen.

2. Photochemische Reaktionen der 4-(2'-Nitrophenyl)-1,4-dihydropyridine

Eine eingehende Untersuchung von 2,6-Dimethyl-3,5-diacetyl-4-(2'-nitrophenyl)-1,4-dihydropyridin (I) und analoger Verbindungen verdanken wir J. A. BERSON und E. BROWN[1], welche u. a. zeigten, daß I in alkoholischer Lösung durch Licht (Wellenlänge 366 mμ) in zwei Verbindungen übergeführt wird, nämlich in das grüne *2,6-Dimethyl-3,5-diacetyl-4-(2'-nitrosophenyl)-pyridin* (III) und eine braungelbe Verbindung, die als das *Dimere* von III angesehen wird; als Zwischenprodukt wird II angenommen. III und die dimere Verbindung liefern in Lösung (Alkohol 95%) dasselbe UV-Spektrum.

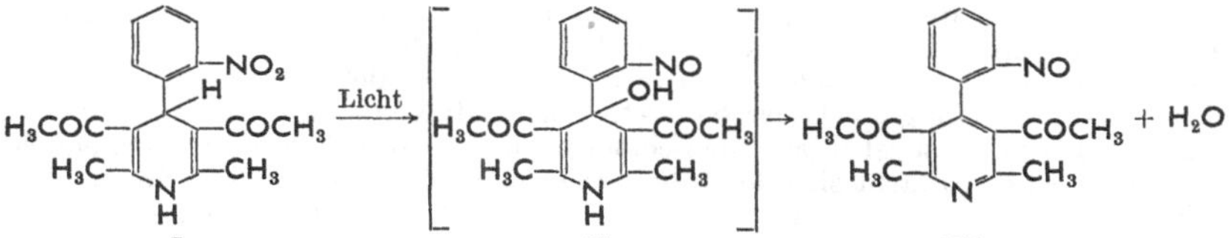

Eine Umwandlung I → III wurde in der Dunkelheit nicht beobachtet. Die 4'-Nitrophenylverbindung IV wird durch Licht (Sonne, Hg-Lampe) nicht verändert. — Photochemisch verhalten sich Va und Vb ähnlich wie I. Die Photoinstabilität von Va wurde schon von L. E. HINKEL[2] et al. beobachtet.

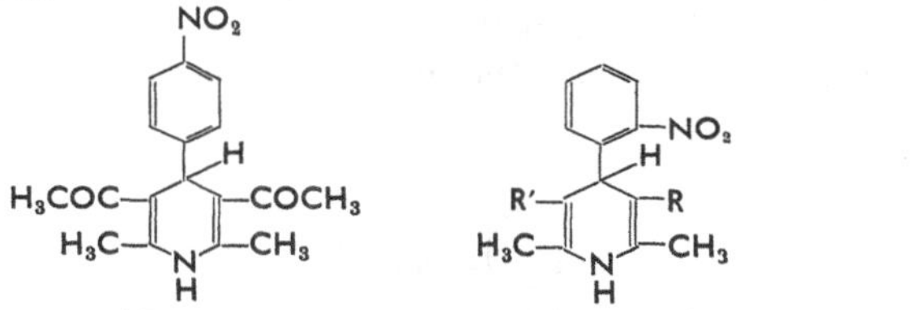

Va: $R = R' = CO_2C_2H_5$
b: $R = COCH_3$; $R' = CO_2C_2H_5$

2,6-Dimethyl-3,5-diacetyl-4-(2'-nitrosophenyl)-pyridin[1] (III). Eine Lösung von I [0,15 g in 750 cm³ Äthylalkohol (95%)] wurde mit ultraviolettem Licht bestrahlt (16 Std.) (Hg-Lampe, General Electric AH-4). Hierauf wurde das Lösungsmittel unter vermindertem Druck verjagt und der Rückstand in verdünnter Salzsäure gelöst; der gesamte Rückstand war löslich. Die wäßrige Lösung wurde alkalisch gemacht (Natriumcarbonat), was zur Abscheidung eines gelbbraunen Niederschlags führte. Man konzentrierte und beobachtete die Abscheidung von gelbbraunen Nadeln und von aquamarinfarbenen Kristallen (III), welche unter dem Mikroskop mit der Hand gesammelt wurden. F: 129,5—130,5° (Zersetzung).

[1] BERSON, J. A., u. E. BROWN: Am. Soc. **77**, 447 (1955).
[2] HINKEL, L. E., E. E. AYLING u. W. H. MORGAN: Soc. **1931**, 1835.

3. Indigo aus aromatischen Nitroverbindungen

Die Bildung von *Indigo* aus Benzyliden-o-nitroacetophenon (I) wurde von C. ENGLER[1] entdeckt. Die Reaktion verläuft nach folgendem Schema:

$$2\,C_6H_4\begin{matrix}NO_2\\ \\ C(=O)\end{matrix}CH{=}CHC_6H_5 \xrightarrow{\text{Licht}} C_6H_4\begin{matrix}NH\\ \\ C(=O)\end{matrix}C{=}C\begin{matrix}C(=O)\\ \\ NH\end{matrix}C_6H_4 + 2\,C_6H_5COOH$$

I

Indigo. Läßt man eine ätherische Lösung von Benzyliden-o-nitroacetophenon (I) in einer flachen Schale, z. B. einem glasierten Porzellanteller, verdunsten, so hinterbleibt zunächst eine dünne, aus farblosen Kristallnädelchen bestehende Schicht des Körpers in farblosem Zustande, die im Dunkeln auch farblos bleibt. Setzt man dieselbe aber dem direkten Sonnenlicht aus, so nehmen die Kriställchen unter Beibehaltung ihrer Form schon nach etwa einer Stunde eine grünliche Farbe an, bei weiterer Bestrahlung werden sie grün-blau und zuletzt schwarz-blau und nehmen dabei den charakteristischen Kupferschimmer an. Wäscht man die Masse nachher mit Alkohol und mit Äther aus, wobei mißfarbige Lösungen entstehen, so hinterbleibt das Indigoblau in körniger Form und läßt sich durch seine Löslichkeit in Chloroform und die Bildung der violetten Dämpfe ohne weiteres identifizieren. Daß es sich um eine Photoreaktion handelt, wurde dadurch festgestellt, daß die gleiche Reaktion durch bloßes Erwärmen im Dunkeln nicht zu erzielen war. Bei dieser Indigo-Bildung spielt der Sauerstoff der Luft keine Rolle, denn wenn I in mit Kohlensäure angefüllten zugeschmolzenen Glaskölbchen dem Sonnenlicht ausgesetzt wird, so färbt sich der Inhalt rasch dunkel und schließlich dunkelblauschwarz. Beim Öffnen des Kölbchens macht sich der Geruch nach Benzaldehyd bemerkbar und in der umgewandelten Masse läßt sich Benzoesäure nachweisen.

Nach F. SACHS und S. HILPERT[2] trübt sich eine benzolische Lösung von „o-Nitrophenyl-milchsäure-methylketon“ (2-Nitro-α-oxy-benzyl)-aceton (II) im Sonnenlicht unter Wasserabscheidung. Beim Abkühlen des Lösungsmittels wurde ein Stoff A (eine Nitrosoverbindung?) isoliert, welcher mit gasförmigem Ammoniak Indigo bildete. Nach W. RIED und M. WILK[3] bildet sich das Produkt A nur beim Belichten in kristallisiertem Zustand oder in einem dipolfreien Lösungsmittel. RIED und WILK weisen darauf hin, daß man Indigo-Lichtbilder herstellen kann.

$$o\text{-}(NO_2)C_6H_4\text{–}CH(OH)\text{–}CH_2\text{–}C(=O)\text{–}CH_3$$

II

Herstellung von Indigolichtbildern[3]. Man tränkt gutes holzfreies Schreibpapier mit einer ätherischen Lösung von o-Nitrophenylmilchsäure-methylketon und läßt den Äther sehr schnell verdunsten (Föhn). Mit diesem Papier kann man photographische Abzüge herstellen: Belichtungszeit etwa 10—15 min im direkten Sonnenlicht. An den belichteten Stellen tritt eine gelbe Verfärbung auf, die im Dunklen erhalten bleibt. In einer Ammoniakatmosphäre entwickelt sich auf dem Papier schnell ein Indigo-Bild. Der Farbton schwankt von grün über blau nach rötlich, je nach Entwicklungstemperatur und Reinheitsgrad des verwendeten Milchsäureketons. Das überschüssige Keton wird anschließend mit heißem Wasser oder einem organischen Lösungsmittel, wie Äther oder Alkohol, ausgewaschen.

---

[1] ENGLER, C., u. K. DORANT: B. **28**, 2497 (1895).
[2] SACHS, F., u. S. HILPERT: B. **37**, 3426 (1904).
[3] RIED, W., u. M. WILK: A. **590**, 111 (1954).

4. Bildung von Isatogenen

a) aus o-Nitrotolanen

Isatogene sind Indolderivate, die zugleich cyclische Nitrone sind. Sie können nach mehreren photochemischen Methoden erhalten werden; eine Methode besteht in der Isomerisierung von o-Nitrotolanen, eine Reaktion, welche von P. PFEIFFER[1] entdeckt wurde. Es ist notwendig, daß die Nitrogruppe in o-Stellung ist, so läßt sich z. B. p,p'-Dinitrotolan nicht in ein Isatogen überführen[2].

O_2N—[Ring]—C≡C—C_6H_5 / —NO_2 —Sonnenlicht→ Isatogen: C=O, C—C_6H_5, N→O, O_2N

I

6-Nitro-2-phenylisatogen[3] (I). Setzt man die je nach der Konzentration hellgelb bis gelb gefärbte Pyridinlösung des Tolan-Körpers dem Sonnenlicht aus, so färbt sie sich bald tief orangerot; beim Verdunsten der belichteten Lösung scheiden sich die rubinroten Blättchen des Nitrophenyl-isatogens vom F: 205—206° ab. Ausbeute etwa 62%.

b) Aus o-Nitrostilbenen, o-Nitrostilbenchloriden und aus Pyridinium-äthanolen mit einer o-ständigen Nitrogruppe bzw. den entsprechenden Chinolinium- und Isochinolinium-äthanolen

Obwohl schon R. STOERMER[4] auf die photochemische Bildung eines *Isatogens* aus dem o-Nitro-p-cyanstilben [(p-NC) · C_6H_3 · (o-NO_2)—CH:CH—C_6H_5] hingewiesen hatte, und K. DIMROTH[5] et al. in einer kurzen Notiz über die photochemische Umwandlung von 2,4,6-Dinitro-4'-dimethylaminostilben in das entsprechende *Isatogen* berichtet hatten, sind erfolgreiche systematische Untersuchungen über die Bildung von Isatogenen aus Stilbenen erst kürzlich veröffentlicht worden.

Nach J. SPLITTER und M. CALVIN[6] bilden o-Nitrostilbene (I) mit Elektronen-abstoßenden Gruppen in Ring B in guter Ausbeute *Isatogene* (II), wenn man ihre Lösungen dem Sonnenlicht aussetzt.

R''—[A](R''')(NO₂)—CH=CH—[B]—R' —Licht→ II: 4-R''', 6-R'', C=O, 2C—[Ring]—R', N→O + andere Produkte

I II

Mit Erfolg wurde diese Methode u. a. zur Darstellung der in der Tab. 19 aufgeführten Isatogene benutzt, die Zahlen geben die Ausbeute

[1] PFEIFFER, P.: B. **45**, 1819 (1912). — PFEIFFER, P., u. E. KRAMER: B. **46**, 3662 (1913).
[2] PFEIFFER, P., u. E. KRAMER: B. **46**, 3660 (1913).
[3] PFEIFFER, P., u. E. KRAMER: B. **46**, 3662 (1913).
[4] STOERMER, R., u. H. OEHLERT: B. **55**, 1236 (1922).
[5] DIMROTH, K., u. M. und F. BOHLMANN: Ang. Ch. **59**, 176 (1947).
[6] SPLITTER, J., u. M. CALVIN: J. org. Chem. **20**, 1086 (1955).

an. Zur Reinigung dieser Verbindungen wurden chromatographische Methoden angewandt; dies war jedoch im Falle des 2-(p-Dimethylaminophenyl)-isatogens nicht nötig.

Tabelle 19

2-(p-Dimethylaminophenyl)-6-nitroisatogen	44%
2-(p-Dimethylaminophenyl)-4,6-dinitroisatogen	38%
2-(p-Dimethylaminophenyl)-isatogen	24%
2-(p-Hydroxyphenyl)-6-nitroisatogen	40%
2-(p-Chlorphenyl)-4,6-dinitroisatogen	16%

2-(p-Dimethylaminophenyl)-isatogen[1] (II, R′ = $N(CH_3)_2$, R″ = R‴ = H). Eine Lösung von 2-Nitro-4′-dimethylamino-stilben (100 mg) in 100 cm^3 Benzol (thiophenfrei) wurde bestrahlt (direktes Sonnenlicht, 14 Std., Gefäß aus Pyrexglas). Nach Verjagen des Benzols wurde Äthylalkohol (95%, 5 cm^3) zu den dunkelblauen Kristallen hinzugegeben und das Isatogen dann abfiltriert. Ausbeute 24 mg (24%), F: 201—203°. Nach Umkristallisieren aus Alkohol (95%) F: 208—209° (Zersetzung).

Photochemisch stabil sind nach W. Ried und M. Wilk[2] u. a. die folgenden Verbindungen:

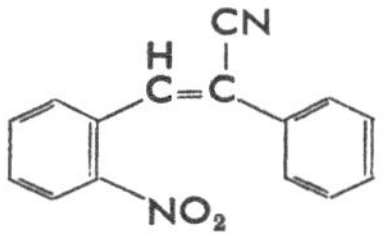

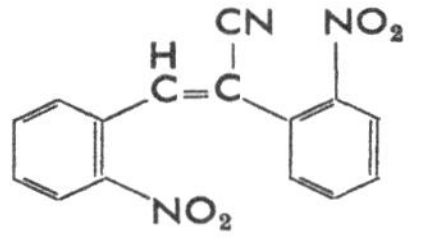

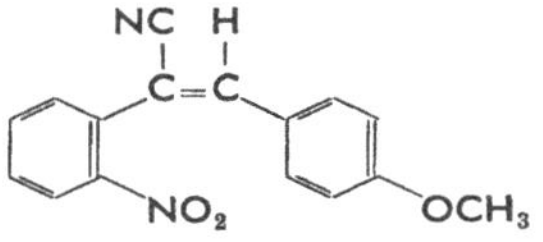

Die photochemische Umwandlung von o-Stilben-chloriden (z.B. III) in *Isatogene* wurde zuerst von P. Pfeiffer[3] beobachtet, welcher die Pyridinlösungen der Chloride dem Sonnenlichte aussetzte. Es ist wahrscheinlich, daß bei diesen Reaktionen sich zuerst durch Salzsäureabspaltung o-*Nitrotolane* bilden, deren Photoisomerisierung in Isatogene schon besprochen wurde (vgl. S. 161).

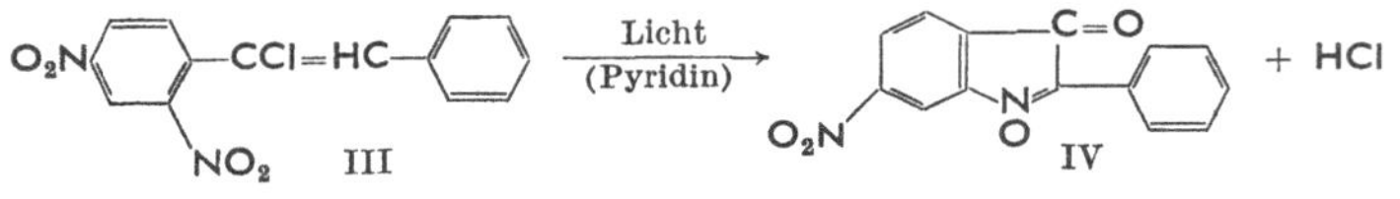

Auf ähnliche Weise wurden u. a. die folgenden Isatogenderivate erhalten[4]:

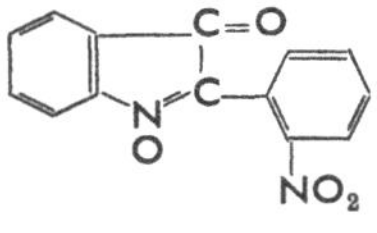

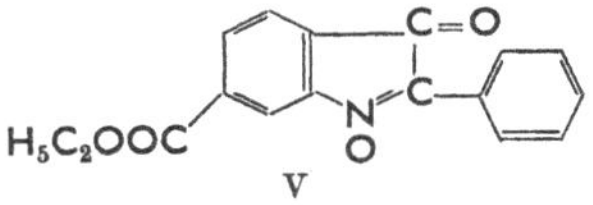

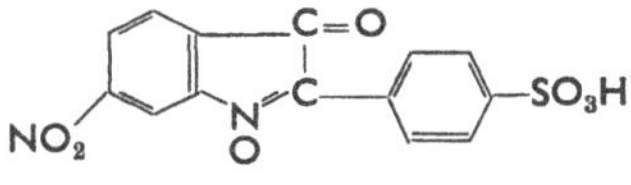

[1] Splitter, J., u. M. Calvin: J. org. Chem. **20**, 1086 (1955).
[2] Ried, W., u. M. Wilk: A. **590**, 112 (1954).
[3] Pfeiffer, P.: B. **45**, 1819 (1912).
[4] Pfeiffer, P.: A. **411**, 72 (1916).

Auch die Bildung von *Isatogenen*, welche bei der Bestrahlung von Pyridinlösungen der o-Nitrostilbendichloride (z. B. VI) eintritt[1] dürfte über die entsprechenden Verbindungen der Tolanreihe erfolgen.

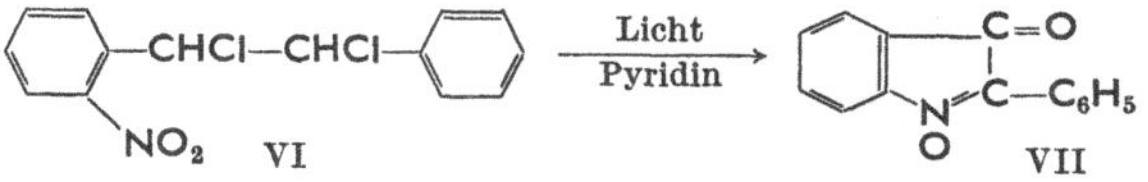

$$\underset{\text{VI}}{o\text{-}NO_2C_6H_4\text{—CHCl—CHCl—}C_6H_5} \xrightarrow[\text{Pyridin}]{\text{Licht}} \underset{\text{VII}}{\text{2-Phenylisatogen (}C{=}O\text{, }N{\rightarrow}O\text{, }C\text{—}C_6H_5\text{)}}$$

6-Nitro-2-phenylisatogen[2] (IV). Man setzt die konzentrierte Lösung von 1 g 2,4-Dinitro-μ-chlorstilben (III) in Pyridin dem direkten Sonnenlicht aus. Schon nach kurzer Zeit färbt sich die Flüssigkeit rot; nach etwa eintägiger Belichtung haben sich auf dem Boden des Gefäßes in reichlicher Menge rote Blättchen gebildet. Man filtriert ab und läßt das Filtrat verdunsten, wodurch noch weitere Mengen des roten Produktes gewonnen werden. Aus Pyridin umkristallisiert, bildet es granatrote Blättchen, aus Eisessig erhält man lange Nadeln, F: 206°. Ausbeute 0,75 g aus 1 g Ausgangsstoff.

6-Carboxäthyl-2-phenyl-isatogen[3] (V). Man löst 4 g des 2-Nitro-4-carboxäthyl-μ-chlor-stilbens in Pyridin und setzt die Lösung zwei Tage lang dem Sonnenlicht aus. Schon nach kurzer Belichtung färbt sich die Lösung rot. Beim Verdunsten des Pyridins scheidet sich das Umwandlungsprodukt in reichlicher Menge aus; Ausbeute 2 g. Man kristallisiert, wenn nötig, aus Pyridin um und erhält so lange, flache, glänzend orangefarbene Nadeln, F: 138°.

2-Phenylisatogen[4] (VII). Man setzt eine Lösung von 1,3 g 2-Nitrostilbenchlorid (VI) (Gemisch von α- und β-Form) in 8 cm^3 reinem Pyridin in geschlossenem Gefäß dem Sonnenlicht aus. Schon nach wenigen Stunden hat die Flüssigkeit eine orange-gelbe Farbe angenommen. Nach einigen Tagen oder Wochen, je nach der Intensität der Bestrahlung, beginnt aus der inzwischen tief orange-rot gewordenen Flüssigkeit die Ausscheidung prismatischer orange-roter Kristalle; sie werden abgesaugt und auf Ton getrocknet, die Mutterlauge wird weiter belichtet und dann der Kristallisation überlassen. Ausbeute an Rohprodukt vom F: 181—184°, 33% d.Th. Nach dem Umkristallisieren aus Methylalkohol erhält man tief orange-rote Blättchen vom F: 186—187°.

F. Kröhnke[5] hat gefunden, daß Pyridinium-äthanole der allgemeinen Formel VIII durch Belichten mit Sonnen- oder UV-Licht (260 bis 290 mμ) meist schnell und vollständig unter Abspaltung von Pyridin, Halogenwasserstoff und Wasser in *Isatogene* (IX) überführt werden. Ähnlich verhalten sich die entsprechenden Chinolinium- und Isochinolinium-äthanole.

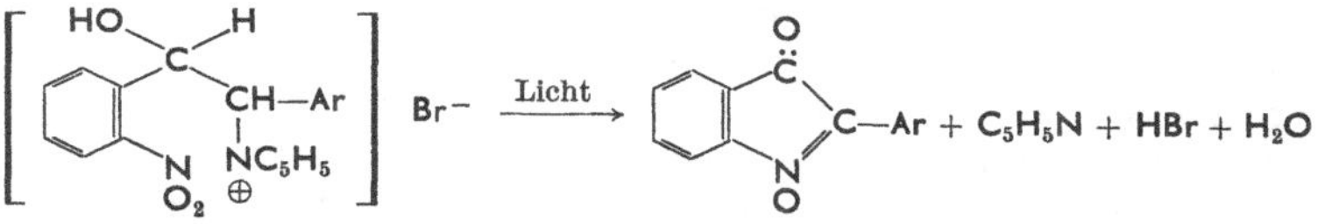

$$\underset{\text{VIII}}{\left[o\text{-}O_2N\text{—}C_6H_4\text{—CH(OH)—CH(Ar)—}\overset{\oplus}{N}C_5H_5\right]Br^-} \xrightarrow{\text{Licht}} \underset{\text{IX}}{\text{Isatogen (}C{=}O\text{, }N{\rightarrow}O\text{, }C\text{—Ar)}} + C_5H_5N + HBr + H_2O$$

[1] Pfeiffer, P.: A. **411**, 72 (1916).

[2] Pfeiffer, P.: B. **45**, 1823 (1912).

[3] Pfeiffer, P.: B. **45**, 1827 (1912).

[4] Pfeiffer, P.: A. **411**, 104 (1916).

[5] Kröhnke, F.: Ang. Ch. **65**, 605 (1953). — Kröhnke, F., G. Kröhnke u. I. Vogt: B. **86**, 1500 (1953).

Nach dieser Methode wurde u. a. das *2-(3',4'-Dichlorphenyl)-isatogen* (IX, Ar = 3,4-Dichlorphenyl) erhalten und als Hydrat das *2-Styryl-isatogen* (XI).

$$\left[\begin{array}{l} C_6H_5\cdot CH{=}CH{-}\overset{H}{C}{-}NC_5H_5 \\ \qquad\qquad\quad | \\ \qquad\qquad CH(OH)\cdot C_6H_4\cdot NO_2(o) \end{array}\right]^{\oplus} Hal^{\ominus} \xrightarrow{\text{Licht}}$$

X

$$C_6H_4\langle{}^{CO}_{NO}\rangle C\cdot CH{:}CH\cdot C_6H_5 + C_5H_5N + H\cdot Hal + H_2O$$

XI

2-(3',4'-Dichlorphenyl)-isatogen[1] **(IX, Ar = 3,4-Dichlorphenyl).** 250 mg des Pyridinium-äthanols aus 3,4-Dichlor-benzyl-pyridiniumbromid und o-Nitrobenzaldehyd in 14 cm³ 50%iger Essigsäure läßt man in einem Reagenzglas 2 Tage im Freien stehen; es haben sich danach 152 mg = 98% d. Th. des Isatogens abgeschieden; rote Tafeln, F: 199—200°. Das gleiche Isatogen erhält man in 93% d. Th., wenn man die essigsaure Lösung des Pyridiniumäthanols 3 Std. in 20 cm Abstand mit einer 300 W UV-Lampe in einer offenen Schale von oben belichtet, wobei das Isatogen, das den weiteren Lichtzutritt erschwert, von Zeit zu Zeit abgesaugt wird.

2-Styryl-isatogen-hydrat[2] **(vgl. XI).** 0,25 g von III in Wasser (58 cm³) und Pyridin (2 cm³) belichtet man 3 Tage (November, Deutschland) im diffusen Tageslicht; es sind danach 20 mg (12,8% d. Th.) an granatroten Nadeln vom Schmelzbereich 128—138° ausgefallen, die bei 100° 6,5% Wasser verlieren und beim Liegen an der Luft ebensoviel wieder aufnehmen.

XVIII. Photochemische Reduktion organischer Stickstoff-Verbindungen

1. Reduktion geminaler Chlor-nitroso-Verbindungen zu Oximen

Geminale Chlor-nitroso-Verbindungen lassen sich, wie E. Müller[3] et al. gezeigt haben, nicht nur durch katalytische Hydrierung oder durch Einwirkung von Lithium-aluminiumhydrid und Natriumborhydrid zu den entsprechenden *Ketoximen* reduzieren, sondern es ist auch möglich, diesen Prozeß photochemisch durchzuführen. Die Reduktion läßt sich durch Bestrahlung von Lösungen der Nitrosoverbindungen mit Sonnenlicht durchführen; als Lösungsmittel fand Äther oder Cyclohexan Verwendung. Umsätze dieser Art wurden mit den in der folgenden Zusammenstellung durchgeführten geminalen Chlor-nitroso-Verbindungen durchgeführt. Die Ausbeuten sind bei der photochemischen Reduktion schlechter als bei den Dunkel prozessen.

1-Chlor-1-nitroso-cyclohexan (I)
4-Chlor-4-nitroso-n-heptan (II)
1-Chlor-1-nitroso-2-methyl-cyclohexan (III)

---

[1] Kröhnke, F.: Ang. Ch. **65**, 605 (1953).
[2] Kröhnke, F., G. Kröhnke u. I. Vogt: B. **86**, 1500 (1953).
[3] Müller, E., H. Metzger u. D. Fries: B. **87**, 1449 (1954).

2-Methyl-cyclohexanon-(1)-oxim[1]. Eine Lösung von 1-Chlor-1-nitroso-2-methyl-cyclohexan (III) (5,20 g) in 80 cm^3 Äther wird unter Luftausschluß so lange dem direkten Sonnenlicht ausgesetzt, bis die blaue Farbe völlig verschwunden und der

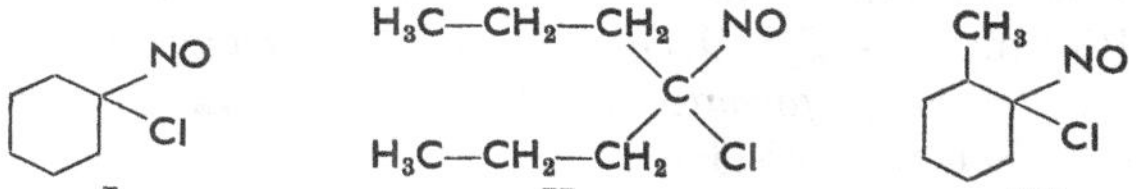

I II III

Äther nur noch schwach braun gefärbt ist. Dabei scheidet sich unter Trübung der Lösung und Freiwerden von Chlorwasserstoff ein schwarzbraunes Harz ab. Dieses wird nach Abgießen des Äthers in verdünnter Salzsäure gelöst und neutralisiert. Die sich hierbei abscheidende ölig-harzige Masse wird in Chloroform aufgenommen und die wäßrige Phase nochmals mit Chloroform ausgeschüttelt. Die vereinigten Chloroform-Lösungen werden mit Natriumsulfat getrocknet. Nach dem Abdestillieren des Lösungsmittels erhält man aus dem schwarzen, viscosen Rückstand durch Destillation 0,57 g 2-Methyl-cyclohexanon-(1)-oxim. $Kp._{0,9}$: 70—71°; n_D^{20}: 1,4935; F: 42—43°. Ausbeute 14% d. Th.

2. Reduktion des Phenazins zu meso-Dihydrophenazin

Nach Ch. Dufraisse[2] et al. kann man das gelbe Phenazin (I) gelöst in Methyl-, Äthyl- oder Isopropyl-Alkohol photochemisch reduzieren (Sonne); es bildet sich das farblose *meso-Dihydrophenazin* (II). Als Zwischenprodukte entstehen farbige Molekülverbindungen zwischen Phenazin und der Dihydroverbindung; die Verbindung 1:1 ist blau (F: 255—256°), die Verbindung aus drei Molekülen Phenazin und einem Molekül des Dihydrophenazins ist violett (F: 216—217°). Die Reaktion verläuft im Sonnenlicht mit großer Schnelligkeit, in Isopropylalkohol kann man die Bildung der violetten Kristalle schon nach wenigen Minuten Belichtung beobachten. Die Bildung von Aceton (im Falle von Isopropylalkohol) und von Acetaldehyd (im Falle von Äthylalkohol) wurde nachgewiesen. Bemerkenswert ist, daß man die Photoreduktion auch durch die Einwirkung von tert. Alkoholen (z. B. Trimethylcarbinol) durchführen kann, doch verläuft der Umsatz I → II verhältnismäßig sehr langsam.

Die Reduktion von I muß in Abwesenheit von Luftsauerstoff durchgeführt werden, sonst wird II zu I oxydiert.

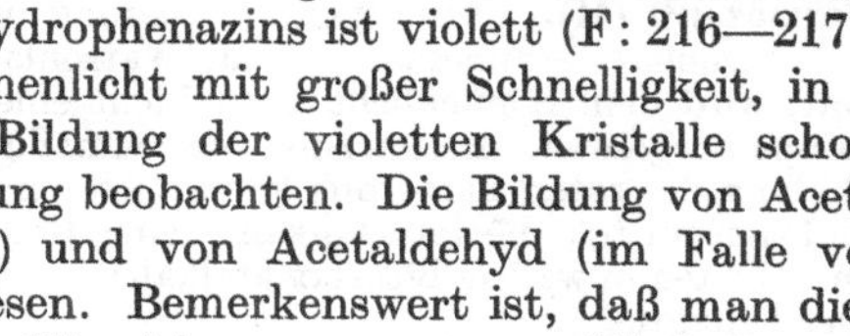

C_2H_5OH / Licht

I II

3. Reduktion des 2,3,5-Triphenyltetrazoliumchlorids zu Triphenylformazan

Die Lichtempfindlichkeit von 2,3,5-Triphenyltetrazoliumchlorid (I) war bereits H. v. Pechmann und P. Runge[3] aufgefallen; die Auf-

[1] Müller, E., H. Metzger u. D. Fries: B. **87**, 1449 (1954).
[2] Dufraisse, Ch., A. Étienne u. E. Toromanoff: C. r. **235**, 759 (1952).
[3] Pechmann, H. v., u. P. Runge: B. **27**, 2920 (1894).

klärung des Prozesses erfolgte jedoch viel später, und zwar fast gleichzeitig durch zwei verschiedene Forschergruppen[1].

Die photochemische Reaktion des Triphenyltetrazoliumchlorids (I) führt zur Bildung des *2,3-Diphenylen-5-phenyltetrazoliumchlorids* (III) und des *2,3,5-Triphenyl-formazans* (II); diese Reaktion wird durch das untenstehende Schema erklärt.

Die Synthese von III und die einer Anzahl verwandter Verbindungen ist S. 134 eingehend behandelt, hier sei nur auf die Synthese des *2,3,5-Triphenylformazans* eingegangen, welches rote Kristalle bildet, die aus geeigneten Lösungen von I beim Bestrahlen ausfallen.

Nach F. WEYGAND und I. FRANK[2] läßt sich die photochemische Bildung der roten Verbindung zur Herstellung von Lichtbildern verwenden.

$2\ C_6H_5{\cdot}C{<}^{N-N\cdot C_6H_5}_{N=N\cdot C_6H_5}\ ]^+\ Cl^-$ (I) $\xrightarrow{+H_2}$ $C_6H_5{\cdot}C{<}^{N-NH\cdot C_6H_5}_{N=N\cdot C_6H_5}$ + HCl (II)

$\xrightarrow{-H_2}$ $C_6H_5{\cdot}C{<}^{N-N-C_6H_4}_{N=N-C_6H_4}\ ]^+\ Cl^-$ (III)

2,3,5-Triphenylformazan[2] (II). Eine wäßrige Lösung von I, welcher ein alkalisches Mittel (Bicarbonat, Ammoniak, Soda, Natronlauge oder Natriumacetat) zugesetzt war, wird dem Sonnenlicht, dem Licht einer Quecksilberlampe oder Kohlenbogenlampe ausgesetzt. Man arbeitet zweckmäßig in einer Stickstoffatmosphäre. Die Bildung des roten Farbstoffs kann auch vermehrt werden durch Zusatz solcher Reduktionsmittel, die im Dunkeln keine Reduktion von I zu II bewirken, z. B. beim Arbeiten in wäßrig-bicarbonatalkalischer Lösung durch Zusatz von H_2O_2, NaCN oder Fructose.

Nach Belichtung von I in wäßrigem Bicarbonat kristallisierte nach einigen Stunden das rote 2,3,5-Triphenylformazan aus, welches aus Aceton/Wasser umkristallisiert wurde; F: 173°.

Herstellung von Lichtbildern[2]. Bestreicht man Papier mit einer Lösung von I in Wasser, trocknet und bestreicht dann mit einer wäßrigen Bicarbonatlösung, trocknet erneut und belichtet mit einer starken Lichtquelle unter einer Vorlage, z. B. einem photographischen Negativ, so erhält man ein rotes Positivbild, in dem auch Halbtöne gut wiedergegeben werden. Durch Zusatz kleiner Mengen schwach reduzierender Mittel, wie Fructose, wird die Lichtempfindlichkeit gesteigert.

Die Fixierung kann durch Wässern erfolgen, da sowohl unverändertes I wie auch III wasserlöslich sind, während II wasserunlöslich ist. An Stelle des Papiers kann auch Cellophan oder eine Gelatineschicht verwendet werden.

4. Hinweis auf weitere Reaktionen

Über die reduktive Desaminierung von Diazoniumsalzen unter Einwirkung des Lichtes siehe Seite 193.

---

[1] WEYGAND, F., u. I. FRANK: Z. Naturforsch. **3b**, 377 (1948), eingeg. bei der Redaktion am 22. XI. 1948, und I. HAUSSER, D. JERCHEL u. R. KUHN: B. **82**, 195 (1949), eingeg. am 10. XII. 1948.

[2] WEYGAND, F., u. I. FRANK: Z. Naturforsch. **3b**, 377 (1948).

XIX. Photochemischer Abbau von am Stickstoff haftenden aliphatischen Gruppen

1. Überführung einer Alkyl-arylaminogruppe in eine Aryl-aminogruppe

I. F. VLADIMIRTZEV et al.[1] haben gefunden, daß 2-N-Äthylanilino-3-chlornaphtho-1,4-chinon (I) in alkoholischer Lösung in die entsprechende alkylfreie Verbindung *2-Anilino-3-chlornaphtho-1,4-chinon* (II) übergeführt wird. Eine entsprechende Reaktion läßt sich mit 2-N-Äthylanilino-3-bromnaphtho-1,4-chinon durchführen.

Es wurde festgestellt, daß der Umsatz sich auch in einer Kohlendioxydatmosphäre durchführen läßt, der Mechanismus ist noch nicht aufgeklärt.

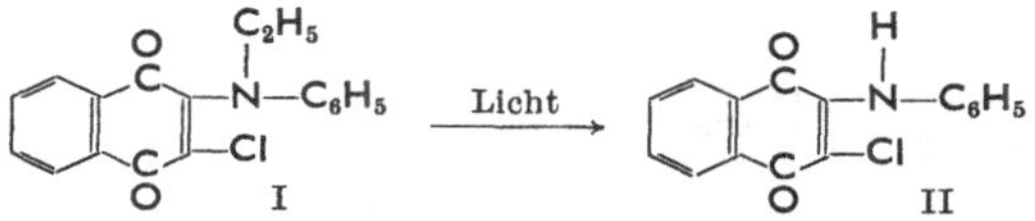

I —Licht→ II

2-Anilino-3-chlornaphtho-1,4-chinon (II). I (50 mg) in Äthylalkohol (100 cm³) wurde in einem Quarzgefäß dem Sonnenlicht ausgesetzt (60 Std.); man beobachtete eine Farbänderung von violett nach orange und am Ende des Versuches Isonitril — aber keinen Acetaldehydgeruch. Man engte die alkoholische Lösung ein (5 cm³), es schieden sich in der Kälte rote Kristalle ab, die mit einer geringen Menge Alkohol gewaschen wurden. F: 205—207°; 16 mg.

2. Lumichrom- und Lumiflavinspaltung

Als Flavin (Iso-alloxazin) bezeichnet man Verbindung IIa, welche die tautomere Form des Alloxazin (I) ist; Flavin ist nicht beständig, sondern lagert sich in Alloxazin um.

P. KARRER und H. F. MEERWEIN[2] haben gezeigt, daß das 9-[2'-Oxyäthyl]-iso-alloxazin (IIb), 9-[2',3'-Dioxypropyl]-iso-alloxazin (IIc) und 9-[2',3'-Dioxy-1'-isopropyl]-iso-alloxazin (IId) in neutraler Lösung (Wasser oder 75%iges Methanol) in Gegenwart von Luft schnell photochemisch abgebaut werden, wobei *Alloxazin* (I) gebildet wird.

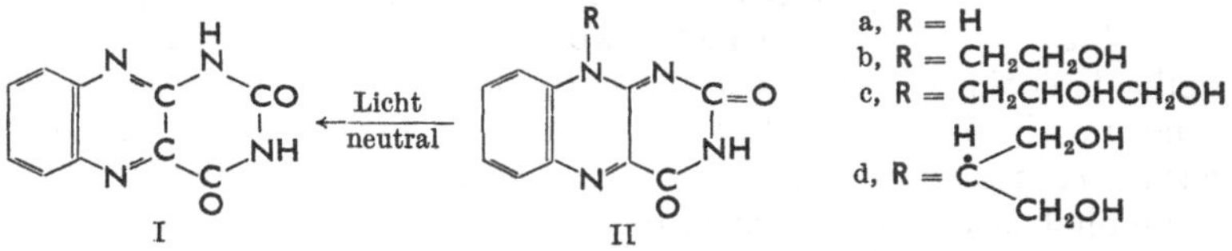

I ←Licht, neutral— II

I Alloxazin

II Flavin (Iso-alloxazin)

a, R = H
b, R = CH_2CH_2OH
c, R = $CH_2CHOHCH_2OH$
d, R = $CH(CH_2OH)_2$

Man bezeichnet einen solchen Abbau als Lumichrom-Abbau, weil ein ähnlicher Abbau beim Lactoflavin (Riboflavin) (III) beobachtet worden ist, hier entsteht *6,7-Dimethyl-alloxazin* (IV), welches als *Lumichrom* bekannt ist[3].

---

[1] VLADIMIRTZEV, I. F., I. YA. POSTOVSKY u. L. F. TREFILOVA: Zhur. Obshchei Khim. **24**, 181—187 (1954).

[2] KARRER, P., u. H. F. MEERWEIN: Helv. **18**, 1126 (1935).

[3] KARRER, P., H. SALOMON, K. SCHÖPF, E. SCHLITTLER u. H. FRITZSCHE: Helv. **17**, 1010 (1934).

Einen wesentlich anderen Verlauf nimmt die Photolyse der Flavine in alkalischer Lösung; so liefert N-Oxyäthyl-iso-alloxazin (IIb) unter diesen Bedingungen nicht I, sondern *9-Methyl-iso-alloxazin* (II, R = CH_3)[1]. Man bezeichnet einen solchen Abbau als Lumiflavinspaltung, da der photochemische Abbau des Lactoflavins (III) in alkalischem Medium (neben IV) zum *6,7,9-Trimethylflavin* (V) führt, welches als Lumiflavin bekannt ist; die Konstitution von V ist durch Synthese sichergestellt[2].

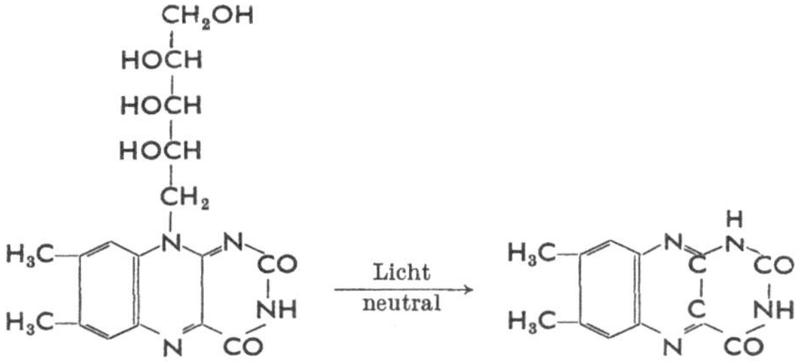

III → (Licht, neutral) → IV

III Lactoflavin

IV Lumichrom

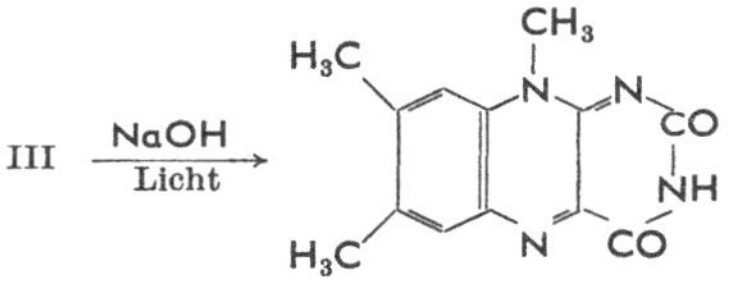

III → (NaOH, Licht) → V

V Lumiflavin oder Lumilactoflavin

Die Photolyse der Flavine wird durch die Tatsache kompliziert, daß sie nicht nur in neutralem Medium anders verläuft als in alkalischem, sondern auch dadurch, daß sie bei Anwesenheit von Sauerstoff anders verläuft, als im Vakuum[3].

Über die Beziehungen zwischen Konstitution und Lichtempfindlichkeit der Flavine ist viel gearbeitet worden und eine große Anzahl von Einzelbeobachtungen liegt vor — z. B. hat sich ergeben, daß Lactoflavinacetat in 75%igem Methanol auch nach tagelangem Belichten unverändert zurückgewonnen werden kann[4], was für die Bedeutung freier alkoholischer Hydroxylgruppen in der Seitenkette spricht — jedoch kann ein abschließendes Urteil noch nicht gefällt werden.

Was den Chemismus der Photolyse der Flavine angeht, so hat W. Koschara[5] die Ansicht vertreten, daß der Lichtabbau mit Dehydrie-

---

[1] Karrer, P., E. Schlittler, K. Pfaehler u. F. Benz: Helv. **17**, 1516 (1934).

[2] Kuhn, R., F. Weygand u. R. Reinemund: B. **67**, 1460 (1934).

[3] Kuhn, R., H. Rudy u. Th. Wagner-Jauregg: B. **66**, 1950 (1933). — Karrer, P., T. Köbner, H. Salomon u. F. Zehender: Helv. **18**, 266 (1935).

[4] Karrer, P., H. Salomon, K. Schöpf u. E. Schlittler: Helv. **17**, 1167 (1934). — Karrer, P., T. Köbner, H. Salomon u. F. Zehender: Helv. **18**, 268 (1935).

[5] Koschara, W.: Z. physiol. Chem. **229**, 103 (1934).

rungsvorgängen einsetzt. Eine polarographische Untersuchung der Photolyse des Lactoflavins hat R. BRDIČKA[1] veröffentlicht, er nimmt an, daß die Photolyse über ein freies Radikal verläuft.

Alloxazin (I) aus N-Oxyäthyl-iso-alloxazin[2] (IIb). Man löste IIb in 75%igem Methanol und setzte die Lösung in einem flachen Glasgefäß — das Gefäß war 72 cm lang und 6 cm breit mit parallelen Wandungen, welche einen Abstand von 1,2 cm hatten — während 2 Std. dem Sonnenlichte aus. Nach dieser Zeit hatte sich die Lösung fast entfärbt und am Boden war ein heller, kristalliner Niederschlag sichtbar. Nach dem Verdampfen des Methanols wurde der Niederschlag abfiltriert. Er erwies sich in allen Reaktionen als identisch mit Alloxazin (I) (löslich in Alkali mit tiefgelber Farbe, wird aus dieser Lösung nach Zusatz von Salzsäure als hellgelbliches Kristallpulver gefällt. Fluorescenz der verdünnten Methanol- und Chloroformlösung violett). In der vom Alloxazin abgetrennten Mutterlauge sind Spuren von 9-Methyl-iso-alloxazin (II, R = CH_3) enthalten, die durch Chloroform ausgeschüttelt werden können.

9-Methyl-iso-alloxazin[2] (II, R = CH_3). 300 cm^3 einer gesättigten wäßrigen Lösung von N-Oxyäthyl-iso-alloxazin (IIb), welcher 4,5 g Kaliumhydroxyd zugesetzt worden waren, wurden während $3^1/_2$ Std. dem direkten Sonnenlicht in dem oben beschriebenen Bestrahlungsgefäß ausgesetzt. Hierauf säuerte man die Lösung, die noch stark gelb war, mit Essigsäure an und engte sie stark ein; dabei schied sich etwas Alloxazin ab. Die Mutterlauge wurde mit Chloroform erschöpfend extrahiert. Die Chloroformauszüge hinterließen nach dem Verdunsten einen bräunlichen Rückstand, der nochmals mit Chloroform ausgezogen wurde. Nach dem Verdunsten dieser zweiten Chloroformextrakte wurde die zurückgebliebene Substanz aus kochendem Wasser umkristallisiert. Die eigelbe Verbindung war identisch mit 9-Methyl-iso-alloxazin.

Lumichrom (IV) aus Lactoflavin[3] (III). 100 mg mehrfach umkristallisiertes Lactoflavin werden in 40 cm^3 heißem Wasser gelöst und noch warm mit 160 cm^3 Methanol versetzt. Unter diesen Umständen bleibt das Flavin auch nach Abkühlen der Flüssigkeit in Lösung. Diese wird in dem oben beschriebenen Belichtungsgefäß dem Sonnenlicht ausgesetzt. Je nach der Intensität der Strahlung bleichen solche Lösungen schon in 2—3 Std. oder bei bedecktem Himmel innerhalb einiger Tage aus. Zum Schluß erscheint die Flüssigkeit strohgelb bis nahezu farblos. Beim Schütteln mit Luft tritt aber in der Regel wieder eine etwas stärkere Färbung mit geringer Fluorescenz auf. Die Lösung wird jetzt unter vermindertem Druck vom größten Teil des Methanols befreit. Die noch warme wäßrige Flüssigkeit trübt sich dabei und scheidet beim Abkühlen einen pulvrigen, fast farblosen Niederschlag von rohem Lumichrom aus, den man nach mehrstündigem Stehen absaugt. Das konzentrierte Filtrat sieht meistens gelb bis gelbbraun aus und enthält offenbar noch verschiedene schwerer trennbare Verbindungen; unter diesen ist Lumichrom höchstens in Spuren vorhanden, ebenso unverändertes Lactoflavin. Die Ausbeute an Roh-Lumichrom schwankt zwischen 30 und 45% der Theorie. Die Verbindung ist auch schon ziemlich rein, die Kohlenstoff- und Stickstoffwerte liegen nur etwa 0,6—0,7% unterhalb d. Th. Zur völligen Reinigung zieht man das Rohprodukt wiederholt mit siedendem Chloroform aus, bis fast der gesamte Rückstand gelöst ist. Die filtrierten Chloroformlösungen sehen mit Ausnahme des ersten Auszuges farblos aus. Beim Abkühlen scheidet sich das Lumichrom daraus in äußerst feinen fast farblosen Nädelchen ab, die Kristall-Chloroform enthalten. Sie werden abgenutscht, mit Chloroform gewaschen und erscheinen dann schwachgelblich mit starkem Glanz. Lumichrom ist durch seine Schwerlöslichkeit in den meisten organischen Solventien ausgezeichnet; in reinem Zustand ist es selbst im kochenden Wasser fast unlöslich.

---

[1] BRDIČKA, R.: Coll. Czech. Chem. Comm. **14**, 130 (1949); Chem. Abstr. **44**, 4337 (1950).

[2] KARRER, P., E. SCHLITTLER, K. PFAEHLER u. F. BENZ: Helv. **17**, 1516 (1934).

[3] KARRER, P., T. KÖBNER, H. SALOMON u. F. ZEHENDER: Helv. **18**, 266 (1935).

3. Hinweis auf weitere Reaktionen

Zur Bildung von Monomethylanilin aus 2-Dimethylamino-benzol-1-diazoniumchlorid siehe S. 195.

XX. Synthesen mit Diazomethan und Diazoessigester. Photolyse des 2-(β-Phenyläthyl)-phenyldiazomethans

1. Einwirkung von Diazomethan und Diazoessigester auf ungesättigte cyclische Verbindungen

Die Photolyse des Diazomethans bei niedrigen Drucken in der Gasphase führt zu einem kurzlebigen Produkt, welches mit Tellurspiegel unter Bildung von Tellurformaldehyd reagiert; es wird angenommen, daß das freie Methylen ($>CH_2$) vorliegt[1].

H. MEERWEIN, H. RATHJEN und H. WERNER[2] zeigten, daß Diazomethan sich im Licht mit Äthyläther und Isopropylalkohol umsetzt. Reaktionen dieser Art haben für synthetische Arbeiten noch wenig Bedeutung erlangt, besonders wertvolle Resultate liefert hingegen der photochemische Umsatz von Diazomethan und Diazoessigester mit cyclischen ungesättigten Verbindungen.

a) Reaktionen mit Diazomethan

Wird eine Benzollösung von Diazomethan belichtet, so erhält man nach Fraktionierung einen *Kohlenwasserstoff** C_7H_8 (Kp: 114,5°), der die Konstitution Ia oder Ib hat; er wird durch 4% Kaliumpermanganat in *Tropolon* (IIa) überführt, die Formel IIb für das Oxydationsprodukt ist jedoch nach Ansicht der amerikanischen Forscher nicht ganz ausgeschlossen[3].

$$C_6H_6 + CH_2N_2 \xrightarrow[365\ m\mu]{\text{Licht}} C_7H_8\ (\text{I}) + N_2 \qquad C_7H_8 \xrightarrow{KMnO_4} C_7H_6O_2\ (\text{II})$$

Ia Ib IIa IIb

Der Umsatz von Diazomethan und Hydrinden ist von verschiedenen Forschern bearbeitet worden[4], besonders eingehend von K. ALDER und P. SCHMITZ[5]. Diese fanden, daß bei der Einwirkung von Diazomethan auf Hydrinden (III) im UV-Licht zwei isomere Kohlenwasserstoffe $C_{10}H_{12}$ (Verbindung A und B) entstehen, die sich im Brechungsindex, im UV-

[1] PEARSON, T. G., R. H. PURCELL u. G. S. SAIGH: Soc. **1938**, 409.

[2] MEERWEIN, H., H. RATHJEN u. H. WERNER: B. **75**, 1610 (1942).

[3] DOERING, W. VON E., u. L. KNOX: Am. Soc. **72**, 2305 (1950).

[4] DOERING, W. VON E., J. MAYER u. C. DE PUY: Am. Soc. **75**, 2386 (1953). — DEV, S.: J. Ind. Chem. Soc. **30**, 729 (1953).

[5] ALDER, K., u. P. SCHMITZ: B. **86**, 1539 (1953).

* Nachtrag bei der Korrektur: Der Umsatz ist kürzlich von H. MEERWEIN et al. eingehend untersucht worden, es bildet sich ein Gemisch von Cycloheptatrien und Norcaradien (vgl. S. 249).

und UR-Spektrum sowie im chemischen Verhalten unterscheiden. Beide Kohlenwasserstoffe geben bei der Dehydrierung mit Pd-Tierkohle das *Azulen* (IV), die Umsetzungen zeigen das folgende Schema:

III + CH_2N_2 − N_2 → ... → ... (−4 H) → IV ← (−4 H) ... ← ... ← + CH_2N_2 − N_2

Die Einwirkung von Diazomethan auf 4,7-Dimethylindan[1] (V) im UV-Licht lieferte zwei isomere Kohlenwasserstoffe $C_{12}H_{16}$ vom Kp_{14}: 109° und 116°; Dehydrierung lieferte *4,8-Dimethylazulen* (VI).

V $\xrightarrow[-N_2]{CH_2N_2}$ zwei Isomere $C_{12}H_{16}$ $\xrightarrow{-4\,H}$ VI

Nach W. Treibs[2] gab photochemisch zerfallendes Diazomethan mit Fluoren ein Produkt, welches nach Dehydrierung in geringer Ausbeute *1,2-Benzazulen* (VII) (F: 190—191°) lieferte.

VII

Hydrinden (III) und Diazomethan[1]. Zur Darstellung der Kohlenwasserstoffe $C_{10}H_{12}$ werden 450 cm³ vorgekühltes Hydrinden (n_D^{20} 1,5382), welches unter Hydrierung von Inden mit Raney-Nickel als Katalysator bei 50—70 Atm. und Raumtemperatur dargestellt worden war, unter vorsichtigem Umschütteln zu einer Diazomethanlösung hinzugefügt. Zur Darstellung des Diazomethans werden 75 g Nitroso-methyl-harnstoff unter Anwendung von 1500 cm³ Cyclohexan als Lösungsmittel nach der Vorschrift von F. Arndt und J. Amende[3] mit 40%iger Kalilauge zersetzt. Zur Vermeidung einer Explosion muß man darauf achten, daß die feste Nitroso-Verbindung an der Oberfläche des Cyclohexans nicht mit Alkali in Berührung kommt.

Man nimmt die Bestrahlung zweckmäßig in einem Zweihalskolben vor, der einen Schliff zur Aufnahme der wassergekühlten Quecksilberdampf-Hochdrucklampe (Type HQA 500 der Osram GmbH KG.), einen weiteren zur Abführung des freiwerdenden Stickstoffs trägt. Die Umsetzung beginnt, sobald der Brenner seine volle Leistung (nach 5 min) erreicht hat. Mit Abnahme der Diazomethankonzentration wird auch die anfangs heftige Stickstoffentwicklung geringer, bis sie nach

[1] Alder, K., u. P. Schmitz: B. **86**, 1539 (1953).

[2] Treibs, W.: Ang. Ch. **67**, 76 (1955).

[3] Arndt, F., u. J. Amende: Ang. Ch. **43**, 44 (1930).

ungefähr 9 Std. beendet ist. Man destilliert das Cyclohexan unter vermindertem Druck von der nunmehr entfärbten Lösung ab und setzt das Gemisch aus Ausgangsmaterial und Reaktionsprodukt ohne weitere Reinigung zur nochmaligen Bestrahlung ein. Der Rückstand aus zwei Ansätzen wird der Destillation unterworfen. Bei 65°/13 mm geht zunächst unverändertes Hydrinden über, dann folgen bei 71°/13 mm und 78°/13 mm 2 farblose Kohlenwasserstoffe, deren Trennung mittels einer hochwirksamen Drehbandkolonne gelingt. Die Gesamtausbeute beträgt 33 g (25% d. Th., bezogen auf den abgespaltenen Stickstoff, 95% d. Th. in bezug auf das umgesetzte Hydrinden), davon sind 30% Kohlenwasserstoff A und 70% Kohlenwasserstoff B. Die Kohlenwasserstoffe besitzen einen charakteristischen Geruch und polymerisieren bei längerem Aufbewahren.

Der Kohlenwasserstoff A ist eine farblose Flüssigkeit vom Kp_{13}: 71°, die sich nach wenigen Stunden an der Luft blau färbt. (n_D^{20}: 1,5369, d_4^{20}: 0,9530.)

Der Kohlenwasserstoff B ist ein Öl vom Kp_{13}: 78°. (n_D^{20}: 1,5457, d_4^{20}: 0,9480.)

b) Reaktionen mit Diazoessigester

Bei der thermischen Zersetzung von Diazoessigsäure-äthylester in Benzol wird *Norcaradiencarbonsäure-äthylester* (I) gebildet, doch wird er unter den Bedingungen dieser Bildung bereits weitgehend in den isomeren *Cycloheptatrien-carbonsäure-äthylester* (II) umgelagert[1]. Photochemisch läßt sich I aus Benzol und Diazoessigsäure-äthylester mit viel besseren Ausbeuten erhalten, da man bei Temperaturen von 60—65° arbeiten kann, bei denen praktisch noch keine Umlagerung stattfindet.

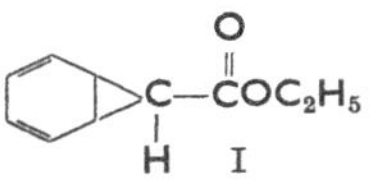

I: Norcaradien–C(H)–C(=O)OC₂H₅ II: Cycloheptatrien–C(=O)–OC₂H₅

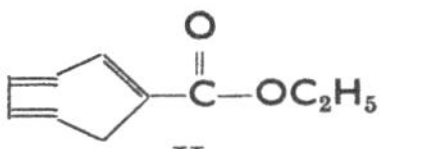

Ähnlich wie Benzol verhalten sich im UV-Licht einige seiner Derivate [Toluol, Xylol (o-, m-, p-), p-Cymol, Chlorbenzol] gegenüber Diazoessigsäure-estern, d. h., es wurden *Norcaradien-carbonsäure-Derivate* erhalten; durch dieses Verfahren sind solche Verbindungen nun leicht zugänglich geworden.

Die thermische Umsetzung von Verbindungen der Indanreihe wurde von A. St. Pfau und P. A. Plattner[2] für *Azulen*-Synthesen eingeführt. Indan (III) selbst wurde von Th. Wagner-Jauregg[3] in den Grundkörper der Azulene übergeführt, ohne daß der Ort des Eintritts der Estergruppe festgelegt wurde.

Bei der Photolyse von Diazoessigsäure-methylester in Indan wurde ein öliges Produkt erhalten, das mindestens zu über 50% aus *3,4-Cyclopenteno-norcaradien-7-carbonsäuremethylester* (IV) oder dem *2,3-Cyclopenteno-norcaradien-carbonsäuremethylester* (V) bestand.

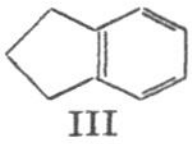

III 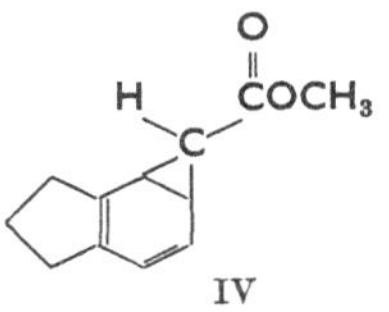 IV: H, C, COCH₃ (C=O) V: C(H)–C(=O)–OCH₃

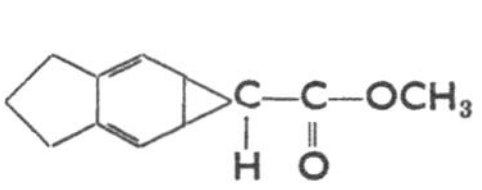

[1] Schenck, G. O., u. H. Ziegler: A. 584, 221 (1953).
[2] Pfau, A. St., u. P. A. Plattner: Helv. 22, 202 (1939).
[3] Wagner-Jauregg, Th., et al.: B. 75, 1298 (1942).

Die Photolyse von Diazoessigsäuremethylester und Tetralin lieferte ein Produkt,[1] dessen Konstitution entweder VI oder VII ist.

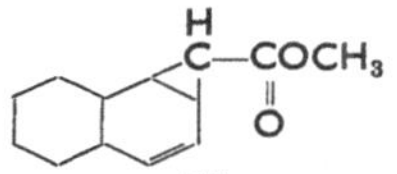

VI 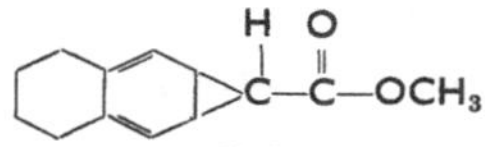 VII

Benzol und Diazoessigsäure-äthylester[1]. Die Belichtung erfolgte in einer Tauchlampen-Anordnung, in der siedendes Chloroform als Kühlmittel diente.

20 g Diazoessigsäure-äthylester, 200 cm³ Benzol, Quecksilberdampflampe HQA 500, 60°, Ende der N_2-Entwicklung nach 26 Std. Beim Abdestillieren des Benzols unter vermindertem Druck bei 30° ging der nicht umgesetzte Diazoessigester mit über; bis 60° (Bad) keine weitere Fraktion. Es blieben 18,65 g rotgelbe Flüssigkeit, aus der Norcaradien-carbonsäureäthylester (I) bei 50—52°/0,1 (Bad 70°) farblos überdestillierte. Ausbeute 8,63 g (30% d. Th.). $n_D^{20} = 1{,}5053$. Undestillierbar bis 100°/0,1 blieben 6 g eines gelbbraunen Harzes.

Indan und Diazo-essigsäure-methylester[1]. 20 g des Esters mit Indan auf 200 cm³ aufgefüllt, Quecksilberdampflampe HgH 1000, Zimmertemperatur. 5 parallele Belichtungen zu je 46 Std. ergaben zusammen 17200 cm³ N_2 (76,74% d. Th.). Von den vereinigten Ansätzen wurde zunächst unter vermindertem Druck das überschüssige Indan entfernt, anschließend destillierte das Reaktionsprodukt bei 100 bis 110°/0,5 (Bad 130—160°) über. Ausbeute 65,5 g (34,4% d. Th.), $n_D^{20} = 1{,}5288$; $d_4^{20} = 1{,}083$. Undestillierbar blieben 30,6 g.

Tetralin und Diazoessigsäure-methylester[1]. 20 g mit Tetralin zu 200 cm³ aufgefüllt, Quecksilberdampflampe HgH 1000, Zimmertemperatur. Zwei parallele Belichtungen entwickelten zusammen 7530 cm³ N_2 (84% d. Th.). Die vereinigten Ansätze lieferten 29,5 g (36,1% d. Th.) Cyclohexeno-norcaradien-carbonsäuremethylester, der bei 100—105°/0,3 überging (Bad 105—145°). $n_D^{20} = 1{,}5338$; $d_4^{20} = 1{,}0937$. 14 g Rückstand.

2. Ersatz von Chlor durch Chlormethyl mit Hilfe von Diazomethan und verwandte Reaktionen

Eine neuartige Photoreaktion des Diazomethans verdanken wir W. H. Urry und J. Eiszner[2], welche fanden, daß Diazomethan sich mit Tetrachlorkohlenstoff, Chloroform, Trichloressigsäuremethylester und ähnlichen Verbindungen umsetzt. Das Charakteristische dieser Reaktion ist der Übergang

$$\gt C{-}Cl \xrightarrow[\text{Licht}]{\gt CH_2} -\overset{|}{\underset{|}{C}}-CH_2-Cl \quad \text{bzw.} \quad -\overset{|}{\underset{|}{C}}Br \xrightarrow[\text{Licht}]{\gt CH_2} -\overset{|}{\underset{|}{C}}-CH_2Br$$

Umsätze dieser Art zeigt die folgende Tabelle, die Prozentzahlen geben die Ausbeuten an.

$$CCl_4 + 4\,CH_2N_2 \longrightarrow C(CH_2Cl)_4 \text{ (60\%)} \qquad (1)$$
$$BrCCl_3 + 4\,CH_2N_2 \longrightarrow BrCH_2C(CH_2Cl)_3 \text{ (40\%)} \qquad (2)$$
$$HCCl_3 + 4\,CH_2N_2 \longrightarrow CH_3C(CH_2Cl)_3 \text{ (45\%)} \qquad (3)$$
$$Cl_3CCOOCH_3 + 3\,CH_2N_2 \longrightarrow (ClCH_2)_3CCOOCH_3 \text{ (60\%)} \qquad (4)$$
$$CH_3CHBrCOOCH_3 + CH_2N_2 \longrightarrow CH_3CH(CH_2Br)COOCH_3 \text{ (20\%)} \qquad (5)$$
$$BrCH_2COOCH_3 + CH_2N_2 \longrightarrow BrCH_2CH_2COOCH_3 \qquad (6)$$

[1] Schenck, G. O., u. H. Ziegler: A. **584**, 221 (1953).
[2] Urry, W. H., u. J. Eiszner: Am. Soc. **74**, 5822 (1952).

Es wird angenommen, daß das „freie“ Methylen — entstanden durch Photolyse des Diazomethans — bei diesen Reaktionen eine ausschlaggebende Rolle spielt; es wird eine Radikalkette mit 8 Teilreaktionen vorgeschlagen, z. B.:

$$\text{Start:}\quad CH_2N_2 \xrightarrow{\text{Licht}} N_2 + :CH_2$$

$$:CH_2 + CCl_4 \longrightarrow Cl{-}\underset{\bullet}{C}H_2 + {\bullet}CCl_3$$

$$\text{Kette:}\quad 1)\quad Cl_3C{\bullet} + CH_2N_2 \longrightarrow Cl_3C{-}\overset{\bullet}{C}H_2 + N_2$$

$$2)\quad Cl_3C{-}\overset{\bullet}{C}H_2 \longrightarrow Cl_2\overset{\bullet}{C}CH_2Cl$$

$$3)\quad Cl_2\overset{\bullet}{C}{-}CH_2Cl + CH_2N_2 \longrightarrow \overset{\bullet}{C}H_2{-}CCl_2{-}CH_2Cl + N_2$$

$$4)\quad \overset{\bullet}{C}H_2{-}CCl_2{-}CH_2Cl \longrightarrow Cl{-}\underset{\bullet}{C}(CH_2Cl)_2$$

$$5)\quad Cl{-}\underset{\bullet}{C}(CH_2Cl)_2 + CH_2N_2 \longrightarrow \overset{\bullet}{C}H_2{-}CCl(CH_2Cl)_2 + N_2$$

$$6)\quad {\bullet}CH_2{-}CCl(CH_2Cl)_2 \longrightarrow \underset{\bullet}{C}(CH_2Cl)_3$$

$$7)\quad {\bullet}C(CH_2Cl)_3 + CH_2N_2 \longrightarrow \underset{\bullet}{C}H_2{-}C(CH_2Cl)_3 + N_2$$

$$8)\quad \underset{\bullet}{C}H_2{-}C(CH_2Cl)_3 + Cl_4C \longrightarrow C(CH_2Cl)_4 + {\bullet}CCl_3$$

In diesem Schema tritt (vgl. die Radikalumlagerungen in 2, 4 und 6) eine sehr interessante Wanderung des Chlors auf. R. HUISGEN[1] hat zu dem Schema kritisch Stellung genommen.

Eine ähnliche Halogenwanderung (Radikalumlagerung) haben auch W. H. URRY und J. W. WILT[2] angenommen, um die Resultate, welche sie bei der photochemischen Einwirkung von Diazoessigsäuremethylester auf Polyhalogenmethane erhielten, zu erklären. Die photochemische Einwirkung dieses Esters auf Chloroform, bzw. Bromtrichlormethan, führte zur Bildung von Verbindungen, die sie als *α,β,β-Trichlorpropionsäure-methylester* bzw. *β-Brom-α,β,β-trichlorpropionsäuremethylester* ansehen. Für den Umsatz mit Chloroform schlagen sie folgenden Reaktionsmechanismus vor:

$$N_2CHCOOCH_3 \xrightarrow{\text{Licht}} N_2 + H\underset{\bullet}{\overset{\bullet}{C}}{-}COOCH_3$$

$$H\underset{\bullet}{\overset{\bullet}{C}}COOCH_3 + Cl_3CH \longrightarrow H{-}\overset{\bullet}{C}H{-}COOCH_3 + Cl_3C{\bullet}$$

$$Cl_3\overset{\bullet}{C}{\bullet} + N_2CHCOOCH_3 \longrightarrow Cl_3C{-}\underset{\bullet}{C}HCOOCH_3 + N_2$$

$$Cl_3C{-}\underset{\bullet}{C}H{-}COOCH_3 \longrightarrow Cl_2\underset{\bullet}{C}{-}CHCl{-}COOCH_3$$

$$Cl_2\overset{\bullet}{C}{-}CHClCOOCH_3 + Cl_3CH \longrightarrow Cl_2CH{-}CHCl{-}COOCH_3 + Cl_3C{\bullet}$$

1,3-Dichlor-2,2-bis-(chlormethyl)-propan[3]. Diazomethan (9,3 g) wurde in einem N_2-Strom (6 l) in Kohlenstofftetrachlorid (185 g) eingeleitet (2 Std.) und die Lösung während dieser Zeit mit einer Hg-Eintauchlampe bestrahlt. Die gelbe Farbe des Diazomethans verschwand und nach einer weiteren Stunde wurde kein N_2 mehr entwickelt. Man filtrierte zur Entfernung von Polymethylen (0,025 g) und destillierte unter Benutzung eines wirksamen Destillationsaufsatzes. Zuerst ging Kohlenstofftetrachlorid über (Kp: 74,6°) und es blieb ein Rückstand (7,2 g) zurück,

---

[1] HUISGEN, R.: Ang. Ch. **67**, 456 (1955).
[2] URRY, W. H., u. J. W. WILT: Am. Soc. **76**, 2594 (1954).
[3] URRY, W. H., u. J. R. EISZNER: Am. Soc. **74**, 5822 (1952).

welcher in der Kälte erstarrte. Man sublimierte ihn im Vakuum (10 mm) und erhielt reines 1,3-Dichlor-2,2-bis-(chlormethyl)-propan. (3,89 g; F: 96,3—97°.)

Das Diazomethan wurde durch Zugabe von N-Nitroso-N-methylharnstoff (35 g) in Methylalkohol (200 cm³) zu einer wäßrigen KOH-Lösung (70 ml, 40%) entwickelt (Rühren).

α,β,β-Trichlorpropionsäuremethylester[1]. Eine Lösung von Diazoessigsäuremethylester (12 g) in Chloroform (248 g) wurde mit Hilfe einer Hg-Tauchlampe bestrahlt (8 Std.). Destillation lieferte Chloressigsäuremethylester (5,5 g) und α,β,β-Trichlorpropionsäuremethylester (2,35 g; Kp_{18}: 85—90°; n_D^{20} 1,4626).

3. Zersetzung des 2-(β-Phenyläthyl)-phenyldiazomethan

C. D. Gutsche und H. E. Johnson[2] haben gefunden, daß die Photolyse des 2-(β-Phenyläthyl)-phenyldiazomethans (II) unter Stickstoffabspaltung verläuft. Durch Cyclisierung bilden sich zwei Kohlenwasserstoffe, nämlich *2-Phenylindan* (III) und *6,6a-Dihydro-5H-cyclohepta*[α]*naphthalin* (IV). Die Bildung dieser Verbindung ist von großem Interesse, da hierdurch ein neuer Weg zur Darstellung von Verbindungen geöffnet worden ist, welche mit dem Colchicin verwandt sind (vgl. S. 6). Die Formel IV wird gestützt durch das UV-Spektrum und durch die Bildung eines Adduktes mit Maleinsäureanhydrid; ebenso sind auch die Resultate der katalytischen Wasserstoffanlagerung im Einklang mit dieser Formulierung [Bildung eines Hexahydroderivates ($C_{15}H_{20}$)].

6,6a-Dihydro-5H-cyclohepta[α]naphthalin (IV)[2]. Zur Darstellung wurde eine Lösung von 2-(β-Phenyläthyl)-phenyldiazomethan (II) verwandt, welche durch Oxydation von 2-(β-Phenyläthyl)-benzaldehydhydrazon (I) (51,0 g) in Petroläther (Kp: 63—69°; 500 cm³) mit rotem Quecksilberoxyd (71 g) erhalten worden war.

Die filtrierte rote Lösung wurde durch Zugabe weiterer Mengen Petroläther (Kp: 63—69°) verdünnt. Diese Lösung (8000 cm³) wurde am Rückflußkühler gekocht und bestrahlt (General Electric RS Sonnenlampe) bis zur Beendigung der Stickstoffentwicklung; die Lösung war dann schwachgelb. Die Abspaltung des Stickstoffs (Ausbeute 60% d. Th.) dauerte 1—3 Tage. Nach Verjagen des Lösungsmittels wurde der Rückstand destilliert (Claisen-Kolben), er lieferte eine gelbe Flüssigkeit ($Kp_{1,0}$: 115—135°; 20 g). Sorgfältige Fraktionierung dieser Flüssigkeit lieferte 2-Phenylindan (III) ($Kp_{0,6}$: 94—96°) und 6,6a-Dihydro-5H-cyclohepta[α] naphthalin (IV). ($Kp_{0,65}$: 101—102°; 4 g.)

---

[1] Urry, W. H., u. J. W. Wilt: Am. Soc. **76**, 2594 (1954).

[2] Gutsche, C. D., u. H. E. Johnson: Am. Soc. **77**, 5933 (1955).

XXI. Synthesen mit Diazoketonen, Chinondiaziden und Iminochinondiaziden

Die Diazoketon-Substanzen, welche die Gruppe $—CO—CN_2—$ enthalten, können in drei Klassen eingeteilt werden: in offenkettige Monodiazoketone, in offenkettige Bis-diazoketone und in cyclische Diazoketone. Sie zeigen im UV-Licht ein sehr ähnliches Verhalten, welches in der Tatsache begründet ist, daß alle drei Klassen unter Abspaltung von N_2 reagieren.

1. Offenkettige Mono-diazoketone

a) Überführung in Ketene

Die Photolyse der Monodiazoketone findet häufig unter Bildung von *Ketenen* statt, so erhält man aus Azibenzil (I) *Diphenylketen* (II), ein weiteres Beispiel ist die Überführung von Benzoyl-diazo-essigsäuremethylester (III) in *Phenylketencarbonsäuremethylester*[1] (IV).

$$C_6H_5—CN_2—CO—C_6H_5 \quad (I) \longrightarrow (C_6H_5)_2{=}C{=}O \quad (II)$$

$$\underset{III}{C_6H_5CO—CN_2—COOCH_3} \longrightarrow N_2 + \left[C_6H_5CO—\overset{\diagdown\diagup}{C}—COOCH_3\right] \longrightarrow \underset{IV}{\begin{matrix}C_6H_5\\ |\\ C{:}C{:}O\\ |\\ COOCH_3\end{matrix}}$$

Bei der Photolyse offenkettiger Diazoketone, welche die Gruppe $-CO-CN_2-CO-$ enthalten, ist die Bildung zweier isomerer Ketene möglich; im Falle des Diazo-benzoyl-acetons läßt die Theorie die Bildung von A und B voraussehen.

$$C_6H_5—CO—CN_2—COCH_3 \longrightarrow \left[C_6H_5—CO—\overset{\diagdown\diagup}{C}—COCH_3\right] \begin{matrix}\nearrow O{=}C{=}C\begin{matrix}C_6H_5\\ COCH_3\end{matrix} \quad (A)\\ \searrow O{=}C{=}C\begin{matrix}CH_3\\ COC_6H_5\end{matrix} \quad (B)\end{matrix}$$

Der Versuch zeigt, daß die Methylgruppe wandert (Bildung von B), da das gebildete Keten mit absolutem Äthanol den *Methyl-benzoylessigester* liefert. Dies ergibt sich aus der Tatsache, daß der gebildete Ester bei der „Säurespaltung" Benzoesäure liefert; das Keten A sollte mit Äthanol einen Ester liefern, dessen Säurespaltung zur Phenylessigsäure führt[1].

Diphenylketen[2]. 4,4 g Azibenzil werden in 170 cm³ absolutem Äther gelöst und belichtet. Als Lichtquelle wurde eine Labortauchlampe S 81 der Quarzlampengesellschaft benutzt, die in einem mit Wasser durchströmten Quarzstutzen eingebaut war. Durch Kühlung mit Eiswasser kann man ohne die Lebensdauer der Lampe zu beeinträchtigen, bei 0° arbeiten. Die so ummantelte Lampe wird in das Belichtungsgefäß eingeführt, das seitlich mit einem Gaseinleitungsrohr versehen ist. Die zur Belichtung nötige Flüssigkeitsmenge beträgt bei dieser Anordnung bei

---

[1] HORNER, L., u. E. SPIETSCHKA: B. **85**, 225 (1952).
[2] HORNER, L., E. SPIETSCHKA u. A. GROSS: A. **573**, 17 (1951).

voller Raumausnutzung etwa 170 cm³. In der Regel durchspült man die Reaktionslösung während der Belichtung mit reinem Stickstoff, um auch eine ausreichende Durchmischung der Flüssigkeit zu garantieren. Das Belichtungsgefäß selbst steht wieder in einem Dewargefäß mit passender Kältemischung, so daß man auch unter 0° arbeiten kann. Nach beendeter Stickstoffentwicklung (etwa 3 Std.) wird der Äther unter Stickstoff abgetrieben und das Diphenylketen unter vermindertem Druck abdestilliert (Ausbeute 3,5 g).

b) Photolyse offenkettiger Mono-diazoketone in Gegenwart von Wasser, Alkohol oder Anilin

Findet die Photolyse der offenkettigen Diazoketone in Gegenwart von Wasser, Alkohol oder Anilin statt, so erhält man statt der Ketene die entsprechenden *Säuren*, bzw. deren Derivate, entstanden durch Anlagerungen von Wasser, Alkohol oder Anilin an das zuerst entstandene Keten[1].

$$R{-}CN_2{-}C({=}O){-}R \xrightarrow[-N_2]{\text{Licht}} R_2C{=}C{=}O \begin{cases} \xrightarrow{H_2O} R_2CH{-}COOH \\ \xrightarrow{R'OH} R_2CH{-}COOR \\ \xrightarrow{C_6H_5NH_2} R_2CH{-}CO{-}NH{-}C_6H_5 \end{cases}$$

Diphenylessigsäure[2]. Belichtet man 4,4 g Azibenzil in einer Lösung von 165 cm³ Dioxan und 5 cm³ Wasser, so erhält man bei der Aufarbeitung in vorzüglicher Ausbeute Diphenylessigsäure (F: 145°).

Diphenylessigester[2]. Führt man die Belichtung in Äthanol durch, so erhält man in guter Ausbeute den Äthylester (F: 57°).

Die Photolyse der Diazoketone in Gegenwart von Wasser (Alkohol) kann als Ergänzung der Arndt-Eistert-Reaktion aufgefaßt werden. F. ARNDT und B. EISTERT[3] haben gezeigt, daß bei Diazoketonen mit Silberoxyd in Abhängigkeit vom Reaktionsmedium (Wasser, Alkohol) eine Umlagerung zu *homologen Säuren* (bzw. deren Derivaten) stattfindet. Die Ähnlichkeit beider Prozesse wird durch die folgende Gegenüberstellung verdeutlicht; beide Reaktionen verlaufen über die Ketene:

$$\overset{H}{R{\cdot}C}{:}C{:}O.$$

$$RCOCHN_2 \xrightarrow[-N_2+HX]{Ag_2O} RCH_2COX$$

$$RCOCHN_2 \xrightarrow[-N_2+HX]{\text{UV-Licht}} RCH_2COX$$

Die präparative Bedeutung der Photolyse der Diazoketone in Gegenwart von Wasser (Alkohol) liegt, wie L. HORNER, E. SPIETSCHKA und

[1] HORNER, L., E. SPIETSCHKA u. A. GROSS: A. **573**, 19 (1951).

[2] HORNER, L., E. SPIETSCHKA u. A. GROSS: A. **573**, 25 (1951).

[3] ARNDT, F., B. EISTERT u. W. PASTALE: B. **60**, 1364 (1927). — ARNDT, F., u. J. AMENDE: B. **61**, 1122, 1949 (1928).

A. GROSS[1] gezeigt haben, in den häufig sehr guten Ausbeuten; bei einigen Diazoketonen hat man gefunden, daß sie photolytisch umgelagert werden können, während eine solche Umlagerung bei Anwendung der Arndt-Eistert-Methode nicht möglich ist.

A. ROEDIG und H. LUNK[2] haben Versuche mit Diazomethyl-pentachloräthyl-keton (I) angestellt und gefunden, daß es in Methanol durch 48stündiges Kochen mit einer Suspension von Silberoxyd nicht verändert wird. Wird Diazomethyl-pentachloräthyl-keton jedoch in wäßriger Dioxanlösung der Einwirkung von gefiltertem UV-Licht ausgesetzt, so entsteht *β,γ,γ,γ-Tetrachlor-crotonsäure* (III) in 57%iger Ausbeute; der *Methylester* dieser Säure wurde in 71%iger Ausbeute durch Photolyse von Diazomethyl-pentachloräthyl-keton in absolutem Methanol erhalten. Die *β,γ,γ,γ-Tetrachlorcrotonsäure* dürfte durch Zerfall der primär entstandenen *β,β,γ,γ,γ-Pentachlorbuttersäure* (II) entstanden sein (Abspaltung von Chlorwasserstoff, besonders während der Aufarbeitung).

$$\underset{\text{I}}{Cl_3C{-}CCl_2{-}CO{-}CHN_2} \xrightarrow[H_2O]{\text{UV-Licht}} N_2 + \underset{\text{II}}{Cl_3C{-}CCl_2{-}CH_2{-}COOH}$$

$$\longrightarrow HCl + \underset{\text{III}}{Cl_3C{-}CCl{=}CH{-}COOH}$$

Nach A. ROEDIG und H. LUNK[2] kann man Diazomethyl-trichlorvinyl-keton (IV) nicht der Arndt-Eistert-Reaktion unterwerfen, da die Substanz alkaliempfindlich ist. Auf photochemischem Wege läßt sie sich jedoch glatt in die *homologe Säure* (bzw. deren *Methylester*) überführen. Die so gebildete Säure ist entweder *β,γ,γ-Trichlorvinyl-essigsäure* (V) oder die *isomere Säure* (VI).

$$\underset{\text{IV}}{Cl_2C{=}CCl{-}COCHN_2} \xrightarrow[H_2O]{\text{UV-Licht}} \underset{\text{V}}{Cl_2C{=}CCl{-}CH_2COOH} \text{ oder } \underset{\text{VI}}{Cl_2CH{-}CCl{=}CHCOOH}$$

***β,γ,γ,γ*-Tetrachlorcrotonsäure[2] (III).** Als Lichtquelle dient die Labortauchlampe S 81 der Quarzlampengesellschaft Hanau, in der von L. HORNER und Mitarbeitern[1] beschriebenen Versuchsanordnung (vgl. S. 176) mit der Abänderung, daß an Stelle des Kühlwassers eine Filterlösung durch den Quarzmantel strömt. Dieselbe besteht aus einer 2,5%igen Kupfersulfatlösung, die mit einem 6fachen Überschuß an Ammoniak versetzt ist. Die Schichtdicke der Lösung an der Belichtungsstelle beträgt etwa 0,5 cm.

4 g Diazomethyl-pentachloräthylketon (I) werden in einer Mischung von 140 cm³ Dioxan und 10 cm³ Wasser gelöst und bis zur Beendigung der Stickstoffentwicklung (etwa 8 Std.) mit gefiltertem UV-Licht bestrahlt. Eine Kühlung der Lösung ist dabei nicht notwendig. Man destilliert das Lösungsmittel unter vermindertem Druck ab, nimmt den Rückstand mit Äther auf und zieht die Säure mit Natriumhydrogencarbonatlösung aus. Beim Ansäuern scheidet sich ein dunkles Öl ab, das mit Äther ausgezogen und über Calciumchlorid getrocknet wird. Bei 94—96°/0,1 mm gehen 1,8—2,0 g einer farblosen Flüssigkeit über, die im Kältebad erstarrt. F: 83° (aus Petroläther).

---

[1] HORNER, L., E. SPIETSCHKA u. A. GROSS: A. **573**, 25 (1951).

[2] ROEDIG, A., u. H. LUNK: B. **87**, 971 (1954).

β,γ,γ,γ-Tetrachlor-crotonsäure-methylester[1]. 12 g Diazomethyl-pentachloräthylketon (I) werden in 150 cm^3 absolutem Methanol etwa 8 Std. lang bei Raumtemperatur mit gefiltertem UV-Licht wie oben beschrieben behandelt. Dann destilliert man den Methylalkohol bei Normaldruck ab und erhitzt zur Vervollständigung der Chlorwasserstoff-Abspaltung noch eine Zeitlang im Wasserstrahl-Vakuum auf 100°. Die Destillation liefert 7—8 g einer farblosen Flüssigkeit von angenehmem Geruch mit dem $Kp_{0,1}$ 53—54°; n_D^{20} 1,5130; d_{20} 1,545.

Säure V bzw. VI. 3,5 g Diazomethyl-trichlorvinyl-keton (IV) werden in einer Mischung von 140 cm^3 Dioxan und 10 cm^3 Wasser bis zum Ende der Stickstoffentwicklung (etwa 9 Std.) mit gefiltertem UV-Licht (vgl. oben) bestrahlt. Aufarbeitung wie bei β,γ,γ,γ-Tetrachlorcrotonsäure (III) angegeben. Durch Destillation (Kp: 90°/0,1 mm) erhält man 2,6 g eines farblosen, bald erstarrenden Öles; man preßt auf Ton ab und kristallisiert mehrmals aus Petroläther um. Die Säure V (bzw. VI) bildet farblose Täfelchen; F: 55—56°.

c) Photolyse offenkettiger Mono-diazoketone bei Gegenwart von Azoverbindungen

Horner et al.[2, 3] erhielten aus Azibenzil und Azobenzol die Verbindung I, aus Benzoyldiazomethan und Azobenzol die Verbindung II; aus Diphenylketen und Azodibenzoyl entsteht das Addukt III und aus Azibenzil und ω,ω'-Azotoluol die Verbindung IV. In allen diesen Umsätzen ließ man 1 Mol der α-Diazocarbonylverbindung (des Diphenylketens) auf 1 Mol der Azoverbindung einwirken.

Es besteht kein Zweifel, daß die verwandten α-Diazocarbonylverbindungen zuerst unter N_2-Abspaltung in die entsprechenden Ketene übergehen, welche dann mit den Azoverbindungen die Addukte (Derivate des 1,2-Azocyclobutanons) bilden. Das Addukt I ist schon früher von A. H. Cook und D. G. Jones[4] aus Diphenylketen und cis-Azobenzol erhalten worden.

$$R'R''C{=}C{=}O + R'''{-}N{=}N{-}R''' \longrightarrow \begin{array}{c} R'R''C{-}C{=}O \\ |\quad\;\; | \\ R'''{-}N{-}N{-}R''' \end{array}$$

I: $R' = R'' = R''' = C_6H_5$

II: $R' = H$; $R'' = R''' = C_6H_5$

III: $R' = R'' = C_6H_5$; $R''' = C_6H_5{-}CO$

IV: $R' = R'' = C_6H_5$; $R''' = C_6H_5{-}CH_2$

Belichtet man Azodibenzoyl und Diphenylketen im Verhältnis 1:2, so bildet sich ein Addukt der wahrscheinlichen Formel V; VI entsteht, wenn man Azibenzil (2 Mol) und Azodicarbonsäureester zusammen belichtet,

$$\begin{array}{c} O \\ \| \\ R{-}N{-}C{-}C(C_6H_5)_2 \\ |\qquad\qquad | \\ R{-}N{-}C(C_6H_5)_2{-}C{=}O \end{array}$$

V: $R = C_6H_5{-}CO$

VI: $R = C_2H_5{-}O{-}CO$

---

[1] Roedig, A., u. H. Lunk: B. **87**. 971 (1954).
[2] Horner, L., E. Spietschka u. A. Gross: A. **573**, 26 (1951).
[3] Horner, L., u. E. Spietschka: B. **89**, 2765 (1956).
[4] Cook, A. H., u. D. G. Jones: Soc. **1941**, 189.

die gleiche Verbindung ist auch unmittelbar aus Azodicarbonsäureester und Diphenylketen im Verhältnis 1:2 zugänglich[1] (Dunkelprozeß).

Benzoyldiazomethan und Azobenzol[2]. 3 g Benzoyldiazomethan werden mit 3,6 g Azobenzol in 170 cm^3 Benzol belichtet (siehe unter Diphenylketen, Seite 176), nach beendeter Stickstoffentwicklung wird das Lösungsmittel abdestilliert und das zurückbleibende rote Öl in heißem Methanol aufgenommen. Nach einigem Stehen scheiden sich schwach gelbe, derbe Kristalle (II) ab, die sich durch nochmaliges Umkristallisieren aus Methanol leicht reinigen lassen. F: 92° (Ausbeute 2 g).

Azibenzil und Azobenzol[2]. 4,4 g Azibenzil und 3,6 g Azobenzol werden in 170 cm^3 absolutem Äther belichtet; der nach dem Abdestillieren des Äthers zurückbleibende gelbliche Rückstand wird mit wenig Alkohol ausgewaschen und dann aus Methanol umkristallisiert. Das Addukt I (4,5 g) bildet farblose, derbe Kristalle; F: 173°.

Addukt IV aus Azibenzil und ω,ω'-Azotoluol[3]. 2,1 g (0,01 Mol) ω, ω'-Azotoluol und 2,2 g (0,01 Mol) Azibenzil werden in 170 cm^3 Benzol belichtet. Nach beendeter Stickstoffentwicklung wird das Lösungsmittel abdestilliert und der Rückstand in heißem Methanol aufgenommen. Es scheiden sich nach kurzer Zeit schwach gelbgefärbte Kristalle ab, welche nach mehrmaligem Umkristallisieren aus Methanol-Essigester farblos werden und schließlich bei 154° schmelzen. Ausbeute 2 g.

3,5-Diketo-4,4,6,6-tetraphenyl-hexahydropyridazin-dicarbonsäure-(1,2)-diäthylester (VI)[3]. Eine Lösung von 1,7 g (0,01 Mol) Azodicarbonsäurediäthylester und 4,4 g (0,02 Mol) Azibenzil in Benzol wird wie üblich ausbelichtet. Nach Entfernung des Lösungsmittels wird der Rückstand aus Äthanol umkristallisiert. Die nach kurzer Zeit ausfallenden Kristalle schmelzen nach dem Umkristallisieren aus Methanol bei 130°. Ausbeute 3 g.

d) Photolyse offenkettiger Mono-diazoketone bei Gegenwart von Azomethinen

Die bei der Photolyse von Diazoketonen intermediär auftretenden Ketene lassen sich an Azomethine (Schiffsche Basen) zu β-Lactamen[4] anlagern.

$$R'{-}CO{-}CN_2{-}R'' \xrightarrow{\text{Licht}} \underset{\mathrm{I}}{\begin{matrix}R'\\R''\end{matrix}\!\!>\!C{=}C{=}O} + N_2$$

$$>C{=}N{-} \;+\; >C{=}C{=}O \longrightarrow \underset{\mathrm{II}}{\begin{array}{c}>\overset{4}{C}{-}\overset{1}{N}{-}\\ \mid\quad\;\mid\\ >\underset{3}{C}{-}\underset{2}{C}{=}O\end{array}} \qquad (A)$$

Die Fähigkeit der Keto-ketene sich an Schiffsche Basen im Dunkelprozeß anzulagern, war schon früher beobachtet worden[5], die Bildung der β-Lactame aus Aldoketenen (I, R'=H, vgl. Reaktion A) läßt sich dagegen bis jetzt nur photochemisch mit Hilfe von Diazoketonen durchführen.

W. Kirmse und L. Horner weisen darauf hin, daß teilweise aliphatisch substituierte Azomethine geringere Reaktionsbereitschaft zeigen als die durchweg aromatisch substituierten Vertreter. Versuche

[1] Ingold, Chr. K., u. St. S. Weaver: Soc. **127**, 378 (1925).
[2] Horner, L., E. Spietschka u. A. Gross: A. **573**, 25 (1951).
[3] Horner, L., u. E. Spietschka: B. **89**, 2767 (1956).
[4] Kirmse, W., u. L. Horner: B. **89**, 2759 (1956).
[5] Staudinger, H.: Die Ketene. Stuttgart: F. Enke 1912.

mit Diazobrenztraubensäureester (N_2—CH—CO—CO_2R) führten nicht zur Anlagerung an Schiffsche Basen (z. B. an Benzophenonanil).

Die Photoversuche wurden mit Hilfe einer Labortauchlampe S 81 der Quarzlampengesellschaft Hanau durchgeführt. Man arbeitete in geschlossenem System (rühren) oder bestrahlte die Diazoverbindung und ließ eine Lösung des Azomethins während der Belichtung zutropfen. Bei relativ kurzwellig absorbierenden Diazoverbindungen wirkt nämlich das zugesetzte Azomethin als kräftiger Lichtfilter, so daß die Reaktion sehr langsam fortschreitet. Die Verwendung einer Zutropfapparatur ist daher angebracht.

1,3,3,4,4-Pentaphenyl-acetidon (vgl. II). 2,22 g Azibenzil und 2,57 g Benzophenon-anil (je 10 mMol) wurden in 100 cm^3 trockenem Benzol bis zum Aufhören der Stickstoffentwicklung belichtet (etwa 5 Std.). Das Benzol wurde auf dem Wasserbad im Vakuum abgedampft, der Rückstand in Chloroform an Al_2O_3 (Woelm neutral, Säule 15×3 cm, ebenso in dem folgenden Beispiel) chromatographiert, bis die oberen braun gefärbten Zonen das letzte Drittel der Säule erreichten. Das Eluat wurde auf dem Wasserbad abgedampft, der Rückstand mit 20 cm^3 heißem Methanol digeriert und abgesaugt: 3,25 g (72%) schwach gelbliches β-Lactam, F: 188—190°, nach Umkristallisation aus Äthanol unter Zusatz von etwas Aceton F: 190—191°.

1,4-Diphenyl-3-methyl-acediton (vgl. II). Aus je 10 mMol Diazo-aceton und Benzal-anilin in Benzol (100 cm^3). Zutropfapparatur. Das Benzol wird im Vakuum abgedampft, der Rückstand in Benzol an Al_2O_3 chromatographiert, das schwach gelbe Eluat wieder abgedampft und der Rückstand mit wenig Methanol versetzt: 0,75 g Rohprodukt, F: 111—113°. Durch Versetzen der Mutterlauge mit wenig Wasser und Kühlen wurden weitere 0,5 g niedrig (60°) schmelzendes Produkt erhalten, hieraus durch Umkristallisieren aus wenig Methanol noch 0,20 g β-Lactam, Gesamtausbeute 47%. Nach Umkristallisieren aus verdünntem Methanol unter Zusatz von etwas Kohle schöne, weiße Nadeln (F: 113°).

2. Offenkettige Bis-diazoketone

Die Photolyse dieser Verbindungen ist von L. HORNER und E. SPIETSCHKA[1] untersucht worden, welche fanden, daß der Zerfall der Bis-diazoketone sehr ähnlich verläuft wie der Zerfall der von ihnen untersuchten Mono-diazoketone. Es wird z. B. Oxalyl-bis-diazoessigsäuremethylester (I), dessen Zersetzung auf thermischem Wege zu keinem definierten Produkt führt, bei Belichten in *Methanol* in *Äthantetracarbonsäure-tetramethylester* (II) übergeführt.

$$\underset{\text{I}}{CH_3O_2C\cdot CN_2\cdot CO\cdot CO\cdot CN_2\cdot CO_2CH_3} \xrightarrow[-N_2]{\text{UV-Licht}}$$

$$\left[\begin{matrix} O{:}C{:}C & — & C{:}C{:}O \\ | & & | \\ H_3CO_2C & & CO_2CH_3 \end{matrix}\right] \xrightarrow{2\,CH_3OH} \underset{\text{II}}{\begin{matrix} & H & & H & \\ H_3CO_2C\cdot & C & — & C & \cdot CO_2CH_3 \\ & | & & | & \\ & H_3CO_2C & & CO_2CH_3 & \end{matrix}}$$

Adipinyl-bisdiazomethan (III) wird in Gegenwart von Wasser in *Korksäure* (IV), bei Anwesenheit von Äthanol in den entsprechenden *Ester* umgewandelt.

$$\underset{\text{III}}{HC(N_2)—CO—[CH_2]_4—CO—C(N_2)H} \xrightarrow[-N_2]{\text{Licht}} \left[O{:}C{:}\overset{H}{C}—[CH_2]_4—\overset{H}{C}{:}C{:}O\right]$$

$$\xrightarrow{H_2O} \underset{\text{IV}}{HO_2C\cdot CH_2—[CH_2]_4—CH_2\cdot CO_2H}$$

[1] HORNER, L., u. E. SPIETSCHKA: B. 85, 225 (1952).

Äthantetracarbonsäure-tetramethylester (II). In 80 cm³ absolutem Methanol werden 1,5 g Oxalyl-bis-diazoessigsäuredimethylester (I) mit UV-Licht (vgl. S. 176) bestrahlt. Nach der Entfernung des Methanols bleibt ein kristalliner Rückstand zurück, der mehrmals aus Methanol und Äther umkristallisiert wurde. Man erhält 0,8 g Äthantetracarbonsäure-tetramethylester (II); F: 135°.

Korksäure (IV). Adipinyl-bis-diazomethan (III) (2 g) wird in 160 cm³ Dioxan und 10 cm³ Wasser gelöst und wie üblich belichtet. Als Abdampfrückstand bleibt ein kristallines gelbgefärbtes Produkt, das sich in Sodalösung praktisch vollständig löst. Zusatz von verdünnter Säure liefert Korksäure, die nach mehrmaligem Umkristallisieren bei 140° schmilzt; Ausbeute 1,5 g.

3. o-Chinondiazide

Die Photolyse von cyclischen Diazoketonen verläuft nach dem Schema I → II und, falls sie in wäßrigem Medium vorgenommen wird, I → III.

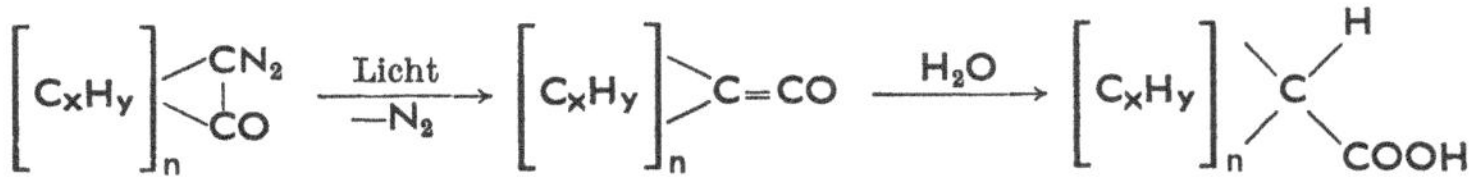

$$\left[C_xH_y\right]_n\!<\!\begin{matrix}CN_2\\ |\\ CO\end{matrix} \xrightarrow[-N_2]{\text{Licht}} \left[C_xH_y\right]_n\!>\!C{=}CO \xrightarrow{H_2O} \left[C_xH_y\right]_n\!>\!C\!<\!\begin{matrix}H\\ COOH\end{matrix}$$

I II III

Die wichtigsten Vertreter cyclischer Diazoketone sind die Chinondiazide der Benzol- und Naphthalin-Reihe. Der Verlauf der Lichtreaktion dieser Verbindungen, welche für die Diazotypie (Lichtpausverfahren) eine große Bedeutung erlangt haben, ist durch die grundlegenden Arbeiten von O. Süs[1] aufgeklärt worden. Der Zerfall führt zur Bildung *5gliedriger Ringe* (z. B. VI), wie das Beispiel des β-Naphthochinon-α-diazids[2] (IV) zeigt; als Zwischenprodukt wird die radikalartige Verbindung V angenommen.

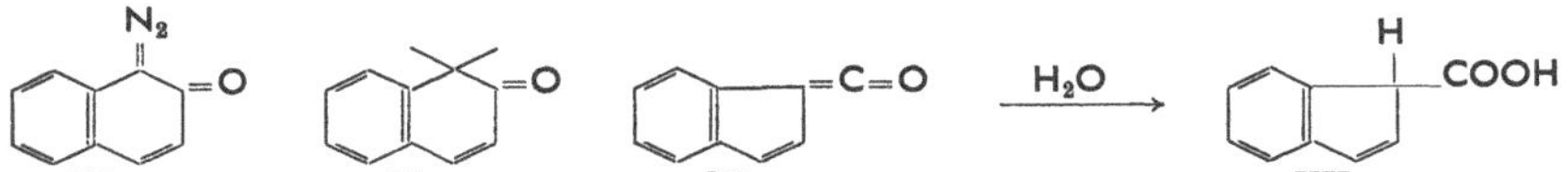

N_2 =O =O =C=O $\xrightarrow{H_2O}$ H COOH

IV V VI VII

Es sei darauf hingewiesen, daß R. Huisgen[3] die Photolyse der o-Chinon-diazide nicht gemäß IV → V formuliert, sondern gemäß IVa → Va. Nach brieflicher Mitteilung an den Verfasser akzeptiert O. Süs jetzt diese Formulierung.

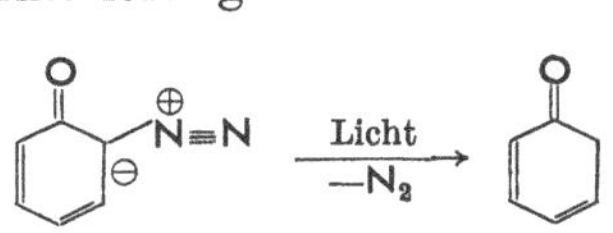

O ⊕N≡N ⊖ $\xrightarrow[-N_2]{\text{Licht}}$ O

IVa Va

Die große Anwendbarkeit der Süsschen Reaktion ist aus der Tatsache ersichtlich, daß nach ihr u. a. eine systematische Darstellung folgender Verbindungsgruppen möglich war[4]:

---

[1] Süs, O.: A. **556**, 65, 85 (1944).
[2] Süs, O.: A. **556**, 70 (1944).
[3] Huisgen, R.: Ang. Ch. **67**, 459 (1955).
[4] Süs, O., u. K. Möller: A. **593**, 91 (1955).

a) Abkömmlinge des Indens mit Substituenten in dem aromatischen Sechsring;

b) Cyclopentadienderivate mit angegliederten heterocyclischen Ringen;

c) Substituierte Indole, Azaindole und Pyrrolcarbonsäuren;

d) Bicyclooctadienderivate;

e) Cyclopentenophenanthrene mit steroid-spezifischen Substituenten.

Bei der Photolyse des Diazoanhydrids VIII im wäßrigen Medium erhält man nicht, wie man erwarten sollte, die monomere *Cyclopentadiencarbonsäure* (IX), sondern das *Dimere*. Es ist anzunehmen, daß bei der Photolyse zuerst die *monomere Säure* gebildet wird, welche sich dann *dimerisiert*[1]. Die Säure fällt auch in ihrer dimeren Form an, wenn man sie nach der Thieleschen Methode[2] darstellt.

O, N_2, Licht, Wasser, COOH, H

VIII IX

Ähnliches ist bei der Photolyse der Diazoverbindung X in Wasser beobachtet worden, hier fällt sowohl die *monomere Säure* (XI) als auch die *dimere Säure* an[3].

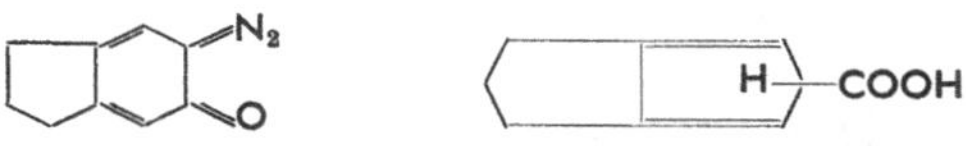

N_2, O, H, COOH

X XI

Während die Thermolyse des Diazocamphers (XII) zur Bildung von *Pericyclocamphanon* (XV) führt, entsteht bei der Photolyse das *Keten*[4] XIII.

Wird die Photolyse in Wasser vorgenommen, so erhält man die *1,6,6-Trimethyl-bicyclo-[1,1,2]-hexancarbonsäure- (2)* (XIV, R = OH). Belichtung des Diazocamphers in Äthanol, Anilin, Diäthylamin oder einer Dioxanlösung, welche Hydrazinhydrat enthält, führt zum *Äthylester* (R = OC_2H_5), *Anilid* (R = NHC_6H_5), *Diäthylamid* [R = $N(C_2H_5)_2$] oder *Hydrazid* (R = $NH-NH_2$) dieser *Säure*.

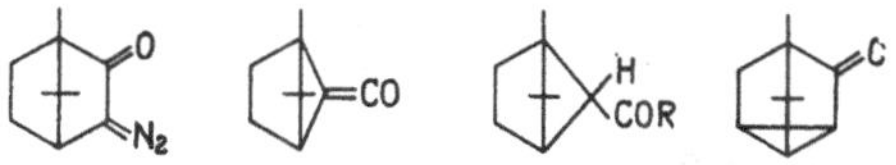

O, N_2, CO, H, COR, C

XII XIII XIV XV

Während in allen bisher besprochenen Fällen die Ringverengung bei der Süsschen Reaktion derart zustande kommt, daß die nach der Abspaltung von N_2 an dem C-Atom des hypothetischen primären Licht-

[1] Süs, O.: A. **556**, 85 (1944).
[2] Thiele, J.: B. **34**, 69 (1901).
[3] Süs, O., u. K. Möller: A. **593**, 99 (1955).
[4] Horner, L., u. E. Spietschka: B. **88**, 934 (1955).

produktes entstandene Valenzlücke durch Verschiebung einer Bindung zwischen zwei C-Atomen aufgefüllt wird (vgl. IV → V), verläuft die Stabilisierung des Zwischenproduktes, welches bei der Photolyse des 2,3-Pyridinchinon-diazids (3) (XVI) entsteht, anders. Hier tritt nämlich die Umlagerung des Zwischenproduktes XVII durch Wanderung der mit a bezeichneten Stickstoff-Kohlenstoffbindung ein[1]; es bildet sich bei Gegenwart von Wasser die Pyrrol-2-carbonsäure (XVIII).

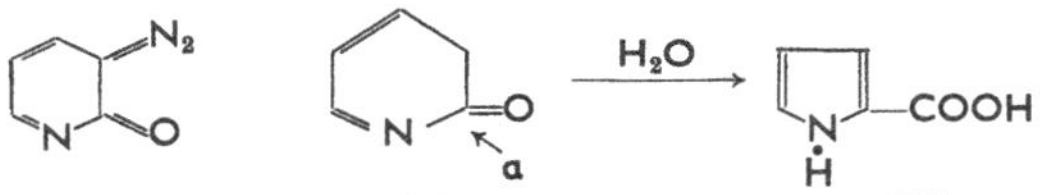

XVI XVII $\xrightarrow{H_2O}$ XVIII

Die Photosynthese der *Indolcarbonsäure* (XX) aus Chinolin-3,4-chinondiazid-3 (XIX) verdient Beachtung, da hier die Lichtreaktion besonders glatt verläuft; schon während der Belichtung fällt aus der wäßrig-sauren Lösung das Umwandlungsprodukt, die *Indol-3-carbonsäure*, aus[2].

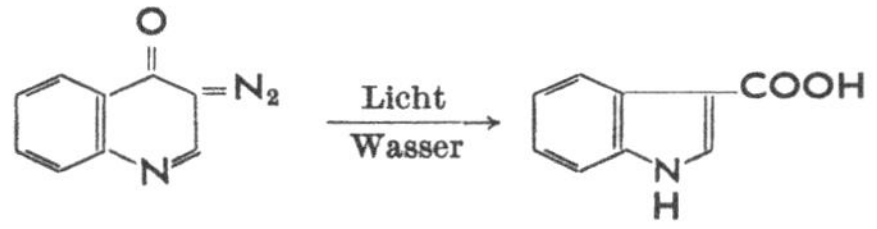

XIX $\xrightarrow[\text{Wasser}]{\text{Licht}}$ XX

O. Süs und K. Möller[3] haben photochemisch 6-Aza-indol-3-carbonsäure (XXII) durch Bestrahlung wäßriger Lösungen von 1,7-Naphthyridinchinon-3,4-diazid-(3) (XXI) erhalten. Diese Synthese ist wichtig, weil durch sie Harmyrin (XXIII) leicht zugänglich geworden ist, nämlich durch Erhitzen von XXII in einem auf 200° vorgeheizten Paraffinbad. Harmyrin (6-Aza-indol) wurde von W. H. Perkin und R. Robinson[4] als Abbauprodukte gewisser Harmala-Alkaloide erhalten.

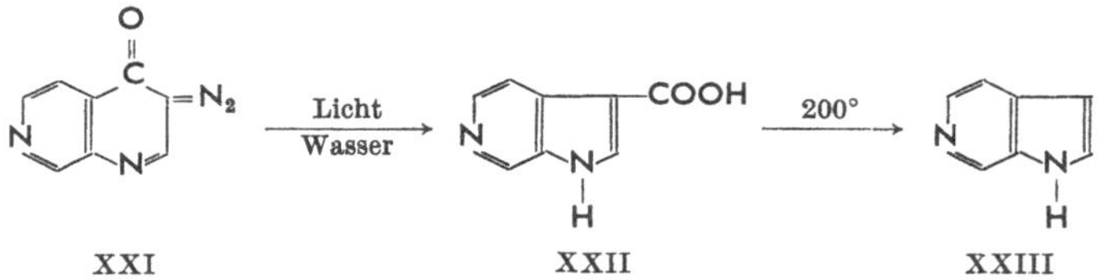

XXI $\xrightarrow[\text{Wasser}]{\text{Licht}}$ XXII $\xrightarrow{200°}$ XXIII

Inden-1-carbonsäure[5] (VII). 0,5 g des Diazoanhydrids IV (dargestellt aus 1-Amino-2-naphthol) werden durch inniges Verreiben mit einem Gemisch von 200 cm^3 Wasser und 20 cm^3 Salzsäure in Lösung gebracht und nach Zugabe von 60 cm^3 Äthylalkohol an der Bogenlampe (12 Amp.) unter Eiskühlung und Umschütteln in einer Photoschale belichtet. Nach etwa einstündigem Belichten ist die Diazoverbindung zersetzt (keine Kupplung mehr mit Phloroglucin). Die anisartig

[1] Süs, O., u. K. Möller: A. **593**, 91 (1955).
[2] Süs, O., M. Glos, K. Möller u. H.-D. Eberhardt: A. **583**, 150 (1953).
[3] Süs, O., u. K. Möller: A. **599**, 233 (1956).
[4] Perkin, W. H., u. R. Robinson: Soc. **101**, 1779 (1912); **125**, 642 (1924).
[5] Süs, O.: A. **556**, 81 (1944).

riechende Flüssigkeit scheidet nach kurzem Stehen die Inden-1-carbonsäure in Form kristalliner Flocken ab. Die Ausbeute beträgt 0,3 g. Nach der Filtration wurde das Rohprodukt aus Benzol umkristallisiert. Die Carbonsäure kristallisiert in langen spießigen Nadeln bis stäbchenförmigen Prismen vom F: 161°.

Indol-3-carbonsäure[1] (XX). 2 g Chinolin-3,4-chinondiazid-3 (XIX) werden in 40 cm^3 Eisessig gelöst und nach Zugabe von 160 cm^3 Wasser dem Sonnenlicht ausgesetzt oder an einer geschlossenen Bogenlampe belichtet. Das Gefäß wird hierbei von außen mit Eis gekühlt. Die schwach-gelbe Farbe der Lösung geht allmählich in Braun über und das Lichteinwirkungsprodukt scheidet sich als hellbrauner kristalliner Niederschlag aus. Nachdem durch alkalische Kupplung der Lösung mit Phlorogucin keine Diazoverbindung mehr nachweisbar ist, wird abgesaugt. Der Rückstand wird in Bicarbonatlösung aufgenommen, die Lösung mit Tierkohle behandelt und das Reaktionsprodukt durch Zusatz von Salzsäure wieder ausgefällt. Durch Umkristallisieren aus wäßrigem Aceton erhält man die Indol-3-carbonsäure in weißen Nädelchen; F.: 218°. Ausbeute 0,9 g.

1,6,6-Trimethyl-bicyclo-[1,1,2]-hexan-carbonsäure-(2) (XIV, R = OH)[2]. 1,8 g (10 mMol) Diazocampher (XII) werden in einem Gemisch von 70 cm^3 Dioxan und 10 cm^3 Wasser belichtet. Als Lichtquelle wurde eine Labortauchlampe S 81 der Quarzlampengesellschaft Hanau benutzt, die in einem mit Wasser durchströmten Quarzstutzen eingebaut war; hinsichtlich weiterer Einzelheiten vgl. Originalarbeit. Nach Beendigung der Stickstoffentwicklung wird das Lösungsmittel abgedampft, der Rückstand in Natriumcarbonatlösung aufgenommen und von geringen Mengen gelben Harzes abfiltriert. Beim Ansäuern scheidet sich die Säure aus. Nach dem Umkristallisieren aus verdünnter Essigsäure farblose Nädelchen, die bei 111° schmelzen. Ausbeute 1,3 g.

Anilid der Säure (XIV, R = $NH{-}C_6H_5$). 1,8 g Diazocampher werden in Benzollösung in Gegenwart von 1 g Anilin belichtet. Aus Alkohol farblose Nadeln, F: 131°, Ausbeute 1,6 g.

Hydrazid der Säure. Zu einer Lösung von 1,8 g Diazocampher in 70 cm^3 Dioxan und 10 cm^3 Hydrazinhydrat wird die zur Erreichung der Homogenität eben notwendige Menge an absolutem Äthanol zugesetzt und dann belichtet. Nach beendeter Stickstoffentwicklung wird das Lösungsmittel abdestilliert und das Hydrazid in Äther aufgenommen. Nach dem Vertreiben des Äthers bleibt ein Öl zurück, welches sich durch Zugabe von Petroläther zur Kristallisation bringen läßt. Aus Benzol-Petroläther umkristallisiert, farblose Kristalle, F: 99°, Ausbeute 1,2 g.

4. p-Chinondiazide und Imino-p-chinondiazide[3]

Wird p-Chinondiazid (I) in dünner Schicht unter Ausschluß von Wasser und von organischen Solventien dem Licht ausgesetzt, so erhält man Produkte, welche in organischen Lösungsmitteln vollkommen unlöslich sind. Es wird angenommen, daß folgender Prozeß sich abspielt:

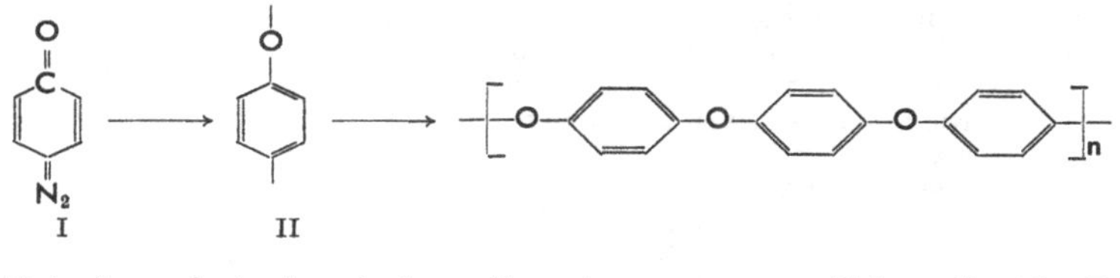

I II

Bei der photochemischen Zersetzung von p-Chinondiazid (I) in Gegenwart primärer aliphatischer Alkohole erfolgt dagegen Anlagerung der Alkohole an das Rumpfmolekül II und man erhält *Monoäther aromatischer Dihydroxyverbindungen* mit p-ständigen Hydroxylgruppen

[1] Süs, O., M. Glos, K. Möller u. H.-D. Eberhardt: A. **583**, 154 (1955).
[2] Horner, L., u. E. Spietschka: B. **88**, 934 (1955).
[3] Süs, O., K. Möller u. H. Heiss: A. **598**, 123 (1956).

(z. B. III). Ähnlich verhalten sich die Imino-p-chinondiazide (vgl. IV → V). Die Reaktionen verlaufen teilweise mit sehr guten Ausbeuten.

$$\text{I} \xrightarrow[\text{Licht}]{\text{ROH}} N_2 + \text{OH–}C_6H_4\text{–OR (III)} \qquad C_6H_5\text{–N=}C_6H_4\text{=}N_2 \text{ (IV)} \xrightarrow[\text{Licht}]{\text{ROH}} N_2 + \text{H–N(}C_6H_5\text{)–}C_6H_4\text{–OR (V)}$$

Führt man die Belichtung der p-Chinondiazide in Gegenwart aromatischer Kohlenwasserstoffe durch, so tritt Kernarylierung ein, wobei p-*Hydroxy-biphenyle* entstehen.

$$\text{I} + C_6H_5CH_3 \xrightarrow{\text{Licht}} N_2 + CH_3\text{–}C_6H_4\text{–}C_6H_4\text{–OH (o-)} \quad \text{und} \quad H_3C\text{–}C_6H_4\text{–}C_6H_4\text{–OH}$$

Pyridin verhält sich ähnlich wie aromatische Kohlenwasserstoffe, aus 2,6-Di-chlor-benzochinondiazid-(4) erhält man beim Ausbleichen in Gegenwart von Pyridin das *4-(x-Pyridyl)-2,6-dichlor-phenol* (VI).

$$\text{HO–}C_6H_2Cl_2\text{–}C_5H_4N \quad \text{(VI)}$$

Eine Kernarylierung findet auch statt bei der Photolyse der Imino-p-chinondiazide in Gegenwart aromatischer Kohlenwasserstoffe.

$$C_6H_5\text{–N=}C_6H_4\text{=}N_2 \text{ (VII)} \xrightarrow[\text{Licht}]{C_6H_6} N_2 + C_6H_5\text{–}C_6H_4\text{–N(H)–}C_6H_5$$

Hydrochinon-mono-äthyläther. 1,4-Benzochinondiazid (I) (0,8 g) wurde in 80 cm³ absolutem Alkohol gelöst und die Lösung in einer flachen Schale an der Bogenlampe belichtet. Sobald keine Diazoverbindung mehr nachzuweisen war, wurde die Lösung unter vermindertem Druck eingedampft. Hydrochinon-mono-äthyläther wurde erhalten; nach zweimaligem Umkristallisieren aus Wasser hatte er F: 66°; Ausbeute 0,5 g.

4-Äthoxy-diphenylamin. Phenylimino-p-chinondiazid (VII) (2 g) wurde in 800 cm³ absolutem Äthanol unter guter Kühlung an der Bogenlampe belichtet. Nach Verjagen des Lösungsmittels, wurde der Rückstand viermal mit je 50 cm³ Äther digeriert. Der Rückstand der Ätherauszüge wurde mit Gasolin ausgekocht und die Lösung auf ein kleines Volumen eingeengt. Beim Abkühlen kristallisierte das 4-Äthoxy-diphenylamin in farblosen Blättchen aus. F: 72—73°; Ausbeute 0,12 g.

4-Hydroxy-diphenyl. 0,4 g 1,4-Benzochinondiazid (I) wurden in 60 cm³ Benzol suspendiert und an der Bogenlampe belichtet. Das Diazid ging allmählich in Lösung. Der Rückstand der Lösung wurde in 20 cm³ Benzol gelöst und nach Behandlung mit Kohle heiß mit Gasolin bis zur beginnenden Trübung versetzt. Beim Erkalten schieden sich farblose Kristalle ab. F: 164° (aus Benzol/Gasolin); Ausbeute 0,16 g.

5. Azofarbstoffe aus Chinondiaziden[1]

Der normale Verlauf der Photolyse der Chinondiazide führt zu Produkten, welche den Diazid-Stickstoff nicht mehr enthalten (vgl. S. 182). In einigen Fällen verläuft die Photolyse jedoch wesentlich komplizierter und das Endprodukt des Umsatzes enthält eine Azogruppe, deren Stickstoff aus der Azidgruppe des Ausgangsmaterials stammt. Anhand der Photolyse des Diazoanhydrids der 2-Amino-1-phenol-4-sulfosäure sollen die Reaktionen besprochen werden.

Wird I (erhalten aus 2-Amino-1-phenol-4-sulfosäure), gelöst in Wasser, bestrahlt, so bilden sich rot-gelbe Kristalle der *Azoverbindung* V; ihre Bildung verläuft über das *Zwischenprodukt II*, welches eine Ringverengung erleidet, wobei das *cyclische Keten III* entsteht. Letzteres addiert nach dem für Ketene bekannten Anlagerungsprinzip 1 Mol Wasser unter Bildung der *Cyclopentadiencarbonsäure* (IV), die mit noch unzersetztem Chinondiazid zu dem *Azofarbstoff* (V) kuppelt.

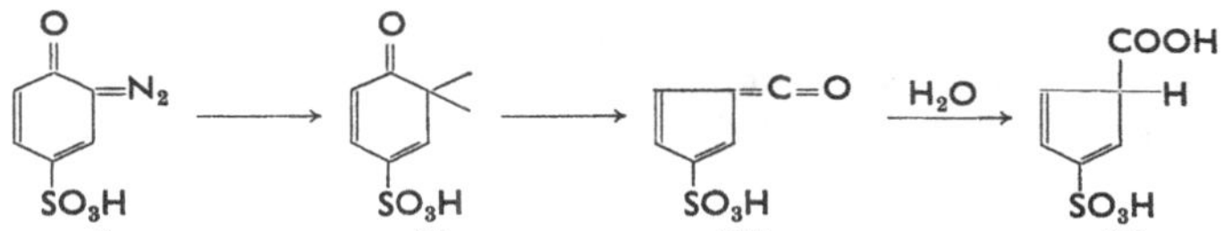

O =N_2 SO_3H I ⟶ O SO_3H II ⟶ =C=O SO_3H III $\xrightarrow{H_2O}$ COOH H SO_3H IV

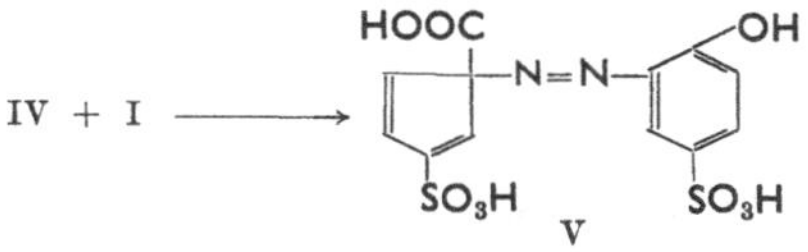

IV + I ⟶ HOOC –N=N– OH SO_3H SO_3H V

Die Formel V für den Photofarbstoff stützt sich auf folgende Beobachtung: Beim Erhitzen der wäßrigen Lösung seines Natriumsalzes wird Kohlendioxyd abgespalten; die Reduktion des Photofarbstoffs mit Zinkstaub liefert *2-Amino-1-phenol-4-sulfosäure*, das zweite Spaltungsprodukt liefert mit verdünnter Natronlauge in der Wärme Ammoniak. Der Farbstoff reagiert mit Essigsäureanhydrid in sodaalkalischer Lösung unter Bildung einer *Monoacetyl*verbindung; beim Behandeln des Farbstoffs mit Dimethylsulfat in alkalischer Lösung entsteht eine mit Kupfersalzen — im Gegensatz zu dem Ausgangsfarbstoff — nicht mehr verlackende *Monomethyl*verbindung. Die reduktive Spaltung dieser Monomethylverbindung liefert die *1-Methoxy-2-amino-benzol-4-sulfosäure.*

Der scharlachrote Azofarbstoff IX, welcher bei der Photolyse des Diazoanhydrids der 1-Amino-2-naphthol-4-sulfosäure (VI) erhalten wird, ist deswegen von Interesse, weil er nicht nur auf diesem Wege, sondern auch durch direkte Einwirkung von VI auf die Inden-3-sulfo-1-carbonsäure (VIII) gebildet wird (Dunkelreaktion). Dieser Dunkel-

---

[1] Süs, O.: A. **556**, 65 (1944).

prozeß stützt die Annahme, daß auch die photochemische Bildung von IX über VIII verläuft.

VI —Licht→ N_2 + VII —H_2O→ VIII

VI + VIII —Wasser, NaOH→ N_2 + IX

Von besonderem Interesse ist das photochemische Verhalten der Diazoverbindung des 4-Oxy-3-amino-2,6-dimethylpyridins[1] (X). Wird diese Verbindung der Photolyse unterworfen, so entsteht unter Ringverengung die *2,5-Dimethyl-pyrrol-3-carbonsäure* (XI), jedoch in guter Ausbeute nur dann, wenn man bei tiefer Temperatur (Eiskühlung) und mit starken Lichtquellen arbeitet.

X —Licht, Wasser→ XI

Arbeitet man ohne Kühlung, so reagiert X mit XI unter Bildung des *Azofarbstoffs* XII, welcher leicht Kohlendioxyd abspaltet und die *Azoverbindung* XIII liefert.

XII, R=COOH
XIII, R=H

Für die photochemische Darstellung von XIII ist es nicht notwendig, die Zwischenprodukte zu isolieren; man erhält das *2,6-Dimethyl-4-oxy-pyridin-3,3'-azo-2',5'-dimethyl-pyrrol* (XIII) direkt bei der Sonnenbestrahlung einer Lösung, welche bei der Diazotierung des 4-Oxy-3-amino-2,6-dimethyl-pyridins erhalten wird.

Belichtungsfarbstoff[2] V. 90 g Diazoanhydrid I werden in etwa 1800 cm^3 Wasser in der Kälte gelöst. Nach Überführung in eine flache Schale setzt man die Lösung unter guter Kühlung der Einwirkung des Sonnenlichtes aus; die Temperatur der Lösung darf 10° nicht übersteigen. Bei guter Sonne beginnt alsbald die anfänglich grün-gelb gefärbte Lösung eine tief gelbbraune Farbe anzunehmen. Eine entnommene Probe gibt mit einer verdünnten Sodalösung die für den Farbstoff

[1] Süs, O., M. Glos, K. Möller u. H.-D. Eberhardt: A. **583**, 150 (1953).
[2] Süs, O.: A. **556**, 72 (1944).

charakteristische rotviolette Färbung. Nach etwa fünfstündiger Belichtungszeit ist die Farbstoffbildung beendet; bei zu langem Ausdehnen der Belichtungszeit treten in der stets kongosauern Lösung Zersetzungen ein. Um ein zu starkes Verdunsten der Lösung zu vermeiden, ist es bisweilen erforderlich, etwas Wasser nachzugeben. Desgleichen ist es notwendig, die Belichtungsschale von Zeit zu Zeit etwas zu bewegen und die Lösung zwecks Entfernung einer durch ausgefallenen Farbstoff gebildeten Haut durchzurühren.

Die Beendigung der Farbstoffbildung erkennt man am besten an einer entnommenen Probe der Lösung, aus der mit etwas Kochsalz der Farbstoff ausgefällt wird. Die Mutterlauge dieser Probe darf mit Phloroglucin in Gegenwart von Ammoniak keine Kupplung mehr geben. Es ist zweckmäßig, eine derartige Zwischenfällung mit der Gesamtlösung vorzunehmen und dann die Mutterlauge weiter zu belichten. Zur Fällung des Farbstoffs aus der belichteten Lösung werden etwa 15% Kochsalz benötigt. Der Rohfarbstoff fällt als fein kristalliner gelbroter Niederschlag aus, die Ausbeute beträgt gegen 70%. Die noch stark gelbbraun gefärbte Mutterlauge enthält noch beträchtliche Mengen Farbstoff, wie durch Tüpfelreaktion mit einer verdünnten Natriumbicarbonatlösung festgestellt werden kann; auf die Isolierung dieses Anteils kann verzichtet werden, da nur ein unreines Produkt erhältlich ist. Die Reindarstellung gelingt durch Umkristallisieren aus heißem Wasser, dabei muß längeres Erhitzen vermieden werden, da sonst Zersetzung unter Kohlendioxydentwicklung eintritt. Auch empfiehlt es sich, das Umkristallisieren in kleineren Portionen vorzunehmen, bei einiger Übung lassen sich auch Mengen bis zu 20 g in etwa 200 cm³ heißem Wasser auf einmal umkristallisieren. Der Farbstoff V kristallisiert in sehr kleinen prismatischen Nädelchen von roter Farbe. In Wasser ist er mit gelb-brauner Farbe löslich, mit Natriumbicarbonatlösung tritt ein Umschlag nach rot-violett ein. Mit Kupfersalzen entsteht ein rotvioletter bis blau-violetter Lack.

6. Hinweis auf weitere Reaktionen

Photolyse offenkettiger Mono-diazoketone bei Gegenwart von N-Methylanilin oder von Äthylmercaptan (vgl. S. 249); Photolyse von 2-Diazoindanonen-(1) (vgl. S. 247).

XXII. Photolyse von Azodiarylen, Säureaziden, o-Azido-biphenylen und verwandter Verbindungen

1. Derivate des Benzils aus Azo-diarylen

Bei der Bestrahlung einer benzolischen Lösung von Azo-dibenzoyl mit UV-Licht tritt keine nennenswerte N_2-Entwicklung auf; dagegen zerfällt unter den gleichen Bedingungen Azo-di-p-chlorbenzoyl unter Bildung von p,p'-*Dichlorbenzil*, weiterhin entsteht *Tri-(*p-*chlor-benzoyl)-hydrazin* und p-*Chlorbenzoesäure*[1].

$$\underset{\text{I}}{\text{ArCO—N=N—COAr}} \xrightarrow{\text{UV-Licht}} \text{AR}\cdot\text{CO}\cdot\text{CO}\cdot\text{Ar} + N_2$$

Ähnlich verläuft die Photolyse von Azo-di-o-chlorbenzoyl, dagegen wurde bei Versuchen mit Azo-dianisoyl kein Anisil gefunden.

Die Photolyse der Azo-diaryle wurde im Hinblick auf die etwaige Bildung von freien Radikalen untersucht. Als die einfachste Methode zum Nachweis von Radikalen kann heute deren Fähigkeit zur Auslösung

[1] HORNER, L., u. W. NAUMANN: A. 587, 93 (1954).

der Polymerisation gelten. Bei der Photozersetzung von Azo-di-p-chlorbenzoyl in Gegenwart von Acrylnitril und Benzol bildete sich nur eine geringe Menge Polyacrylnitril und etwa gleich viel wie mit p-p'-Dichlorbenzil allein. Es wird daher angenommen, daß bei der Photolyse von I (Ar = p-C_6H_4Cl) freie Radikale nicht oder nur in sehr geringem Maße auftreten.

p,p'-Dichlorbenzil. Die Photolyse des Azo-di-p-chlorbenzoyls (I, Ar = C_6H_4Cl) wurde durch UV-Licht einer UV-Tauchlampe S 81 der Quarzlampengesellschaft mbH., Hanau, in einer Atmosphäre von Reinstickstoff und unter Ausschluß von Feuchtigkeit durchgeführt; hinsichtlich der apparativen Anordnung wird auf die Originalarbeit verwiesen.

Die Lösung von 4,5 g Azo-di-p-chlorbenzoyl in 150 cm³ absolutem Benzol schlägt nach 4stündiger Belichtung unter lebhafter Stickstoffentwicklung von rot nach gelb um. Beim Einengen des Lösungsmittels unter vermindertem Druck scheidet sich zunächst eine geringe Menge von Di-p-chlorbenzoyl-hydrazin ab. Beim weiteren Einengen des Filtrates auf etwa ein Drittel des ursprünglichen Volumens fällt ein gelber Niederschlag (1,8 g) aus, der aus Benzol umkristallisiert bei 193° schmilzt und mit p,p'-Dichlorbenzil identisch ist.

2. Zerfall der Säureazide

Säureazide, z. B. Benzoylazid (I), verlieren im UV-Licht ein Mol Stickstoff und gehen in *Isocyanate* über, z. B. in *Phenyl-isocyanat* (III) im Falle von I; es wird angenommen, daß die Reaktion über II verläuft[1].

$$\underset{\text{I}}{C_6H_5\overset{O}{\ddot{C}}N_3} \longrightarrow N_2 + \underset{\text{II}}{\left[C_6H_5\overset{O}{\ddot{C}}-N\langle\right]} \longrightarrow \underset{\text{III}}{C_6H_5N{=}C{=}O}$$

Die Zerfallreaktion der Säureazide ist nicht ohne präparative Bedeutung. L. HORNER und E. SPIETSCHKA[2] haben das Hydrazid der 1,6,6-Trimethyl-bicyclo-[1,1,2]-hexancarbonsäure-(2) (IV) in das *Amin* (V) übergeführt; ein Teil des Umsatzes ist ein photochemischer Prozeß.

$$\underset{\text{IV}\ R=CONHNH_2}{\text{IV}} \xrightarrow{HNO_2} \text{IVa},\ R{=}CON_3 \xrightarrow[C_2H_5OH]{\text{Licht}} \text{IVb},\ R{=}\underset{CO_2C_2H_5}{\overset{H}{N}} \xrightarrow{\text{HCl}} \underset{\text{V}}{\text{V}}\ (R = NH_2)$$

Nach L. HORNER und A. GROSS[3] läßt sich Phenacetylazid (VI) (in Methylalkohol) in N-Benzyl-carbaminsäuremethylester (VII) überführen und Adipinsäurediazid (VIII) (in Äthylalkohol) in N,N'-Tetramethylen-di-carbaminsäureäthylester (IX).

$$\underset{\text{VI}}{C_6H_5-CH_2-CON_3} \xrightarrow[CH_3OH\ (-N_2)]{\text{Licht}} \underset{\text{VII}}{C_6H_5-CH_2-NH-CO_2CH_3}$$

$$\underset{\text{VIII}}{N_3\underset{\|}{\overset{}{C}}-(CH_2)_4-\underset{\|}{C}-N_3} \xrightarrow[C_2H_5OH\ (-N_2)]{\text{Licht}} \underset{\text{IX}}{H_5C_2O-\overset{O}{\overset{\|}{C}}-\underset{H}{N}-(CH_2)_4-\underset{H}{N}-\overset{O}{\overset{\|}{C}}-OC_2H_5}$$

(VIII: $N_3C(=O)-(CH_2)_4-C(=O)-N_3$)

[1] HORNER, L., E. SPIETSCHKA u. A. GROSS: A. **573**, 17 (1951).
[2] HORNER, L., u. E. SPIETSCHKA: B. **88**, 934 (1955).
[3] HORNER, L., u. A. GROSS: Unveröffentlicht.

Einen interessanten Zerfall erleidet Salicylsäureazid (X) (in Benzol): unter Stickstoffverlust bildet sich Benzoxazolon (XI)[1].

$$\text{X} \xrightarrow[-N_2]{\text{Licht}} \text{XI}$$

Zersetzung von Benzoylazid (I). 14,7 g des trockenen Säureazids werden in 100 cm³ abs. Benzol gelöst und bei + 6° unter Durchleiten von trockenem Stickstoff 12 Std. belichtet (Laboratoriumslampe S 81 der Quarzlampengesellschaft Hanau, die Versuchsanordnung ist S. 176 beschrieben). Die braunrote, stechend riechende Lösung wird mit 10 cm³ Anilin versetzt und über Nacht stehengelassen. Diphenylharnstoff kristallisiert aus. F: 232,5°; Ausbeute 12 g (56% d. Th.).

Die Mutterlauge wird zur Trockene eingedampft und der mit Kristallen durchsetzte schmierige Rückstand mit Petroläther behandelt. Es lassen sich 6 g eines hellen kristallisierten Produktes gewinnen, das auf Ton abgepreßt wird. Nach zweimaligem Umkristallisieren aus Alkohol erhält man die farblosen Rhomben des Benzanilids, F: 165°, Ausbeute 30,4%. Es werden somit insgesamt 87% des eingesetzten Säureazids in Form seiner Umsetzungsprodukte gefunden. In Petroläther als Lösungsmittel läßt sich Phenyl-isocyanat, mit Alkohol das Phenylurethan isolieren.

Überführung des 1,6,6-Trimethyl-bicyclo-[1,1,2]-hexan-carbonsäure-hydrazids (IV) in das Amin[2] V. Zu einer Lösung von 4 g Hydrazid IV in 12 cm³ 2n HCl und 10 cm³ Wasser, welche mit 25 cm³ Äther überschichtet ist, wird bei 0° unter Rühren eine Lösung von 2 g Natriumnitrit in 5 cm³ Wasser zugetropft. Durch Abdampfen der Ätherlösung erhält man das Azid, welches ohne weitere Reinigung durch Belichten (wie bei I) in Äthanol in das Urethan übergeführt wird. Kp_{16} 150—160°; Ausbeute 3 g. Das rohe Urethan wird in 20 cm³ konzentrierter Salzsäure im Bombenrohr 3 Std. auf 120° erhitzt. Nach der Entfernung schwarzer Harze wird die Salzsäurelösung zur Trockene gebracht, der Rückstand mit Äther überschichtet und vorsichtig Lauge zugesetzt. Nach dem Abdampfen des getrockneten Äthers bleibt ein Öl zurück, das bei 75°/16 mm destilliert. Ausbeute 0,5 g. Aus ätherischer Lösung läßt sich mit ätherischer Salzsäure das Hydrochlorid von V zur Abscheidung bringen.

N-Benzyl-carbaminsäuremethylester[1] (VII). 7,7 g Phenacetylchlorid werden in 70 cm³ Äther gelöst und mit einer konzentrierten, wäßrigen Lösung von 4 g Natriumazid 1/2 Std. intensiv geschüttelt. Die abgetrennte und getrocknete Ätherlösung des Säureazids wird mit 50 cm³ wasserfreiem Methanol versetzt, mit absolutem Äther auf 170 cm³ verdünnt und unter Außenkühlung mit Eis 7 1/2 Std. belichtet (Tauchlampe S 81 der Quarzlampengesellschaft Hanau). Nach Abdampfen des Lösungsmittels unter vermindertem Druck erhält man 9 g eines öligen Gemisches aus Urethan und Phenylessigsäuremethylester, der durch Umsetzung des Säureazides mit Methanol entstanden sein dürfte. Der Ester wird mit Wasserdampf entfernt und der Rückstand aus Äther-Petroläther umkristallisiert. Man erhält 1,2 g des Benzylurethans (VII) vom F: 61—62° (Lit. 64°).

Benzoxazolon[1] (XI). Eine Lösung von 2 g Salicylsäureazid (X) in 160 cm³ trockenem Benzol wird 4 1/2 Std. unter Durchleiten von trockenem Stickstoff belichtet (Tauchlampe S 81 der Quarzlampengesellschaft Hanau). Nach dem Abdampfen des Benzols bleiben 1,5 g einer kristallisierten Verbindung zurück, die nach zweimaligem Umkristallisieren aus Benzol bei 139° schmelzen. Die Verbindung ist mit dem von R. Stoermer[3] dargestellten Benzoxazolon identisch.

---

[1] Horner, L., u. A. Gross: Unveröffentlicht.

[2] Horner, L., u. E. Spietschka: B. 88, 934 (1955).

[3] Stoermer, R.: B. 42, 3134 (1909).

3. Carbazole und 4-Phenyl-benzfuroxan aus Verbindungen der o-Azidobiphenylreihe

Setzt man die Lösungen gewisser o-Azido-diphenylene der Einwirkung von UV-Licht aus, so werden *Carbazole* gebildet. Ähnlich wie die unten näher beschriebene Synthese des *1,3-Dibromcarbazols* (II) aus 2-Azido-3,5-dibrombiphenyl (I) verläuft unter anderem die Synthese des *Carbazols* und des *2,7-Dinitrocarbazols*.

Ein unterschiedliches Verhalten zeigt das 3-Nitro-2-azidobiphenyl (III), hier führt die photochemische Zersetzung zur Bildung von *4-Phenylbenzfuroxan*[1] (IV).

Carbazolbildung tritt auch bei der thermischen Zersetzung von Verbindungen der o-Azidobiphenyl-Reihe ein; so wird z. B. *Carbazol* aus o-Azidobiphenyl in 1,2,4-Trichlorbenzol bei ca. 180° erhalten.

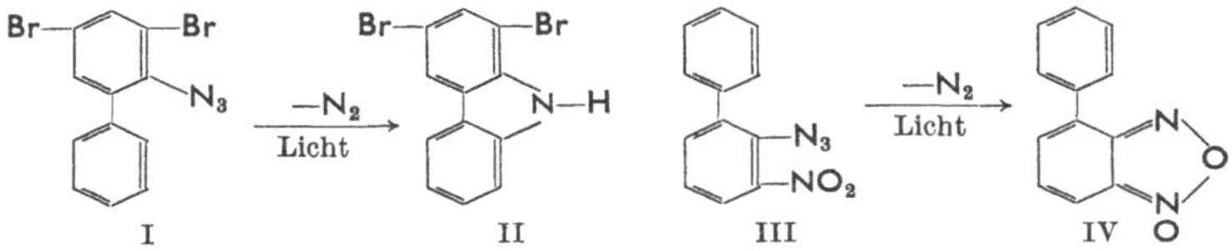

Br Br N_3 $\xrightarrow[\text{Licht}]{-N_2}$ Br Br N—H N_3 NO_2 $\xrightarrow[\text{Licht}]{-N_2}$ N O N O

I II III IV

1,3-Dibromcarbazol[1] **(II).** Eine Lösung von 1 g 2-Azido-3,5-dibrombiphenyl (I) in 20 cm^3 Tetralin wurde in einem Quarzgefäß der Einwirkung einer 100 W-Quecksilberdampflampe ausgesetzt. Nach wenigen Minuten begann die Abspaltung von N_2, nach 3 Std. hatte die N_2-Entwicklung aufgehört und die Bestrahlung wurde unterbrochen. Das Reaktionsprodukt wurde auf 5 cm^3 eingeengt, was mit Hilfe einer Heizplatte und heißer Luft, welche durchgeblasen wurde, erfolgte. Hierauf wurde bei Zimmertemperatur weiter eingeengt und ein schwach gelb-braun gefärbtes Öl erhalten. Es lieferte 1,3-Dibromcarbazol (aus Äthylalkohol). (F: 105—107°); Ausbeute 0,53 g.

4. Überführung von Arylaziden in Azoverbindungen

Nach L. Horner und A. Gross[2] lassen sich p-Methoxyphenylazid sowie p-Azido-diphenyl (I) in die entsprechenden Azoverbindungen überführen:

2 N_3 $\xrightarrow[-2\,N_2]{\text{Licht}}$ N=N

I II

p,p'-Azodiphenyl (II). 4 g p-Azidodiphenyl (I) werden in 170 cm^3 Benzol unter Kühlung und Durchleiten von trockenem Stickstoff belichtet. (Quecksilber-Hochdruckbrenner Hanau S 700). Die Lösung befand sich in einem wannenförmigen Gefäß, während der Bestrahlung wurde gerührt. Aus der orangegefärbten Lösung fielen in der Brennzone der Lampe nach kurzer Zeit Kristallflitter aus, die zum Schluß die gesamte Reaktionslösung erfüllten. Dann wurde abgesaugt und der Niederschlag aus Chloroform umkristallisiert. II wurde in Blättchen (orange, F: 254°) erhalten, Ausbeute: 1,4 g. Nach Abdampfen der Mutterlauge blieb ein Harz zurück, welches unverändertes Azid (I) enthielt.

---

[1] Smith, P., u. B. B. Brown: Am. Soc. **73**, 2435 (1951).

[2] Horner, L., u. A. Gross: Unveröffentlicht.

5. Photolyse von p-Chinondiimin-N,N'-dioxyden

p-Chinondiimin-N,N'-dioxyde der allgemeinen Formel (I) (R = organische Gruppe) werden durch Licht (Wellenlänge: 300—450 mμ) schnell zersetzt. Es bilden sich zuerst p-Chinonimin-N-oxyde der allgemeinen Formel II, welche jedoch selbst durch das Licht in p-Chinon und Azoverbindungen überführt werden[1].

2 R—N(→O)=C$_6$H$_4$=N(→O)—R (I) —Licht→ 2 R—N(→O)=C$_6$H$_4$=O (II) + R—N=N—R

2 R—N(→O)=C$_6$H$_4$=O (II) —Licht→ 2 O=C$_6$H$_4$=O + R—N=N—R (III)

Man kann diese beiden Reaktionen trennen, da das wirksame Licht für den zweiten Prozeß von dem für den ersten verschieden ist.

Zersetzt man Lösungen, welche zwei Chinondiimin-N,N'-dioxyde enthalten (z. B. I, R = C_6H_5 und I, R = p—CH_3—O—C_6H_4), so bilden sich drei verschiedene Azoverbindungen (z. B. Azobenzol, p-Methoxyazobenzol und p,p'-Dimethoxyazobenzol).

N-Phenyl-p-chinonimin-N-oxyd (II, R = C_6H_5). 1 g N,N'-Diphenyl-p-chinondiimin-N,N'-dioxyd (I, R = C_6H_5) in wasserfreiem Benzol (thiophenfrei, 200 cm^3) wurde in einem Erlenmeyerkolben (300 cm^3) bei Raumtemperatur bestrahlt (4 Std.; Hanovia high pressure mercury quartz lamp type A [385—580 Watt], das Licht wurde filtriert [Filter: Corning 3060]). Vier dieser Lösungen wurden nach Bestrahlung vereinigt und unter vermindertem Druck bei Raumtemperatur eingeengt. Das Konzentrat (40 cm^3) wurde auf 50° erwärmt um vollkommene Lösung zu erzielen, hierauf wurde 80 cm^3 Petroläther (30—60°) hinzugegeben. Es schieden sich braune Kristalle (A) ab (2,415 g), aus dem Filtrat ließ sich durch Verjagen des Lösungsmittels unter vermindertem Druck Azobenzol (1,3 g) gewinnen (F: 68°, aus Alkohol).

Die Kristalle A wurden in Benzol (1 Vol.) gelöst und Petroläther (3 Vol.) hinzugefügt. Es bildete sich ein brauner Niederschlag, welcher sofort abfiltriert wurde; aus dem Filtrat schieden sich bei Raumtemperatur innerhalb 24 Std. rot-braune Kristalle ab (F: 141—142°). H. WIELAND und R. ROTH[2] berichten für II (R = C_6H_5) F: 142°.

XXIII. Photochemische Synthesen mit Diazoniumsalzen und Diazosulfonaten

1. Reduktive Desaminierung von Diazoniumsalzen

Die Einwirkung von Sonnenlicht auf wäßrige Diazoniumlösungen wurde von K. J. ORTON und J. E. COATES[3] untersucht, sie fanden eine im Vergleich zum Dunkelversuch deutliche Zersetzungsbeschleunigung.

[1] PEDERSEN, C. J.: Am. Soc. **79**, 5014 (1957).
[2] WIELAND, H., u. R. ROTH: B. **53**, 210 (1920).
[3] ORTON, K. J., u. J. E. COATES: Soc. **91**, 35 (1907).

Bei der Einwirkung von Alkoholen auf Diazoniumsalze findet der Umsatz a und b statt, Licht begünstigt die *reduktive Desaminierung*[1] (vgl. b).

$$[ArN_2]^+ X^- + HO{-}CH_2R \begin{cases} \xrightarrow{a} Ar{-}O{-}CH_2R + N_2 + HX \\ \xrightarrow{b} ArH + N_2 + HX + OCHR \end{cases}$$

Die reduktive Desaminierung im Licht läuft über Radikale ab; diese Annahme stützt sich auf den Befund, daß bei der Lichtzersetzung von Diazoniumsalzen in Gegenwart von Acrylnitril dieses unter Einbau charakteristischer Endgruppen polymerisiert wird.

Über die Ausbeuten der UV-Photolyse der Verbindungen $[RC_6H_4N_2]^+ Cl^-$ gibt folgende Tabelle Aufschluß:

Tabelle 20

R	Reduktion %	Äther %
p-NO_2	60	0
p-Cl	60	0
p-CH_3	40—50	20—30
p-OCH_3	40—50	20—25

In einigen Fällen hat es sich als vorteilhaft erwiesen, die Photolyse in Isopropanol vorzunehmen: z. B. wird *Anisol* in einer Ausbeute von 70% bei der Photolyse des p-Methoxybenzol-diazoniumchlorids in Isopropanol erhalten.

Die Photolyse der Diazoniumsalze wird nach zwei Methoden ausgeführt. Bei der ersten werden die Diazoniumsalze zuerst isoliert, dann in Alkohol gelöst und die so erhaltenen Lösungen bestrahlt. Vom präparativen Standpunkt ist es bedeutsam, daß es möglich ist, die Isolierung zu vermeiden: die Diazoniumsalze werden aus Arylaminsalz und Äthylnitrit in den gewünschten Alkoholen unmittelbar erzeugt und anschließend belichtet.

Chlorbenzol[1]**.** p-Chlorbenzol-diazoniumchlorid (5—10 g) wird in 150 cm³ Methanol gelöst und bei 0° (Eiskühlung) bestrahlt (Labortauchlampe S 81 der Quarzlampengesellschaft Hanau). Unter diesen Bedingungen kommt die thermische Zersetzung praktisch nicht zum Zuge. Die Photolyse ist nach 3—4 Std. beendet.

Zur Isolierung der Belichtungsprodukte gießt man die Reaktionslösung in viel Wasser, äthert aus und schließt eine fraktionierte Destillation an. Ein Nachteil dieser Aufarbeitungsmethode besteht darin, daß sich auch ein Teil der Diazoharze bei den Reaktionsprodukten befindet und dann die Fraktionierung kleinerer Mengen erschwert. Die Diazoharze lassen sich jedoch dadurch abtrennen, daß man die ausbelichtete Lösung mit Wasser destilliert. Dabei gehen die Reaktionsprodukte (Reduktionsprodukte und Äther) über und das Harz bleibt zurück. Das Wasserdampfdestillat wird ausgeäthert und anschließend fraktioniert; man erhält Chlorbenzol in einer Ausbeute von 60%.

[1] Horner, L., u. H. Stöhr: B. **85**, 993 (1952).

2. Austausch der Diazoniumgruppe gegen Halogen oder Hydroxyl

Eine Reihe von Diazoniumsalzen setzt sich mit Salzsäure oder Bromwasserstoffsäure unter Einfluß des Sonnenlichtes um, wobei aromatische Verbindungen entstehen, welche im Kern halogeniert sind[1].

4-Diazodiphenylaminsulfat $\xrightarrow[\text{Licht}]{\text{HCl}}$ *4-Chlordiphenylamin*

3-Diazocarbazolhydrochlorid $\xrightarrow[\text{Licht}]{\text{HCl}}$ *3-Chlorcarbazol*

4-Diazodiphenylaminsulfat $\xrightarrow[\text{Licht}]{\text{HBr}}$ *4-Bromdiphenylamin*

Einen anderen Verlauf nimmt die Lichtreaktion der Diazoniumsalze mit sehr verdünnter Schwefelsäure. In Analogie zu der Wärmezersetzung von Diazoniumverbindungen in wäßrig-saurer Lösung, wobei die Diazoniumgruppe in die Hydroxylgruppe umgewandelt wird, entstehen im Licht aus den Diazoniumverbindungen die entsprechenden *Oxyverbindungen*. Diese Lichtreaktionen verlaufen in vielen Fällen sehr glatt, während die entsprechenden Wärmezersetzungen oft zu Harzbildungen führen.

4-Diazodiphenylaminsulfat $\xrightarrow[\text{Licht}]{\text{verd. } H_2SO_4}$ *4-Oxydiphenylamin*

4-Dimethylamino-benzol-1-diazoniumchlorid (Zinkdoppelsalz) $\xrightarrow[\text{Licht}]{\text{verd. } H_2SO_4}$ *4-Oxydimethylanilin*

Ein etwas abweichendes Verhalten zeigt das 2-Dimethylamino-benzol-1-diazoniumchlorid. Bei der Sonnenbelichtung in Gegenwart von konzentrierter Salzsäure entsteht wie erwartet o-*Chlordimethylanilin* und in Anwesenheit von verdünnter Schwefelsäure o-*Oxydimethylanilin*, dessen Bildung ebenfalls zu erwarten war; in beiden Fällen ließ sich jedoch in einem Anteil von etwa 30% *Monomethylanilin* isolieren; der Chemismus der photochemischen Bildung dieser Substanz ist noch nicht aufgeklärt.

4-Chlordiphenylamin. 10 g 4-Diazodiphenylaminsulfat (technisches Produkt) werden in 500 cm^3 Wasser und 750 cm^3 konzentrierter Salzsäure gelöst und die Lösung in einer flachen Schale dem Sonnenlicht ausgesetzt. Durch Eiskühlung wird die Temperatur der Lösung bei etwa 12° gehalten. Die Zersetzung der Diazoverbindung läßt sich an dem schnellen Ausbleichen der gelben Lösung und dem Rückgang ihrer Kupplungsfähigkeit mit Azokomponenten verfolgen. Nach Filtration von geringen Mengen blauem Farbstoff wird die Lösung mit Wasser verdünnt und ausgeäthert. Der Ätherrückstand erstarrt kristallin und besteht aus 4 g nahezu reinem 4-Chlordiphenylamin. Nach dem Umkristallisieren aus verdünntem Methylalkohol schmilzt es bei 74°. Mit einem Vergleichspräparat, das aus dem 4-Diazodiphenylaminsulfat nach SANDMEYER dargestellt war, erwies es sich als identisch.

3-Chlorcarbazol. 20 g 3-Diazocarbazolhydrochlorid werden in 2 l konzentrierter Salzsäure gelöst und die Lösung dem Sonnenlicht ausgesetzt. Das ausgefallene 3-Chlorcarbazol muß zu seiner Reinigung mehrmals aus Äthylalkohol umkristallisiert werden. Perlmutterglänzende Schuppen vom F: 199°. Der Mischschmelzpunkt mit einem Präparat anderer Darstellung gab keine Depression.

4-Bromdiphenylamin. 5 g 4-Diazodiphenylaminsulfat (technisches Produkt), in 250 cm^3 Bromwasserstoffsäure gelöst, werden dem Sonnenlicht ausgesetzt. Das

[1] SÜS, O.: A. **557**, 237 (1947).

gebildete 4-Bromdiphenylamin (3,5 g) fällt aus der sich entfärbenden Lösung aus. Das Rohprodukt enthält nur Spuren von 4-Oxydiphenylamin und wird durch Umkristallisieren aus Alkohol-Wasser gereinigt. Prismatische Nadeln vom F: 88°.

4-Oxydiphenylamin. 10 g Diazodiphenylaminsulfat werden in 1 l Wasser gelöst und nach Zusatz von 10 cm^3 50%iger Schwefelsäure unter den üblichen Versuchsbedingungen dem Sonnenlicht ausgesetzt. Aus der ausgebleichten Lösung scheiden sich geringe Mengen eines blauschwarzen Niederschlags ab, von dem abfiltriert wird. Das Filtrat wird ausgeäthert. Der Ätherrückstand enthält etwa 3 g 4-Oxydiphenylamin, das in perlmutterglänzenden Plättchen auskristallisiert und durch Umkristallisieren aus Benzol-Gasolin gereinigt wird. F: 70°.

3. Änderung der Reaktionsfähigkeit von Aryl-diazosulfonaten

Aryl-diazosulfonate, welche durch Umsetzung von Aryl-diazoniumsalzen mit Kaliumsulfit in alkalischer Lösung entstehen, bilden *stabile* und *labile* Formen. Für die stabile Form nimmt man die trans-Azostruktur (I) an. Über die Konstitution der labilen Form herrscht jedoch noch keine Einigkeit, es sei hier auf die Arbeiten von H. H. HODGSON und E. MARSDEN[1] und von H. C. FREEMAN und R. LE FÈVRE[2] verwiesen.

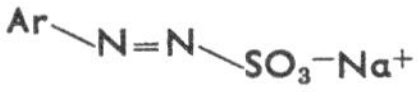

$$Ar{-}N{=}N{-}SO_3^-Na^+$$

I

Im Gegensatz zu der labilen Form zeigt die stabile Form der Diazosulfonate im allgemeinen nicht die charakteristischen Eigenschaften von Diazoniumsalzen, so kuppelt sie nicht mit Naphthol in alkalischem Medium. In einer Reihe von Fällen hat es sich gezeigt, daß belichtete Lösungen gewisser Diazosulfonate, welche in der Dunkelheit keine Fähigkeit zur Kupplung zeigen, diese durch Bestrahlung erhalten; so zeigt z. B. eine 1%ige Lösung der stabilen Form des 2-Brom-4-methylbenzoldiazosulfonats keine Fähigkeit zum Kuppeln mit β-Naphthol in der Dunkelheit, nach Bestrahlen der Lösung bildet sich jedoch mit Naphthol ein Kupplungsprodukt.

Auf die Lichtempfindlichkeit gewisser Diazosulfonate hat schon A. FEER[3] hingewiesen, welcher an der Anwendung seiner Entdeckung für photographische Zwecke interessiert war.

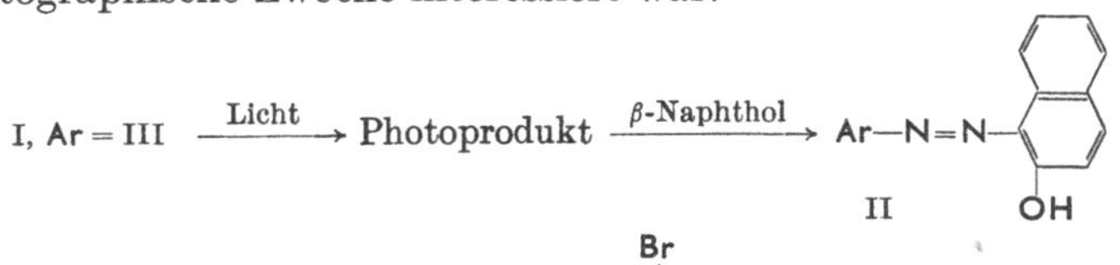

I, Ar = III —Licht→ Photoprodukt —β-Naphthol→ Ar—N=N—(2-Hydroxynaphthyl-1) (II)

Ar = H_3C—(3-Brom-4-…phenyl) (III)

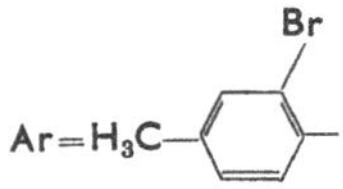

α-(p-Methyl-o-brombenzolazo)-β-naphthol[4] (II, Ar=III). 2-Brom-4-methylbenzoldiazo-sulfonat (0,0033 Mol) löste man in Salzsäure (0,04 n, 100 cm^3). Die Lösung,

[1] HODGSON, H. H., u. E. MARSDEN: Soc. **1943**, 470.
[2] FREEMAN, H. C., u. R. LE FÈVRE: Soc. **1951**, 415.
[3] DRP 53455 (1889).
[4] DE JONGE, J., u. R. DIJKSTRA: R. **75**, 290 (1956).

welche sich in einer wassergekühlten Schale aus nichtrostendem Stahl befand, wurde bestrahlt (3 min) mit Hilfe einer UV-Lampe (Philips SP 500), welche 15 cm von der Schale entfernt war; die bestrahlte Lösung gab man zu einer Lösung von 0,0029 Mol β-Naphthol in 0,4 n NaOH (20 cm³). Nach Zugabe von Kochsalz (1 g) wurde der rote Niederschlag abfiltriert, erst mit Wasser, dann mit 0,5 n HCl (50 cm³) und endlich wieder mit Wasser gewaschen. Das Produkt (0,4 g) wurde, nachdem es im Vakuum getrocknet worden war, aus Ligroin, welches etwas Benzol enthielt, umkristallisiert; rote Nadeln wurden erhalten (0,2 g, F: 172°).

XXIV. Photochemische Bildung und Umwandlung organischer Schwefelverbindungen

1. Umwandlung von Disulfiden

a) 1,2-Disulfide in Thioäther

G. A. R. Brandt, H. J. Emeléus und R. N. Haszeldine[1] haben Bis-trifluormethyl-disulfid (I) den Strahlen einer UV-Lampe ausgesetzt und die Bildung des *Bis-trifluormethyl-sulfids* (II) beobachtet. Sie haben die Frage diskutiert, ob dem Disulfid die Formel III zukäme, welche die Abspaltung von Schwefel leicht verständlich machen würde. Durch Röntgendiagramme und ultrarot-spektroskopische Untersuchungen wurde jedoch nachgewiesen, daß das Disulfid die Struktur I besitzt[2].

$$\underset{\text{I}}{F_3C\!-\!S\!-\!S\!-\!CF_3} \xrightarrow{\text{UV-Licht}} \underset{\text{II}}{F_3C\!-\!S\!-\!CF_3} \qquad \underset{\text{III}}{F_3C\!-\!\underset{\overset{\downarrow}{S}}{S}\!-\!CF_3}$$

Die Bildung von II dürfte sich wohl durch eine Photolyse des Disulfids I [Bildung von freien Thiyl-Radikalen (vgl. IV)] erklären. Brandt et al.[1] haben folgenden Mechanismus vorgeschlagen:

$$\begin{aligned} F_3C\!-\!S\!-\!S\!-\!CF_3 &\xrightarrow{\text{UV-Licht}} 2\,F_3C\!-\!S\cdot \quad \text{(IV)} \\ F_3C\!-\!S\cdot + F_3C\!-\!S\!-\!S\!-\!CF_3 &\longrightarrow F_3C\!-\!S\!-\!CF_3 + F_3C\!-\!S\!-\!S\cdot \\ F_3C\!-\!S\!-\!S\cdot &\longrightarrow F_3CS\cdot + S \\ 2\,F_3C\!-\!S\!-\!S\cdot &\longrightarrow F_3C\!-\!S\!-\!S\!-\!S\!-\!S\!-\!CF_3 \\ F_3C\!-\!S\cdot + F_3C\!-\!S\!-\!S\!-\!S\!-\!S\!-\!CF_3 &\longrightarrow F_3C\!-\!S\!-\!CF_3 \end{aligned}$$

Es ist notwendig, die photochemische Überführung von I → II in Quarzgefäßen durchzuführen, beim Arbeiten in Gefäßen aus Pyrexglas bleibt I unverändert.

Bis-trifluormethyl-sulfid[1] (II). Bistrifluormethyl-disulfid (I) (1,140 g) wurde in einer zugeschmolzenen Quarzröhre (100 cm³) belichtet (13 Tage); als Lichtquelle diente eine Hanovia-Lampe, welche sich in einer Entfernung von 10 cm von der Röhre befand. Im Laufe der Bestrahlung bildete sich an den Wänden des Reaktionsgefäßes ein Öl, welches bei weiterer Bestrahlung Kristalle lieferte (Schwefel). Das flüchtige Reaktionsgut wurde der Vakuumdestillation unterworfen, man erhielt neben I (0,346 g) Bis-trifluormethyl-sulfid (II) (0,449 g); Kp: —22,2°.

Durch erneute Bestrahlung des wiedergewonnenen Disulfids (0,364 g) ließen sich weitere Mengen von II gewinnen, Gesamtausbeute 0,635 g (66%).

Die Füllung der Quarzröhre wurde in einer trockenen N_2-Atmosphäre (frei von Sauerstoff) vorgenommen.

---

[1] Brandt, G. A. R., H. J. Emeléus u. R. N. Haszeldine: Soc. **1952**, 2199.
[2] Brandt, G. A. R., H. J. Emeléus u. R. N. Haszeldine: Soc. **1952**, 2549.

b) Abbau des α,β-Diphenylmercapto-α,β-bidiphenylen-äthans

Wird α,β-Diphenylmercapto-α,β-bidiphenylen-äthan (I), in Benzol gelöst, mit UV-Licht bestrahlt, so tritt Zerfall unter Bildung von *Dibiphenylen-äthylen* (II) ein[1].

$$\begin{array}{c} C_6H_4 \quad H_4C_6 \\ | \quad \; \diagdown C - C \diagup \quad | \\ C_6H_4 \quad | \;\; | \quad H_4C_6 \\ S \;\; S \\ | \;\; | \\ H_5C_6 \;\; C_6H_5 \\ \text{I} \end{array} \xrightarrow{\text{Licht}} \begin{array}{c} C_6H_4 \quad H_4C_6 \\ | \quad \diagdown C{=}C \diagup \quad | \\ C_6H_4 \quad H_4C_6 \\ \text{II} \end{array}$$

Di-biphenylen-äthylen (II). Die farblose Lösung von α,β-Diphenylmercapto-α,β-bidiphenylen-äthan (I) (1,1 g) in Benzol (200 cm^3) wurde in einem Quarzgefäß unter Luftabschluß 11 Std. der Bestrahlung durch eine Quecksilberquarzlampe ausgesetzt, welche sich außerhalb des Reaktionsgefäßes befand. Schon nach einigen Minuten hatte die Lösung eine orangerote Farbe angenommen, bei Beendigung des Versuches war die Lösung intensiv rot. Während der Bestrahlung stieg die Temperatur der Lösung nicht über 50°. Das Benzol wurde unter vermindertem Druck verjagt und der Rückstand, ein rotes Öl, mit etwa 75%igem Alkohol ausgekocht und vom Rückstand A abdekantiert. A wurde auf Ton abgepreßt und in wenig Chloroform gelöst. Man filtrierte und versetzte mit Alkohol, was zur Abscheidung roter Kristalle führte. Durch wiederholtes derartiges Behandeln wurde II in roten Kristallen (F: 186°) erhalten.

Der Zerfall von I kann auch thermisch, z. B. in siedendem Benzoesäure-äthylester ($2^1/_2$ Std.), durchgeführt werden.

2. Sprengung einer -S—S-Bindung

Wird Bis-trifluormethyldisulfid (I) bei Gegenwart von Quecksilber den Strahlen einer UV-Lampe ausgesetzt, so bildet sich das farblose *Bis-trifluormethylthio-quecksilber*[2] (II). II dient u. a. als Ausgangsmaterial für die Synthese der *Trifluormethansulfosäure*[3] (F_3C-SO_3H).

$$\underset{\text{I}}{F_3C-S-S-CF_3} + Hg \xrightarrow[\text{Licht}]{\text{UV}} \underset{\text{II}}{F_3C-S-Hg-SCF_3}$$

Eine ähnliche Reaktion ließ sich auch mit Bis-(heptafluor-n-propyl)-disulfid [$(C_3F_7)_2S_2$] durchführen[4].

Es ist möglich, daß I photochemisch unter Bildung freier Radikale (nämlich $F_3C-S\cdot$) zersetzt wird (vgl. S. 197) und die Radikale mit Quecksilber unter Bildung von II reagieren.

Die Photoreaktion I → II erinnert an den Dunkelprozeß, welcher mit Bis-(thio-α-naphthoyl)-disulfid und Silber in siedendem Aceton durchgeführt wurde und bei welchem vielleicht auch Thiyle eine Rolle spielen[5].

$$(\alpha)C_{10}H_7\overset{\overset{S}{\|}}{C}-S-S-\overset{\overset{S}{\|}}{C}-C_{10}H_7(\alpha) \xrightarrow{Ag} 2\; C_{10}H_7\overset{\overset{S}{\|}}{C}-SAg$$

Bis-trifluormethylthio-quecksilber[2] (II). Bis-trifluormethyldisulfid (I) (0,892 g) und Quecksilber (30 g) wurden in einer zugeschmolzenen Quarzröhre (Fassungs-

[1] Schönberg, A., u. T. Stolpp: A. **483**, 90 (1930).
[2] Brandt, G. A. R., H. J. Emeléus u. R. N. Haszeldine: Soc. **1952**, 2198.
[3] Haszeldine, R. N., u. J. M. Kidd: Soc. **1953**, 3219; **1954**, 4228.
[4] Haszeldine, R. N., u. J. M. Kidd: Soc. **1955**, 3871.
[5] Schönberg, A., E. Rupp u. W. Gumlich: B. **66**, 1932 (1933).

vermögen 100 cm³) unter Schütteln bestrahlt (4 Tage). Als Lichtquelle diente eine Hanovia-Lampe (ohne Filter), welche sich in einem Abstand von 10 cm von der Röhre befand. Die Röhrenwände überzogen sich mit einem schwarzen Material (Quecksilbersulfid). Das flüchtige Reaktionsgut erwies sich als Bisfluormethylsulfid (7%). Das feste Reaktionsprodukt wurde mit Äther ausgezogen, der Äther getrocknet (Na_2SO_4) und bei Zimmertemperatur verjagt. Der feste Rückstand wurde durch Sublimation bei 65° (Normaldruck) gereinigt, man erhielt 0,981 g Bis-trifluormethylthio-quecksilber. Das Produkt hatte einen starken Geruch, es ist löslich in Wasser.

3. Umwandlung des Bis-trifluormethyl-trisulfids

R. N. HASZELDINE und J. M. KIDD[1] haben Bis-trifluormethyl-trisulfid (I) in einer zugeschmolzenen Quarzröhre dem Licht einer UV-Lampe ausgesetzt und folgenden Umsatz beobachtet:

$$\underset{\text{I}}{2\,F_3C{-}S{-}S{-}S{-}CF_3} \xrightarrow{\text{Licht}} \underset{\text{II}}{F_3C{-}S{-}CF_3} + \underset{\text{III}}{F_3C{-}S{-}S{-}CF_3}$$

$$F_3C{-}S{-}S{-}CF_3 \xrightarrow{\text{Licht}} F_3C{-}S{-}CF_3 + S$$

Bistrifluormethyldisulfid (III) und Bistrifluormethylsulfid (II). Das Trisulfid (I) (1,07 g) wurde in einer zugeschmolzenen Quarzröhre bestrahlt (UV-Licht, 17 Tage); es bildete sich ein dickflüssiges Öl, welches langsam Schwefelkristalle (0,289 g) bildete. Fraktionierung der flüchtigen Reaktionsprodukte gab das Monosulfid II (49%) und das Disulfid III (34%). Das nichtumgesetzte Disulfid wurde in einer Quarzröhre (Fassungsvermögen 10 cm³) eingeschmolzen und wiederum bestrahlt, was zur Bildung weiterer Mengen des Monosulfids II führte. Gesamtausbeute des Monosulfids 70%.

4. Rhodanierung

Unsere Kenntnis von der Rhodanierung organischer Verbindungen im Licht mit Hilfe von Rhodan ist gering. E. FREDERIKSEN und Sv. LIISBERG[2] haben gefunden, daß Cholesterin und Cholesterylbenzoat von freiem Rhodan bei Bestrahlung mit UV-Licht in der 7-Stellung rhodaniert werden. Die Rhodanierung des Esters erinnert an die Bromierung von Cholesterylestern mit freiem Brom unter Einwirkung kurzwelligen Lichtes, wobei vorzugsweise die 7-Bromverbindungen gebildet werden[3].

Cholesterin und seine Ester werden in der Dunkelheit oder im zerstreuten Tageslicht nicht rhodaniert.

7-Thiocyan-cholesterin[2]. 250 cm³ einer Lösung von Rhodan in Äther (aus 50 g Bleirhodanid[4]) wurden mit einer Lösung von 25 g Cholesterin in 250 cm³ Äther gemischt. Nachdem 2,5 cm³ Eisessig zugesetzt worden waren, wurde die Lösung 1 Std. bei 10—15° mit Quecksilberlicht bestrahlt. Der kristalline Niederschlag wurde abfiltriert und in 200 cm³ Chloroform gelöst. Nach Behandlung mit Aktivkohle wurde die Lösung auf 70 cm³ eingeengt und bis zur beginnenden Kristallisation mit Petroläther versetzt. Umkristallisation aus 50 cm³ Äthylacetat. Ausbeute 20 g, F: 139—140°, $[\alpha]_D^{20}$: —350° (Chloroform).

---

[1] HASZELDINE, R. N., u. J. M. KIDD: Soc. **1953**, 3219.

[2] FREDERIKSEN, E., u. Sv. LIISBERG: B. **88**, 684 (1955).

[3] SCHALTEGGER, H.: Helv. **33**, 2101 (1950).

[4] SÖDERBÄCK, E.: A. **419**, 217 (1919); **465**, 184 (1928).

5. Einwirkung von Thioglykolsäure auf 3,4-Benzpyren

W. CONWAY und D. S. TARBELL[1] setzten 3,4-Benzpyren (I) mit Thioglykolsäure (II) photochemisch um und erhielten *5-Benzpyrenylessigsäure* (IV); es ist möglich, daß zuerst III gebildet wird. Diese Annahme stützt sich auf die Beobachtung, daß der Methylester von III (in Hexan) unter Einwirkung von UV-Licht in den Methylester von IV übergeht.

Die Bildung von IV (aus I und II) tritt nur bei der UV-Bestrahlung in Quarzgefäßen auf, Versuche in Pyrexglasgefäßen verliefen negativ.

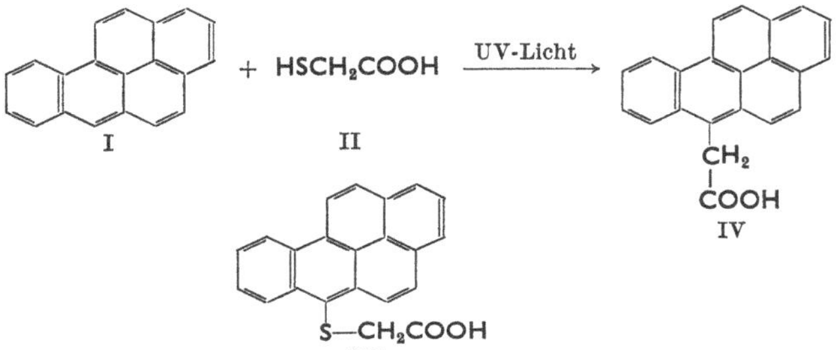

I + $HSCH_2COOH$ (II) $\xrightarrow{\text{UV-Licht}}$ IV (CH_2COOH an C-5)

III: $S{-}CH_2COOH$

5-Benzpyrenylessigsäure (IV). 3,4-Benzpyren (I) (1 g) wurde in Thioglykolsäure (20 cm³; Kp_{10}: 95—99°) unter Erwärmen auf 90° gelöst. In einem Quarzgefäß (N_2-Atmosphäre) wurde die Lösung bestrahlt (Hanovia C 2055 quartz mercury arc). Die Bestrahlung (10 Std.) wurde so durchgeführt, daß infolge Wärmewirkung der Lampe die Temperatur der Lösung 90—95° war. Nach Beendigung der Bestrahlung fügte man 50 cm³ Wasser hinzu und ließ über Nacht stehen. Der gelbe Niederschlag (1,08 g) wurde abfiltriert und dann getrocknet (Vakuum). Man zog ihn zweimal mit kochendem Benzol (jeweils 25 cm³) aus, der gelbe Rückstand (0,23 g) war IV, welches sich langsam oberhalb 205° zersetzte. Die Benzollösung lieferte 0,57 g 3,4-Benzpyren.

6. Überführung von Thioketonen in Ketone

Das unterschiedliche Verhalten von Verbindungen der Thiobenzophenon-Reihe und von ähnlichen Verbindungen gegenüber Sauerstoff ist bemerkenswert.

Thiobenzophenon reagiert sogar im festen Zustand sehr leicht mit Luftsauerstoff bei Raumtemperatur[2]. Es bildet sich hierbei neben elementarem Schwefel, Schwefeldioxyd und Benzophenon das *Trisulfid*[3] (I).

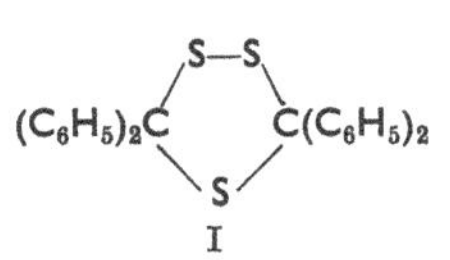

$(C_6H_5)_2C$ —S—S— $C(C_6H_5)_2$ (Ring über S)

I

[1] CONWAY, W., u. D. S. TARBELL: Am. Soc. **78**, 2229 (1956).

[2] GATTERMANN, L., u. H. SCHULZE: B. **29**, 2944 (1896).

[3] SCHÖNBERG, A., O. SCHÜTZ u. S. NICKEL: B. **61**, 1380, 2175 (1928). — STAUDINGER, H., u. H. FREUDENBERGER: B. **61**, 1836 (1928).

A. SCHÖNBERG und A. MUSTAFA[1] fanden, daß die Überführung von Thiobenzophenon in *Benzophenon* auch in der Dunkelheit stattfindet. Im Gegensatz zum Thiobenzophenon sind die links in der Tabelle aufgezählten Thioketone (gelöst in Benzol) zwar in der Dunkelheit gegen Sauerstoff beständig, werden aber durch Sonnenlicht in die entsprechenden *Ketone* überführt (Bildung von SO_2). Die in der rechten Spalte aufgeführten Thioketone sind unter diesen Versuchsbedingungen nicht nur in der Dunkelheit beständig, sondern auch im Licht. Wenn überhaupt ein Umsatz im Lichte stattfindet, so ist dieser nur sehr gering.

Es ist möglich, daß die Beständigkeit gewisser Thioketone (vgl. Tabelle) durch die Annahme erklärt werden kann, daß diese Verbindungen mehr den Charakter von Betainen (II) als den von Thioketonen haben.

Tabelle 21

instabil:	stabil:
p,p'-Dimethoxy-thiobenzophenon	N-Phenylthioacridon (V)
p,p'-[Bisdimethylamino]-thiobenzophenon	4-Thioflavon
Xanthion (III)	2,6-Diphenyl-dithiopyron
Thioxanthion (IV)	

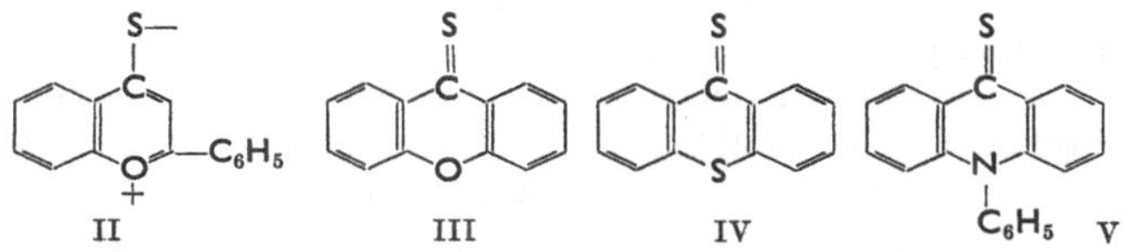

S— C O + C_6H_5 II   S C O III   S C S IV   S C N C_6H_5 V

4,4'-Dimethoxybenzophenon. Eine tiefblaue Lösung von 4,4'-Dimethoxythiobenzophenon (Lösungsmittel: trockenes Benzol) wurde eine Woche lang dem Sonnenlicht (Kairo) ausgesetzt und während dieser Zeit Luft hindurchgeblasen; den Gasstrom leitete man — vor seinem Eintritt in die Benzollösung — durch Waschflaschen, die mit Natronlauge und konzentrierter Schwefelsäure gefüllt waren. Es trat während der Belichtung ein Farbenumschlag nach rot und dann nach orangegelb ein. Nach Beendigung der Bestrahlung wurde das Lösungsmittel verjagt, der Rückstand enthielt elementaren Schwefel und p,p'-Dimethoxybenzophenon. In den Gasen, welche die bestrahlte Benzollösung verließen, ließ sich SO_2 nachweisen.

7. Sulfochlorierung

a) Sulfochlorierung durch Chlor und Schwefeldioxyd

(Sulfochlorierung nach C. F. REED)

Durch gemeinsame Einwirkung von Chlor und Schwefeldioxyd auf Paraffinkohlenwasserstoffe in Gegenwart von UV-Licht gelingt es, *Paraffinsulfochloride* (RSO_2Cl) zu erhalten. Die Sulfochlorierung läßt sich auch im diffusen Tageslicht durchführen[2] (ohne Katalysatoren), aber durch Einwirkung von UV-Licht gelingt es, die Geschwindigkeit der Sulfochlorierung gegenüber der als Konkurrenzreaktion ablaufenden Chlorierung wesentlich zu erhöhen. (Franz. Pat. 842509; I.G.-Farben.)

---

[1] SCHÖNBERG, A., u. A. MUSTAFA: Soc. **1943**. 275.

[2] A. P. 2046090 (1933), C. L. HORN, Erf. C. F. REED.

Die Sulfochlorierung verläuft nach der summarischen Gleichung:

$$RH + SO_2 + Cl_2 \longrightarrow RSO_2Cl + HCl$$

Es wird allgemein angenommen[1], daß die photochemische Sulfochlorierung über „freie" Radikale verläuft. W. A. NOYES[2] schlägt den folgenden Mechanismus vor:

$$Cl_2 \xrightarrow{\text{Licht}} 2\,Cl\cdot$$
$$Cl\cdot + RH \longrightarrow R\cdot + HCl$$
$$\left\{\begin{array}{l} R\cdot + SO_2 \longrightarrow RSO_2\cdot \\ R\cdot + Cl_2 \longrightarrow RCl + Cl\cdot \end{array}\right.$$
$$RSO_2\cdot + Cl_2 \longrightarrow RSO_2Cl + Cl\cdot$$

Dies Schema erklärt die Bildung von Alkylchloriden, welche sich immer unter den Produkten der Reaktion befinden; weiter macht er verständlich, daß nicht nur kurzwelliges Licht, sondern auch gewisse chemische Stoffe befähigt sind, die Sulfochlorierung auszulösen und zu unterhalten. Diese Stoffe sind Radikalbildner, wie Peroxyde und Bleitetraäthyl[3].

Die Sulfochlorierung im Licht liefert technisch interessante Produkte, welche u. a. zur Herstellung capillaraktiver Sulfonate Verwendung finden. Für den präparativ arbeitenden Chemiker ist sie von geringerem Interesse, da es oft schwierig ist, einheitliches Material zu erhalten. So berichteten F. ASINGER[4] et al., daß sie bei der gemeinsamen Einwirkung von Chlor und Schwefeldioxyd auf Propan in Tetrachlorkohlenstofflösung photochemisch (UV-Licht) die beiden *isomeren Propanmonosulfochloride* erhielten, welche auch durch Feinfraktionierung nicht in die beiden reinen Komponenten getrennt werden konnten. Ähnliche Erfahrungen wurden auch von F. ASINGER, F. EBENEDER und E. BÖCK[5] gemacht, welche mit n-Butan arbeiteten; sie erhielten ein Gemisch *isomerer Butanmonosulfochloride*, die nicht durch Rektifizierung getrennt werden konnten. Ihr Versuch lieferte auch ein *Butandisulfochlorid*-Gemisch, aus dem durch fraktionierte Kristallisation *Butan-1,4-disulfochlorid* erhalten werden konnte.

Technik der photochemischen Sulfochlorierung

Lichtquellen[3]. Man arbeitet gewöhnlich mit Hilfe von Quecksilberdampflampen, und zwar entweder mit Hilfe von Tauchlampen oder mit Lampen, die sich außerhalb des Reaktionsgefäßes befinden; die zuletzt genannte Versuchsanordnung ist jedoch nur möglich, wenn das Reaktionsgefäß aus Quarz oder UV-Glas besteht.

Licht der Wellenlängen zwischen 3000 und 3600 Å ist von besonders günstiger Wirkung auf die Sulfochlorierung.

Sulfochlorierung gasförmiger Kohlenwasserstoffe[3]. Es hat sich in der Regel nicht als praktisch erwiesen, die Gase als solche zu bestrahlen, man arbeitet besser

---

[1] Vgl. H.-J. SCHUMACHER u. J. STAUFF: Chemie **55**, 341 (1942). — HELBERGER, J.: Chemie **55**, 172 (1942).

[2] NOYES, W. A. jr., u. V. BOEKELHEIDE: Technique of Organic Chemistry. Vol. 2, S. 136. New York: Interscience Publishers, Inc. 1948.

[3] Vgl. H. ECKOLDT: In „Methoden der Organischen Chemie". Herausgegeben von E. MÜLLER, IX. Band, S. 415, 1955.

[4] ASINGER, F., W. SCHMIDT u. F. EBENEDER: B. **75**, 34 (1942).

[5] ASINGER, F., F. EBENEDER und E. BÖCK: B. **75**, 42 (1942).

in flüssiger Phase, indem man die Reaktionspartner unter Rühren und Belichten bei einer Temperatur von etwa 10—20° in ein inertes Lösungsmittel, z. B. Kohlenstofftetrachlorid, einleitet. Hierdurch wird eine innige Durchmischung der Gase erreicht, auch erfolgt die Abscheidung der Reaktionsprodukte ohne die Anwendung tieferer Temperaturen.

Sulfochlorierung flüssiger Kohlenwasserstoffe. H. ECKOLDT[1] empfiehlt, die Sulfochlorierung flüssiger Kohlenwasserstoffe im Laboratorium in einem senkrecht angeordneten Quarzrohr auszuführen, das innen ein Thermometer und eine Kühlschlange enthält. Durch eine Fritte leitet man Schwefeldioxyd und Chlor von unten her in einem Molverhältnis 1,1:1 ein, während die Abgase durch einen Rückflußkühler, welcher dem Reaktionsgefäß aufgesetzt ist, einem Abzug zugeführt werden. Falls der Durchmesser des Quarzrohres nicht mehr als etwa 60 mm beträgt, ist eine mechanische Rührung nicht nötig, da die Gasblasen eine hinreichende Durchmischung des Reaktionsgemisches bewirken. Eine Quecksilberdampflampe, die in einem Abstand von 25 cm vom Reaktionsgefäß entfernt sich befindet, wird als Lichtquelle benutzt.

Propanmonosulfochloride[2]. 1000 g eines durch Einleiten von 2,5 Vol.-Tln. Propan, 1,1 Vol.-Tln. Schwefeldioxyd und 1 Vol.-Tln. Chlor in Tetrachlorkohlenstoff unter Bestrahlung mit einer Quarzlampe hergestellten Gemisches (die Reaktion wurde so lange durchgeführt, bis sich die Reaktionsprodukte zu einer etwa 20%igen Lösung im Tetrachlorkohlenstoff angereichert hatten) wurde vom Lösungsmittel befreit und einer Destillation unter vermindertem Druck unterworfen. Der von 70—150° bei 15 mm siedende etwa 85% des Ansatzes betragende Anteil ist ein Gemisch aus vorwiegend Propanmonosulfochloriden, wenig Chlorpropan- und Dichlorpropanmonosulfochloriden. (Die Hauptmenge ging von 70—90° über.) Der Rückstand ist Disulfochlorid.

Eine folgende Rektifikation dieses Gemisches in einer 50 cm langen Raschig-Kolonne (Rücklaufverhältnis 1:5) ergab ein Produkt vom Kp_{15}: 72—79°, d_{20} 1,268, n_{20}^{D} 1,452. Diese Fraktion stellt das Gemisch der isomeren Propanmonosulfochloride dar. Die Ausbeute beträgt etwa 88% des der Destillation unterworfenen obigen Gemisches bzw. 75% des schwefelhaltigen Reaktionsproduktes. Der Rückstand dieser Destillation stellt ein Gemisch aus Monochlor- und Dichlorpropansulfochloriden dar.

Propan-1,3-disulfochlorid. Der nach dem Abdestillieren der Propanmonosulfochloride hinterbliebene Rückstand wurde aus Chloroform/Tetrachlorkohlenstoff unter Zusatz von Tierkohle umkristallisiert. Das Produkt (F: 48°) erwies sich als das 1,3-Isomere.

b) Sulfochlorierung mit Hilfe von Sulfurylchlorid

Die photochemische Sulfochlorierung wird entweder mit oder ohne Hilfe basischer Katalysatoren durchgeführt.

M. S. KHARASCH und Mitarbeiter[3] haben gezeigt, daß die photochemische Sulfochlorierung niedrig molekularer aliphatischer Säuren zu β- oder *β,γ-Derivaten* führt, α-Derivate wurden nicht beobachtet. Andererseits wurden in α-Stellung *chlorierte Produkte* erhalten, welche gleichzeitig entstanden.

Essigsäure kann nicht sulfochloriert werden, Propionsäure liefert I, welches das innere *Anhydrid* der *β-Sulfopropionsäure* ist. Es handelt sich um eine kristallisierte Verbindung, welche, wie auch Verbindungen analoger Konstitution, sehr reaktionsfähig ist; die entstehenden

[1] ECKOLDT, H.: In „Methoden der Organischen Chemie“. Herausgegeben von E. MÜLLER, IX. Band, S. 416, 1955.

[2] ASINGER, F., W. SCHMIDT u. F. EBENEDER: B. **75**, 34 (1942). Amer. Pat. 2174492, Franz. Pat. 842509, I. G. Farb.

[3] KHARASCH, M. S., T. H. CHAO u. H. C. BROWN: Am. Soc. **62**, 2393 (1940).

Produkte dürften wohl auch technisches Interesse haben. Das Sulfopropionsäureanhydrid verbindet sich z. B. glatt mit Alkohol und Aminen unter Bildung von *Estern* oder *Amiden*.

$$CH_3CH_2COOH + SO_2Cl_2 \xrightarrow{\text{Licht}} HCl + \underset{\displaystyle SO_2Cl}{\underset{|}{C}}H_2CH_2COOH \longrightarrow$$

$$\begin{array}{c} CH_2CH_2CO \\ | \qquad\quad | \\ O_2S\text{——}O \\ \text{I} \end{array} + 2HCl$$

Die Photosulfochlorierung von Kohlenwasserstoffen (n-Heptan, t-Butylbenzol, cyclo-Hexan, Methylcyclohexan) mit SO_2Cl_2 bei Gegenwart von Basen wurde von M. S. KHARASCH und A. T. READ[1] untersucht; als Basen fanden u. a. Pyridin, Chinolin und Piperidin Verwendung. So lieferte Cyclohexan (2,6-Diaminopyridin als Katalysator, Benzol als Lösungsmittel) im Photoversuch (2000 W-Lampe, welche 31 cm vom Reaktionsgefäß entfernt war) 20,9% eines *Chlorproduktes* und 46,3% einer *sulfonierten Verbindung*. Bei diesem Versuche wurde Sulfurylchlorid tropfenweise zu den Reaktionslösungen gegeben. Zur Identifizierung des *Cyclohexylsulfonylchlorids* wurden diese Verbindungen in die entsprechenden *Anilide* übergeführt.

M. S. KHARASCH et al.[2] haben folgenden Reaktionsmechanismus für die photochemische Sulfochlorierung bei Gegenwart von Pyridin vorgeschlagen:

$$SO_2Cl_2 \xrightarrow{\text{Pyridin}} SO_2 + Cl_2 \qquad 1.$$

$$Cl_2 \xrightarrow{\text{Licht}} 2\,Cl\cdot \qquad 2.$$

$$Cl\cdot + RH \longrightarrow R\cdot + HCl \qquad 3.$$

$$R\cdot + SO_2 \longrightarrow RSO_2\cdot \qquad 4.$$

$$RSO_2\cdot + Cl_2 \longrightarrow RSO_2Cl + Cl\cdot \qquad 5.$$

Eine etwas andere Auffassung wird von H. J. SCHUMACHER und J. STAUFF vertreten; es wird auf die Originalarbeit verwiesen[3].

β-Sulfopropionsäure-anhydrid (I)[2]. Das Reaktionsgefäß bestand aus einem Rundkolben, welcher mit einem gutarbeitenden eingeschliffenen Rückflußkühler versehen war. Als Lichtquelle diente eine Wolframfaden-Lampe (200—300 W), welche sich in der Nähe des Kolbens befand.

Wasserfreie Propionsäure (74 g; 1,0 Mol) und 185,6 g Sulfurylchlorid (1,375 Mol) wurden in dem obenerwähnten Kolben bestrahlt; die Reaktionstemperatur war 50—60°. Während der Bestrahlung bildete sich ein farbloser Niederschlag. Obwohl die Reaktion scheinbar nach 5 Std. beendet war, bestrahlte man noch einige Stunden länger. Nach Entfernung gelöster Gase (unter vermindertem Druck) und nicht umgesetzten Sulfurylchlorids gab man 200 cm^3 Ligroin-Benzol (80:20) hinzu, um die Abscheidung zu vervollständigen und die Filtration zu erleichtern, die unter Feuchtigkeitsausschluß durchgeführt wurde. Das feste Reaktionsprodukt wurde mit kleinen Mengen Ligroin gewaschen und dann über geschmolzenem NaOH, P_2O_5 und Paraffinwachs im Vakuum getrocknet. I wurde in einer Ausbeute von 58 g erhalten, F: 76—77°; Hydrolyse lieferte β-Sulfopropionsäure.

---

1 KHARASCH, M. S., u. A. T. READ: Am. Soc. **61**, 3089 (1939).

2 KHARASCH, M. S., T. H. CHAO u. H. BROWN: Am. Soc. **62**, 2393 (1940).

3 SCHUMACHER, H. J., u. J. STAUFF: Chemie, **55**, 341 (1942).

8. Einwirkung von Schwefeldioxyd bzw. Schwefeldioxyd und Sauerstoff auf Kohlenwasserstoffe

Nach F. G. DAINTON und K. J. IVIN[1] bilden sich *Sulfinsäuren* bei der photochemischen Einwirkung (UV-Licht) von Schwefeldioxyd auf aliphatische Kohlenwasserstoffe. Die Reaktion verläuft am leichtesten bei langkettigen, gesättigten tertiären Kohlenwasserstoffen.

$$RH + SO_2 \xrightarrow{\text{Licht}} RSOOH$$

Präparative Bedeutung scheint diese Reaktion bisher noch nicht zu haben.

F. ASINGER[2] et al. haben die Sulfoxydation höhermolekularer Paraffinkohlenwasserstoffe im UV-Licht untersucht. Die Reaktion verläuft nach folgendem Schema:

$$RH + SO_2 + {}^1/_2\,O_2 \xrightarrow{\text{Licht}} RSO_3H$$

Es entstehen äquimolekulare Gemische aller theoretisch möglichen *isomeren sekundären Sulfonsäuren*. Nur die endständige primäre Sulfonsäure entsteht in geringerer Konzentration, da die relative Reaktionsgeschwindigkeit des primären Wasserstoffatoms der Methylgruppe kleiner ist als die des sekundären Wasserstoffs einer Methylengruppe.

In einem Patent[3] der I. G. Farbenindustrie A.G. wird darauf hingewiesen, daß man reine *Cyclohexansulfonsäure* photochemisch aus Cyclohexan, Schwefeldioxyd und Sauerstoff erhalten kann.

Cyclohexansulfonsäure[3]. In einer hohen, schmalen, zylindrischen Apparatur aus Jenaer Glas, die im unteren Teil mit einer Glasfritte zur Einleitung von Gasen und im oberen Teil mit einer eingebauten Kühlschlange versehen und mit einem Rückflußkühler verbunden ist, werden 600 Gewichtsteile Cyclohexan mit einem Gasgemisch behandelt, das auf 2 Mol Schwefeldioxyd 1 Mol Sauerstoff enthält. Das Reaktionsgefäß wird mit einer Quecksilberquarzlampe bestrahlt und die Innentemperatur durch Kühlung auf 15—25° gehalten. Nach kurzer Zeit trübt sich der Inhalt der Apparatur und bald darauf beginnt sich am Boden ein Öl abzusetzen, das sich rasch vermehrt. Man kann das abgeschiedene Öl fortlaufend entfernen und dafür frisches Cyclohexan nachfüllen, ohne daß die einmal in Gang befindliche Umsetzung dadurch gestört wird. Bei stündlichem Einleiten von 21 l Gasgemisch erhält man je Stunde etwa 65 g Öl, was einer Ausnutzung der angewandten Gase von 80—90% entspricht.

Das abgeschiedene Öl enthält in der Hauptsache Cyclohexansulfonsäure und etwas Schwefelsäure; in feuchter Luft kristallisiert daraus ein Hydrat der Cyclohexansulfonsäure, das durch Absaugen in reiner Form gewonnen werden kann. Zur Aufarbeitung trägt man das Öl zweckmäßig in Wasser ein, entfernt durch Einblasen von Dampf Cyclohexan, Schwefeldioxyd und flüchtige Zersetzungsprodukte und neutralisiert dann mit Natronlauge. Dampft man die Lösung zur Trockene, so erhält man ein Pulver, das etwa 90% cyclohexansulfonsaures Natrium neben 10% Natriumsulfat enthält. Durch Umkristallisieren aus Wasser erhält man das cyclohexansulfonsaure Natrium in glänzenden Blättchen.

---

[1] DAINTON, F. G., u. K. J. IVIN: Trans. Faraday Soc. **46**, 374 (1950).

[2] ASINGER, F., G. GEISELER u. H. ECKOLDT: B. **89**, 1037 (1956).

[3] DRP 735096, Erfindernennung unterblieb auf Antrag. I. G. Farbenindustrie AG. in Frankfurt, Main.

Zu ähnlichen Ergebnissen gelangt man, wenn man die Umsetzungen in Uviolglas- oder Quarz-Apparaturen durchführt. Hier kommt die Umsetzung, wenn auch langsamer, schon durch Bestrahlung mit einer hochkerzigen Glühlampe in Gang. Man kann die Herstellung der Cyclohexansulfonsäure aus Cyclohexan, Schwefeldioxyd und Sauerstoff auch so durchführen, daß man die Umsetzung, wie oben beschrieben, durch Bestrahlung in Gang bringt und nach beginnender Ölabscheidung die Lichtquelle ausschaltet. Die Umsetzung läuft ohne Störung im Dunkeln weiter, wobei man praktisch die gleichen Ausbeuten wie bei dauerndem Bestrahlen erhält.

9. Photolyse von Thiodiazolen-(1, 2, 3)

Die Thiodiazole (vgl. I) sind thermisch recht stabil, photolytisch zerfallen sie jedoch nach W. KIRMSE und L. HORNER[1] unter Abspaltung von N_2. Es entstehen dabei Produkte, welche man sich aus dem Rumpfmolekül (vgl. II) entstanden denken kann. Am einfachsten ist die Bildung von 1,4-Dithiadienen zu erklären, wie aus der Bildung von Tetraphenyl-1,4-dithiadien (III, $R = R' = C_6H_5$) aus Diphenylthiodiazol-(1, 2, 3) (I, $R = R' = C_6H_5$) ersichtlich ist.

2 R–C=N / R'–C=N, S (I) —Licht, $-2\,N_2$→ 2 R–C / R'–C, S (II) ——→ R–C–S–C–R' / R'–C–S–C–R (III)

Die Konstitution von (III) ist durch Überführung in Tetraphenylthiophen sichergestellt.

Abgesehen von den Dithiadienen entstehen bei der Photolyse der Thiodiazole-(1, 2, 3) Verbindungen eines neuartigen Typs, welche als Dithiafulvene (vgl. V) bezeichnet werden können; der Name ist gerechtfertigt wegen der (formalen) Ähnlichkeit dieser Verbindungen mit den Fulvenen. Ihre Bildung erklärt sich wie folgt, setzt also die Umlagerung des primären Spaltproduktes (II) in ein Thioketen (vgl. IV) voraus, welches dann mit einem weiteren, nicht umgelagerten Spaltstück reagiert:

R–C=N / R'–C=N, S —Licht, $-N_2$→ R–C– / R'–C, S (II) ——→ R'R>C=C=S (IV)

R–C– / R'–C, S (II) + S=C=C<R/R' (IV) ——→ R–C–S / R'–C–S >C=C<R/R' (V)

1,2-Diphenyl-4-(diphenylmethylen)-3,5-dithiacyclopenten (Diphenyldithiafulven) (V, $R = R' = C_6H_5$) und Tetraphenyl-1,4-dithiadien (III, $R = R' = C_6H_5$). 2,4 g Diphenylthiodiazol (I, $R = R' = C_6H_5$) wurden mit einer Tauchlampe S 81 in 70 cm^3 siedendem Benzol belichtet, bis 200 cm^3 Stickstoff entwickelt waren. Das Benzol wurde auf dem Wasserbad bei schwachem Vakuum abdestilliert, der Rückstand mit 100 cm^3 Äthanol aufgekocht. Nach dem Erkalten wurde abgesaugt,

[1] KIRMSE, W., u. L. HORNER: Unveröffentlicht, vorgetragen auf der GDCh-Hauptversammlung, Berlin, Oktober 1957.

getrocknet und das Produkt mit 20 cm^3 konz. Schwefelsäure innig verrieben. Es wurde durch eine Glasfritte abgesaugt und mit wenig konz. H_2SO_4 nachgewaschen. Der Rückstand auf der Fritte kann nach Waschen mit Wasser und Methanol aus Chloroform/Äthanol umkristallisiert werden: Tetraphenyl-1,4-dithiadien, F: 185°.

Die schwefelsaure Lösung wurde in 0,5 l Wasser gegossen, die gelbe Fällung abgesaugt und gründlich mit Methanol gewaschen. Nach Umkristallisieren aus Dimethylformamid wird das Dithiafulven in schönen gelben Nadeln vom F: 234° erhalten.

1-Phenyl-4-benzal-3,5-dithiacyclopenten (Phenyldithiafulven) (V, R' = C_6H_5, R = H). 16,2 g 4-Phenylthiodiazol (I, R'= H, R = C_6H_5) wurden in 1,1 l Benzol in einer Quarz-Umlaufapparatur mit Brenner S 700 (Quarzlampengesellschaft Hanau) belichtet, bis 1 l Stickstoff entwickelt war (etwa 2 Std.). Das Benzol wurde auf dem Wasserbad bei schwachem Vakuum abdestilliert und der Rückstand mit 100 cm^3 Äther versetzt. Nach dem Erkalten wurde die ausgefallene gelbe Verbindung abgesaugt und gründlich mit Äther gewaschen: 3,1 g (55%, bezogen auf den Umsatz), F: 203 bis 205°. Nach Umkristallisieren aus Toluol, Dimethylformamid oder Eisessig gelbe Blättchen vom F: 207°.

Durch Abdampfen der Ätherlösung und Wasserdampfdestillation konnten 80% des nicht umgesetzten Phenylthiodiazols zurückgewonnen werden. (Bei weiterem Ausbelichten wird die Ausbeute geringer.)

10. Hinweis auf weitere Reaktionen

Es sei auf folgende Reaktionen hingewiesen: die Photodimerisierung des Thiophosgens (S. 36) und des Thionaphthen-1,1-dioxyds (S. 35); die Photolyse von Aryl-desylsulfiden (S. 120); die Photo-Synthesen von cyclischen Schwefelsäureestern durch Addition von Schwefeldioxyd an o-Chinone (S. 100) und die photochemischen Dehydrierungen mit 1,2-Disulfiden (S. 123). Photolyse offenkettiger Monodiazoketone bei Gegenwart von Äthylmercaptan (vgl. S. 249).

XXV. Photochemische Versuche mit Organo-Arsen- und Organo-Quecksilber-Verbindungen

1. Organo-Arsen-Verbindungen

Der photochemische Abbau von Tris-(trifluormethyl)-arsin (I) wurde von H. J. EMELÉUS[1] et al. durchgeführt, sie erhielten *Hexafluoräthan.*

$$2\,(F_3C)_3As \xrightarrow{\text{Licht}} F_3C{-}CF_3$$

I — II

Hexafluoräthan (II). Tris-(trifluormethyl)-arsin (I) (0,738 g) in einer 120 cm^3-Quarzröhre, wurde mit UV-Licht 16 Stunden bestrahlt, die Lampe befand sich in einer Entfernung von 1 cm von der Röhre. Ein Film (Arsen) bildete sich an den kühleren Teilen der Röhre, das flüchtige Material bestand aus Hexafluoräthan (0,078 g) und I (0,6 g).

Wird Tris-(trifluormethyl)-arsin (III) und Methyljodid der UV-Bestrahlung ausgesetzt, so erhält man neben *Hexafluoräthan* und *Trifluormethyljodid* das *Methyl-bis-(trifluormethyl)-arsin* (IV). Der Mechanismus der Reaktion ist noch nicht aufgeklärt[1].

---

[1] EMELÉUS, H. J., R. N. HASZELDINE u. E. G. WALASCHEWSKI: Soc. **1953**, 1552.

Im Dunkelprozeß läßt sich *Methyl-bis-(trifluormethyl)-arsin* verhältnismäßig einfach durch Einwirkung von Methylmagnesiumjodid auf Jod-bis-(trifluormethyl)-arsin (V) erhalten.

$(F_3C)_3As$	$H_3C—As(CF_3)_2$	$J—As(CF_3)_2$
III	IV	V

Methyl-bis-(trifluormethyl)-arsin (IV). Tris-(trifluormethyl)-arsin (III) (0,65g) und Methyljodid (0,28 g) wurden in einer Quarzröhre (120 cm³) bestrahlt (UV-Lampe, 24 Std.). Man erhielt ein Reaktionsprodukt, welches Hexafluoräthan (0,07 g), Trifluorjodmethan (0,24 g) und eine weitere Fraktion (0,42 g) lieferte. Diese Fraktion enthielt Tris-(trifluormethyl)-arsin und Methyl-bis-(trifluormethyl)-arsin; das Tris-(trifluormethyl)-arsin wurde aus dem Reaktionsgemenge durch selektive Hydrolyse mit 10%iger Natronlauge (Raumtemperatur, 12 Std.) entfernt, das übrigbleibende Gas bestand hauptsächlich aus IV.

2. Organo-Quecksilber-Verbindungen

G. Razuvaev und Y. Oldekop haben sich in einer Reihe von Arbeiten — die bisher wohl kaum das Interesse der theoretischen Chemiker, welches sie verdienen, gefunden haben — mit den photochemischen Reaktionen von Diarylquecksilberverbindungen (in Lösung) beschäftigt. Sie konnten zeigen, daß im UV-Licht die Diarylquecksilberverbindungen in die entsprechenden *Arylquecksilberhalogenide*, *Arylhalogenide* und *Arylwasserstoffe* überführt werden können.

Der primäre Umsatz ist wohl in vielen Fällen ein Zerfall der Diarylquecksilberverbindungen unter Bildung von „freien“ *Aryl-* und „freien“ *Arylquecksilberradikalen*[1].

$$Ar_2Hg \xrightarrow{\text{Licht}} Ar\cdot + ArHg\cdot$$

Die nach obiger Reaktion entstandenen „freien“ Radikale stabilisieren sich durch Umsatz mit dem Lösungsmittel. Die folgenden Beispiele erläutern einen Teil der beschriebenen Reaktionen, die man in zwei Gruppen einteilen kann: die erste Gruppe umfaßt diejenigen Reaktionen, bei welchen Arylquecksilberhalogenide gebildet werden. Die Reaktionen der zweiten Gruppe führen zur Bildung von Quecksilber in elementarer Form.

Werden Diarylquecksilber-Verbindungen in Kohlenstofftetrachlorid bestrahlt, so tritt folgender Umsatz ein[2]:

$$Ar_2Hg \xrightarrow{\text{UV-Licht}} ArHg\cdot + Ar\cdot$$

$$ArHg\cdot + CCl_4 \longrightarrow ArHgCl + \cdot CCl_3$$

$$Ar\cdot + CCl_4 \longrightarrow ArCl + \cdot CCl_3$$

$$2Cl_3C\cdot \longrightarrow Cl_3C{-}CCl_3$$

[1] Razuvaev, G., u. Yu. Oldekop: Zhur. Obshchei Khim. **19**, 736, 1483 (1949).

[2] Razuvaev, G., u. Yu. Oldekop: Doklady Akad. Nauk. S.S.S.R. **64**, 77 (1949); Chem. Abst. **43**, 4579 (1949).

Als Beispiel sei auf die Reaktionsprodukte hingewiesen, welche bei der Photolyse des o-Ditolylquecksilbers gefunden wurden: o-Chlortoluol und Hexachloräthan[1].

$$(CH_3C_6H_5)_2Hg + 2\,CCl_4 \xrightarrow{\text{Licht}} CH_3C_6H_4Cl + CH_3C_6H_4HgCl + 2\,{\cdot}CCl_3$$
$$2\,{\cdot}CCl_3 \longrightarrow Cl_3C{-}CCl_3$$

M. M. Koton, G. M. Zorina und E. G. Osberg[2] fanden, daß Diphenylquecksilber sich mit Bromoform nicht umsetzt (130°, Druckrohr), unter Einwirkung von UV-Licht wird jedoch glatt und quantitativ *Phenylquecksilberbromid* und *Benzol* gebildet[3]. Ähnlich verläuft die photochemische Einwirkung von o-Ditolylquecksilber auf Chloroform[1]:

$$(CH_3C_6H_4)_2Hg + 2\,CHCl_3 \xrightarrow{\text{Licht}} C_6H_5CH_3 + CH_3C_6H_4HgCl + {\cdot}CCl_3 + ({\cdot}CHCl_2)$$
$$2\,{\cdot}CCl_3 \longrightarrow Cl_3C{-}CCl_3$$

Die UV-Bestrahlung von Diphenylquecksilber in Isopropylalkohol führt zur Bildung von *Benzol*, *Aceton* und *Quecksilber*[3].

$$(C_6H_5)_2Hg + CH_3CHOHCH_3 \xrightarrow{\text{Licht}} 2\,C_6H_6 + Hg + CH_3COCH_3$$

Toluol und *Formaldehyd* (quantitative Ausbeute) entstehen aus o-Ditolylquecksilber in Methylalkohol[1].

$$(CH_3C_6H_4)_2Hg + CH_3OH \xrightarrow{\text{Licht}} 2\,C_6H_5CH_3 + Hg + CH_2O$$

Mit Glykolmonoäthyläther vollzieht sich ein ähnlicher Umsatz, welcher hier zur Bildung von *Acetaldehyd* führte:

$$HOCH_2CH_2OC_2H_5 + (CH_3C_6H_4)_2Hg \xrightarrow{\text{Licht}} 2\,CH_3C_6H_5 + Hg + 2\,CH_3CHO$$

Phenylquecksilberbromid[3]. Diphenylquecksilber (2 g) in Bromoform (15 cm^3) wurde während 12 Std. bestrahlt (UV-Licht). Phenylquecksilberbromid schied sich in Kristallen ab, die nach Umkristallisation (Dichloräthan) F: 278° zeigten. Die Bromoformlösung (nach Abfiltrieren der ausgeschiedenen Kristalle) wurde der Wasserdampfdestillation unterworfen und ein Rückstand (1,4 g) erhalten, der sich als Phenylquecksilberbromid erwies. Die Gesamtausbeute dieser Verbindung war 96% d. Th.

Photochemischer Umsatz zwischen Diphenylquecksilber und Isopropylalkohol[3]. Diphenylquecksilber (3 g) in Isopropylalkohol (10 cm^3) wurde 240 Std. bestrahlt (UV-Licht). Quecksilber schied sich ab und wurde zur Trennung von Diphenylquecksilber mit heißem Isopropylalkohol gewaschen. Ausbeute an Quecksilber 1,4 g. Das Filtrat wurde destilliert und mit Wasser versetzt, Benzol (0,6 cm^3) schied sich ab, es wurde zur Identifizierung in m-Dinitrobenzol (F: 90°) übergeführt. Der Nachweis der Bildung von Aceton wurde durch Bildung des 2,4-Dinitrophenylhydrazons (F: 125°) geführt.

---

[1] Razuvaev, G., u. Yu. Oldekop: Zhur. Obshchei Khim. **20**, 181 (1950).
[2] Koton, M. M., G. M. Zorina u. E. G. Osberg: Zhur. Obshchei Khim. **17**, 59 (1947).
[3] Razuvaev, G., u. Yu. Oldekop: Zhur. Obshchei Khim. **19**, 1483 (1949).

Allgemeine Gesichtspunkte für die präparative Durchführung photochemischer Reaktionen*

Bearbeitet von G. O. SCHENCK

Mit 15 Abbildungen

I. Grundbegriffe und Einteilung photochemischer Reaktionen

Eine photochemische Reaktion liegt vor, wenn irgendein System durch Absorption (GROTTHUS-DRAPER) optischer (ultravioletter, sichtbarer, ultraroter) Strahlung chemisch verändert wird, wenn diese chemische Veränderung nicht lediglich die Folge einer durch die Bestrahlung bewirkten lokalen, auch rein thermisch erreichbaren Temperaturerhöhung ist. Die Absorption der Strahlung erfolgt in Quanten (PLANCK, EINSTEIN) der Größe $h\nu$ (erg); ein „Mol" $= 6{,}02 \cdot 10^{23}$ Quanten $= 1$ Einstein kann entsprechend dem Normalvolumen der Gase nach einem Vorschlag von WARBURG auch $= 22{,}414$ „Liter" Quanten gesetzt werden.

Für die Absorption der Quanten gilt das Lambert-Beersche Gesetz. Hiernach wird die Einstrahlung I_0 in der zur Strahlungsrichtung senkrechten Schicht d (in cm) einer c-molaren Substanz oder Lösung nach Maßgabe des für die betreffende Wellenlänge und Substanz bei der Versuchstemperatur charakteristischen molekularen dekadischen (Bunsenschen) Extinktionskoeffizienten ε auf den durch den Faktor $10^{-\varepsilon c d}$ gegebenen Bruchteil geschwächt. Es ist dann die noch durchgehende Strahlung $I_D = I_0 \cdot 10^{-\varepsilon c d}$.

90% der photochemischen Primärreaktion wie 90% einer von der absorbierten Quantenenergie herrührenden Wärmebildung finden in einer photochemischen Reaktionsschicht der Dicke

$$d\ (90\%\ \text{Absorption}) = 1/\varepsilon \cdot c\ (\text{cm})\ \text{statt.}$$

Die durch das Absorptionsgesetz beschriebene Inhomogenität der photochemischen Reaktion ist ein Hauptproblem der präparativen Durchführung photochemischer Reaktionen.

Bei allen photochemischen Reaktionen sind zu unterscheiden:

1. Der photochemische Primärakt, d. h. die durch Absorption eines Quants bewirkte erste chemische Umwandlung der absorbierenden Molekel unter Bildung eines oder mehrerer *photochemischer Primär-*

---

* Im wesentlichen aus G. O. SCHENCK: Apparate für Lichtreaktionen und ihre Anwendung in der präparativen Photochemie. Dechema-Monographien **24**, 105 bis 145 (1955).

Der Deutschen Gesellschaft für Chemisches Apparatewesen, Frankfurt/M. sei für das entgegenkommende Einverständnis bestens gedankt.

produkte. Der photochemische Primäreffekt ist definitionsgemäß stets ein endothermer Vorgang.

Für die Bildung der photochemischen Primärprodukte kommen im allgemeinen nur folgende Möglichkeiten in Frage:

a) Anregung. Bildung kurzlebiger Isomerer in Elektronenzuständen höherer Energie, vor allem im ersten angeregten Singulettzustand oder in dem meist erst hieraus hervorgehenden ersten angeregten Triplettzustand. Molekeln in elektronisch angeregten Zuständen mit zwei ungepaarten Elektronen (antiparallelen oder parallelen Spins in zwei verschiedenen Elektronenbahnen) können die chemischen Eigenschaften einer besonderen Art von Diradikalen[1] (phototrop-isomere Diradikale[2]) zeigen.

b) Photoradikaldissoziation. Bildung von Atomen und Radikalen durch Homolyse von Einfachbindungen. Die Radikaldissoziation kann auch eine der Anregung folgende Dunkelreaktion sein.

c) (wesentlich seltener) Photoionisation. Bildung von Radikal- (oder Atom-)-ionen durch Abgabe und Aufnahme von Elektronen.

Wegen des Vorliegens ungepaarter Elektronen in den photochemischen Primärprodukten zeigen ihre Reaktionen die typischen Merkmale homolytischer Reaktionen. Charakteristisch ist ihre besondere Affinität gegenüber Radikalfängern wie O_2, NO, SO_2, Jod, Acrylnitril, Diphenylpikrylhydrazyl usw.

2. **Die Sekundärreaktionen**, d. h. die chemischen Reaktionen der photochemischen Primärprodukte, und evtl. weitere an die Sekundärreaktionen sich anschließende Folgereaktionen. Sekundär- und Folgereaktionen sind chemische Dunkelreaktionen.

Das wichtigste Kriterium photochemischer Reaktionen ist die Quantenausbeute $\varphi = \frac{\text{Anzahl umgesetzter Molekeln}}{\text{Anzahl absorbierter Quanten}}$. Sie kann für den photochemischen Primärakt, für eine der Sekundär- und Folgereaktionen oder für den Bruttovortrag des Verschwindens oder der Neubildung eines Produktes gesucht oder angegeben werden.

In dem durch das Starck-Einsteinsche Postulat der photochemischen Äquivalenz geforderten Idealfalle wird eine Molekel pro absorbiertes Quant umgesetzt und ist die Quantenausbeute $\varphi = 1$. Praktisch kommen jedoch alle denkbaren Quantenausbeuten vor.

Folgende Einteilung photochemischer Reaktionen ist zweckmäßig:

A. Direkte und indirekte photochemische Reaktionen. Bei Quantenausbeuten $\varphi \leqq 1$ gehen die absorbierten Quanten stöchiometrisch in die Endprodukte ein. Nur solche Reaktionen (z. B. die Photosynthese in den Pflanzen) können im Bruttovorgang endotherm sein.

A_1. Direkte photochemische Reaktion: Sie liegt vor, wenn die Absorption eines Quants zu einer dauernden chemischen Veränderung der absorbierenden Molekel führt.

---

[1] Erstmals A. Schönberg: A. **518**, 299 (1935), vgl. S. 57.

[2] Schenck, G. O.: Naturwiss. **35**, 28 (1948). — Schenck, G. O.: Ang. Ch. **69**, 579 (1957).

A_2. *Indirekte photochemische Reaktion:* Liegen in dem photochemisch reagierenden System mehrere Stoffgruppen vor, von denen eine als „Photosensibilisator" die photochemisch wirksamen Quanten absorbiert, ohne eine dauernde chemische Veränderung zu erleiden, während die übrigen Substanzen sich hierbei chemisch umwandeln, ohne selbst zu absorbieren, so haben wir eine indirekte photochemische Reaktion vor uns, die man üblicherweise als *photosensibilisierte Reaktion* bezeichnet.

B. Photo-induzierte Kettenreaktionen. Ist $\varphi > 1$, insbesondere $\varphi \gg 1$, so stehen die photochemischen Primärprodukte meistens am Anfang exotherm verlaufender (Atom-, Radikal-) Kettenreaktionen, z. B. bei Halogenierungs-, Sulfochlorierungs-, Oxydations- und Polymerisationsprozessen, deren mittlere Kettenlänge durch φ gegeben ist. Derartige Reaktionen werden wegen der Analogie zu den durch Atome oder Radikale induzierten (gestarteten) Kettenreaktionen als photoinduzierte Kettenreaktionen bezeichnet.

Der Einfluß der Temperatur auf die Geschwindigkeit und Quantenausbeute photochemischer Prozesse hängt im wesentlichen von der Art der rein thermischen Sekundärreaktionen ab, da der photochemische Primärakt weitgehend temperaturunabhängig ist. *Photoinduzierte* Reaktionen sind wie alle Radikalkettenreaktionen stark temperaturabhängig und gehen bei Unterschreitung einer für jede Reaktion typischen Temperatur in direkte oder indirekte Photoreaktionen mit Quantenausbeuten $\varphi \leqq 1$ über. Eine wesentliche Rolle kann auch die temperaturbedingte Änderung der Viscosität (η) des bestrahlten Systems spielen. Konkurriert z. B. der monomolekulare Zerfall eines photochemischen Primärproduktes mit der (bimolekularen) und daher diffusionsbedingten Reaktion mit einem weiteren Partner, so kann bei abnehmender Temperatur und zunehmender Viscosität die etwa proportional T/η abnehmende Diffusionsgeschwindigkeit der das Gesamtbild wesentlich bestimmende langsamste Teilprozeß werden, wodurch sich das Verhältnis der konkurrierenden Reaktionen zugunsten der monomolekularen verschiebt. Direkte und indirekte photochemische Reaktionen haben daher in Temperaturbereichen ohne kritische Viscositätsänderungen einen meistens nahe 1 pro 10° Temperaturänderung liegenden Temperaturkoeffizienten.

Nach Bunsen und Roscoe soll die Menge photochemisch umgesetzter Substanz proportional dem Produkt von Zeit mal Strahlungsfluß sein (Grundvoraussetzung für photochemische Aktinometer), d. h., die Quantenausbeute soll von der Bestrahlungsdichte bzw. der Quantenstromdichte ($I_{h\nu}$/Fläche) in der Einstrahlungsfläche unabhängig sein. Häufig werden Abweichungen hiervon gefunden und sind zu erwarten, wenn die photochemischen Primärprodukte oder gleichartige Glieder von Reaktionsketten miteinander reagieren können, oder wenn die photochemischen Primärprodukte oder Glieder von Reaktionsketten durch Verunreinigungen (z. B. oft O_2) oder durch die Gefäßwand zerstört werden. Man unterscheidet vor allem folgende Typen photochemischer Reaktionen: (1) Der Umsatz ist direkt proportional der Quantenstromdichte. (2) Der Umsatz ist (häufig bei photo-induzierten Radikalkettenreaktionen) proportional $\sqrt{I_{h\nu}/\text{Fläche}}$.

Sofern Reaktionen vom Typ (1) und (2) miteinander konkurrieren, läßt sich deren Verhältnis durch Erhöhung der Einstrahlungsdichte wie durch Erhöhung der Konzentration der absorbierenden Molekelart zugunsten der Reaktion Typ (1) verschieben und vice versa.

Neben der apparativen Seite der präparativen photochemischen Umsetzung dürfen die vielfältigen Einflüsse der Zusammensetzung des Reaktionsgutes nicht vernachlässigt werden. Man achte vor allem auf folgendes:

1. Chemikalien und Lösungsmittel sollen möglichst rein sein und am besten spektroskopisch kontrolliert werden.

2. Die photochemische Reaktionsschicht soll zur Vermeidung von Wandeffekten (z. B. Bildung absorbierender Beläge auf der Fensterwand) und von unerwünschten Additions- (auch Kettenabbruchs-) und Polymerisationsreaktionen sowie zur leichteren Kühlung und Durchmischung nicht zu dünn sein. Man arbeitet daher meistens in Lösungsmitteln. Diese müssen im benötigten photochemischen Spektralbereich ausreichend durchlässig und gegenüber den reagierenden Zwischenstoffen inert sein. [Vorsicht z. B. bei Halogen- (außer Fluor-)-Verbindungen]. Die Lösungsmittel können außerdem zur Bildung von Solvaten oder Assoziaten führen.

3. Oft schützt die absorbierende Ausgangsverbindung als gelöstes Lichtfilter ein Umsetzungsprodukt vor weiterer photochemischer Umwandlung; die Konzentration des neuen Produktes darf dann ein durch die jeweiligen Extinktionskoeffizienten bestimmtes Verhältnis zur Konzentration des Ausgangsmaterials nicht überschreiten.

4. Da die photochemischen Reaktionen meistens charakteristische Merkmale homolytischer Reaktionen zeigen, ist auf Abwesenheit möglicher Inhibitoren und Radikalfänger, sehr oft vor allem Sauerstoff, zu achten. Organische Lösungsmittel enthalten normalerweise viel Sauerstoff. Eine bewährte Methode zur Herstellung von sauerstoff-freiem Stickstoff: Siehe F. R. MEYER und G. RONGE[1].

II. Strahler- und Quantenstrom

Als künstliche Licht- und UV-Strahlungsquellen kommen für präparative Zwecke praktisch nur geschlossene Lampen in Frage, deren Form, äußere Dimensionen und Zündeigenschaften einen festen Einbau in die photochemische Apparatur zulassen. Aus verschiedenen Gründen beschränkt sich der präparativ genutzte Spektralbereich im wesentlichen auf das Gebiet von etwa 250—600 mμ. Die hierfür zur Verfügung stehenden Strahler liefern bestenfalls einige Mole Quanten pro Stunde, wobei die Betriebskosten für die Erzeugung von 1 Mol Quanten (vor allem wegen der Lampenabnutzung) je nach Spektralbereich und Ansprüchen an Monochromasie etwa zwischen 0,10 bis 10.— DM liegen. Aus diesen Gründen muß durch geeignete apparative Anordnung dafür

[1] MEYER, F. R., u. G. RONGE: Ang. Ch. 52, 637 (1939).

gesorgt werden, daß der gesamte vom Strahler kommende Quantenstrom für die gewünschte photochemische Reaktion optimal absorbiert und ausgenutzt wird.

Glühlampen

Für Arbeiten im sichtbaren Spektralbereich können photochemische Apparaturen im Laboratorium mit handelsüblichen Glühlampen leicht improvisiert werden; dabei sind zum Einbau in Tauchlampen-Anordnungen Lampen mit röhrenförmigem Kolben, z. B. Projektionslampen, am besten geeignet. Die relativ kurze mittlere Lebensdauer der Projektionslampen kann durch Betrieb an einer um etwa 10% niedrigeren Spannung als der Nennspannung wesentlich erhöht werden, doch muß dabei eine Minderung und Rotverschiebung der Emission in Kauf genommen werden. Auch für Arbeiten unter Druck gibt es Spezialglühlampen (z. B. 100 Watt/12 Volt/Kugeldurchmesser 35 mm, Hersteller Radium-Elektrizitätsges. m.b.H., Wipperfürth im Rhld.). Stärkere Glühlampen erreichen den für Chlorierung und Sulfochlorierung wichtigen Spektralbereich und können bei Lampen über 1000 Watt technisch wirtschaftlich sein.

Natriumdampflampen

Das Licht der Natriumdampflampen ist nahezu monochromatisch (589 mμ). Die Lichtausbeute der in Tab. 22 aufgenommenen Type SO 140 W (einschl. Vorschaltgerät) erreicht mit 67 lm/W den höchsten Wert aller in diesem Beitrag aufgeführten Strahler. Die U-förmigen Brenner dieser Lampen sind zur besseren Wärmeisolierung von einem Vakuumglas umgeben, in das sie eingesteckt werden. Die Typen SO 85 W und SO 140 W dürfen nur waagerecht mit einer maximalen Neigung von 20° betrieben werden.

Tabelle 22. *Natriumdampflampen mit röhrenförmigen Außenkolben (Hersteller Philips)*

	SO 45 W	SO 60 W	SO 85 W	SO 140 W
Leistungsaufnahme an 220 V Wechselstrom einschl. Streufeldtrafo . . . . Watt	66	81	106	163
Größte Länge . . . . mm	265 ± 2	327 ± 2	442 ± 2	540 ± 2
Größter Durchmesser (ohne Fassung) . . . . mm	50	50	50	65
Quantenstrom, für 589 mμ (Schätzung) . Nhν/Std.	0,075	0,12	0,19	0,316

Wir bedienen uns dieser präparativ interessanten größeren Natrium-Dampflampen in vertikalen Tauchlampenapparaturen durch folgenden Kniff[1]: Die Lampe wird außerhalb der Apparatur horizontal bis zur Konstanz der elektrischen Daten eingebrannt und dann erst in das

[1] SCHENCK, G. O., u. D. E. DUNLAP: Ang. Ch. 68, 248 (1956).

Belichtungsgerät eingehängt. Nach der Umsetzung wird die Lampe brennend entnommen, waagerecht gelegt und nach einigen Minuten abgeschaltet. Mit der Lampe Philips SO 40 W können z. B. mit Rose Bengale stündlich bis 4 l Sauerstoff in Quantenausbeuten $\leqq 1$ übertragen werden, wobei die Reaktionen wegen der weitgehenden Monochromasie der Strahlung besonders einheitlich verlaufen.

Quecksilberdampflampen

Als besonders wirtschaftliche und leistungsfähige Strahler werden Quecksilberdampflampen mit Quarz- oder Glaskolben für photochemische Umsetzungen mit Abstand am meisten verwendet. Für die Erzeugung der photochemisch besonders wirksamen UV-Strahlung dienen hierfür besonders entwickelte Quecksilberdampflampen, wie die in Tab. 23 aufgeführten. Von diesen ist der Brenner S 81 in einer kleinen Quarztauchlampe (Abb. 1) für Kleinversuche im Spektralbereich von 250 bis

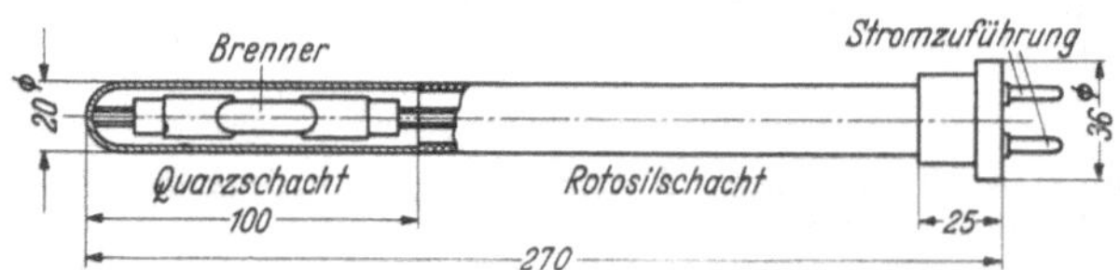

Abb. 1. Labortauchlampe S 81 (Quarzlampengesellschaft Hanau)

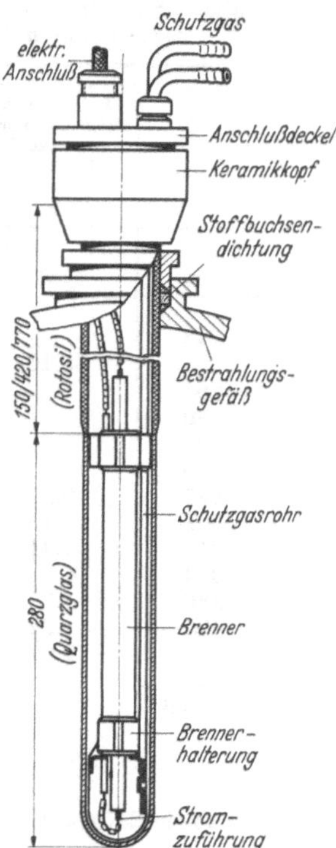

Abb. 2. Tauchlampe S 700 (Quarzlampengesellschaft Hanau)

579 mμ sehr geeignet. Die stärkeren Strahler S 700 bzw. S 1200 erlauben bereits beträchtliche Umsätze, bei Radikalkettenreaktionen in technischem Umfange (Technische Quarztauchlampe mit Brenner S 700, Abb. 2).

Sehr viel verwenden wir in Göttingen auch die in Tab. 24 und 25 erfaßten Quecksilberdampflampen. Von diesen eignen sich für kleine präparative Ansätze besonders die in Tab. 25 (Abb. 3) gezeigten Spezialbrenner für photochemische Zwecke von Philips, deren Daten etwa mit denen der Brenner der nicht aufgeführten kugelförmigen Osram-Lampen HQA 300 bzw. 500 übereinstimmen, aus denen die Brenner leicht ausgebaut werden können. Wegen ihres relativ kleinen Durchmessers eignet sich die Type Osram HgH 5000, 900 W besonders für präparative Apparaturen hoher Raumzeitausbeute (etwa 1 Mol Quanten 546/579 pro Stunde · Liter).

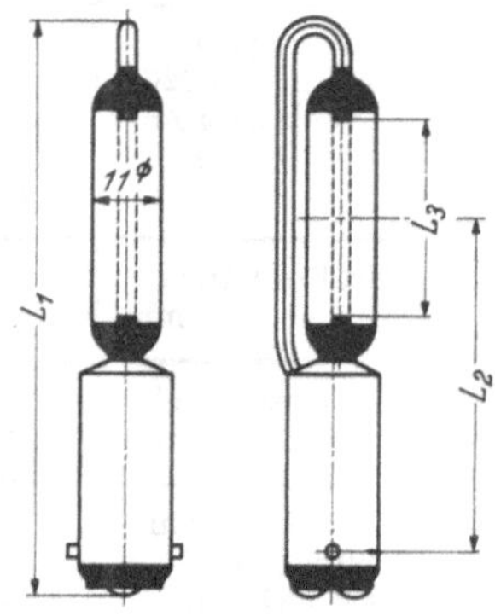

Abb. 3. Quecksilberdampflampen (Philips)

	L_1	L_2	L_3
HP 80 W	90 ± 5	52 ± 3	25
HP 125 W	95 ± 5	55 ± 3	30

HP 80 W u. HP 125 W (gesockelt)

Tabelle 23. *Spektrale Verteilung des Quantenstromes von Quarz-Quecksilber-Hochdruckbrennern (Hersteller Quarzlampengesellschaft mbH. Hanau/Main)*

	TypeNK 25/85, Leist.-Aufn. einschl. Vorschaltgerät (Streufeld-trafo) 30 Watt	Type S 81, Leist.-Aufn. einschl. Vorschaltgerät (Ohmscher Widerst.) 315 Watt		Type S 700, Leist.-Aufn. einschl. Vorschaltgerät (Drossel) 720 Watt		Type S 1200, Leist.-Aufn. einschl. Vorschaltgerät (Drossel) 1270 Watt
λ mμ.	10^{-3} Nhν / Std.	ml·Quanten / min.	10^{-3} Nhν / Std.	ml·Quanten / min.	10^{-3} Nhν / Std.	10^{-3} Nhν / Std.
248		0.92	2.45	6.72	18.00	36.93
254	38.10	0,68	1.83	16.27	43.59	89.15
265		2.23	5.96	16.39	43.72	89.44
270		0.36	0,97	2.67	7.13	14.58
280		1.13	3.02	8.29	22.18	45.36
289		0.59	1.56	4.28	11.44	23.40
297	0.27	1.70	4.54	11.74	31.36	64.15
302	0.18	3.35	8.97	25.31	67.77	138.62
313	1.41	6.86	18.31	57.29	152.9	312.69
334		0.90	2.40	5.76	15.43	31.56
366	1.10	12.31	32.94	90.24	241.6	494.10
405/8	1.22	4.51	12.03	44.04	117.61	240.57
436	2.62	7.92	21.19	69.86	187.04	382.59
546		13.71	36.69	101.45	301.4	
578/9		12.70	33.99	98.51	279.2	

Tabelle 24. *Quecksilberdampfhochdrucklampen mit röhrenförmigen Außenkolben (Hersteller: [1] Osram, [2] Philips)*

Type	HQS 500 120 W[1]	HO 250 W[2] HO 1000 HO 1000 L HO250W(L)	HO 450 W[2] (HO 2000)	HgH 2000 450 W[1]	HgH 5000 900 W[1]	HP 1000 W[2]
Leistungsaufnahme an 220 V Wechselstrom mit Drossel Watt	130	283 L 270	475	475	955	1030
Größte Länge mm		250 ± 5	295 ± 5	330	368	360 ± 5
Größter Durchmesser mm	51	46	50	51	48,5	65
Quantenstrom, Nhν/Std. für λ 313 mμ	ähnlich			ähnlich	ähnlich	0,0042
334	wie			wie	wie	0,01
366	HP 125 W	0,037	0,063	HO 450 W	HP1000W	0,414
405/8		0,041	0,07			0,25
436		0,076	0,129			0,417
492		0,0015	0,0044			
546		0,147	0,25			0,705
578/9		0,173	0,294			0,914

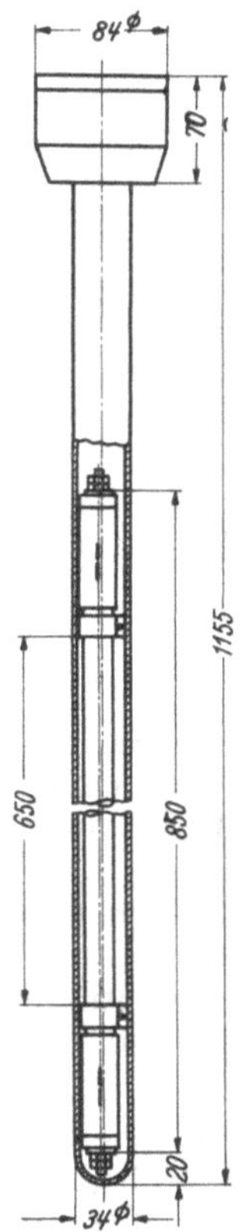

Abb. 4. „Sterisol“ Tauchlampe

Tabelle 25. *Quecksilberdampf-Brenner (ohne Außenkolben) (Hersteller Philips) Abb. 3*

Type	HP 80 W	HP 125 W
Leistungsaufnahme einschl. Vorschaltgerät Watt	89	137
Quantenstrom, Nhν/Std.		
für λ 248 mμ	0,0009	0,0014
258	0,0013	0,0021
265	0,0147[1]	0,023[1]
270	0,0036	0,0057
275	0,00065	0,00098
280	0,00134	0,0022
289	0,0072	0,0113
297	0,002	0,0032
302	0,0047	0,0074
313	0,0125	0,0197
334	0,010	0,0164
366	0,025	0,0395
405/8	0,014	0,022
436	0,0235	0,0365
492	0,0009	0,0015
546	0,041	0,064
578	0,039	0,0606

[1] Linie + Kontinuum

Tabelle 26

	Strahlungsfluß (Watt)
Unter 280 mμ	31
280—320 mμ	75
320—380 mμ	90
unter 380 mμ	195
sichtbar 380—760 mμ . . .	290

Für präparative Arbeiten besonders interessant ist die wassergekühlte Quecksilberhochdrucklampe A-H 6 der General Electric, deren Bogen in einer Quarzcapillare bei 110 Atm. betrieben wird. Bei einer Betriebsspannung von 840 Volt und einem Betriebsstrom von 1,4 Amp. werden 1000 Watt aufgenommen. Die Lampe ist eine der stärksten und kompaktesten UV-Strahler, deren UV-Strahlung wegen der Wasserkühlung des Bogens von besonders wenig Wärme begleitet ist. Entsprechend der Arbeitsweise der A-H 6 wird ein fast kontinuierliches Spektrum abgestrahlt. Wie aus der Aufstellung des Strahlungsflusses in Tab. 26 hervorgeht[1], werden allein im UV unterhalb 380 mμ 195 Watt abgegeben, so daß bereits in diesem Spektralbereich über 1 E/Std. nutzbar werden können.

Eine weitere Bereicherung der präparativen Möglichkeiten bietet die mit dem Quecksilberniederdruckbrenner NN 30/89 ausgestattete „Sterisol“ Tauchlampe (Abb. 4) der Quarzlampengesellschaft Hanau/Main,

[1] Koller, L. R.: Ultraviolet Radiation. New York: John Wiley & Sons, Inc. 1952

deren Strahlung fast monochromatisch bei 254 mμ ausgesandt wird. Bei einer Leistungsaufnahme von nur 35 Watt erreicht die Ausstrahlung im angegebenen Bereich 10 Watt.

Die Xenon-„Höhensonne" der Quarzlampengesellschaft ist wohl das sonnenähnlichste Bestrahlungsgerät für medizinische Zwecke, das z. Z. existiert. Sie nimmt im Betrieb an 220 V Wechselstrom über ein Vorschaltgerät bei einer Brennspannung von 70 V eine Leistung von 900 W auf und liefert einen Gesamtlichtstrom von 25000 lm. Ihr Strahlungsfluß im gesamten UV ist 31 W, davon 23 W im UV-A (3150—4000 Å), 5 W im UV-B (2800—3150 Å) und 3 W im UV-C (< 2800 A). Der Rohrdurchmesser ist 18 mm und der Elektrodenabstand 120 mm. Dieser Brenner hat einen verhältnismäßig niedrigen Druck. Die Lampe kann durch eine Abreißzündung ohne ein sehr kostspieliges Zündgerät in Betrieb gesetzt werden.

Xenon-Hochdrucklampen

Die Gasentladung in Krypton und Xenon liefert im Sichtbaren ein kontinuierliches Spektrum, das sich bei Fülldrücken ab etwa 1 Atmosphäre dem des Tageslichtes überraschend gut angleicht. Die starke Linienstrahlung des Xenons liegt im Ultraroten zwischen 800 und 1000 mμ und stört daher den kontinuierlichen Charakter des sichtbaren Spektrums nicht. Im UV entspricht die spektrale Energieverteilung der Xenon-Hochdruckstrahler weitgehend der extraterrestrischen, kontinuierlichen Sonnenstrahlung, deren Stärke nach kürzeren Wellenlängen kontinuierlich stark abfällt.

Xenon-Hochdrucklampen werden von Osram in zwei Ausführungen mit Luft- und Wasserkühlung hergestellt. Die Daten der für präparative Zwecke besonders interessanten wassergekühlten Lampe XBF 6000 sind in Tab. 27 zusammengestellt.

Tabelle 27. *Betriebswerte der wassergekühlten Xenon-Hochdrucklampen (Hersteller Osram)*

Type	XBF 6000	XBF 6001
Zusätzliches Kühlmittel	Wasser	
Leistungsaufnahme . . . . W	6000	
Netzspannung V	220~	220=
Stromstärke . . . . A	45	36,5
Rohrspannung V	135	165
Fülldruck (kalt) . . . . at abs.	≈1	
Lichtstrom . . . . lm	220000	
Lichtstärke . . . . cd	19000	
Lichtausbeute . . . . lm/W	37	
Leuchtdichte . . . . sb	3000	
Bogenlänge . . . . mm	110	
Bogenbreite . . . . mm	5	
Gesamtlänge der Lampe . . . . mm	320	
Durchmesser des Kolbens . . . mm	25	
Kühlwasserbedarf . . . l/min	5	

Wegen des hohen Fülldruckes der Entladungsgefäße im kalten Zustand erreichen die Lampen sofort nach dem Zünden annähernd ihre endgültigen Betriebswerte. Diese betriebstechnisch sehr wertvolle Eigenschaft der Lampen erfordert ein besonderes Zündgerät, das die für die Zündung ohne Zündsonde erforderliche Hochspannung von 10000 bis 25000 Volt liefert.

III. Einrichtung präparativer photochemischer Apparaturen

Wahl und Anordnung des Strahlers in der Apparatur

Die Wahl der Strahlungsquelle richtet sich nach ihrer Wirtschaftlichkeit in dem jeweils durch den photochemisch absorbierenden Reaktionsteilnehmer festgelegten Spektralbereich. In dessen photochemischem Optimum sollte die Emission möglichst monochromatisch sein, doch läßt sich diese photochemische Idealforderung wegen ihrer Kostspieligkeit für präparative Zwecke im allgemeinen nicht erfüllen. Eine Ausnahme bieten Natriumlampen und Quecksilberniederdrucklampen, die praktisch monochromatisch bei 589 mμ bzw. bei 254 mμ emittieren. Bei allen anderen Strahlern kann außerhalb des benötigten Spektralbereiches ausgesandte vor allem kürzerwellige Strahlung zu photochemischen Nebenreaktionen führen und ist nach Möglichkeit vor Eintritt in das Reaktionsgut zu entfernen. Oft kann in solchen Fällen ein Übergang von Quarz auf Uviolglas oder Glas im Fenstermaterial zur (meistens verlangsamten) Darstellung reinerer Produkte führen.

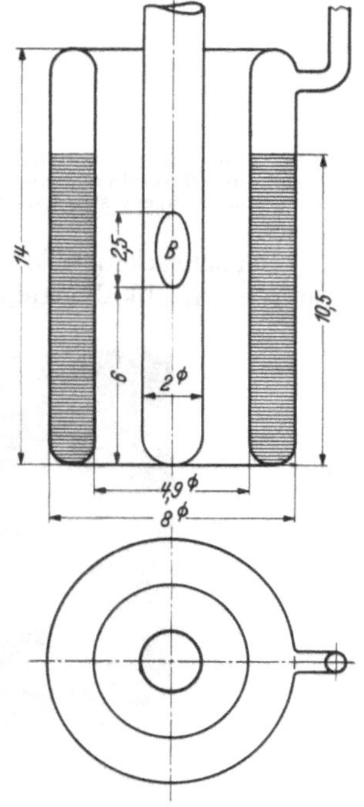

Abb. 5. Ringmantelgefäße

Zur vollen Ausnutzung des verfügbaren Quantenstromes umgibt man die Strahlungsquelle hinter einem oder meistens mehreren für die benötigten Quanten durchlässigen Fenstern mit der absorbierenden Substanz. Diese sollte mindestens in einer Schicht vorliegen, in der auch bei mechanischer Bewegung sämtliche brauchbaren Quanten absorbiert werden. Am einfachsten taucht man einen röhrenförmigen Strahler in einem unten einseitig geschlossenen Quarz- oder Glaszylinder in die Reaktionsflüssigkeit oder in das Reaktionsgas ein (Tauchlampen, Abb. 1 und 2), oder man arbeitet in Ringmantelgefäßen (Abb. 5 und 6), die die Strahlungsquelle konzentrisch umschließen. Glasrohre sind bis etwa 350 mμ brauchbar, in weiteren Dimensionen und billiger erhältlich als Quarzrohre und können gelegentlich bei Chlorierung und Sulfochlorierung bei Berücksichtigung der im folgenden Abschnitt für Radikalkettenreaktionen gegebenen Richtlinien auch wirtschaftlicher sein. Werden Quanten im Spektralbereich unterhalb 350 mμ benötigt, so empfiehlt sich stets Quarz, dessen Durchlässigkeit auch die Grenze der präparativen Photochemie im UV bestimmt.

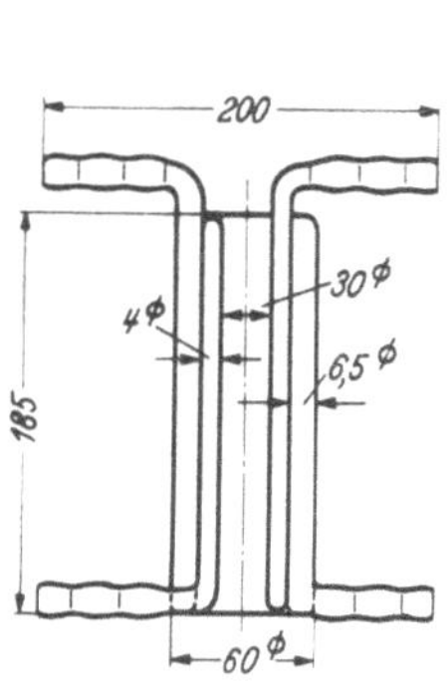

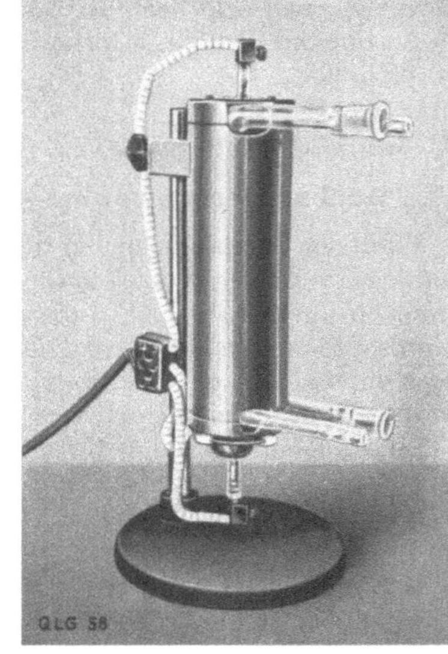

Abb. 6. Quarz-Bestrahlungsgerät UVM mit Quecksilberbrenner S 700 der Quarzlampengesellschaft mbH, Hanau

Bei sehr kleinen Ansätzen, z. B. in der Warburg-Apparatur (Abb. 7), oder bei Radikalkettenreaktionen ausreichender Kettenlänge, kann das

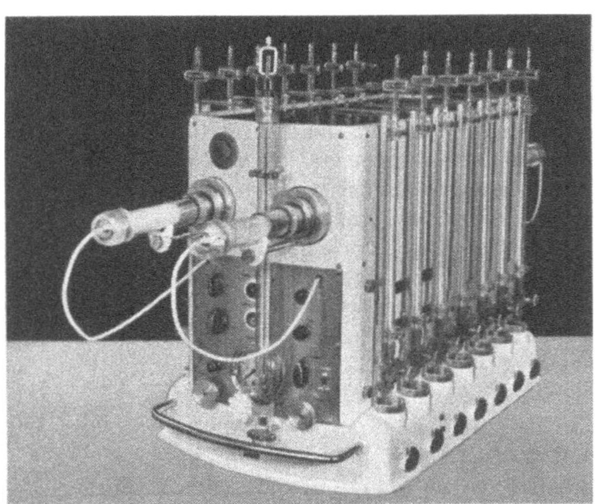

Abb. 7. Photo-Warburg-Apparat mit Leuchtstoffröhren (Herst. Fa. B. Braun, Melsungen)

Reaktionsgut einfach in einem optisch durchlässigen oder entsprechend gefensterten Reaktionsgefäß bestrahlt werden, wie dies auch beim Arbeiten mit Sonnenlicht geschehen muß.

Die mechanischen Eigenschaften der Fenster und ihre solide Verbindung mit dem Reaktionsgefäß bestimmen wesentlich die Betriebssicherheit der Belichtungsapparatur.

Die Quantenstromdichte

Die Quantenstromdichte in der Einstrahlungsfläche soll zur Erreichung guter Raumzeitausbeuten unter Bedingungen optimaler Quantenausbeute und ausreichender Kühlmöglichkeit so hoch wie möglich sein; sie findet nach meinen Erfahrungen mit der Xenon-Lampe XBF 6000 vor allem wegen der Kühlprobleme bei etwa 0,02 E/Std. · cm² ihre obere Grenze; für den praktischen Betrieb empfiehlt es sich, unterhalb von etwa 0,005 Mol/Std. · cm² zu bleiben.

Bei photochemischen Reaktionen, deren Umsatz der Quantenstromdichte direkt proportional ist, sind beliebige, auch sehr hohe Quantenstromdichten zulässig. Dagegen muß bei Radikal- oder Atomkettenreaktionen, in denen ein Umsatz proportional $\sqrt{I_{h\nu}/\text{Fläche}}$ vorliegt, zur Erzielung optimaler Quantenausbeuten eine möglichst niedrige Quantenstromdichte eingerichtet werden. Zum Beispiel kann bei einer als Radikalkettenreaktion ablaufenden Photochlorierung eine Steigerung des Umsatzes auf das $\sqrt{2}$fache erzielt werden, entweder bei sonst unveränderten Dimensionen der Einstrahlungsfläche durch Verdoppelung des auf sie entfallenden Quantenstromes oder bei unverändertem Quantenstrom durch Verdoppelung des Durchmessers des Einstrahlungszylinders, d. h. Erniedrigung der Quantenstromdichte auf die Hälfte. Hier bieten sich interessante Verwendungsmöglichkeiten für die tabellarisch nicht erfaßten Spezialleuchtstoffröhren, die z. B. als Photokopier- und UV-Leuchtstofflampen in den Handel gebracht werden.

Kühlung und Temperierung

In der präparativen photochemischen Apparatur sind Kühlung und Temperierung aus folgenden Gründen meistens nötig:

1. Entfernung der oft sehr großen Lampenwärme, um jede unnötige Erwärmung des Reaktionsgutes zu vermeiden.

2. Einstellung einer bestimmten Arbeitstemperatur für den Strahler. Zum Beispiel erreichen Quecksilberdampf-Hochdrucklampen bei zu tiefer Temperatur wegen der negativen Charakteristik ihres Widerstandes in Serie mit der Drossel keine Leistung; auch leidet dabei die Lebensdauer. Bei zu hoher Temperatur erfolgt keine Zündung oder kann der Bogen während des Betriebes abreißen.

3. Einstellung einer für den gewünschten Prozeß optimalen Arbeitstemperatur; Abführung der in Wärme umgewandelten absorbierten Quanten-Energie sowie der oft erheblichen Reaktionswärme.

4. Besondere präparative Möglichkeiten bietet die Bestrahlung in noch hinreichend fluiden (über den Einfluß von η und T vgl. Kap. 1) Systemen bis etwa —170° C. Es lassen sich so Substanzen synthetisieren, die bei Zimmertemperatur nicht mehr existenzfähig sind (wie Cyclopentadien-endoperoxyd, Furfurolperoxyd usw.) oder die erst bei tiefen

Temperaturen merklich auftreten (wie Triphenylphosphinperoxyd $(C_6H_5)_3PO_2$ unterhalb —120°).

Die durch das Lambert-Beersche Gesetz beschriebene Inhomogenität der photochemischen Reaktionsschicht verlangt, vor allem bei höheren Quantenstromdichten, die Kühlung der photochemischen Reaktionsschicht möglichst nahe an der Einstrahlungsfläche vorzunehmen. Daher ist in den meisten Fällen zwischen Strahlungsquelle und Reaktionsgut eine von einem Kühlmittel wie Wasser oder Preßluft durchströmte Kühlschicht vorzusehen. Ferner ist es oft nötig, die photochemische Reaktionsschicht durch Strömenlassen, Rühren oder Vibrieren zur weiteren Wärmeableitung auch von Reaktionswärme rasch genug zu erneuern, was oft ausreichend wirksam mit Hilfe eines längs des Einstrahlungszylinders aufsteigenden, durch eine Begasungsfritte fein verteilten Gasstromes möglich ist. Erforderlichenfalls ist das Reaktionsgut noch durch weitere innerhalb oder außerhalb der Apparatur angebrachte Wärmeaustauscher zu temperieren.

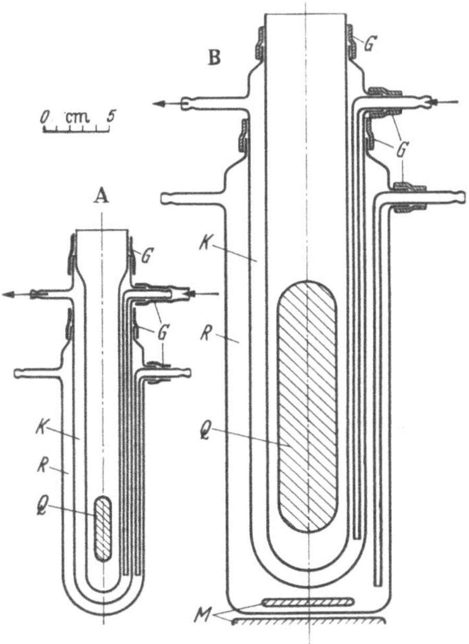

Abb. 8. Belichtungsapparatur. *Q* Quarzbrenner, *R* Reaktionsraum, *K* Kühlmantel, *G* Gummimanschette, *M* Magnetrührer

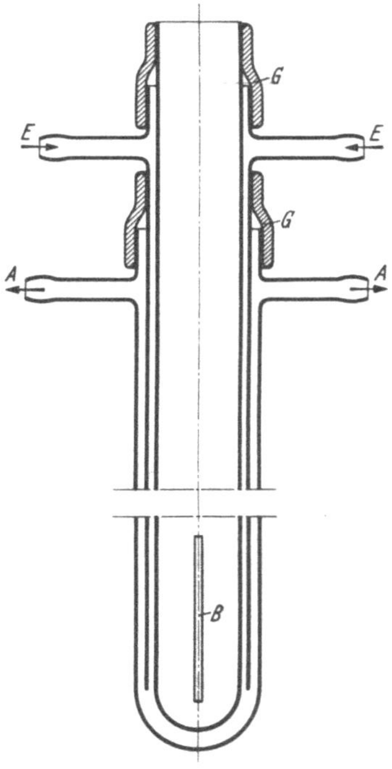

Abb. 9. Einfach improvisierte Tauchlampe mit gleichmäßig verteilter Kühlwirkung. *E* und *A* Ein- und Austritt für Kühlflüssigkeit; *B* Brenner; *G* Gummimanschetten

Am einfachsten läßt sich eine wassergekühlte Tauchlampe entsprechend Abb. 8 einrichten, doch ist damit keine gleichmäßig um die Lampe verteilte Kühlung zu erreichen. Daher bedienen wir uns lieber gekühlter Tauchlampen, wie durch Abb. 9 erläutert, die den geschilderten Nachteil nicht haben.

Wenn, wie bei der Photolyse des Methyläthylketons, verschiedene ähnlich wie das Ausgangsmaterial absorbierende, aber höher als dieses siedende Stoffe entstehen, empfiehlt sich während der Bestrahlung eine kontinuierliche, z. B. destillative Abtrennung des Photolysates, wie in der durch Abb. 10 erläuterten Umlauf-Belichtungsapparatur. Bestrahlt wird in einer Quarzringmantelapparatur mit Wasserinnenkühlung mit dem Quarzquecksilberbrenner S 700 (Bestrahlungsgerät der Quarzlampengesellschaft mbH Hanau).

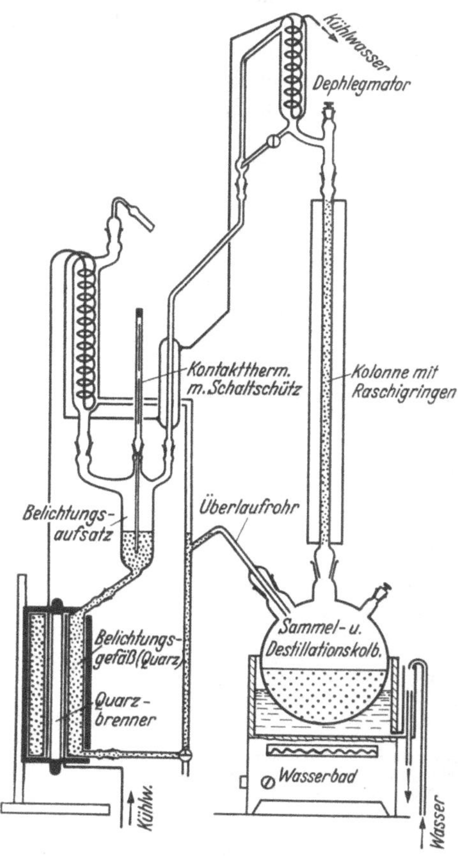

Abb. 10. Umlaufbelichtung mit dem Quarzbrenner S 700 (Bestrahlungsgerät UVM Hanau)

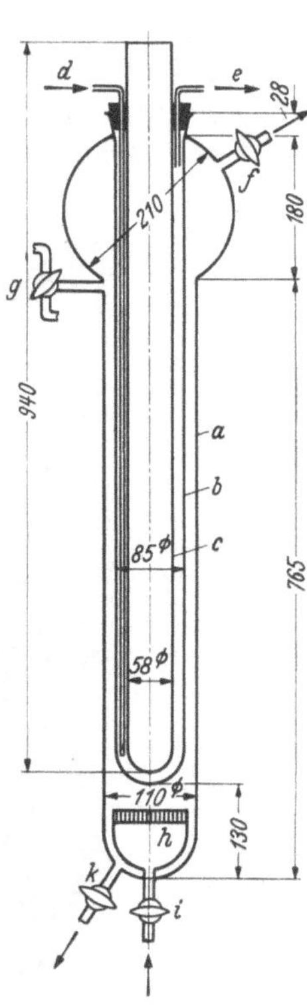

Abb. 11. Bestrahlungsgerät (Bauart Jenaer Glaswerke Schott & Gen., VEB Jena). *a* Reaktionsgefäß, *b* Kühlmantel, *c* Lampenschacht, *d* Kühlwassereintritt, *e* Kühlwasseraustritt, *f* Gasaustritt, *g* Reaktionsguteintritt, *h* Glasfritte, *i* Gaseintritt, *k* Reaktionsgutaustritt (Nach ULLMANN, Enzyklopädie d. techn. Chemie, III. Aufl.)

Vielseitig verwendbar für größere Ansätze ist ein Apparat wie der mit einer Begasungsfritte ausgestattete „Bestrahlungsdurchlaufer“ (Abb. 11) der Jenaer Glaswerke Schott & Gen., dessen mittlerer, mit dem Außenzylinder oben verschmolzener Zylinder aus Uviol-Glas ist. Das mit Wasserinnenkühlung versehene Gerät kann maximal zwei Quecksilberdampflampen Osram HgH 5000 oder eine Xenonhochdrucklampe

XBF 6000 aufnehmen, so daß praktisch 1,5—4 E pro Stunde im Sichtbaren nutzbarer Quanten in das Reaktionsgut eingestrahlt werden können. Bei Verwendung der Xenonlampe muß das zu bestrahlende Material noch durch ein besonderes Kühlsystem umgepumpt werden.

Für noch größere Ansätze sowie um Substanzen präparativ zugänglich zu machen, die mit nur kleinen Quantenausbeuten in großer Verdünnung erhalten werden können, vereinigt man zweckmäßig mehrere Tauchlampen in einem größeren Gefäß, wie z. B. durch Abb. 12 erläutert. Wichtig ist dabei, daß unter jeder Tauchlampe eine oder mehrere Begasungsfritten angeordnet werden, die jeweils über Membranpumpen ihren eigenen durch Differentialmanometer kontrollierten Gaskreislauf haben sollen. Das Arbeiten mit einer kleinen Belichtungsapparatur mit automatischer Registrierung wird im folgenden Kapitel beschrieben.

Abb. 12. Großbelichtung mit etwa 80 l Flüssigkeit mit 5 Tauchlampen. Rechts neben dem Bel.-Gefäß unten: Drosseln und Gasuhr, oben: Membranpumpen und Differentialmanometer zur Kontrolle des Gasumlaufes. Im praktischen Betrieb dürfen die Drosseln nicht zu nahe bei den Lampen aufgestellt sein (vgl. Text)

Die besonderen Verhältnisse an der Einstrahlungsfläche und an der Fensterwand

Außer wegen der bei höheren Bestrahlungsdichten erforderlichen Kühlung ist eine ständige Erneuerung der photochemischen Reaktionsschicht aus folgenden Gründen notwendig:

1. Ersatz der verbrauchten Reaktionsteilnehmer.

2. Entfernung der photochemischen Umsetzungsprodukte, um optimale Quantenausbeuten zu erhalten und Nebenreaktionen oder Filterwirkungen der Umsetzungsprodukte zu vermeiden.

Besonders zu beachten sind die Verhältnisse in den unmittelbar an die Einstrahlungsfläche grenzenden, oft nur einige μ dicken Schichten, in denen die ersten 10—20% der eingestrahlten Quanten absorbiert werden. Hier liegt eine häufige, bei der Handhabung chemischer Aktinometer stets zu beachtende Fehlerquelle und Ursache mangelhafter Reproduktion von Quantenausbeuten vor.

Ein Beispiel: Im Falle einer photosensibilisierten Reaktion mit Sauerstoff bei $c_{\text{Sens}} = 0{,}001$ Mol/Liter und $\varepsilon_{\text{Sens}} = 50000$ ml/Mol werden 6,9% der eingestrahlten Quanten in einer ersten Schicht von nur 6,25 μ Dicke absorbiert, deren Volumen über 1 cm² Einstrahlungsfläche nur 0,625 mm³ ausmacht. Bei einer mit der wassergekühlten Xenon-Hochdrucklampe XBF 6000 ohne weiteres erreichten Quantenstromdichte von 0,01 E/Std. · cm² Einstrahlungsfläche werden pro cm² Einstrahlungsfläche pro sec 62,3 „mm³" Quanten eingestrahlt. Von diesen werden in dem obigen Reaktionsvolumen (von 0,65 mm³) 6,9% entsprechend 4,3 mm³ Quanten pro sec absorbiert, denen in 0,65 mm³ einer bei 0°/760 mm mit Sauerstoff gesättigten alkoholischen Lösung nur ein Vorrat von etwa 0,07 mm³ Sauerstoff gegenübersteht. Soll in dieser Schicht die Quantenausbeute einer Sauerstoff-Übertragung = 1 sein, so muß die Schicht in der Sekunde 61,3mal völlig erneuert werden. Nicht berücksichtigt ist dabei aber noch, daß die Quantenausbeute bereits nach Absinken der Sauerstoff-Konzentration auf ein Fünftel merklich abnimmt.

Nimmt man an, daß unter den Bedingungen des Beispiels trotz noch vorhandener Wärmeanteile der Strahlung pro absorbiertes Mol Quanten in der Flüssigkeit nur 72 kcal auftreten, so erhält die betrachtete erste Schicht von 0,65 mm³ pro sec 0,014 kcal; d. h. pro mm³ dieser Reaktionsschicht 22,1 cal pro sec. Die lokale Temperaturerhöhung der ersten Schicht würde demnach pro sec etwa 40° betragen, und ähnliche Verhältnisse finden sich noch in den weiteren Schichten bis etwa 25% Absorption.

Wie das Beispiel zeigt, muß die photochemische Reaktionsschicht laufend sehr schnell erneuert werden, was bei präparativen Arbeiten nur durch Strömung möglich ist, da Diffusionsprozesse zu langsam sind. In besonderen Fällen kann — wie unten gezeigt — der Austausch der Schicht teilweise auch durch eine Verschiebung der Einstrahlungsfläche auf der Flüssigkeitsoberfläche (durch eine Relativbewegung von Strahler und Reaktionsgefäß) geschehen. Oder es muß mit intermittierendem Licht gearbeitet werden, dessen Einstrahlung jeweils nur solange dauert, als die Quantenausbeute nicht abfällt. (Versuche mit intermittierendem Licht können jedoch nur der Feststellung optimaler Bedingungen für präparatives Arbeiten dienen.)

Die Geschwindigkeit des Austausches muß in der Schicht direkt unter der Einstrahlungsfläche am größten sein. Ist aber diese Fläche durch ein Fenster begrenzt, so wird der Austausch in der photochemisch wichtigsten Schicht infolge der zwischen Wand und Reaktionsgut wirkenden zwischenmolekularen Kräfte am meisten verlangsamt und die nötige Strömung in Schichten von einigen Mikron erheblich erschwert.

Der geschilderte Effekt kann bereits bei den in der Photo-Warburg-Apparatur mit Leuchtstoffröhren[1] (Abb. 7) erreichbaren Bestrahlungsdichten in der Abhängigkeit der Quantenausbeute von Quantenstromdichte und Schüttelfrequenz im Bereich von 1 Hertz beobachtet werden. Wir haben daher für die gleichzeitige reaktionskinetische Untersuchung kleiner präparativer Ansätze (etwa 0,01—0,1 Mole) Ringmantelgefäße der in Abb. 5 gezeigten Art herangezogen.

Ein solches Gefäß umgibt in einem meistens mit dest. Wasser gefüllten Thermostaten konzentrisch eine festmontierte Tauchlampe (Brenner z. B. S 81, HQA 500, HP 125 W) und wird mittels einer Schüttelvorrichtung kräftig auf- und abbewegt (Amplitude bis 4 cm, Frequenz bis 4 Hertz). Dabei wird stets die gesamte Strahlung absorbiert, und es ergibt sich durch den periodischen Wechsel der Einstrahlungsfläche eine vorteilhafte Art intermittierender Bestrahlung. Im bisher untersuchten Bereich bis zu Quantenstromdichten von 0,004 E/Std. · cm^2 lassen sich die theoretisch zu erwartenden Quantenausbeuten auch präparativ einstellen.

Größere präparative Apparaturen können nicht geschüttelt werden. Man läßt dann das Reaktionsgut ausreichend rasch durch die bestrahlte Zone strömen, wobei die gesamte Schichtdicke die des photochemischen Reaktionsbereichs möglichst wenig übersteigen soll. Oder es muß wirksam gerührt werden, was im eigentlichen photochemischen Reaktionsbereich am besten durch einen am Einstrahlungsfenster hochsteigenden, durch eine Begasungsfritte fein verteilten Gasstrom geschieht, den man zweckmäßig mittels einer Membranpumpe im Kreislauf durch die Apparatur führt. Liegt ein Reaktionsteilnehmer teilweise ungelöst vor, ist es zweckmäßig, das Begasungsrohr gleichzeitig als Vibromischer zu verwenden (Firma Bopp & Reuther, Mannheim-Waldhof).

Da an der Wand des Einstrahlungsfensters die größte Konzentration der photochemischen Primär- und Zwischenprodukte vorliegt, können diese sich dort durch Adsorption anreichern und zu Nebenprodukten führen. Es entstehen dann oft, z.B. selbst aus bestrahltem reinen Benzol, auf dem Einstrahlungsfenster unlösliche Beläge, die, lange bevor sie mit dem Auge erkennbar werden, als unerwünschte UV-Strahlenfilter wirken. Nach verschiedenen Beobachtungen können auch an der Wand absorbierte Inhibitoren eine Depression der Quantenausbeuten verursachen. Deshalb müssen die Einstrahlungsfenster stets rein gehalten werden.

Für die Anordnung der photochemischen Reaktionsschicht sind außer den in dieser Abhandlung behandelten Möglichkeiten zahlreiche Lösungen denkbar und z. T. in der Literatur beschrieben[2]; z. B. Apparate zur Bestrahlung von Milch in einem auf einer geeigneten Fläche sich ausbreitenden Film, zur Bestrahlung von Hefe auf rotierenden Walzen,

[1] Schenck, G. O., u. K. G. Kinkel: Z. El. Ch. **56**, 868 (1952). — Schenck G. O.: Z. El. Ch. **55**, 505 (1951).

[2] Meyer, A., u. E. O. Seitz: Ultraviolette Strahlen. Berlin: W. de Gruyter 1949. — Noyes, W. A. jr., u. V. Boekelheide: Photochemical Reactions (Technique of Organic Chemistry, Vol. II). New York: Interscience Publ. Inc. 1948. — Ellis, C., u. A. A. Wells: The Chemical Action of Ultraviolet Rays. New York: Reinhold Publ. Co. 1946.

oder Belichten in einem an der Außenseite eines vertikalen Quarz- oder Glaszylinders fallenden Film mit einer im Innern des Zylinders befindlichen Strahlungsquelle, usw. Stets aber muß die Einstrahlungsfläche durch eine Fensterwand begrenzt sein, wenn eine künstliche Strahlungsquelle voll ausgenutzt werden soll. Die ideale photochemische Reaktionsschicht hat keine Fensterberührung. Dies kann aber für präparative Zwecke praktisch nur beim Arbeiten mit Sonnenlicht verwirklicht werden.

Den photochemischen Idealforderungen entsprechen weitgehend die Blätter der Pflanzen sowie die lichtempfindlichen Schichten der Augen, deren photochemische Einstrahlungsfläche durch den als Fenster davorliegenden Sehnerven begrenzt wird.

IV. Apparative Hilfsmittel

Vorversuche

Vor der präparativen Durchführung photochemischer Reaktionen in größeren Ansätzen empfiehlt es sich, die günstigsten Arbeitsbedingungen in Vorversuchen zu ermitteln. Für kinetische und aktinometrische Untersuchungen im Mikromaßstab haben wir die Photo-Warburg-Apparatur mit Leuchtstoffröhren[1] (Abb. 7) eingeführt, bei der in jeweils 7 gleich große Reaktionsgefäße der innerhalb 5% gleiche Quantenstrom von unten her eingestrahlt werden kann.

Daher können Einflüsse verschiedener Variablen auf die Quantenausbeute bei gleichzeitig belichteten Gefäßen (z. B. mit einer Gesamt-Sauerstoff-Aufnahme von je 100—300 mm^3) sofort an den Geschwindigkeitsunterschieden erkannt werden, und die Quantenausbeute läßt sich durch gleichzeitig mitlaufende Aktinometer-Reaktionen kontrollieren. Durch Blenden verschiedener Spaltweiten, die über die Leuchtstoffröhren geschoben werden, läßt sich die Bestrahlungsdichte in weiten Grenzen ändern; auch gestatten die Blenden eine einfache Anbringung optischer, z. B. Gelatinefilter.

Für die Warburg-Apparatur kann auch von der Firma B. Braun, Melsungen, eine von Prof. TH. GAST, Darmstadt, entwickelte Vielfach-Registriereinrichtung bezogen werden. Anstelle der sonst üblichen Flüssigkeitsmanometer werden hier kleine als Kondensatoren ausgebildete Manometer verwendet, deren Kapazitätsänderung im benötigten Bereich der Druckänderung proportional ist.

Für kinetische Präzisionsmessungen an kleinen präparativen Ansätzen eignet sich am besten die bereits erwähnte Belichtung in rasch bewegten Ringmantelgefäßen. Die hierin festgestellten Quantenausbeuten ließen sich dann in Großansätzen mit dem fünfzigfachen Quantenstrom innerhalb 10% einstellen.

Zur Bestimmung der Quantenausbeuten

Wichtigstes Kriterium photochemischer Reaktionen ist die Quantenausbeute, ohne deren Kenntnis präparative Lichtreaktionen weder

[1] SCHENCK, G. O., u. K. G. KINKEL: Z. El. Ch. **56**, 868 (1952). — SCHENCK, G. O.: Z. El.Ch. **55**, 505 (1951).

richtig verstanden noch optimal durchgeführt werden können. Daher kommt der Ermittlung des vom Reaktionsgut absorbierten Quantenstromes erhebliche praktische Bedeutung zu.

Gegenüber der bolometrischen oder zur Not auch photoelektrischen Messung des Strahlungsflusses (in Watt) besitzt die aktinometrische Bestimmung des Quantenstromes (in Quanten/Zeiteinheit) wegen der

Tabelle 28. *Chemische Aktinometer*

Lfd. Nr.	Spektralbereich etwa $m\mu$	absorbierende Stoffe	Reaktion	Quantenausbeute	Literatur
I	420—660	Äthylchlorophyllid, Protoporphyrin, Phäophorbid a + b	photosens. Reaktion von O_2 mit Thioharnstoff in Pyridin + Spur Piperidin	0,98	[1, 2, 3]
II	200—440	UO_2^{++}	Photolyse von Uranyloxalat	0,53	[4, 5, 6, 7, 8, 9, 10, 11, 12]
III	Absorption des Chlors	Cl_2	Chlorknallgas-Reaktion mit Cl_2 zu O_2 1:1	15—16 (Kettenlänge)	[13]
IV	354—313	Malachitgrünleukocyanid	Bildung von Malachitgrün bei Bestrahlung in Alkohol (speziell zur Bestimmung niedriger Intensitäten $< 10^{13}$ Quanten/sec)	0,98	[14, 15]
V	180—250	HBr	Photolyse von gasförmigem Bromwasserstoff zu $H_2 + Br_2$	1	[16]

[1] Warburg, O., u. V. Schocken: Arch. of Biochem. **21**, 363 (1949).
[2] Burk, D., u. O. Warburg: Z. Naturforsch. **6 b**, 12 (1951).
[3] Gaffron, H.: B. **60**, 755 (1927).
[4] Meyer, A., u. E. O. Seitz: Ultraviolette Strahlen. Berlin: W. de Gruyter 1949. — Noyes, W. A. jr., u. V. Boekelheide: Photochemical Reactions (Technique of Organic Chemistry, Vol. II). New York: Interscience Publ. Inc., p. 103—108, insbesondere p. 105 (1949). — Ellis, C., u. A. A. Wells: The Chemical Action of Ultraviolet Rays. New York: Reinhold Publ. Co. 1946.
[5] Gibbs, H. D.: J. Phys. Chem. **16**, 717 (1912).
[6] Büchi, P. F.: Z. physiol. Chem. **111**, 269 (1924).
[7] Anderson, W. T., jr., u. F. W. Robinson: Am. Soc. **47**, 718 (1925).
[8] Müller, R. H.: Biochem. Z. **178**, 80 (1926).
[9] Forbes, G. S., u. W. G. Leighton: Am. Soc. **52**, 3150 (1930).
[10] Forbes, G. S., L. J. Heidt u. G. B. Kistiakowsky: Am. Soc. **54**, 3246 (1932).
[11] Forbes, G. S., u. F. P. Bracket jr.: Am. Soc. **55**, 4459 (1933).
[12] Forbes, G. S., u. L. J. Heidt: Am. Soc. **56**, 2363 (1934).
[13] Cremer, E., u. H. Margreiter: Z. physiol. Chem. **199**, 90 (1952).
[14] Calvert, J. G., u. H. J. L. Rechen: Am. Soc. **74**, 2101 (1952).
[15] Vgl. auch L. Chalkley: J. of the Optical Society of America **42**, 387 (1952).
[16] Noyes, W. A.: J. Chem. Phys. **5**, 809 (1937).

Anpassung an jede Gefäßform für den täglichen Gebrauch im Laboratorium erhebliche Vorteile. Die chemischen Aktinometer entsprechen in ihrer Aufgabe den Coulometern der Elektrochemie; sie arbeiten mit Hilfe photochemischer Reaktionen bekannter und gut reproduzierbarer Quantenausbeute und liefern jeweils das Integral des Quantenstromes über Zeit, Intensität und Einstrahlungsfläche.

Für die meisten photochemisch präparativen Zwecke genügen die beiden im Violetten sich überlappenden Aktinometer I (für „Sichtbares") und II (für „UV") der Tab. 28. Bei Chlorierungs- und Sulfochlorierungsprozessen empfiehlt sich besonders auch die als Aktinometer III aufgeführte elegante Cremersche Variante des Draper-Bunsenschen Chlorknallgas-Aktinometers, in der die Kettenlänge durch den beigemischten Sauerstoff auf maximal 18, im praktischen Betrieb 15—16, beschränkt wird.

Da die Gewinnung der für die Aktinometer I benötigten Farbstoffe aus den natürlichen Ausgangsmaterialien stets mit erheblichen Mühen verbunden ist, haben wir für Arbeiten im langwelligen Spektralbereich von Quecksilberdampflampen (546, 579 mμ) sowie von Natriumdampflampen (589 mμ) ein neues Aktinometer gesucht und in der mit Rose Bengale in Alkohol photosensibilisierten Reaktion von Sauerstoff mit N-Acetyl-furfurylamin gefunden; Quantenausbeute der Sauerstoff-Aufnahme: 0,98.

Ein Nachteil des unter II aufgeführten Uranyloxalat-Aktinometers ist die Notwendigkeit, dessen photochemische Veränderungen durch Titration zu verfolgen.

Bequemer ist daher die durch Uranylsulfat sensibilisierte H_2O_2-Photolyse. Sie beruht wohl im wesentlichen auf der photochemischen Spaltung eines aus UO_2SO_4, H_2O_2 und H_2SO_4 in wäßriger Lösung entstehenden, stärker als UO_2SO_4 absorbierenden Peroxydkomplexes. In Abwesenheit oxydabler Substanzen verläuft die Reaktion unter Entwicklung von Sauerstoff nach

$$H_2O_2 \xrightarrow[\text{in verd. } H_2SO_4]{+ h\nu/UO_2SO_4} H_2O + 1/2\ O_2 .$$

Unter folgenden Standardbedingungen geschieht die Photolyse von 1,0 m—0,2 m H_2O_2 mit praktisch konstanter Quantenausbeute (Φ): 0,15—0,1 m UO_2SO_4, 3 m H_2SO_4, 1,0 — bis 0,2 m H_2O_2 in H_2O; $\Phi_{H_2O_2} =$ 1,3 $\pm$ 0,03; Temperaturkoeffizient $\Phi_{25^\circ}/\Phi_{15^\circ} = 1{,}095$; λ: 366—436 mμ (vermutlich brauchbar bis etwa 250 mμ).

Die angegebenen Quantenausbeuten sind durch aktinometrischen Vergleich mit dem „Uranyloxalat-Aktinometer" gewonnen; meistens dürften die Vorteile der bequemeren Handhabung des neuen Aktinometers die vielleicht geringere Genauigkeit ($\pm$ 4%) in der Regel überwiegen.

Das Uranyl-Peroxyd-Aktinometer bleibt im Gebrauch praktisch unverändert, da nur das photochemisch verbrauchte H_2O_2 ersetzt werden muß. Nach längerer Benutzung ist durch Abdestillieren von Wasser das Ausgangsvolumen wieder herzustellen. Eine Reduktion von U^{VI} zu U^{IV}

tritt nicht ein. Soweit im Sinne von HEIDT[1] U^{VI} zu U^{V} reduziert wird, reagiert dieses mit H_2O_2 wieder zu U^{VI}, ohne daß die Gesamtbilanz des Prozesses verändert wird.

Der Chemismus der durch Uranylsalz sensibilisierten H_2O_2-Photolyse ist im einzelnen noch nicht geklärt. Daß hierbei intermediär OH-Radikale auftreten, beweist die Hydroxylierung von Benzol (vgl. G. STEIN und J. WEISS[2]), wobei die Sauerstoff-Entwicklung mehr oder weniger stark inhibiert wird, und als Hauptprodukte Phenol und Diphenyl, ferner in geringer Menge Brenzcatechin, höhere Phenole und Harze entstehen.

Messen, Registrieren und Regeln bei photochemischen Reaktionen[3]

Damit Chemikalien, Lampen und Energie nicht vergeudet werden, ist es wichtig, die festgestellten günstigen Arbeitsbedingungen während der Bestrahlung soweit als möglich kontinuierlich aufrecht zu erhalten. Dies setzt meistens eine laufende analytische Kontrolle des Prozesses voraus, die jedoch oft schwierig oder praktisch unmöglich ist.

Schon allein die richtige Dauer der Belichtung kann zum Problem werden, da im Betrieb sehr große Abweichungen von einer zunächst empirisch ermittelten Bestrahlungszeit vorkommen können; z. B. infolge von Schwankungen der Netzspannung, verschiedener Arbeitstemperaturen und Alterung der Lampen, Bildung von Belägen auf Innen- und Außenwänden der Einstrahlungsfenster (vom Kühlwasser her Algen, Eisenhydroxyde usw.). Ferner können Bestrahlungsdauer und Zusammensetzung der Endprodukte völlig verändert werden durch mit den Chemikalien oder Lösungsmitteln eingeschleppte oder aus Gummi- oder Kunststoffschläuchen (cave Polyvinylchlorid) extrahierte Verunreinigungen, die sich beim sonstigen präparativen Arbeiten noch kaum bemerkbar machen.

Die kolorimetrische oder besser spektralphotometrische Kontrolle (Durchflußküvetten) erfaßt stets die Dicke der photochemischen Reaktionsschicht, gibt aber deren Zusammensetzung nur in besonders einfachen Fällen (meistens) direkter photochemischer Reaktionen Auskunft. Daher kann bei dieser Methode allgemein nur die Dicke der photochemischen Reaktionsschicht als meßbare Regelgröße dienen.

Zahlreiche photochemische Reaktionen erfolgen unter Verbrauch (z. B. von O_2, Cl_2, CO, CO_2, H_2S, SO_2, NO) oder Entwicklung (z. B. von N_2, O_2, CO, CO_2, HCl) von Gasen. Meistens besteht zwischen den Veränderungen im Reaktionsgut und dem umgesetzten Gasvolumen ein einfacher gesetzmäßiger Zusammenhang, der es erlaubt, den Verlauf der Photoreaktion mittels einfacher volumetrischer oder manometrischer Messungen zu verfolgen. Wir haben für derartige Messungen eine für analytische wie präparative Zwecke gleich geeignete Methode zur automatischen Registrierung entwickelt, die mit wenig zusätzlichen Mitteln eine vollautomatische Regelung präparativer Umsetzungen im Labora-

[1] HEIDT, L. J., u. K. A. MOON: Am. Soc. **75**, 5803 (1953).

[2] STEIN, G., u. J. WEISS: Nature **166**, 1104 (1940).

[3] Nach Untersuchungen mit den Herren Dr. K. KINKEL, E. KOCH und W. HAUBOLD.

toriums- oder Technikums-Maßstab gestattet. Das Prinzip wird zusammen mit der Durchführung einer Reaktion in einer kleinen Belichtungsapparatur an einem einfachen Beispiel volumetrischer Messung im folgenden Abschnitt beschrieben.

Belichtungsapparatur mit Registrierung des Sauerstoffverbrauchs[1] (Abb. 13)

Ein wassergekühlter Tauchschacht für die Lampe HQA 500 wird in das oben verjüngte Reaktionsgefäß (*1*) mit Hilfe eines Gummischlauches gasdicht eingebracht. Durch eine Glasfritte mit der Porenweite G 1 wird der Sauerstoff von unten her in das Reaktionsgefäß eingeleitet. Die Pumpe (*4*) (Membranpumpe mit Kunststoffventilen der Phywe AG., Göttingen) bewirkt das Umpumpen des Sauerstoffs, dessen Strömungsgeschwindigkeit an dem Differentialmanometer (*5*) gemessen werden kann. An den Sauerstoffkreislauf sind durch *T*-Stück die Gasvorratsbürette (*2*) mit einem als Mariottesche Flasche ausgebildeten Niveaugefäß (*3*) und das Kontaktbarometer (*6*) angeschlossen. Die Bürette kann je nach der erforderlichen Gasmenge beliebig dimensioniert sein (z.B. 50 cm^3 bis 50 l-Bürette); sie braucht nicht unbedingt kalibriert zu sein. Das Kontaktbarometer (*6*) enthält eine mit einem schwerflüchtigen Kohlenwasserstoff überschichtete KCl- oder NaCl-Lösung und zwei Platinelektroden. Die Elektroden werden als Kontaktgeber auf das Relais geschaltet. Das Relais (*7*) steuert den Arbeitsstrom für einen in seiner Geschwindigkeit regelbaren Motor (*8*), der die Spindel (*9*) in Bewegung setzt. Die Spindel (*9*) führt einen Wagen (*10*), der das Niveaugefäß (*3*) sowie die Schreibfeder (*11*) trägt. Neben der Spindel befindet sich die mit Millimeterpapier bespannte Trommel eines Kymographions (*12*).

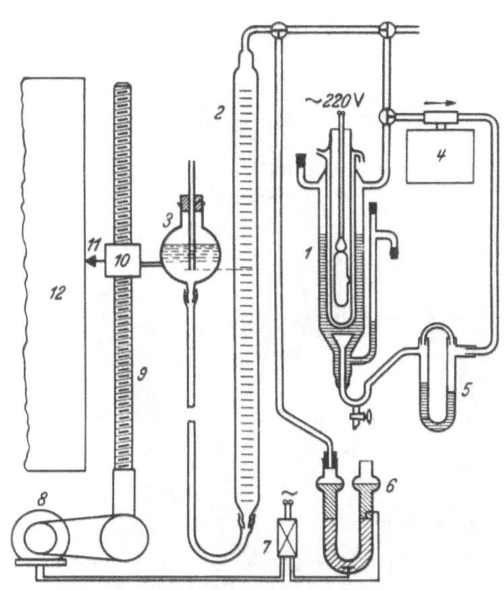

Abb. 13. Schema einer Belichtungsapparatur mit automatischer Registrierung des Sauerstoffverbrauchs

Der durch den Verbrauch des Sauerstoffs in der geschlossenen Apparatur entstehende Unterdruck bewirkt das Abreißen des Platinkontaktes im Kontaktbarometer (*6*). Dadurch wird über das Relais (*7*) (in diesem Falle ein *T*-Relais) der Spindelantrieb (*8*) eingeschaltet. Dieser

[1] SCHENCK, G. O., K. G. KINKEL u. H.-J. MERTENS: A. **584**, 125 (1953).

dreht die Spindel und führt damit das Niveaugefäß und den Schreibstift hoch. Durch den hierdurch entstehenden Druckausgleich wird im Kontaktbarometer (*6*) durch Kurzschluß im Relais (*7*) der Arbeitsstrom für den Motor (*8*) abgeschaltet. Bei weiterem Gasverbrauch beginnt dieser Vorgang von neuem. Auf diese Weise erhält man eine treppenförmige Kurve, deren Stufen um so kleiner werden, je besser die Geschwindigkeit des Spindelantriebes der der ablaufenden Reaktion angepaßt werden kann. Diejenigen Punkte, an denen sich die Spindel in Bewegung setzt, sind jeweils Punkte genau gleicher Versuchsbedingungen. Es können bis zu 10 Meßstellen pro min erreicht werden.

Durchführung eines Versuches

5 g α-Terpinen werden in 100 cm³ einer Lösung von 50 mg Methylenblau in Isopropanol gelöst und diese Lösung nach Einschalten der Membranpumpe (*4*) und des Kühlwassers der Lampe durch den Einfüllstutzen am Reaktionsgefäß (*1*) eingefüllt. Nach gründlichem Durchspülen der Apparatur und der Bürette mit Sauerstoff wird die Apparatur abgeschlossen und mit dem Kontaktbarometer (*6*) verbunden. Der Wagen der Spindel ist auf das untere Ende eingestellt. Nach Einschalten der elektrischen Anschlüsse ist die Apparatur betriebsfertig und notiert die ablaufende Reaktion ohne weitere Wartung. Nach Beendigung der Reaktion (z. B. nach 15—30 min und Verbrauch von 300 – 500 cm³ Sauerstoff; Ausbeute bis etwa 4,5 g Askaridol) werden zuerst das Kontaktbarometer und die elektrischen Anschlüsse abgeschaltet; die Reaktionslösung kann durch den Ablaßstutzen des Reaktionsgefäßes (*1*) zur Aufarbeitung abgelassen werden.

Abb. 14. Arbeitsspindel mit Motor und Drehfeldgeber und kompletter Belichtungsapparatur

Aus vielen Gründen empfiehlt es sich, Hebung und Senkung der Niveaugefäße von der Schreib- und Registriervorrichtung räumlich zu trennen. Deshalb benutzen wir für den Transport der Niveaugefäße „Arbeitsspindeln" und bringen an Kymographien und an Bandschreibertransportwerken geeignete Schreibvorrichtungen an, die mit den Arbeitsspindeln mechanisch (flexible Wellen) oder elektrisch (z. B. Drehfeldübertragung, Widerstandssender-, Impulstelegramm-Verfahren usw.) verbunden sind. Abb. 14 zeigt eine Arbeitsspindel mit Motor und

Drehfeldgeber sowie im Bilde oben von links nach rechts Gasbüretten, Kontaktmanometer, Belichtungsapparatur und Membranpumpe; die Belichtungsapparatur besitzt unten rechts einen weiten Stutzen, durch den während des Betriebes mittels einer Schliffverbindung die Begasungsfritte geführt ist, und durch den nach Ablassen der Lösung ausgefallene Umsetzungsprodukte entnommen werden können. Abb. 15 zeigt ein Kymographion (B. Braun, Melsungen), an dem 2 mit Drehfeldempfängern ausgestattete „Schreibspindeln“ angebracht sind.

Abb. 15. Kymographion mit 2 durch Drehfeldempfänger angetriebenen Schreibspindeln

Wir versehen die Arbeitsspindeln mit Kontaktgebern, die pro Umdrehung eine bestimmte Anzahl elektrischer Impulse geben. Diese wirken auf einfache elektrische Zählwerke (Gesprächszähler), an denen der jeweilige Verbrauch (bzw. Entwicklung) des Gases abgelesen werden kann. Dieselben elektrischen Impulse werden in einem Mittelwertschreiber (Bopp & Reuther, Mannheim) zur Feststellung der Reaktionsgeschwindigkeit verwertet, die dann bereits während der Umsetzung automatisch geschrieben (Ordinate) und gegen die sich ändernde Konzentration des einen Reaktionsteilnehmers (Abszisse) aufgetragen werden kann; hierfür muß nur der Abszissenvorschub der Schreibvorrichtung mit der Arbeitsspindel elektrisch gekuppelt werden. Die gleichen elektrischen Impulse wie oben können schließlich mit Hilfe eines einfachen nachschaltbaren Treppenhausbeleuchtungs-Automaten zur Abschaltung der ganzen Anlage dienen, die erfolgt, wenn eine vorgeschriebene Geschwindigkeit der Umsetzung unterschritten wird.

In vielen von uns untersuchten Fällen durchläuft die Quantenausbeute der photosensibilisierten Autoxydation mit zunehmender Konzentration der als Sauerstoff-Akzeptor dienenden Verbindung ein Maximum und fällt bei höherer Konzentration wieder stark ab. Die einmal eingestellte günstige Akzeptorkonzentration muß also aufrechterhalten werden: dies gelingt einfach und zuverlässig durch eine mit der Arbeitsspindel gekoppelte Dosiervorrichtung. Analog läßt sich aber auch eine kontinuierliche Förderung des gesamten Reaktionsgutes durch die Bestrahlungsapparatur mittels einer mit der Arbeitsspindel geeignet gekoppelten Dosierpumpe vornehmen. Auf solche Weise sind wir nun in der Lage, auch mit dem täglich durch viele Zehnerpotenzen variierenden Quantenstrom der Sonne unter stets optimalen Reaktionsbedingungen in einem kontinuierlichen Verfahren zu arbeiten, dessen Reaktionsgut mit einer der jeweiligen Helligkeit praktisch entsprechenden Geschwindigkeit durch die belichtete Zone gepumpt wird.

Bei manchen photosensibilisierten Reaktionen mit Sauerstoff findet gleichzeitig ein starkes Ausbleichen des als Sensibilisator dienenden Farbstoffes statt, so daß dieser laufend ergänzt werden muß. Zu diesem Zweck kann das Reaktionsgut im Nebenschluß zur Belichtungsapparatur durch eine Röhre gepumpt werden, in der in einem Baumwollsäckchen der Sensibilisator vorrätig ist. Die Pumpe läßt sich nach Bedarf durch ein Relais ein- und ausschalten, das von einer kleinen, hinter dem normalen photochemischen Reaktionsbereich in einer Glasumhüllung angeordneten Photozelle gesteuert wird.

Sicherung gegen Betriebsstörungen

Die photochemische Apparatur kann im allgemeinen unbeaufsichtigt über Nacht betrieben werden, wenn eine Sicherung gegen unzureichende Kühlung eingebaut ist. Am besten nimmt man als Hauptschalter einen Schütz, der die Stromversorgung in folgenden Fällen automatisch unterbricht:

1. im normalen Betrieb nach einer auf einer Schaltuhr eingestellten Bestrahlungsdauer oder nach Verbrauch oder Bildung einer eingestellten Menge eines Produktes,

2. bei mangelnder Kühlung oder Temperierung,

3. bei nicht ausreichender Begasung oder Durchmischung der Reaktionsschicht,

4. bei Strom- oder (selten) Lampenausfall. Wieder in Betrieb gesetzt werden darf die Anlage stets nur durch den Benutzer (also nicht automatisch!); der Zeitpunkt des Abschaltens soll erkennbar sein.

Bei großen Lampen ist darauf zu achten, daß der Bogen der Entladung vom Magnetfeld der Drossel nicht beeinflußt wird, da sonst die Lampen rasch zerstört werden. Im Hinblick auf die unterschiedliche Alterung der Lampen empfiehlt es sich, auch den Spannungsabfall an den über Vorschaltgeräte angeschlossenen Lampen zu protokollieren.

Nachtrag

Im Nachtrag werden Arbeiten besprochen, welche im Jahre 1957 erschienen sind und im Hauptteil des Buches nicht mehr berücksichtigt werden konnten; weiterhin enthält er noch unveröffentlichtes Material.

a) Isomerisierung von 1,1,1-Trichlor-2-brompropen

(Nachtrag zu Kapitel I)

Nach A. N. Nesmeyanov et al.[1] verläuft die photochemische Isomerisierung von 1,1,1-Trichlor-2-brompropen im Licht anders als unter Einwirkung von Antimonpentachlorid. Während die photochemische Reaktion 1,1,2-Trichlor-3-brompropen-(1) (II) liefert, entsteht im Dunkelprozeß 1,1,3-Trichlor-2-brompropen-(1) (III).

$$Cl_3C{-}CBr{=}CH_2 \ (I) \xrightarrow{\text{Licht}} Cl_2C{=}CClCH_2Br \quad \text{II}$$

$$Cl_3C{-}CBr{=}CH_2 \ (I) \xrightarrow{SbCl_5} Cl_2C{=}CBrCH_2Cl \quad \text{III}$$

1,1,2-Trichlor-3-brompropen-(1) (II). 1,1,1-Trichlor-2-brompropen (I) lagert sich unter Einfluß von UV-Licht quantitativ in (II) um; Kp_{19}: 87—79°; n_D^{20} 1,5550.

b) Isochromanyl-1-hydroperoxyd

(Nachtrag zu Kapitel IV, Seite 48)

Isochroman (I) liefert beim Stehenlassen an der Luft Di-[isochromanyl-(1)]-peroxyd, und zwar sowohl die Meso- als auch die Racem-Form (II bzw. III), das Isochromanyl-1-hydroperoxyd (IV) konnte jedoch von A. Rieche und E. Schmitz[2] unter diesen Bedingungen nicht aufgefunden werden. IV bildet sich jedoch beim Schütteln von Isochroman mit Sauerstoff unter Belichtung bei Zimmertemperatur. Ähnliche Bildungen von Hydroperoxyden konnten auch bei der Behandlung von 1-Methylisochroman (UV-Licht), 1-Isopropylisochroman (UV-Licht) und von 1-Benzyl-isochroman (Sonnenlicht) beobachtet werden; das Hydroperoxyd des 1-Phenyl-isochromans konnte jedoch nicht erhalten werden.

---

[1] Nesmeyanov, A. N., R. K. Freidlina u. V. N. Kost: Tetrahedron **1**, 241 (1957).

[2] Rieche, A., u. E. Schmitz: B. **90**, 1082 (1957).

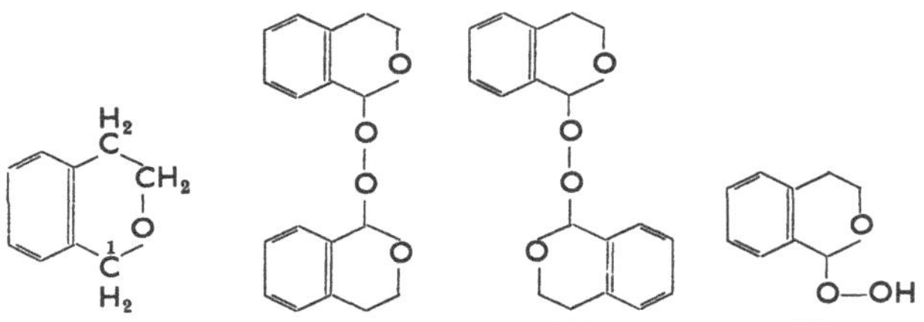

I II III IV

Als Beweis für die Konstitution des Isochromanyl-1-hydroperoxyds (IV) dient seine leichte Überführbarkeit in Isochromanon-(1) (V).

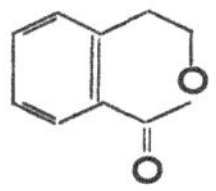

V

Isochromanyl-(1)-hydroperoxyd (IV). 10 g Isochroman wurden bei Zimmertemperatur unter Belichtung mit einer UV-Leuchtröhre mit Sauerstoff geschüttelt. Nach 30 Std. waren 850 cm^3 Sauerstoff aufgenommen (51% d. Th.). Die Substanz wurde in 50 cm^3 Äther gelöst und mit 40 cm^3, dann mit 20 cm^3 2n NaOH ausgeschüttelt. Die vereinigten alkalischen Auszüge wurden mit wenig Äther extrahiert und dann unter Rühren und Eiskühlung mit 2 n H_2SO_4 vorsichtig auf p_H 8—9 gebracht. Die ölige Fällung wurde in Äther aufgenommen, der Äther mit Kaliumcarbonat getrocknet und unter vermindertem Druck unter Zwischenschaltung eines Trockenturmes entfernt. Der Rückstand kristallisiert beim Anreiben mit Petroläther und Impfen (Ausbeute 4,95 g). Zur Reinigung wurde das Isochromanyl-1-hydroperoxyd in 4 Teilen Äther gelöst und mit 15 Teilen Petroläther versetzt, geimpft und auf 0° abgekühlt. F: 68—70°.

1-Benzyl-isochromanyl-(1)-hydroperoxyd. 5 g 1-Benzyl-isochroman bildeten bei 6tägigem Stehenlassen in einer Kristallisierschale im Sonnenlicht 12% d. Th. an 1-Benzyl-isochromanyl-1-hydroperoxyd. Es wurde mit Äther-Petroläther verdünnt und mit 10 cm^3 30%iger Natronlauge geschüttelt. Dabei schied sich eine halbfeste Masse ab. Man trennte sie mit der Natronlauge ab, verdünnte mit Wasser und neutralisierte mit verdünnter Schwefelsäure. Die ölige Ausscheidung wurde in Äther aufgenommen, der Äther getrocknet und unter vermindertem Druck entfernt. Aus dem Rückstand kristallisierten 0,11 g 1-Benzyl-isochromanyl-1-hydroperoxyd. Aus Äther-Petroläther zu Büscheln vereinigte Nadeln. F: 70—72°.

c) Bildung von Äthylenoxyden bei Einwirkung von Sauerstoff auf offenkettige oder cyclische Olefine

(Nachtrag zu Kapitel IV)

1. Tetrachloräthylenoxyd aus Tetrachloräthylen. Die photochemische Einwirkung von Sauerstoff bei Gegenwart von Chlor auf Tetrachloräthylen führt nach D. M. FRANKEL et al.[1] zur Bildung von Tetrachloracetylchlorid, Phosgen und Tetrachloräthylenoxyd, welches in einer Ausbeute von 9% erhalten wurde. Die Versuche wurden im Sonnenlicht (Bestrahlungsdauer: 12 Std.) bei 36—40° durchgeführt, O_2 und Cl_2

[1] FRANKEL, D. M., C. E. JOHNSON u. H. M. PITT: J. org. Chem. **22**, 1119 (1957).

wurden im Überschuß angewandt. Hinsichtlich des Apparativen wird auf die Originalarbeit verwiesen.

$$Cl_2C=CCl_2 \xrightarrow[\text{Licht}]{Cl_2 + O_2} \begin{cases} Cl_3C-C(=O)Cl \\ Cl_2C-CCl_2 \ (\text{über } O) \\ O=CCl_2 \end{cases}$$

2. Bildung eines Di-äthylenoxyds aus Tetraphenylfulven. CH. DUFRAISSE et al.[1] konnten Tetraphenylfulven (I) in eine farblose Verbindung (F: 283—284°) überführen, für welche II vorgeschlagen wird. II ist möglicherweise entstanden durch Isomerisierung eines Peroxyds (vgl. Bildung von Isoascaridol, S. 3). Die besten Ausbeuten wurden bei Bestrahlung (UV-Lampe S.P. 500 Philips) einer ätherischen Lösung von I [0,5 g in 1000 cm³ Äther; Entfärbung einer Lösung (400 cm³) nach 150 min Bestrahlung] erhalten.

H_5C_6, C_6H_5, H_5C_6, C_6H_5, HCH (I) $\xrightarrow{\text{Licht, } O_2}$ / $\xleftarrow{Zn + CH_3COOH}$ C_6H_5, C_6H_5, C_6H_5, C_6H_5, HCH (II)

Die Zugabe eines Sensibilisators (Äthyleosin) führte nicht zu einer schnelleren Bildung von II aus I (dieser Versuch wurde mit einer alkoholischen Lösung von I durchgeführt). II in Essigsäure reagiert mit Jodkalium unter Bildung tief-farbiger Jodide, Jod wurde nicht gebildet. Reduktion von II (Zn und Essigsäure) führte zur Bildung von I.

d) Darstellung von Hydroperoxyden durch sensibilisierte Photooxydation von ungesättigten Kohlenwasserstoffen

(Nachtrag zu Kapitel IV, Seite 56)

1. Bildung von $\Delta^{1,9}$-Oktalyl-10-hydroperoxyd aus $\Delta^{9,10}$-Oktalin. $\Delta^{9,10}$-Oktalin (I) liefert bei der photosensibilisierten Hydroperoxydsynthese das $\Delta^{1,9}$-Oktalyl-10-hydroperoxyd (II)[2].

I $\xrightarrow[\text{Sens. } 20°]{\text{Licht, } O_2}$ II (OOH)

Die Konstitution von II ergab sich aus folgenden Beobachtungen: Die Reduktion des Hydroperoxyds mittels Triphenylphosphin nach L. HORNER[3] führte zu dem bisher unbekannten $\Delta^{1,9}$-Oktalol-(10) (III).

---

[1] DUFRAISSE, CH., A. ÉTIENNE u. J. J. BASSELIER: C. r. **244**, 2209 (1957).
[2] SCHENCK, G. O., u. K. H. SCHULTE-ELTE: Unveröffentlicht.
[3] HORNER, L., u. H. HOFFMANN: Ang. Ch. **68**, 473 (1956).

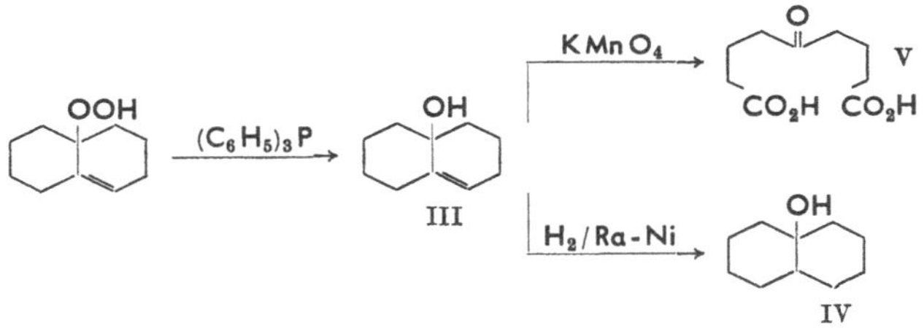

Die Hydrierung von III mit Raney-Nickel bei 50 at H_2 im Autoklaven lieferte ein Gemisch der beiden von W. HÜCKEL[1] beschriebenen stereoisomeren cis- und trans-9-Dekalolen (IV). Die Oxydation von III mit $KMnO_4$ in wäßriger Sodalösung lieferte die von W. HÜCKEL[2] beschriebene δ-Ketosebacinsäure (V).

$\Delta^{1,9}$-Oktalyl-10-hydroperoxyd (II). 5 g $\Delta^{9,10}$-Oktalin (I)[3] und 40 mg Bengalrosa in 100 cm³ Isopropanol wurden in einer Belichtungsapparatur[4] bei Zimmertemperatur unter Umpumpen von O_2 mit einem Hg-Hochdruckbrenner (Philips HP 125 W) bis zur Aufnahme von 1 Mol O_2 belichtet. Die belichtete Lösung wurde im Vakuum (14 mm, Badtemperatur $< 30°$) vom Isopropanol befreit, der Rückstand in 50 cm³ Äther aufgenommen und zur Entfernung des Bengalrosa durch eine kleine Säule mit 5—8 g Aluminiumoxyd (standardisiert nach BROCKMANN) gesaugt.

Nach dem Verdunsten des Äthers kristallisierte das Hydroperoxyd in langen Nadeln. Es ist in allen organischen Lösungsmitteln leicht löslich und kann nur aus wenig Petroläther (Sp. $< 60°$) durch Abkühlen in Kohlensäureschnee umkristallisiert werden, F: 60—61°. Es ist nicht explosiv und verbrennt in der Flamme ohne zu verpuffen. Oberhalb 100° beginnt es sich merklich zu zersetzen, auch nach längerem Aufbewahren kann eine geringe Veränderung wahrgenommen werden.

2. Autoxydation des Cholesterins und des Δ^5-Cholestenons-(3). Die Einwirkung von O_2 auf Cholesterin, welche schon früher von A. WINDAUS und J. BRUNKEN[5] untersucht worden war, führte G. O. SCHENCK und Mitarbeiter[6] zu wichtigen Resultaten. Es gelang ihnen, durch photosensibilisierte Autoxydation aus Cholesterin (I) ein Cholesterinhydroperoxyd, nämlich das Δ^6-Cholesten-3β-ol-5α-hydroperoxyd (II) zu erhalten.

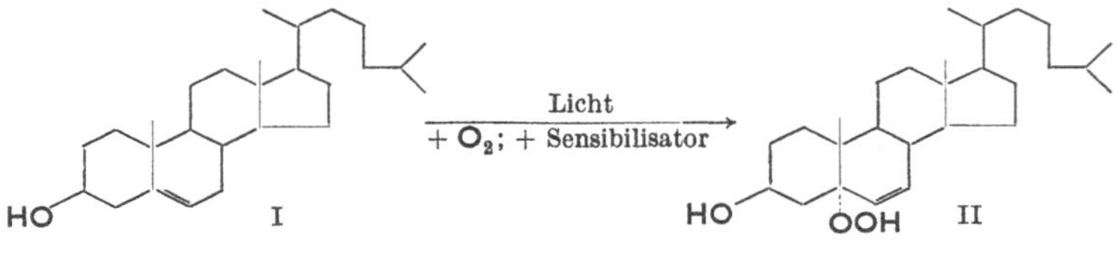

Ähnlich verläuft die Überführung von Δ^5-Cholestenon-(3) (III) in Δ^4-Cholestenon-(3)-hydroperoxyd-(6β) (IV). IV ist schon früher von L. F. FIESER et al.[7] bei der Dunkeloxydation von III erhalten worden,

[1] HÜCKEL, W., u. M. BLOHM: A. **502**, 114 (1933).
[2] HÜCKEL, W., u. H. NAAB: A. **502**, 136 (1933).
[3] Reindarstellung: HÜCKEL, W.: A. **474**, 121 (1929).
[4] SCHENCK, G. O.: Dechema Monographie **24**, 105 (1955), vergl. Seite 231.
[5] WINDAUS, A., u. J. BRUNKEN: A. **460**, 225 (1928).
[6] SCHENCK, G. O., K. GOLLNICK u. O. A. NEUMÜLLER: A. **603**, 46 (1957).
[7] FIESER, L. F., T. W. GREENE, F. BISCHOFF, G. LOPEZ u. J. J. RUPP: Am. Soc. **77**, 3928 (1955).

für präparative Zwecke dürfte die photochemische Bildung wegen der zehn- und mehrfach kürzeren Umsatzdauer den Vorzug verdienen. IV ist hochgradig cancerogen, auf die mögliche Bedeutung der photochemischen Synthese im Zusammenhang mit der Lichtkrebsgenese haben SCHENCK et al. aufmerksam gemacht.

Δ^6-Cholesten-3β-ol-5α-hydroperoxyd[1] (II). Als Lichtquelle diente ein Hg-Dampfhochdruckbrenner Osram HQA 500 an Spannungskonstanthalter; konzentrisch wassergekühlter Lampen-Tauchschacht aus Glas. Versuchstemperatur 20 ± 0,1°. Ausgangsmaterial: „Cholesterin, reinst" (SCHUCHARDT) F: 149°, $[\alpha]_D^{16}$: —38,6° (c = 3,8 in Chloroform). Belichtungsansätze: 5 g Cholesterin (I), 30 mg Hämatoporphyrin, 100 cm³ Pyridin, HQA 500, O_2 730 Torr (korr.). Drei belichtete Ansätze, die zusammen 1,7 l O_2 aufgenommen hatten, wurden vereinigt, bei 50—60° (Bad) vom Pyridin im Vakuum befreit und 3 Std. an der Ölpumpe getrocknet. Der braune Rückstand wurde 2mal mit je 20 cm³ Eisessig + 20 cm³ Methanol verrieben, abgesaugt und mit kaltem Methanol gewaschen, bis er nicht mehr nach Essigsäure roch. Den nun fast farblosen Rückstand löste man portionsweise in 500 cm³ siedendem Methanol. Aus der filtrierten Lösung schieden sich beim langsamen Abkühlen farblose Blättchen aus, die abfiltriert, mit wenig Methanol gewaschen und über P_2O_5 im Vakuum getrocknet wurden (4 g). Eindampfen des Filtrats auf etwa 50 cm³ ergab weitere 4 g dieser Blättchen, die unter dem Mikroskop als durchsichtige farblose Täfelchen erscheinen. Ausbeute aus 15 g I: 8 g Δ^6-Cholesten-3β-ol-5α-hydroperoxyd (II) entsprechen 49,2% d. Th.; F[2]: 142° (Gasentwicklung, Gelbfärbung). II löst sich sehr gut in Pyridin, ist aber unlöslich in Wasser und wäßriger Natronlauge. Kaliumpermanganat in Eisessig und Brom in Chloroform werden durch II sofort entfärbt. II scheidet aus KJ in Eisessig bereits in der Kälte rasch Jod aus und reagiert mit Bleitetraacetat in Eisessig (Criegee-Probe auf Hydroperoxyd) unter Selbsterwärmung und schwacher Gasentwicklung.

Δ^4-Cholestenon-(3)-hydroperoxyd-(6β)[1] (IV). Ansatz: 12 g Δ^5-Cholestenon-(3) (III) (F: 127°), 100 mg Rose Bengale, 600 cm³ Benzol, 50 cm³ Methanol, Na-Lampe Philips SO 45 W. Aufnahme von 1 Mol O_2 in etwa 32 Std. Ein Drittel der belichteten Lösung (entsprechend 4 g III) wurde mit Kühlsole von —30° gefroren und durch Gefriertrocknung bis auf etwa 10 cm³ eingeengt. Die zunächst entstandene poröse Masse (hellrosa) lief dann zu einer zähen Flüssigkeit zusammen, aus der sich Kristalle absetzten. Diese wurden abgesaugt, mit Methanol gewaschen und über konzentrierter Schwefelsäure im Vakuum getrocknet. Farblose Kristalle von IV; F: 177° (Blasenbildung). Ausbeute 310 mg (7,2% d. Th.). $[\alpha]_D^{20}$: +37,3° (c = 1,4 in Chloroform).

3. Darstellung von Δ^6-Allopregnen-3β-ol-20-on-5α-hydroperoxyd.

Pregnenolon (I) liefert bei der sensibilisierten Photooxydation das Hydroperoxyd II[3].

---

[1] SCHENCK, G. O., K. GOLLNICK u. O. A. NEUMÜLLER: A. **603**, 46 (1957)

[2] Der Schmelzpunkt, in zugeschmolzener Capillare im Berlblock beobachtet, ist korrigiert.

[3] SCHENCK, G. O., u. O. A. NEUMÜLLER: Unveröffentlicht, vgl. G. O. SCHENCK, Ang. Ch. **69**, 594 (1957).

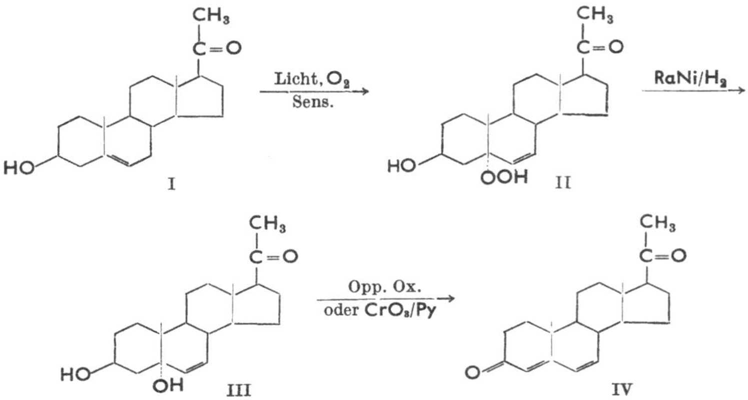

Die Konstitution von II stützt sich u. a. auf folgende Beobachtungen: Hydrierung mit Raney-Nickel in Pyridin führte zu dem gleichfalls unbekannten Δ^6-Allopregnen-3β, 5α-diol-20-on (III) (F: 171—3°; $[\alpha]_D + 55{,}5°$ (Chlf.); λ max 284 mμ, log ε 1,74), das bei Acetylierung und Benzoylierung Monoester lieferte, die noch einen nach ZEREWITINOFF nachweisbaren akt. Wasserstoff enthielten. Damit ist die Lage der Oxy- bzw. Hydroperoxydgruppe an C_5 wahrscheinlich gemacht.

III ging durch Oppenauer-Oxydation in das von A. WETTSTEIN[1] beschriebene $\Delta^{4,6}$-Pregnadien-3,20-dion (IV) über, das auch aus III durch Oxydation mit dem Chromsäure-Pyridinkomplex nach SARETT[2] entsteht. Damit, und mit der folgenden Reaktion, ist die Lage der Doppelbindung an C_6 bewiesen. Bei der Reaktion von III mit HCl in Chloroform trat Wasserabspaltung zu dem von C. DJERASSI[3] gefundenen $\Delta^{4,6}$-Pregnadien-3β-ol-20-on (V) ein. Dieser Ablauf läßt sich nur so deuten, daß die axiale OH-Gruppe an C_5 mit einem axialen H an C_4 in einer trans-Eliminierung abgespalten wird. Von den beiden verbleibenden Möglichkeiten der Ringverknüpfung A/B trans (5α-OH) und A/B cis (5β-OH) konnte die letztere mit Hilfe von UR-Spektren und Molrotationsdifferenzen ausgeschlossen werden.

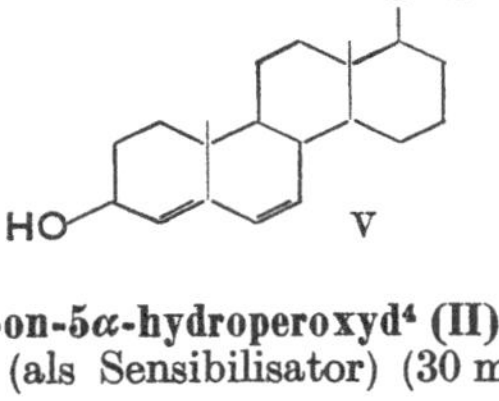

Δ^6-Allopregnen-3β-ol-20-on-5α-hydroperoxyd[4] (II). Δ^5-Pregnen-3β-ol-20-on (I) (3 g) und Hämatoporphyrin (als Sensibilisator) (30 mg) wurden unter Sauerstoff

---

[1] WETTSTEIN, A.: Helv. **23**, 388 (1940).

[2] POOS, G. I., G. E. ARTH, R. E. BEYLER u. L. H. SARETT: Am. Soc. **75**, 422 (1953).

[3] DJERASSI, C., J. ROMO u. G. ROSENKRANZ: J. org. Chem. **16**, 755 (1951).

[4] SCHENCK, G. O., u. O. A. NEUMÜLLER: Unveröffentlicht.

in Pyridin (100 ml) mit dem Quecksilberdampfhochdruckbrenner „Osram HQA 500" belichtet. (Apparatur: Tauchlampenanordnung aus Normalglas; selbstregistrierende Sauerstoffaufnahme). Nach Aufnahme von 1,1 Mol Sauerstoff wurden 80 cm^3 Pyridin unter vermindertem Druck bei 25—35° (Bad) abdestilliert, die restliche Lösung mit 20 cm^3 Aceton versetzt, mit einer Spatelspitze Aktivkohle aufgekocht und die noch heiße Lösung filtriert. Das Filtrat wurde mit Wasser bis zu der eben noch verschwindenden Trübung angespritzt. Nach 2 Tagen setzten sich aus der an der Luft langsam eindunstenden gelben Lösung 1,22 g, nach 3 weiteren Tagen noch 0,95 g farblose Nadeln von II ab (Ausbeute 66% d. Th.), F: 157° (starke Zers.), $[\alpha]_D^{20} = +90{,}1°$ (c = 1,5; Chloroform).

e) Anlagerung von Triphenylgerman an 1-Octen

(Nachtrag zu Kapitel V, Seite 98)

Nach R. Fuchs und H. Gilman[1] läßt sich Triphenyl-german (I) an 1-Octen anlagern.

$$\underset{\text{I}}{(C_6H_5)_3GeH} + C_6H_{13}CH=CH_2 \xrightarrow{\text{Licht}} \underset{\text{II}}{(C_6H_5)_3Ge-CH_2-CH_2-C_6H_{13}}$$

Eine ähnliche Reaktion konnte auch bei Gegenwart von Benzoylperoxyd als Dunkelreaktion durchgeführt werden.

Triphenyl-1-octyl-germanium (II). Eine Mischung von Triphenyl-german (I) (0,045 Mol), 1-Octen (0,006 Mol) und Heptan (25 cm^3) wurde in einem Quarzgefäß bestrahlt (48 Std., 125 Watt-UV-Lampe). Das feste Reaktionsprodukt wurde bei 170—195° (0,15 mm) destilliert und aus Äthylalkohol umkristallisiert (2 g, F: 69 bis 70,5°).

f) Anlagerung von Alkylestern der phosphorigen Säure an Chloranil

(Nachtrag zu Kapitel VII)

Die Anlagerung von Alkylestern der phosphorigen Säure [$(RO)_2P(O)H$ (I)] an Chloranil wird durch Licht beschleunigt[2].

Chloranil $\xrightarrow[(1)]{\text{Licht}}$ Chloranil-Diradikal (O•, O•) $\xrightarrow[(2)]{(RO)_2P(O)H}$ OH/•O-Tetrachlorphenoxyl + $(RO)_2\dot{P}(O)$ (III)

Chloranil + III $\xrightarrow{(3)}$ O•/O–P(OR)$_2$(→O)-Tetrachlorphenoxyl $\xrightarrow[(4)]{(RO)_2P(O)H}$ OH/O–P(OR)$_2$(→O)-Tetrachlorbenzol (II) + $(RO)_2\dot{P}(O)$

I: $R=CH_3$ oder C_2H_5

Die Reaktionen wurden mit frischdestillierten Estern in Quarzgefäßen durchgeführt (N_2-Atmosphäre, Hannovia 100 Watt Utility

[1] Fuchs, R., u. H. Gilman: J. org. Chem. **22**, 1009 (1957).
[2] Ramirez, F., u. S. Dershowitz: J. org. Chem. **22**, 1282 (1957).

model ultraviolet lamp mit Filter). Dimethyl-(4-oxy-2,3,5,6-tetrachlorphenyl)-phosphat (F: 236—238°) (II, R=CH_3) wurde bei 4,5stündiger Einwirkung in 64%iger Ausbeute erhalten, der Dunkelversuch lieferte nur 26%.

g) Terebinsäure und Bis-terebinylsäure

Durch Belichten von Aceton-Isopropanol in Gegenwart von Maleinsäure erhielten G. O. Schenck et al.[1] bis zu 60% d. Th. Bis-terebinylsäure (IV) sowie als wesentliches Nebenprodukt (bis 30% d. Th.) Terebinsäure (III), Pinakon bildete sich nur in untergeordneten Mengen.

Neben der präparativen Bedeutung dieser Methode — nach ihr wurde die Bis-terebinylsäure zum ersten Male erhalten — hat sie großes theoretisches Interesse. Nach Schenck et al. werden bei der Bestrahlung von Aceton-Isopropanol die „freien" Radikale (I) gebildet, welche sich in Gegenwart von Maleinsäure (bzw. Fumarsäure) an diese Säuren anlagern. Unter Wasserabspaltung bilden sich 2 Terebinylsäure-Radikale (II), welche sich zu (IV) dimerisieren.

[1] Schenck, G. O., G. Koltzenburg u. H. Grossmann: Unveröffentlicht; vgl. G. O. Schenck: Ang. Ch. **69**, 588 (1957).

Belichtet man[1] Fumar- oder Maleinsäure in Isopropanol in Gegenwart von Anthrachinon, Benzophenon oder Acetophenon oder auch von Benzaldehyd, so erhält man in bester Ausbeute Terebinsäure (III) (mit Benzaldehyd 98% d. Th. bei 90% Umsatz). Der photochemische Umsatz von Maleinsäure mit Butanol-(2) in Gegenwart von Benzophenon liefert γ,γ-Methyl-äthyl-paraconsäure (V).

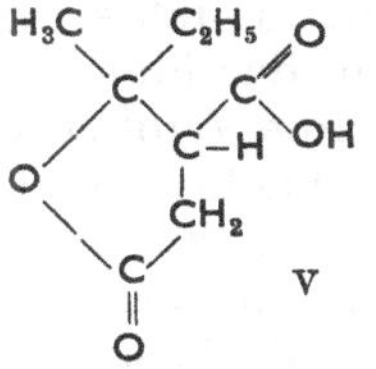

V

Terebinsäure (III)[2]. Als Lichtquelle diente ein Hg-Hochdruckbrenner Osram HQA 500; konzentrisch wassergekühlter Lampen-Tauchschacht aus Glas, von einem aufheizbaren, Dewargefäß-ähnlichem Reaktionsgefäß aus Glas umgeben. 10 g Fumarsäure, 4 g Benzophenon und 150 cm³ Isopropanol wurden bei Siedetemperatur belichtet.

Der nach Abdestillieren des Lösungsmittels verbliebene gelbe Rückstand wurde mit 150 cm³ Wasser (60—70°) versetzt, auf Zimmertemperatur abgekühlt und filtriert (Benzophenon und eine gelbe nicht identifizierte Säure schieden sich kristallin aus). Aus dem auf die Hälfte eingedampften Filtrat fiel ein Gemisch von Terebinsäure und Fumarsäure aus (Maleinsäure blieb gelöst), das abfiltriert, in verdünnter Schwefelsäure gelöst und mit konzentrierter Permanganatlösung bis zur bleibenden Rotfärbung (Oxydation der Fumarsäure) versetzt wurde. Man ließ sechs Stunden stehen, darauf wurde mit etwas festem Natriumsulfit zur Reduktion des überschüssigen Permanganats behandelt und schließlich im „Kutscher-Steudel“ mit Äther erschöpfend extrahiert. Nach Verdampfen des Äthers und Umkristallisieren des Rückstandes aus Wasser unter Zusatz von Tierkohle fiel Terebinsäure (6,3 g) in Form farbloser Kristalle (F: 175°) aus.

Bis-terebinylsäure (IV)[2]. 10 g Fumarsäure wurden in einem Gemisch von 350 cm³ Isopropanol und 200 cm³ Aceton in einem mit Thermometer und Rückflußkühler, sowie am Boden mit Magnetrührer ausgestatteten Dreihals-(Sulfier-)Kolben von 700 cm³ Inhalt mittels einer durch den Mittelhals dicht eingeführten Tauchlampe (HQA 500) von innen bestrahlt, wobei die Lösung zum Sieden kam. Als Tauchlampenschacht diente ein unten geschlossener Quarzzylinder. Nach 13,8 Std. Belichtung (die siedende Lösung erreichte dabei etwa 62°) und Abdestillieren der Lösungsmittel verblieb ein nach Pinakon riechender, farbloser Rückstand, der in 2n-Natronlauge aufgenommen und viermal ausgeäthert wurde. Aus der Ätherphase wurden 2,0 g Pinakon isoliert. Nach Ansäuern der wäßrig-alkalischen Phase (konz. HCl, kongosauer) fiel ein farbloser Niederschlag aus, der nach Umkristallisieren aus 500—600 cm³ Wasser 5,15 g Bis-terebinylsäure (IV), F: 292—293° (40,2% d. Th. bezogen auf eingesetzte Fumarsäure) lieferte. Methylierung von IV mit ätherischem Diazomethan ergab den bei 231° schmelzenden Bis-terebinylsäuredimethylester.

Durch Ausäthern der nach der Entfernung von IV verbliebenen sauren Lösung konnten noch 4,9 g Terebinsäure, F: 175° (36% d. Th., bezogen auf eingesetzte Fumarsäure), 0,54 g Maleinsäure und 2,93 g einer braunen Schmiere isoliert werden.

γ,γ-Methyl-äthyl-paraconsäure (V)[2]. 10 g Maleinsäure und 4 g Benzophenon wurden in 100 cm³ Butanol-(2) bei 12° in einer Belichtungsapparatur mit wassergekühltem Lampen-Tauchschacht aus Glas mit der HQA 500 bestrahlt, wobei sich

[1] SCHENCK, G. O., G. KOLTZENBURG u. H. GROSSMANN: Ang. Ch. **69**, 177 (1957).

[2] SCHENCK, G. O., G. KOLTZENBURG u. H. GROSSMANN: Unveröffentlicht.

die Lösung gelb färbte. Die Aufarbeitung wurde, wie bei der Terebinsäure beschrieben, durchgeführt. Sie ergab 5,46 g V (aus Wasser umkristallisiert), F: 130° (60% d. Th., bezogen auf verbrauchte Maleinsäure), 2,9 g Benzpinakon (72% d. Th., bezogen auf eingesetztes Benzophenon), 3,0 g einer nicht identifizierten gelben Säure und 3,84 g nicht umgesetzte Maleinsäure.

h) Iso-photosantonsäure-lacton aus Santonin

Villaveccia[1] beobachtete im Jahre 1885, daß sich mit Santonin (I) photochemische Reaktionen durchführen ließen. In den folgenden Jahren erschienen zwar mehrere Veröffentlichungen auf diesem Gebiet[2], aber die Konstitution dieser Photoprodukte blieb unbekannt. Kürzlich erschienen fast zu gleicher Zeit zwei voneinander unabhängige Veröffentlichungen, welche sich mit dieser Frage beschäftigten[3, 4]; leider wurden nicht übereinstimmende Resultate erzielt. Aus diesen Untersuchungen wird verständlich, warum die Aufklärung der Konstitution der Produkte, welche die photochemischen Reaktionen des Santonins lieferten, so lange auf sich hat warten lassen: es handelt sich um überraschende Änderungen des Ringsystems des Santonins, welche man nicht vorhersehen konnte.

Wegen der Unterschiedlichkeit der Resultate soll auf die Einzelheiten der Untersuchungen nicht eingegangen werden und nur die photochemische Bildung des Iso-photosantonsäure-lactons (II), eines Azulenderivates, besprochen werden, welches bei Bestrahlung des Santonins in essigsaurer Lösung erhalten wurde.

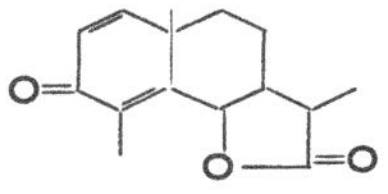

I

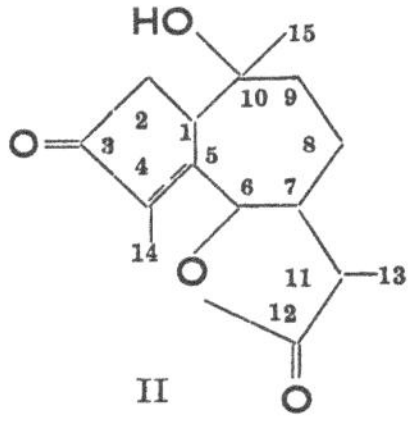

II

Nach D. H. R. Barton et al.[5] ist II nicht als Primärprodukt anzusehen. Vielmehr entsteht durch Belichtung des Santonins in Essigsäure ein Photoprodukt A, aus welchem II sich in einem Dunkelprozeß bildet. Hinsichtlich der Konstitutionsbeweise von A und II muß auf die Originalarbeiten verwiesen werden.

Iso-photosantonsäure-lacton[6] (II). Santonin (4,0 g) in 110 cm³ Essigsäure (4 Teile Säure: 5 Teile Wasser) wurde in einem Quarzgefäß bestrahlt (7 Std. Rück-

---

[1] Villaveccia, V.: B. **18**, 2859 (1885).

[2] Cannizzaro, S., u. G. Fabris: B. **19**, 2261 (1886). — Francesconi, L., et al.: G. **32**, I, 315, 318 (1902). — Vgl. J. Simonsen u. D. H. R. Boston: "The Terpenes", Cambridge Univ. Press 1952, Vol. III, S. 292.

[3] Barton, D. H. R., P. de Majo u. M. Shafiq: Soc. **1957**, 929. — Cocker, W., K. Crowley, J. T. Edward, T. B. McMurry u. E. R. Stuart: Soc. **1957**, 3416.

[4] Nachschrift bei der Korrektur: Vgl. auch D. Arigoni, H. Bosshard, H. Bruderer, G. Büchi, O. Jeger u. L. J. Krebaum: Helv. **40**, 1732 (1957).

[5] Barton, D. H. R., P. de Majo u. M. Shafiq: Proc. Chem. Soc. (London) **1957**, 205.

[6] Barton, D. H. R., P. de Majo u. M. Shafiq: Soc. **1957**, 929.

flußkühler), als Lichtquelle diente eine Quecksilberlampe (125 W). Das Lösungsmittel wurde unter vermindertem Drucke abdestilliert und lieferte einen gummiartigen Rückstand, welcher mit Hilfe von $NaHCO_3$ in einen sauren und einen neutralen Teil gespalten wurde. Die neutrale Fraktion (3,2 g) wurde über Kieselgel chromatographiert. Es wurde mit Äther-Aceton (1 : 2) eluiert, das Eluat lieferte II (1,2 g); aus Äthylacetat-Leichtpetroleum (40—60°) F: 165—167°.

i) Direkte Oximierung cycloaliphatischer Kohlenwasserstoffe

(Nachtrag zu Kapitel XVI, Seite 153)

E. Müller et al.[1] haben gezeigt, daß man aus cycloaliphatischen Kohlenwasserstoffen (Cyclohexan, Cyclooctan) durch photochemische Einwirkung von Stickstoffmonoxyd, Chlor und Chlorwasserstoff in einem „Eintopfverfahren" die betreffenden Ketoxime in Form ihrer Hydrochloride erhalten kann. Im Falle des Cyclooctans genügt bei geeigneter Reaktionsführung die während der Reaktion gebildete Menge Chlorwasserstoff, um unmittelbar zum Cyclooctan-oxim-hydrochlorid zu gelangen.

Die gesamten, so komplex erscheinenden Reaktionen, welche bei der photochemischen Einwirkung von Cl_2 und NO auf Kohlenwasserstoffe beobachtet werden, mit den je nach den Reaktionsbedingungen wechselnden Umsetzungen (Nitrosierung, Oximierung und Chlor-nitrosierung) haben E. Müller et al. durch das folgende Schema dargestellt. Es muß jedoch betont werden, daß dieses Schema in bezug auf das Auftreten freier Cycloalkyl-Radikale (vgl. I) noch weiterer Untersuchungen bedarf.

$$C_6H_{11}^{\bullet} \quad (\text{Cyclohexyl-Radikal, } \dot{C}\text{–H})$$

I

1) $Cl_2 \xrightarrow{\text{Licht}} 2\,Cl\bullet$

2) $RR'CH_2 + Cl\bullet \longrightarrow HCl + RR'\dot{C}H$

3) $RR'\dot{C}H + \bullet NO \longrightarrow (RR'CH{-}NO)\ \text{(a)} \rightleftarrows [RR'CH{-}NO]_2\ \text{(b)}$

(a) $\downarrow$ (HCl) Licht

4) $RR'C{=}NOH,\ HCl\ \text{(e)} \underset{NaOH}{\overset{HCl}{\rightleftarrows}} RR'C{=}N{-}OH\ \text{(c)} \xrightarrow{Cl_2} RR'C(Cl)NO\ \text{(d)} + HCl$

Die primär bei der Einwirkung von Chlor, Stickstoffmonoxyd und UV-Licht auf aliphatische Kohlenwasserstoffe gebildete monomere

[1] Müller, E., D. Fries u. H. Metzger: B. **90**, 1188 (1957).

Nitrosoverbindung (a) dimerisiert sich zur Bis-nitrosoverbindung (b) oder lagert sich bei Anwesenheit von katalytischen Mengen Chlorwasserstoff und von UV-Licht in das isomere Oxim (c) um. Das Oxim (c) reagiert nun mit überschüssigem Chlor in einer Dunkelreaktion weiter zur gem. Chlornitrosoverbindung (d), bzw. bildet mit stöchiometrischen Mengen Chlorwasserstoff das Oxim-hydrochlorid (e), das sich aus dem Reaktionsmedium abscheidet. Durch geeignete Reaktionsführung gelingt es — wenigstens im Falle des Cyclohexans —, die Reaktion in dem einen oder anderen Stadium anzuhalten und die entsprechenden Produkte [außer (a)] zu isolieren.

Durch die Arbeiten von E. MÜLLER und Mitarbeitern ist ein neuer Weg zur Herstellung des ε-Caprolactams geöffnet worden. Cyclohexanoxim liefert nämlich leicht dieses Lactam, welches als Grundbaustein für die vollsynthetische Kunstfaser Perlon großtechnische Bedeutung erlangt hat.

$$\text{C}_6\text{H}_{10}\text{=N-OH} \xrightarrow[\text{Umlagerung}]{\text{Beckmannsche}} \text{H}_2\text{C}\begin{cases}\text{CH}_2\text{—CH}_2\text{—NH} \\ \text{CH}_2\text{—CH}_2\text{—C=O}\end{cases}$$

Cyclooctanonoxim[1]. Man leitet in 250 g Cyclooctan bei 15—17° unter Belichten mit einer Quecksilbertauchlampe $2^1/_2$ Std. stündlich ein Gemisch aus 750 cm^3 Chlor und 2250 cm^3 Stickstoffmonoxyd ein (auf Normalbedingungen berechnet), wobei man für eine möglichst feine und gleichmäßige Verteilung des Gasstromes, z. B. durch Anwendung von Fritten, sorgt. Dann leitet man kurze Zeit Stickstoff durch das Reaktionsgemisch, um überschüssiges Chlor und Stickstoffmonoxyd und entstandenen Chlorwasserstoff zu entfernen, und saugt den farblosen, aus Cyclooctanon-oximhydrochlorid bestehenden Kristallbrei scharf ab. Das Filtrat kann ohne weiteres erneut verwendet werden.

Die Kristalle werden in wenig Wasser gelöst, worauf man die Lösung mit Natronlauge neutralisiert. Das Cyclooctanonoxim fällt dabei meistens zunächst ölig aus, erstarrt aber rasch. Es ist völlig farblos und zeigt ohne Umkristallisieren nach dem Trocknen an der Luft bereits F: 41—42°. Die Ausbeute beträgt 18—19 g.

k) Umwandlung cycloaliphatischer Bis-nitroso-Kohlenwasserstoffe in Oxime

(Nachtrag zu Kapitel XVI)

Die Depolymerisation cycloaliphatischer Bis-nitroso-kohlenwasserstoffe in die entsprechenden Oxime läßt sich zwar im Dunkelprozeß durch Behandeln mit trockenem Chlorwasserstoff durchführen, doch verläuft die Reaktion schneller im Licht. E. MÜLLER et al.[2] berichten über die photochemische Überführung von Bis-(nitrosylcyclo-hexan) (I) und Bis-(nitrosyloctan) in die entsprechenden Oxime.

$$\left[\text{C}_6\text{H}_{10}\!\begin{matrix}\text{NO}\\ \text{H}\end{matrix}\right]_2 \xrightarrow[\text{HCl}]{\text{Licht}} 2\ \text{C}_6\text{H}_{10}\text{=NOH}$$

I II

[1] Deutsches Patentamt Auslegeschrift 1001982, Erfinder E. MÜLLER, D. FRIES u. H. METZGER.

[2] MÜLLER, E., D. FRIES u. H. METZGER: B. **90**, 1188 (1957); vgl. auch Auslegeschrift 1010067 des Deutschen Patentamtes (Anmelder E. MÜLLER).

Cyclohexanonoxim (II)[1]. In eine Lösung von 5,0 g Bis-(nitrosylcyclohexan) in 300 cm^3 Cyclohexan leitet man unter Rühren bei gleichzeitigem Belichten des Reaktionsgutes mit einer UV-Tauchlampe „S 81" (Quarzlampengesellschaft Hanau) trockenen Chlorwasserstoff ein, so daß die Lösung dauernd gesättigt ist. Nach etwa 20 min scheiden sich Öltropfen ab. Nach 3 Std. bricht man die Reaktion ab, trennt das als Öl abgeschiedene Cyclohexanonoxim-hydrochlorid ab, löst es in Wasser und bringt die Lösung mit verdünnter Natronlauge auf den p_H-Wert 4. Das dabei ausfallende Cyclohexanonoxim ist völlig farblos und schmilzt bei 88 bis 89°. Durch Extrahieren der Cyclohexanmutterlauge mit Wasser, Neutralisieren und Ausäthern dieser Lösung sowie Ausäthern der nach dem Abfiltrieren des Oxims verbleibenden Mutterlauge erhält man weitere Mengen an Oxim. Die Gesamtausbeute beträgt 4,5 g = 90% der Theorie.

l) Bildung von Benzocyclobuten-carbonsäuren durch Photolyse von 2-Diazoindanonen-(1)

(Nachtrag zu Kapitel XXI, Seite 182)

Nach Beobachtungen von L. Horner[2] läßt sich die Süssche Reaktion auf Diazo-indanone übertragen. So liefert die Photolyse des 2-Diazo-indanon-(1) (I) bei Gegenwart von Wasser die Benzo-cyclobuten-carbonsäure-(7) (II). Die Konstitution dieser Verbindung wurde durch die katalytische Hydrierung sichergestellt, welche (III) lieferte.

I —Licht, $-N_2 + H_2O$→ II —H_2, CH_3COOH→ III

Nach derselben Methode konnte aus 6,7-Benzo-diazo-2-indanon-(1) (IV) die Naphtho-1,2-cyclobutencarbonsäure (V) erhalten werden.

IV —Licht, $-N_2 + H_2O$→ V

Benzocyclobuten-carbonsäure-(7) (II). 8 g 2-Diazo-indanon-(1) (I) in 660 cm^3 Tetrahydrofuran/Wasser (5 : 1) werden unter Kühlung bei 10—20° ausbelichtet. (Hg-Hochdruckbrenner Hanau S 700.) Die Photolyse wird volumetrisch kontrolliert, d. h. es wird in bestimmten Zeitabständen die Menge an noch vorhandenem Diazoketon durch Entbindung von Stickstoff mit 50%iger Schwefelsäure ermittelt. Die Belichtung wird dann abgebrochen, wenn noch etwa 1 g des Diazoketons vorhanden ist. Hierauf wird das Lösungsmittel auf dem Wasserbad abdestilliert, der Rückstand in Äther aufgenommen und der Ätherauszug mit gesättigter Natriumbicarbonatlösung mehrmals ausgeschüttelt. Aus dem wäßrigen Auszug scheidet sich nach dem Ansäuern mit konz. Salzsäure ein gelbbraunes Öl ab, das in Äther aufgenommen und mit Calciumchlorid getrocknet wird. Nach Abdampfen des Äthers — zuletzt im Vakuum — hinterbleibt ein gelbbrauner Rückstand, der nach einiger Zeit durch Anreiben und Animpfen durchkristallisiert. Diesem läßt sich durch

[1] Auslegeschrift 1010067 des Deutschen Patentamtes.

[2] Horner, L., W. Kirmse u. K. Muth: Unveröffentlicht.

Auskochen mit Petroläther (40—60°) eine noch gelblich gefärbte Rohsäure in einer Ausbeute von 20—30% entziehen, die nach dem Umkristallisieren aus Wasser in farblosen Nadeln (F: 75°) erhalten werden kann. Aus der mit Natriumbicarbonat behandelten Ätherlösung kann noch nicht zersetztes Diazoindanon isoliert werden.

m) Einwirkung von Diazomethan auf Säureester und auf Benzol

(Nachtrag zu Kapitel XX, Seite 170)

1. Umsatz mit Carbonsäureestern. Nach H. MEERWEIN[1] ist die Carbonylgruppe in den Carbonsäureestern gegenüber Diazomethan weniger reaktionsfähig als diejenige in den Aldehyden und Ketonen. Dies kommt darin zum Ausdruck, daß die Carbonsäureester nur unter der aktivierenden Wirkung des Lichtes mit Diazomethan reagieren, nicht aber im Dunkeln in Gegenwart von Katalysatoren. Die Umsätze verlaufen sehr komplex, z. B. werden bei der Einwirkung von Diazomethan auf Ameisensäuremethylester die folgenden Verbindungen erhalten: Ameisensäureäthylester, Methoxy-äthylenoxyd, Methoxy-acetaldehyd — welcher jedoch nicht zu fassen war, da er sofort weiter mit einem zweiten Molekül Diazomethan reagierte unter Bildung von Methoxy-aceton — und 2,4-Dimethoxy-1,3-dioxolan (I).

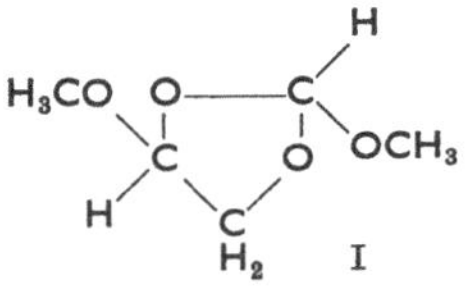

$$\text{H}_3\text{CO(H)C}\langle\text{O—CH(OCH}_3\text{)—O—CH}_2\rangle \quad \text{I}$$

Vom präparativen Standpunkt ist die große Anzahl der gebildeten Verbindungen ein Nachteil, um so mehr, als nicht alle in reinem Zustand isoliert werden konnten; hinsichtlich experimenteller Einzelheiten wird auf die Originalarbeit verwiesen. Es soll jedoch hervorgehoben werden, daß vom theoretischen Standpunkt die Umsätze und die von H. MEERWEIN et al. vorgeschlagenen Erklärungen von großem Interesse sind. Nach ihnen besteht der Primärschritt bei der Einwirkung von Diazomethan auf Ameisensäure- und Essigsäure-methylester in einer Anlagerung des bei der photolytischen Spaltung des Diazomethans entstehenden, elektrophilen Methylens an das basische Äther-Sauerstoffatom, an die sich dann eine „Ylid-Umlagerung" anschließt[2].

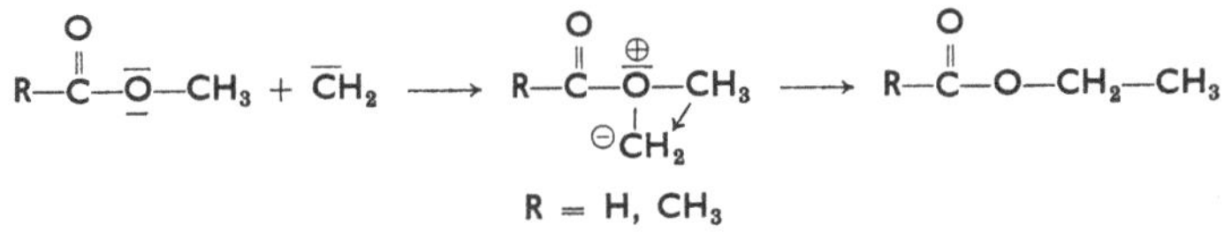

$$\text{R—C(=O)—}\overline{\text{O}}\text{—CH}_3 + \overline{\text{C}}\text{H}_2 \longrightarrow \text{R—C(=O)—}\overset{\oplus}{\text{O}}(\text{—}\overset{\ominus}{\text{C}}\text{H}_2)\text{—CH}_3 \longrightarrow \text{R—C(=O)—O—CH}_2\text{—CH}_3$$

$$\text{R} = \text{H, CH}_3$$

---

[1] MEERWEIN, H., H. DISSELNKÖTTER, F. RAPPEN, H. v. RINTELEN u. H. VAN DE VLOED: A. **604**, 151 (1957).

[2] Vgl. R. HUISGEN: Ang. Ch. **67**, 459 (1955).

2. Umsatz mit Benzol. Bei der Belichtung von Benzol-Diazomethanlösungen wurde von H. MEERWEIN[1] ein Cycloheptatrien-Norcaradien-Gemisch erhalten. Das Norcaradien (III) konnte durch Erhitzen praktisch quantitativ in Cycloheptatrien (II) überführt werden; als Lichtquelle diente die Eintauchlampe oder die Sonne. Die Bildung von Toluol konnte nicht nachgewiesen werden. Der leichte Übergang von III in II erklärt vielleicht die Tatsache, daß bei früheren Untersuchungen (vgl. S. 170) die Entstehung des Norcaradiens nicht beobachtet wurde.

$$C_6H_6 + CH_2N_2 \xrightarrow[-N_2]{\text{Licht}} \text{II } (CH_2) + \text{III } (CH_2)$$

Cycloheptatrien (II). 132 g Diazomethan in 7500 cm³ Benzol werden in drei Ansätzen mit der Eintauchlampe belichtet (10—14 Std. pro Ansatz). Nach Zusatz von 1% Hydrochinon wird der größte Teil des Benzols unter 75 mm an einer 80 cm hohen Füllkörperkolonne mit versilbertem Vakuummantel nach SIGWART bis auf einen Rest von 300 cm³ abdestilliert. Die Temperatur des Heizbades soll 25° nicht übersteigen. Zur Entfernung der bei der Belichtung entstandenen stickstoffhaltigen Produkte wird der Destillationsrückstand 12 Std. mit 30 g fein pulverisiertem Quecksilber(II)-chlorid geschüttelt. Nach Abfiltrieren und Waschen mit Wasser, bis keine Chlorionen mehr anwesend sind, erweist sich die Substanz als stickstofffrei. Man trocknet über Calciumchlorid und fraktioniert unter Verwendung einer 25 cm hohen Widmerkolonne mehrfach bei 35 mm. Erhalten werden 210 g (72,5% d. Th., ber. auf das eingesetzte Diazomethan) eines *Cycloheptatrien-Norcaradien-Gemisches* vom Kp_{35}: 29—31°.

100 g des Kohlenwasserstoffgemisches werden im Einschmelzrohr 24 Std. lang auf 210° erhitzt und anschließend 2mal unter Verwendung einer 25 cm hohen Widmerkolonne fraktioniert. Hierbei werden erhalten: 4 g Vorlauf (Kp: 110—114°) und 93 g Cycloheptatrien (Kp: 114,5—116°).

n) Bildung von N-Methylaniliden und von Thio-äthylestern durch Einwirkung von N-Methylanilin bzw. Äthylmercaptan auf Diazoketone

(Nachtrag zu Kapitel XXI, Seite 177)

Diazoketone (I) lassen sich nach F. WEYGAND und H. J. BESTMANN[2] photochemisch in Gegenwart von N-Methylanilin in die N-Methylanilide der homologen Säuren (vgl. II) überführen.

Ähnlich verläuft die Einwirkung von Äthylmercaptan auf I, hier entstehen die Thioäthylester der homologen Säuren (vgl. III). Die präparative Bedeutung dieser Reaktionen liegt in der Überführbarkeit sowohl von II als auch von III in die entsprechenden Aldehyde (IV); bei II geschieht dies durch Einwirkung von $LiAlH_4$[3], bei III wendet man Raney-Ni an[4].

---

[1] MEERWEIN, H., H. DISSELNKÖTTER, F. RAPPEN, H. v. RINTELEN u. H. VAN DE VLOED: A. **604**, 151 (1957).

[2] WEYGAND, F., u. H. J. BESTMANN: Unveröffentlicht.

[3] WEYGAND, F., G. EBERHARDT, H. LINDEN, F. SCHÄFER u. I. EIGEN: Ang. Ch. **65**, 525 (1953).

[4] WOLFRAM, M. L., u. J. V. KARABINOS: Am. Soc. **68**, 1455 (1946).

$$R{-}CO_2H \rightarrow \underset{\text{I}}{RC(=O){-}CHN_2} \begin{cases} \rightarrow \underset{\text{II}}{RCH_2{-}C(=O){-}N(CH_3){-}C_6H_5} \xrightarrow{LiAlH_4} \\ \rightarrow \underset{\text{III}}{RCH_2{-}C(=O){-}S{-}C_2H_5} \xrightarrow{\text{Raney-Ni}} \end{cases} \rightarrow \underset{\text{IV}}{RCH_2{-}C(H){=}O}$$

Phenyl-essigsäure-N-methylanilid[1] **(II, $R = C_6H_5$).** 5 g Diazoacetophenon und 5 g N-Methylanilin werden in 350 cm^3 absolutem Benzol gelöst und 3 Tage unter Rühren belichtet (mit H_2O gekühlte Labortauchlampe). Dabei ist die Lampe alle 12 Std. von einem braunen Belag zu säubern. Anschließend wird das Benzol abdestilliert und der dunkle Rückstand im Ölpumpenvakuum mit freier Flamme bis zum Siedepunkt von 200° übergetrieben. Das Destillat wird dann fraktioniert. Kp_2: 163°. Ausbeute: 6 g = 77% d. Th.

Propionsäure-thioäthylester[1] **(III, $R = CH_3$).** 5 g Diazoaceton werden zusammen mit 9 cm^3 Äthylmercaptan in 350 cm^3 absolutem Äther bis zum Aufhören der Stickstoffentwicklung belichtet (etwa 8 Std.). Der Äther wird abdestilliert und der Rückstand an der Wasserstrahlpumpe bei 60 mm fraktioniert Kp_{60}: 160—165°, Ausbeute 4,7 g = 67,0%.

---

[1] WEYGAND, F., u. H. J. BESTMANN: Unveröffentlicht.

Namenverzeichnis

Sachverzeichnis